U0738027

普通高等教育电气信息类系列教材

电 子 技 术

第 2 版

主　编　赵　莹　孟　祥
副主编　郑　娜　张　炜
参　编　曲萍萍　周维芳

机 械 工 业 出 版 社

本书共8章，分别是半导体器件、基本放大电路、集成运算放大器、直流稳压电源、门电路与组合逻辑电路、双稳态触发器和时序逻辑电路、D-A转换器和A-D转换器、半导体存储器和可编程逻辑器件。每章后面配有小结、练习与思考以及习题，另外教材配有每章题库、作业、期中和期末考试题以及微课视频，内容丰富实用，有利于培养学生的技术应用能力。

本书强调了实践性和应用性的内容，使理论和实践联系更加紧密；增加了电子电路仿真软件Multisim14及其应用的介绍，每章最后安排了Multisim14软件仿真举例，使读者能够加深对理论知识的理解。

本书可作为高等院校非电类专业的本科教材，也可作为高职高专教育、成人教育、电大等相关专业的教学用书，同时可作为相关工程技术人员的参考书。

本书配有授课电子课件、教学视频等配套资源，需要的教师可登录www.cmpedu.com免费注册，审核通过后下载，或联系编辑索取（微信：15910938545，电话：010-88379739）。

图书在版编目（CIP）数据

电子技术/赵莹，孟祥主编. —2版. —北京：机械工业出版社，2022.8
（2025.8重印）
普通高等教育电气信息类系列教材
ISBN 978-7-111-71117-9

Ⅰ.①电…　Ⅱ.①赵…②孟…　Ⅲ.①电子技术–高等学校–教材
Ⅳ.①TN

中国版本图书馆CIP数据核字（2022）第114715号

机械工业出版社（北京市百万庄大街22号　邮政编码100037）
策划编辑：汤　枫　责任编辑：汤　枫
责任校对：徐红语　责任印制：张　博
北京华宇信诺印刷有限公司印刷
2025年8月第2版第6次印刷
184mm×260mm·16印张·390千字
标准书号：ISBN 978-7-111-71117-9
定价：65.00元

电话服务　　　　　　　网络服务
客服电话：010-88361066　机　工　官　网：www.cmpbook.com
　　　　　010-88379833　机　工　官　博：weibo.com/cmp1952
　　　　　010-68326294　金　书　网：www.golden-book.com
封底无防伪标均为盗版　机工教育服务网：www.cmpedu.com

前　言

党的二十大报告指出：推进新型工业化，加快建设制造强国，推动制造业高端化、智能化、绿色化发展。实现制造强国，智能制造是必经之路，电子技术是智能制造的重要技术支撑，它通过弱电控制强电实现电能转换和功率控制，是当代高新技术发展的重要方向，也是节能降耗、提高生产效能的重要技术。电子技术在未来工业智能化过程中将获得更好的发展和广泛应用。为了适应新形势发展的需要，作为非电类专业基础课程的电子技术在课程内容和技能方面也要随之变化。

本书第 1 版于 2015 年出版，这次修订是在总结"电子技术"课程教学改革的经验，并结合课程组的"电子技术"省级一流本科课程的建设经验基础上进行的。本课程的任务是使学生获得电子技术方面的基本知识、基本理论和基本技能，为深入学习电子技术及其在专业中的应用打好基础。因此，本版教材的指导思想是保证基础、突出重点、加强应用、推陈出新、便于教学、有利自学。

本书第 2 版基本保持了第 1 版的体系、内容和特点，同时采纳了使用本教材的老师和同学提出的宝贵意见和建议，并结合电子技术的发展，主要进行了以下几个方面的修改和补充：

1）精选内容，保证基础。尽管大规模集成电路已成为电子系统的主体，但具体分立电路的分析有利于学生打好基础，因此在基本放大电路方面进行了详细介绍。中、小规模集成电路也是电子技术的基础，因此在组合逻辑电路和时序逻辑电路章节着重介绍了基本理论、基本分析方法和设计方法，有利于学生对基础知识的掌握。

2）突出理论知识的应用，增加了生活中的各种应用实例。例如，在基本放大电路章节增加了直流电机驱动电路和声光双控延时照明灯控制器，在集成运算放大器章节增加了温度监测控制电路和扩音机电路等，这不但能使理论和实践紧密结合，而且可以提高学生的技术应用能力和实际操作技能。

3）使用电子电路仿真软件 Multisim14 对重要电路仿真，使读者能够加深对理论知识的理解。

4）整理和删减了部分习题。对于类似的或者非主要的习题进行了删减。

5）增加了数字化资源，包括 PPT、每章习题、作业、期中和期末考试题等，可供读者使用。

6）本书在相关知识点旁嵌有微课视频，读者可扫码观看学习。

本书的理论教学为 60~80 课时，实验教学在 20 学时左右，各专业可根据专业需求合理安排讲授内容，书中打"*"号的章节为选讲内容。

本书由北华大学教师编写完成，北华大学赵莹编写第 1、2 章，孟祥编写第 3、5 章，郑娜编写第 6 章，张炜编写第 4 章，曲萍萍编写第 7 章，周维芳编写第 8 章，全书由赵莹统稿。

本书在编写过程中借鉴了许多参考资料，在此对参考资料的作者一并表示感谢。

限于经验和水平，书中疏漏在所难免，恳请广大读者提出宝贵意见。

编　者

目　　录

第1篇 模拟电子技术

第1章 半导体器件

半导体是导电能力介于导体和绝缘体之间的物质，用半导体材料制成的电子器件称为半导体器件（Semiconductor Device）。半导体器件是构成电子电路的基本元件，由于它具有体积小、重量轻、使用寿命长、消耗功率少和功率转换效率高等优点而得到广泛的应用。PN结则是构成各种半导体器件的共同基础，本章从论述半导体的导电机理出发，阐述 PN 结的特性，在此基础上，分别介绍二极管、双极型晶体管、场效应晶体管和光电器件等常用的半导体器件。

1.1 半导体

自然界中的物质按照导电性能可分为导体、绝缘体和半导体。半导体的导电性能介于导体和绝缘体之间，常见的半导体有硅（Si）、锗（Ge）、硒（Se）和砷化镓（GaAs）及其他金属氧化物和硫化物。

物质的导电能力可以用电阻率 ρ 衡量，物质的导电能力越强，电阻率越小。金属导体的电阻率一般在 $0.01 \sim 1\Omega \cdot m$ 之间，绝缘体的电阻率一般大于 $10^{14}\Omega \cdot m$，半导体的电阻率在 $10 \sim 10^{13}\Omega \cdot m$ 之间。就导电性能而言，导体和绝缘体相对比较稳定，而半导体则不同，其导电性能在不同条件下有很大差别。有些半导体对温度的变化非常敏感，环境温度升高时，电阻率下降，导电能力显著提高，利用这种特性可制成各种热敏电阻；又有些半导体受到光照时，导电能力提高，利用这种特性可制成各种光敏电阻。另外，如果在纯净的半导体中加入微量的某种杂质，其导电能力将增加几十万甚至几百万倍，利用这种特性可制成各种半导体器件，如二极管、双极型晶体管、场效应晶体管和晶闸管等。

物质导电性能存在差异的根本原因在于物质内部结构不同。以下从论述半导体的内部结构开始，简单介绍半导体的导电机理。

1.1.1 本征半导体

最常用的半导体是硅和锗，图 1-1 是硅和锗的原子结构图，它们最外层轨道上均有四个价电子，都是四价元素。硅和锗的单晶体原子排列非常整齐，硅晶体的平面结构示意图如图 1-2所示。

本征半导体（Intrinsic Semiconductor）是一种完全纯净的、晶体结构排列整齐的半导体晶体。

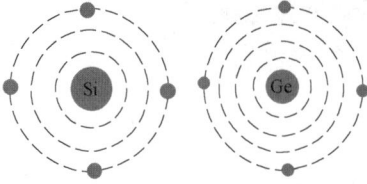

图 1-1 硅 (Si) 和锗 (Ge) 的原子结构图

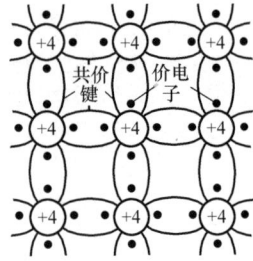

图 1-2 硅晶体的平面结构示意图

当把硅半导体材料制成晶体时,每一个原子与相邻的四个原子结合,每一原子的一个价电子与另一原子的一个价电子组成一个电子对,这对价电子被两个相邻的原子共用,形成了所谓的共价键(Covalent Bond)结构,每个原子都和周围的四个原子通过共价键的形式紧密联系在一起(见图 1-2)。

虽然在共价键结构中,硅原子最外层共有八个电子,处于较稳定的状态,但不像绝缘体中的价电子所受束缚那样紧,如果从外界获得一定的能量(如光照、升温、电磁场激发等),共价键结构中的一些价电子就可能挣脱原子核的束缚而成为自由电子(Free Electron),这种物理现象称为本征激发(见图 1-3)。

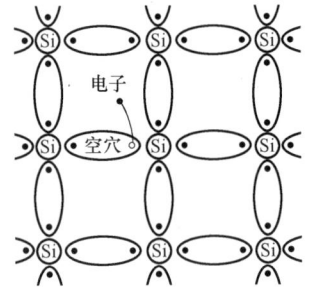

图 1-3 空穴和自由电子的形成

当电子受激发挣脱共价键中的束缚成为自由电子后,在共价键中便留下了一个空位,称为"空穴"(Hole)。当空穴出现时,相邻原子的价电子比较容易离开它所在的共价键而填补到这个空穴中来,使该价电子原来所在共价键中出现一个新的空穴,这个空穴又可能被相邻原子的价电子填补,再出现新的空穴。价电子填补空穴的运动相当于带正电荷的空穴在运动,其运动方向与价电子运动方向相反,这种运动称为空穴运动,通常把空穴看成是一种带正电荷的载流子(Carrier)。

在本征半导体内部,自由电子与空穴总是成对出现的,因此将它们称为电子-空穴对。当自由电子在运动过程中遇到空穴时可能会填充进去从而恢复一个共价键,与此同时,消失一个"电子-空穴对",这一过程称为复合。

在一定温度条件下,产生的"电子-空穴对"和复合的"电子-空穴对"数量相等,形成相对平衡,这种相对平衡属于动态平衡,达到动态平衡时,"电子-空穴对"维持一定的数目。

可见,在半导体两端加上外电压时,半导体中将出现两种电流:一是自由电子定向运动所形成的电子电流,二是自由电子填补空穴所形成的空穴电流,自由电子和空穴两种载流子同时参与导电,这是半导体导电方式的最大特点。而金属导体中只有自由电子这一种载流子参与导电,这是半导体与金属导体的不同之处。

1.1.2 杂质半导体

本征半导体的导电能力很差,但是在其中掺入微量杂质后,它的导电能力会增强。在纯净半导体中掺入微量杂质所形成的半导体,称为杂质半导体(Doped Semiconductor)。

根据掺入杂质元素的不同,杂质半导体可分为 N 型半导体和 P 型半导体两种。

1. N 型半导体（N-type Semiconductor）

在本征半导体中掺入五价元素磷，可形成 N 型半导体。磷原子的最外层有五个价电子，其中只有四个价电子能与周围四个半导体原子中的价电子形成共价键，多余的一个价电子因无共价键束缚形成自由电子，在本征硅中掺入磷的原子结构如图 1-4a 所示。

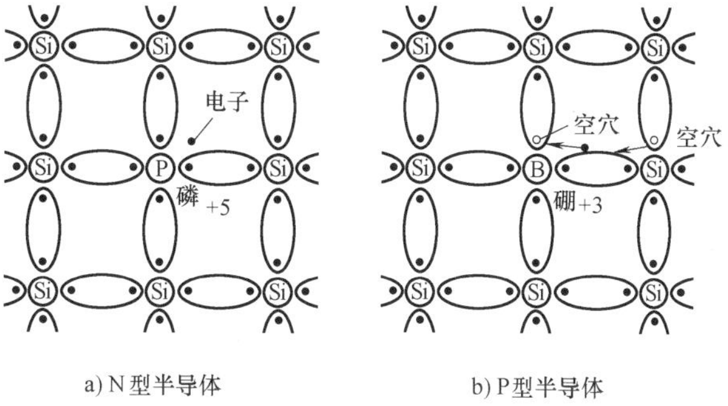

a) N 型半导体   b) P 型半导体

图 1-4 掺杂半导体共价键的结构示意图

每掺入一个磷原子，就多了一个自由电子，那么掺入的磷原子越多，自由电子个数也就越多，于是在 N 型半导体中自由电子成为多数载流子，简称多子（Majority Carrier），而空穴成为少数载流子，简称少子（Minority Carrier）。自由电子导电是这种半导体的主要导电方式，以自由电子为导电主体的半导体称为 N 型半导体或电子型半导体。

2. P 型半导体（P-type Semiconductor）

如果在本征半导体中掺入三价元素硼，就形成了 P 型半导体。硼原子的最外层有三个价电子，在与周围四个原子中的价电子形成共价键时，因缺少一个价电子而在共价键中留下一个空穴（在本征硅中掺入硼的原子结构见图 1-4b），每一个硼原子都能提供一个空穴，掺入的硼原子越多，产生的空穴就越多，空穴是多数载流子，而自由电子成为少数载流子，导电的主体是空穴，以空穴为导电主体的半导体称为 P 型半导体或空穴型半导体。

注意，无论是 N 型半导体还是 P 型半导体，尽管都有一种载流子占多数，但整个晶体仍然是电中性的。

1.2 PN 结

1.2.1 PN 结的形成

虽然 P 型半导体和 N 型半导体的导电能力比本征半导体增强了许多，但并不能直接用来制造半导体器件。当用适当的工艺将 P 型半导体和 N 型半导体结合在同一基片上时，在交界面处就形成了 PN 结（PN Junction），PN 结是构成各种半导体器件的基础。

教学视频 1-1：
PN 结

由于交界面处存在载流子浓度的差异，N 区中的电子要向 P 区扩散（载流子从浓度高的地方向浓度低的地方运动称为扩散），P 区中的空穴要向 N 区扩散。扩散的结果破坏了 P 区和 N 区中原来的电中性。P 区一侧因失去空穴而留下不能移动的负离子，N 区一侧因失去电子而留下不能移动的正离子，如图 1-5 所示。这些不能移动的带电粒子通常称为空间电荷，它们集中在 P 区和 N 区交界面附近，形成了一个很薄的空间电荷区（Space-charge Layer，也称耗尽层），这就是 PN 结。在这个区域内，多数载流子已扩散到对方侧并复合掉了，或者说消耗尽了，因此空间电荷区也称为耗尽层，它的电阻率很高。扩散越强，空间电荷区越宽。

P 区一侧呈现负电荷，N 区一侧呈现正电荷，因此空间电荷区出现了方向由 N 区指向 P 区的电场，称为内电场（见图 1-6）。在内电场的作用下将使 P 区和 N 区的少子漂移到对方，从而使空间电荷区变窄，少数载流子在内电场的作用下有规则的运动称为漂移运动。

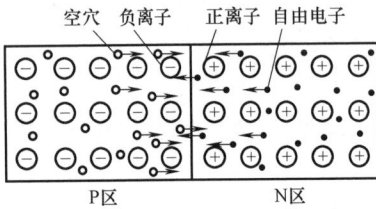

图 1-5　载流子的扩散运动　　　　　　　图 1-6　内电场的形成

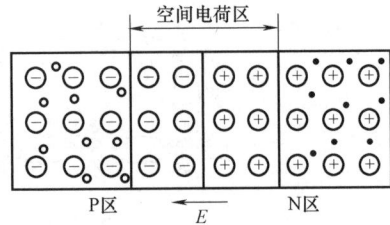

扩散运动使空间电荷区加宽，内电场增强，有利于少子的漂移而不利于多子的扩散，而漂移运动使空间电荷区变窄，内电场减弱，有利于多子的扩散而不利于少子的漂移。当扩散运动和漂移运动达到平衡时，交界面形成稳定的空间电荷区，即 PN 结处于动态平衡。

1.2.2　PN 结的单向导电性

如果在 PN 结的两端外加电压，则将破坏原来的平衡状态。此时，扩散电流不再等于漂移电流，因而 PN 结将有电流流过。当外加电压极性不同时，PN 结表现出截然不同的导电性能，即呈现出单向导电性。

1. 外加正向电压 PN 结导通

在 PN 结两端加正向电压，即 P 区接电源正极，N 区接电源负极，称为加正向电压，简称正向偏置或正偏（Forward Bias），如图 1-7a 所示。此时耗尽层变窄，有利于扩散运动的进行。多数载流子在外加电压作用下将越过 PN 结形成较大的正向电流 I_F，这时的 PN 结处于导通状态。

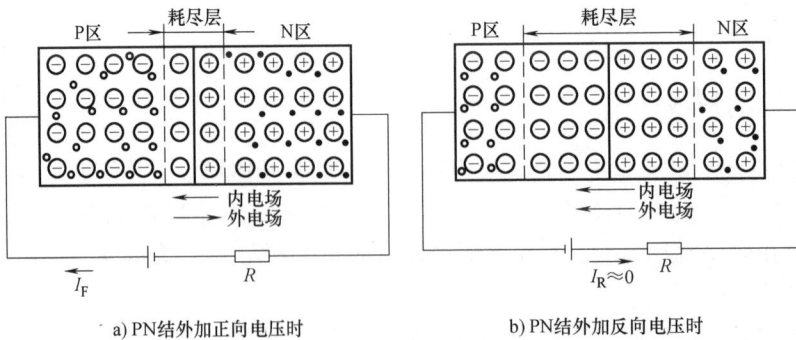

a) PN 结外加正向电压时　　　　　　　b) PN 结外加反向电压时

图 1-7　PN 结的单向导电性

2. 外加反向电压 PN 结截止

在 PN 结两端加反向电压，即 P 区接电源负极、N 区接电源正极，称为加反向电压，简称反向偏置或反偏（Backward Bias），如图 1-7b 所示。在反向电压的作用下耗尽层将变宽，阻碍多数载流子的扩散运动。少数载流子仅仅形成很微弱的反向电流 I_R，由于电流很小，可忽略不计，此时称 PN 结处于截止状态。

综上所述，PN 结具有正向导通、反向截止的导电特性，这种特性称为 PN 结的单向导电性。

1.3 半导体二极管

1.3.1 二极管的结构

将 PN 结用外壳封装起来，并加上电极引线，就构成了一只半导体二极管（Diode），简称二极管，其内部结构示意图如图 1-8a 所示。从 P 区接出的引线称为二极管的阳极（Anode），从 N 区接出的引线称为二极管的阴极（Cathode）。二极管电路符号如图 1-8b 所示，其中三角箭头表示二极管正向导通时电流的方向。

半导体二极管按所用材料不同可分为硅管和锗管，按制造工艺不同可分为点接触型、面接触型和平面型。图 1-9a 所示的点接触型二极管，由一根金属丝经过特殊工艺与半导体表面连接，形成 PN 结，因而结面积小，不能通过较大的电流，但其结电容较小，一般在 1pF 以下，工作频率可达 100MHz 以上，因此适用于高频电路和小功率整流。图 1-9b 所

a) 内部结构　　　　b) 电路符号

图 1-8　二极管内部结构示意图和电路符号

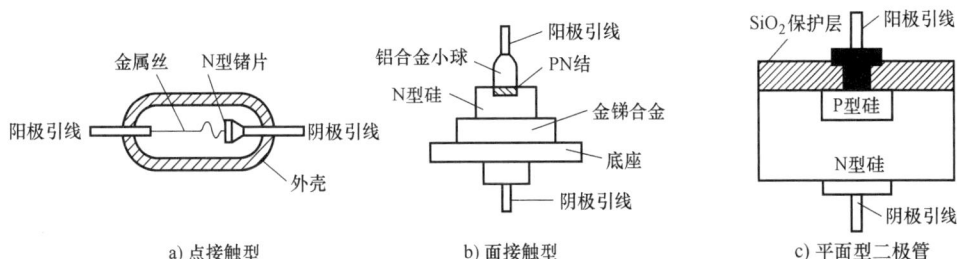

示的面接触型二极管是采用合金法工艺制成的，结面积大，能够流过较大的电流，但其结电容大，因而只能在较低频率下工作，一般仅作为整流管。平面型二极管如图 1-9c 所示，它是采用先进的集成电路工艺制成的，不仅能通过较大的电流，而且性能稳定可靠，多用于开关、脉冲及高频电路中。

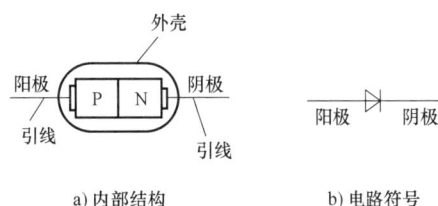

a) 点接触型　　　　b) 面接触型　　　　c) 平面型二极管

图 1-9　二极管的外部结构图

1.3.2 二极管的伏安特性

电压和电流之间的关系曲线 $i_D=f(u_D)$ 称为伏安特性曲线（Volt-ampere Characteristics），半导体硅二极管的伏安特性如图 1-10 所示。

通过理论分析可知，PN 结两端所加电压与流过它的电流之间具有如下关系：

$$i_D=I_S(e^{u_D/U_T}-1) \tag{1-1}$$

式中，I_S 为反向饱和电流，对于分立器件，其典型值在 $10^{-8} \sim 10^{-14}$ A 范围内，对于集成电路中的二极管 PN 结，其值更小；U_T 为温度的电压当量，$U_T = kT/q$，其中 k 为玻耳兹曼常量，q 为电子的电荷量，T 为热力学温度，当 $T = 300K$ 时，$U_T = 26mV$。

通过式（1-1）可以得出以下结论：

1）当硅二极管处于正向偏置，但电压 $u_D < 0.5V$（若为锗管，$u_D < 0.1V$）时，由于外电场还不足以克服 PN 结内电场对多数载流子扩散运动的阻力，流过二极管的电流近似等于零，二极管截止。小于这个电压数值的区域称为死区，拐点的电压称为死区电压，如图 1-10 中 OA 段所示。

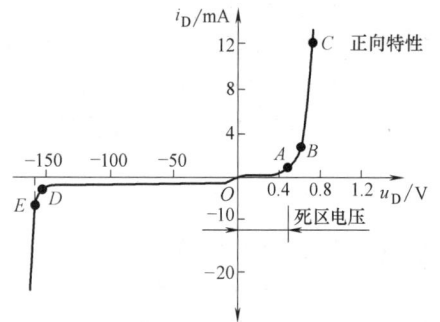

图 1-10　半导体硅二极管的伏安特性

当电压高于死区电压时，随着电压的增加，正向电流将逐渐增大。当电压达到导通电压（硅管约为 0.6V，锗管约为 0.2V）时，曲线陡直上升，电压稍增大，电流将显著增加，这时的二极管才真正导通，曲线如图 1-10 中 BC 段所示。BC 段所对应的电压称为二极管的正向电压降或管压降，其值硅二极管为 $0.6 \sim 0.7V$，锗二极管为 $0.2 \sim 0.3V$。BC 段的特点是电流变化很快，但电压基本保持恒定不变。

2）反向偏置时，二极管将有微小电流通过，称为反向漏电流或反向饱和电流，如图 1-10 中 OD 段所示。由图可见，反向漏电流基本上不随反向电压的增加而变化。二极管呈现很高的反向电阻，处于截止状态。

3）在图 1-10 中，当由 D 点继续增加反向电压时，反向电流在 E 处急剧上升，这种现象称为反向击穿（Reverse Breakdown），发生击穿时的电压称为反向击穿电压 $U_{(BR)}$。普通二极管不允许反向击穿的情况发生，因为反向击穿发生后，会产生很大的反向电流，将导致二极管 PN 结过热而造成永久损坏。

1.3.3　二极管的主要参数

为描述二极管的性能，常用其参数来说明，在工程上必须根据二极管的参数合理地选择和使用管子，二极管的主要参数如下。

1. 最大整流电流 I_{OM}

I_{OM} 是指二极管长期运行时允许通过的最大正向平均电流。I_{OM} 与 PN 结的材料、面积及散热条件有关。一般点接触型二极管的最大整流电流在几十微安以下，面接触型二极管的最大整流电流在数百安以上，有的甚至可以达到数千安。大功率二极管使用时，一般要外加散热片散热。使用时，流过二极管的最大平均电流不应超过 I_{OM}，否则二极管会因过热而损坏。

2. 反向工作峰值电压 U_{RWM}

U_{RWM} 是指二极管在使用时允许外加的最大反向峰值电压，也称最高反向工作电压，其值通常取二极管反向击穿电压的 1/2 或 2/3 左右。点接触型二极管的反向工作峰值电压一般为几十伏以下，面接触型二极管可达数百伏。实际使用时，二极管所承受的反向工作峰值电压不应超过 U_{RWM}，以免发生反向击穿。

3. 最大反向电流 I_{RM}

I_{RM} 是指给二极管加反向工作峰值电压时的反向电流值。反向电流越大，说明管子的单向导电性能越差。硅管的反向电流一般在几微安以下，锗管的反向电流较大，为硅管的几十倍到几百倍。

4. 最高工作频率 f_M

f_M 是二极管工作的上限频率。超过此值时，由于结电容的作用，二极管将不能很好地体现单向导电性。

应当指出，由于制造工艺所限，半导体器件参数具有分散性，同一型号管子的参数值会有相当大的差距，因而手册上往往给出的是参数的上限值、下限值或范围。此外，使用时应特别注意手册上每个参数的测试条件，当使用条件与测试条件不同时，参数也会发生变化。

其他参数，如二极管的最大整流电压下的管压降、反向恢复时间、结电容等，可在使用时查阅手册。

1.3.4 二极管的应用

半导体二极管应用十分广泛。在模拟电子电路中主要用于整流、检波、限幅、元器件保护和小电压稳压电路等，在数字电子电路中多用于开关电路。

教学视频1-3：
二极管的应用

1. 整流电路

利用二极管的单向导电性，可以将交流电加以整流变成脉动的直流电，电路如图1-11所示。变压器降压后的正弦电压 u_i 经二极管整流后，在负载 R 上得到了一个脉动的单方向变化的直流电压 u_o。

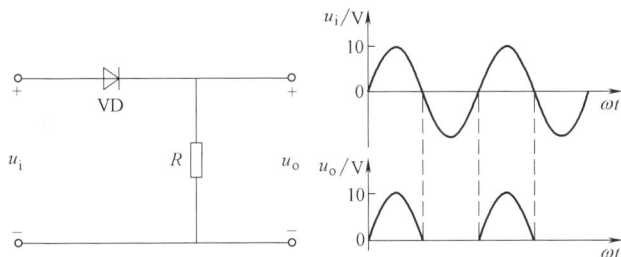

图1-11 单向整流电路及其输入、输出电压波形

2. 限幅电路

在电子电路中，常用限幅电路对各种信号进行处理。它是让信号在预制的电平范围内，有选择地传输一部分。

【例1-1】 单向限幅电路如图1-12a所示，图1-12b为输入电压 u_i 的波形。试画出输出电压 u_o 的波形（设VD为理想二极管）。

解：根据二极管的单向导电性，二极管导通或截止取决于它是正向偏置还是反向偏置，因此可从分析二极管两端的电压着手。

1）当 $u_i < U_S$ 时，二极管截止，U_S 所在支路相当于断开，电路中电流为零，电阻 R 上的电压降 $u_R = 0$，输出随输入变化而变化，$u_o = u_i$。

2）当 $u_i > U_S$ 时，二极管导通，理想二极管在导通时正向电压降为零，$u_o = U_S$，输入电压正半周大于 U_S 的部分降在电阻 R 上，即 $u_R = u_i - U_S$，输出电压 u_o 的波形如图1-12c所示。

a) 单向限幅电路　　　　b) 输入电压u_i波形　　　　c) 输出电压u_o波形

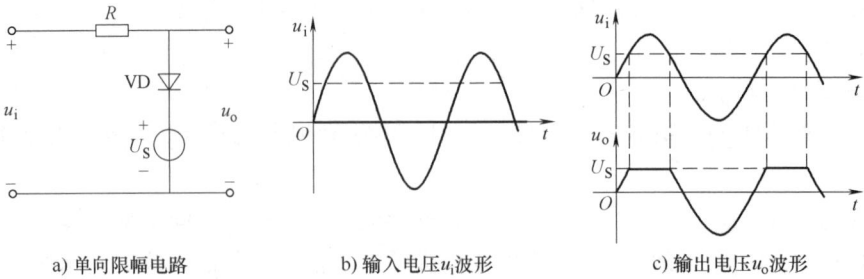

图 1-12　例 1-1 的电路图

该电路使输出电压上半周的幅值被限制在 U_S，称为上限幅电路。如果在 u_o 端再增加一个二极管和一个直流电源（二极管和直流电压源均反向），则可以构成双向限幅电路。

3. 钳位电路

钳位电路是利用二极管正向导通时正向电压降相对稳定且数值较小的特点来限制电路中某点的电位。在图 1-13 中，开关 S 断开时，二极管处于正偏导通，如果忽略管压降，则 U_o 将被钳制在 5V；当开关 S 合上时，二极管截止，$U_o = 0V$。

4. 开关电路

在开关电路中，利用二极管的单向导电性以接通或者断开电路，这在数字电路中得到广泛的应用。二极管与门开关电路如图 1-14 所示，设 VD_A、VD_B 均为理想二极管，u_A 和 u_B 可取 0V、5V 电压值，当 u_A 和 u_B 取不同组合的数值时，相应的输出见表 1-1。

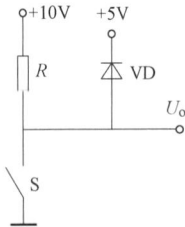

图 1-13　二极管钳位电路　　　　图 1-14　二极管与门开关电路

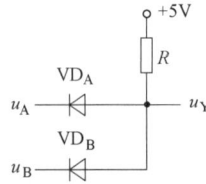

表 1-1　与门开关电路输入输出表

u_A/V	u_B/V	u_Y/V
0	0	0
0	5	0
5	0	0
5	5	5

1.3.5　稳压二极管

稳压二极管（Voltage Regulator Diode）简称稳压管，也称为齐纳二极管（Zener Diode），它是一种特殊的面接触型二极管。稳压管在反向击穿时，在一定的电流范围内（或者说在一定的功率损耗范围内），端电压几乎不变，表现出稳压特性，因而广泛用于稳压电源与限幅电路中。

与普通二极管不一样，稳压管的反向击穿是可逆的，当去掉反向电压后，稳压管又可恢复正常。但是如果反向电流超过允许范围，稳压二极管会发生热击穿而损坏。常用稳压二极管的外形图如图 1-15 所示，它的电路符号和相应的伏安特性曲线如图 1-16 所示。

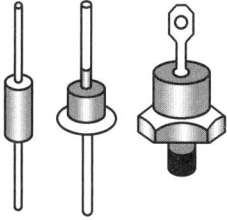

a) 电路符号　　b) 伏安特性曲线

图 1-15　常用稳压二极管的外形图　　图 1-16　稳压二极管的电路符号与伏安特性曲线

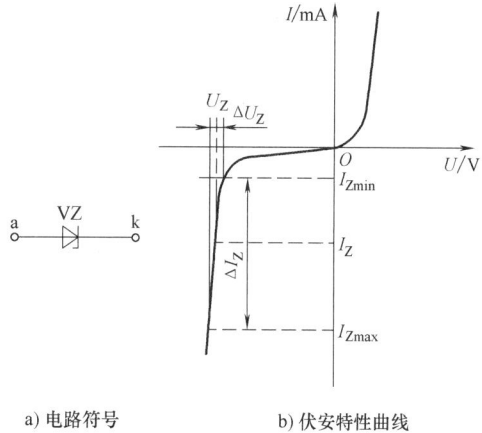

利用稳压管组成的简单稳压电路如图 1-17 所示，R 为限流电阻，和稳压管 VZ 配合使用，用以限制流过稳压管的电流。输出电压 $U_o = U_Z$，电源电压 U_i 升高时，$U_o = U_Z$ 将随之升高，I_Z 显著增大，流过电阻 R 的电流（$I_o + I_Z$）增加，电阻 R 上的电压降也增加。只要 $I_{Zmin} < I_Z < I_{Zmax}$，就可以认为 $U_o = U_Z$ 基本不变，U_i 升高的部分，则几乎全部降落在限流电阻 R 上。而当 U_i 下降或负载 R_L 有变化时，稳压管仍然可以起到稳压作用，其原理请读者自行分析。

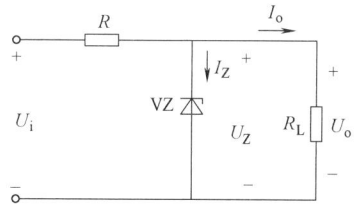

图 1-17　稳压管稳压电路

稳压二极管的主要参数如下。

1. 稳定电压 U_Z

U_Z 是指稳压管正常工作下管子两端的电压。手册中所列的都是在一定条件下的数值，即使是同一型号的稳压管，由于工艺和其他方面的原因，稳压值也有一定的分散性。

2. 动态电阻 r_Z

r_Z 为稳压管在稳压范围内，稳压管两端电压变化量 ΔU_Z 与对应电流变化量 ΔI_Z 之比，即

$$r_Z = \Delta U_Z / \Delta I_Z \tag{1-2}$$

稳压管的 r_Z 越小，说明管子的反向击穿特性曲线越陡，稳压性能越好。

3. 稳定电流 I_Z、最小工作电流 I_{Zmin} 和最大工作电流 I_{Zmax}

I_Z 是指工作在稳压状态下的电流，由图 1-16 可知，I_Z 应该大于最小工作电流 I_{Zmin}（即保证稳压管具有正常稳压性能的最小工作电流），稳压管的工作电流低于此值时，则稳压效果差或不能稳压。I_Z 应该小于最大工作电流 I_{Zmax}（即保证稳压管具有正常稳压性能的最大工作电流），否则管子将因温度过高而损坏，稳压管一般需配合限流电阻使用。

4. 最大耗散功率 P_{ZM}

P_{ZM} 为稳压管不致发生热击穿的最大功耗，即

$$P_{ZM} = U_Z I_{Z\max} \qquad (1\text{-}3)$$

5. 电压温度系数 α_U

稳压管中流过的电流为 I_Z 时，环境温度每变化 1℃，稳定电压的相对变化量（用百分数表示）称为稳定电压的温度系数，用 α_U 表示。它表示温度变化对稳定电压 U_Z 的影响程度。

$$\alpha_U = \frac{\Delta U_Z}{U_Z \Delta T} \times 100\% \qquad (1\text{-}4)$$

通常 $U_Z<5V$ 的稳压管具有负温度系数，$U_Z>8V$ 的稳压管具有正温度系数，而 U_Z 在 6V 左右时稳压管的电压温度系数最小。

【例 1-2】 在图 1-18 所示的电路中，求通过稳压管 VZ 的电流 I_Z，R 是限流电阻，其值是否合适？

解： 由图 1-18 可知，稳压管的 $U_Z=8V$，通过稳压管的电流为

$$I_Z = \frac{26-8}{6} mA = 3mA$$

故 $I_Z<I_{Z\max}=10mA$，说明所选用的电阻 R 值合适。

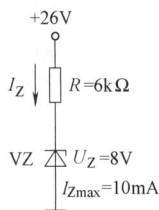

图 1-18 例 1-2 的图

1.4 双极型晶体管

双极型晶体管是最重要的一种半导体器件，利用它的电流放大作用可以组成各式各样的放大电路，利用它的开关作用可以组成各种门电路。因此，双极型晶体管是电子电路的组成基础，是电子电路中最基本的半导体器件。本节重点介绍双极型晶体管的结构、电路符号、工作原理、特性曲线及其主要参数等。

1.4.1 双极型晶体管的结构

根据不同的掺杂方式在同一个硅片上制造出三个掺杂区域，并形成两个 PN 结，就构成双极型晶体管。双极型晶体管按其结构可分为 NPN 型和 PNP 型两种类型。无论哪种类型都有三个区、三个极、两个 PN 结。它们依次分别是集电区、基区和发射区；集电极 C、基极 B 和发射极 E，基区与发射区之间的 PN 结称为发射结，基区与集电区之间的 PN 结称为集电结。

双极型晶体管的内部结构及图形符号如图 1-19a 所示，图形符号中的箭头方向表示发射结正偏时发射极电流的实际流向。双极型晶体管在结构上的主要特点是：基区很薄且掺杂浓度低，发射区掺杂浓度高，集电区面积大。因此，在使用时双极型晶体管的发射极 E 和集电极 C 不能互换。

双极型晶体管的种类很多，分类方法各异。按结构可分为 NPN 型和 PNP 型；按工作频率可分为低频双极型晶体管和高频双极型晶体管；按功率可分为小功率双极型晶体管、中功率双极型晶体管和大功率双极型晶体管；按所用半导体材料可分为硅管和锗管；按用途可分为放大管和开关管等。图 1-19b 为常见的几种双极型晶体管的外形图。

NPN 型和 PNP 型双极型晶体管的工作原理类似，只是使用时电源极性不同，各极电流

方向不同，本书主要以 NPN 型双极型晶体管为主分析讨论。

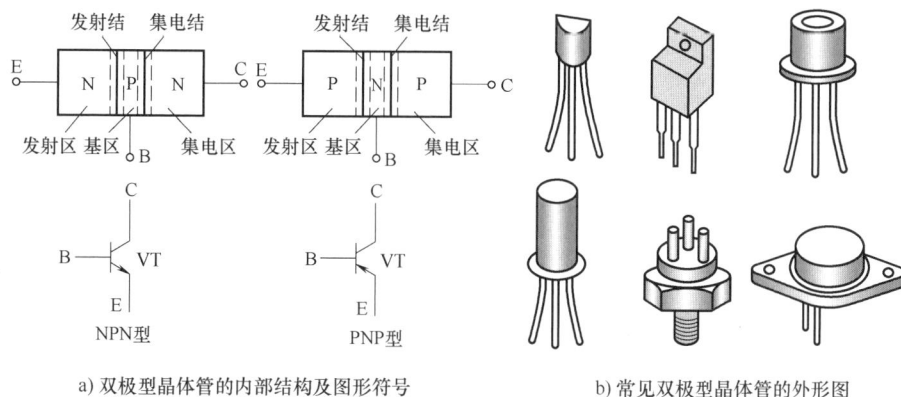

a) 双极型晶体管的内部结构及图形符号   b) 常见双极型晶体管的外形图

图 1-19   双极型晶体管的内部结构、图形符号及外形

1.4.2   双极型晶体管的电流分配与放大原理

1. 双极型晶体管实验电路的组成

为了了解双极型晶体管的放大原理和其电流的分配，下面做一个实验，电路如图 1-20
所示。把双极型晶体管接成两个电路：基极电路和集电极电路。发射极是输入输出的公共端，这种电路就称为共发射极电路（Common-emitter Configuration）。电路中，用三只电流表分别测量双极型晶体管的集电极电流 I_C、基极电流 I_B 和发射极电流 I_E，各电流的实际方向和其正方向相同，电路有两个电源 U_{BB} 和 U_{CC}，设置成 $U_{BB} < U_{CC}$。

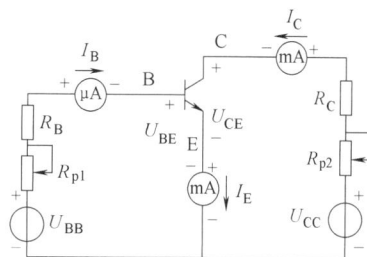

图 1-20   双极型晶体管电流分配实验电路

通过调节电位器 R_{P1} 改变基极电流 I_B，则集电极电流 I_C、发射极电流 I_E 都会随之发生变化，测得的实验数据见表 1-2。

表 1-2   双极型晶体管各电流测量数据

I_B/mA	0	0.01	0.02	0.03	0.04	0.05
I_C/mA	<0.001	0.50	1.00	1.50	2.00	2.50
I_E/mA	<0.001	0.51	1.02	1.53	2.04	2.55

分析表中数据，可得出如下结论：

1）发射极电流等于基极电流与集电极电流之和，即

$$I_E = I_B + I_C \qquad\qquad (1\text{-}5)$$

这个实验结果符合基尔霍夫电流定律。

2）$I_C \gg I_B$，从第三列和第四列的数据可知

$$\frac{I_C}{I_B} = \frac{1.00}{0.02} = 50, \qquad \frac{I_C}{I_B} = \frac{1.50}{0.03} = 50$$

3）较小的基极电流 I_B 的变化 ΔI_B 会引起较大的集电极电流 I_C 的变化 ΔI_C。由第二列、第三列、第四列的数据可知

$$\frac{\Delta I_C}{\Delta I_B}=\frac{1.00-0.50}{0.02-0.01}=50, \quad \frac{\Delta I_C}{\Delta I_B}=\frac{1.50-1.00}{0.03-0.02}=50$$

由上述实验数据可以看出，在双极型晶体管基极输入一个比较小的电流 I_B，就可以在集电极输出一个比较大的电流 I_C。另一方面，基极电流微小的变化 ΔI_B 就可以引起集电极电流较大的变化 ΔI_C。这说明，双极型晶体管具有电流放大作用。

值得说明的是，双极型晶体管具有电流放大作用，是指在基极输入小电流 I_B，在集电极电路会获得放大了的电流 I_C，但这并不说明双极型晶体管起到了能量放大的作用，放大所需要的能量是由集电极电源 U_{CC} 提供的，不能理解为双极型晶体管自身可以生成能量，能量是不能凭空产生的。也可以这样说，双极型晶体管具有用小信号控制大信号的能量控制功能。因此，双极型晶体管是一种电流控制器件。

4）当 $I_B=0$（即基极开路）时，$I_C<1\mu A$，其值很小。

还要注意，放大电路中，要使双极型晶体管具有放大作用，必须设置合适的偏置条件，即发射结正偏，集电结反偏。换句话说，对于 NPN 型双极型晶体管，必须保证集电极电位高于基极电位，基极电位又高于发射极电位，即 $U_C>U_B>U_E$；而对于 PNP 型双极型晶体管，则与之相反，$U_C<U_B<U_E$。

2. 双极型晶体管内部电流分配

双极型晶体管处于放大状态时，必须满足发射结正偏，集电结反偏，按此要求连接电路，如图 1-21 所示。下面用双极型晶体管内部载流子运动的规律来解释双极型晶体管放大的原理。

（1）发射区向基区扩散电子

对于 NPN 型双极型晶体管而言，因为发射区自由电子的浓度大，而基区自由电子的浓度小，所以自由电子要从浓度大的发射区向浓度小的基区扩散。由于发射结处于正向偏置，发射区自由电子的扩散运动加强，不断扩散到基区，并不断从电源补充进电子，形成发射极电流 I_E。

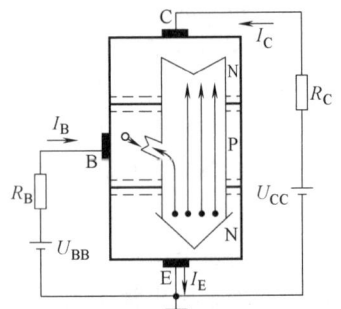

图 1-21　NPN 型双极型晶体管内部电流分配

基区的多数载流子空穴也要向发射区扩散，但由于基区的空穴浓度比发射区电子的浓度小得多，因此可以忽略不计。

（2）电子在基区的扩散与复合

从发射区扩散到基区的自由电子起初都聚集在发射结附近，因此电子将向集电结方向扩散。在扩散途中，有些电子与基区中的空穴相遇而复合，同时接在基区的电源 U_{BB} 不断地从基区拉走电子，不断地给基区提供空穴，从而保持基区空穴浓度的不变，形成基极电流 I_B。因为基区很窄且掺杂浓度低，所以在基区复合掉的电子数量很少，大部分的电子将扩散到集电结。

（3）集电极收集电子

因集电结反偏，将阻止多数载流子的扩散运动。而从发射区注入基区的电子，通过基区时复合掉一小部分，绝大部分会扩散到集电结的边缘。在集电结反偏电场的作用下，迅速地漂移到集电区，最终被集电极收集，形成电流 I_C。另外，在内电场的作用下，将使基区的少

数载流子（电子）和集电区的少数载流子（空穴）发生漂移运动，形成电流 I_{CBO}，构成集电极电流和基极电流的一部分。

由以上分析可知，从发射区扩散到基区的电子中，只有少部分在基区复合掉，而大部分进入了集电区，故 $I_B \ll I_C$。

1.4.3 双极型晶体管的特性曲线

双极型晶体管的特性曲线是用来表示该双极型晶体管各极电压和电流之间相互关系的。它是双极型晶体管内部特性的外部表现，双极型晶体管的特性曲线是分析双极型晶体管组成的放大电路和选择管子参数的重要依据。共发射极接法时，双极型晶体管的特性曲线一般包括输入特性曲线和输出特性曲线两种。以NPN 型双极型晶体管 3DG4 为例，测试其特性曲线的实验电路如图 1-22 所示。

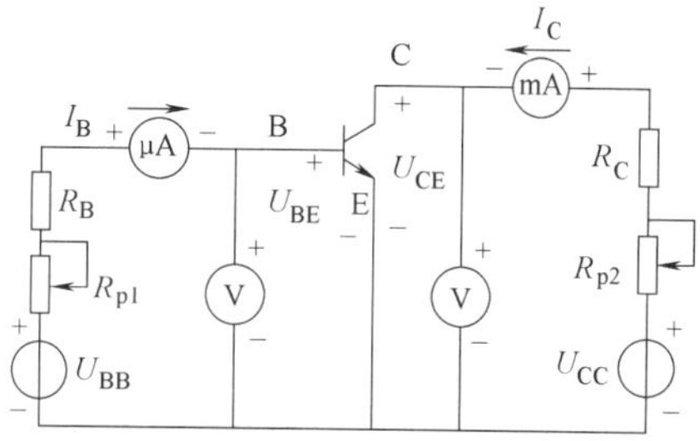

图 1-22 双极型晶体管共射特性曲线
测试电路

1. 输入特性曲线

双极型晶体管的共射输入特性曲线是指当集电极-发射极电压 U_{CE} 为常数时，输入电路中的基极电流 I_B 与基极-发射极电压 U_{BE} 之间的关系曲线，即

$$I_B = f(U_{BE}) \big|_{U_{CE} = 常数} \tag{1-6}$$

实验测得的曲线如图 1-23 所示，以下对输入特性做简要的分析。

1）当 $U_{CE} = 0V$ 时，双极型晶体管集电极与发射极间相当于短路，双极型晶体管相当于两个二极管并联，加在发射结上的电压即为加在两个并联二极管上的电压，所以双极型晶体管的输入特性曲线与二极管伏安特性曲线的正向特性相似，U_{BE} 与 I_B 也是非线性关系，同样存在着死区，死区电压硅管约为 0.5V，锗管约为 0.1V。

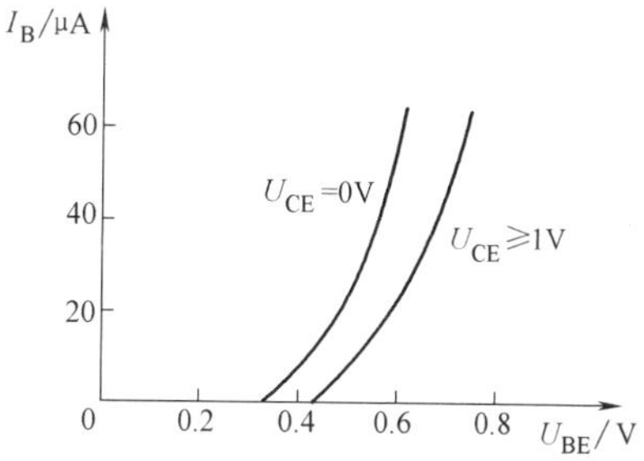

2）当 $U_{CE} = 1V$ 时，相当于集电结加了反偏电压，管子处于放大状态，I_C 增大，对应于相同的 U_{BE}，基极电流 I_B 比原来 $U_{CE} = 0$ 时减小，特性曲线也相应地向右移动。

图 1-23 双极型晶体管共射输入
特性曲线

3）$U_{CE} > 1V$ 时，集电结已经反偏，内电场已足够大，而基区又很薄，足以把从发射区扩散到基区的大部分电子拉入集电区。此时只要保持 U_{BE} 不变，发射区扩散到基区的电子数就不变。即使 U_{CE} 再增加，I_B 也不会明显减小。也就是说，$U_{CE} > 1V$ 时输入特性曲线与 $U_{CE} = 1V$ 时的特性曲线非常接近。由于实际管子放大时，U_{CE} 总是大于 1V，通常就用 $U_{CE} = 1V$ 这条曲线来代表输入特性曲线。在正常工作时，发射结上的正偏压 U_{BE} 基本上为定值，硅管为 0.7V 左右，锗管为 0.2V 左右。

2. 输出特性曲线

双极型晶体管的共射输出特性曲线是指当双极型晶体管的基极电流 I_B 为常数时，集电极电流 I_C 与集电极-发射极电压 U_{CE} 之间的关系曲线，即

$$I_C = f(U_{CE}) \big|_{I_B = 常数} \tag{1-7}$$

实验测得的曲线如图 1-24 所示。由图中可以看出，对应于不同的 I_B 下，可以绘出不同的曲线，故输出特性是一个曲线族。和输入特性一样，双极型晶体管的输出特性也不是直线，说明双极型晶体管是一种典型的非线性器件。

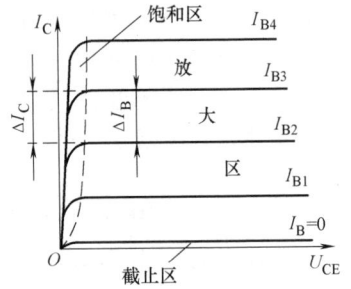

图 1-24 双极型晶体管的输出特性曲线

通常把双极型晶体管输出特性曲线分为三个区：放大区、饱和区和截止区。

（1）放大区

输出特性曲线近于水平的部分是放大区。在此区域内，I_B 控制 I_C，I_C 与 I_B 成正比关系，故也称此区为线性区。双极型晶体管工作在放大区时，发射结必须正偏，集电结反偏。

（2）截止区

截止区就是 $I_B=0$ 曲线以下的区域。在此区域内，双极型晶体管各极电流接近或等于零，E、B、C 极之间近似看作开路。双极型晶体管工作在截止区时，发射结反偏，集电结也反偏。对 NPN 型硅管而言，$U_{BE}<0.5V$ 时即已开始截止，但为了截止可靠，常使 $U_{BE}\leqslant0$。

（3）饱和区

输出特性曲线中 $I_B>0$，$U_{CE}\leqslant0.3V$ 的区域为饱和区。在此区域内，I_C 几乎不受 I_B 的控制，双极型晶体管失去放大作用。双极型晶体管工作在饱和区时，发射结和集电结均为正偏。当 $U_{CE}=U_{BE}$ 时，双极型晶体管处于临界饱和状态。处于饱和状态的 U_{CE} 称为饱和电压降。

【例 1-3】 用直流电压表测得某放大电路中某个双极型晶体管各极对地的电位分别如下：$U_1=3V$，$U_2=6V$，$U_3=3.7V$，试判断双极型晶体管各对应电极与双极型晶体管类型。

解：双极型晶体管能正常实现电流放大的电位关系是：NPN 型管，$U_C>U_B>U_E$，且硅管放大时 U_{BE} 约为 0.7V，锗管 U_{BE} 约为 0.2V；而 PNP 型管，$U_C<U_B<U_E$，且硅管放大时 U_{BE} 为 -0.7V，锗管 U_{BE} 为 -0.2V。所以先找电位差绝对值为 0.7V 或 0.2V 的两个电极，若另一个电极电位值比这两个电极电位值都大，则为 NPN 型双极型晶体管；若另一个电极电位值比这两个电极电位值都小，则为 PNP 型双极型晶体管。本例中，U_3 比 U_1 大 0.7V，U_2 比 U_3 和 U_1 都大，所以此管为 NPN 型硅管，3 引脚是基极，1 引脚是发射极，2 引脚是集电极。

1.4.4 双极型晶体管的主要参数

双极型晶体管的参数是表示器件性能和使用范围的一组数据，是设计电路和选用双极型晶体管的主要依据。其主要参数有以下几个。

1. 共发射极电路电流放大系数

（1）直流电流放大系数 $\bar{\beta}$

把双极型晶体管接成共发射极电路时，在静态（无交流信号输入）时，双极型晶体管集电极电流 I_C 与基极电流 I_B 的比值，称为直流（静态）电流放大系数，用 $\bar{\beta}$ 表示，即

$$\bar{\beta}=\frac{I_C}{I_B} \tag{1-8}$$

（2）交流电流放大系数

当双极型晶体管工作在动态（有信号输入）时，基极电流的变化量设为 ΔI_{B}，它引起集电极电流的变化量为 ΔI_{C}。ΔI_{C} 与 ΔI_{B} 的比值称为交流（动态）电流放大系数，用 β 表示，即

$$\beta = \frac{\Delta I_{\mathrm{C}}}{\Delta I_{\mathrm{B}}} \tag{1-9}$$

一般 $\bar{\beta}$ 与 β 数值相近，在实际应用中，可近似认为 $\bar{\beta}=\beta$，本书将统一用 β 表示。

由于双极型晶体管是非线性器件，只有在输出特性曲线的近似水平部分 I_{C} 才随 I_{B} 成正比变化，β 值才可认为是恒定不变的。此外，由于制造工艺的原因，即使是同一型号的管子，β 值相差也很大，常用双极型晶体管的 β 值在 20～200 之间。

双极型晶体管 β 值的大小会受温度的影响，温度升高，β 值增大。

2. 极间反向电流

极间反向电流是由少数载流子形成的，而少数载流子是受热激发而产生，故极间反向电流的大小表征了管子的温度特性。

（1）集电极-基极反向饱和电流 I_{CBO}

I_{CBO} 是发射极开路时，集电极和基极之间的反向电流值。室温下，小功率硅管的 I_{CBO} 在 $1\mu\mathrm{A}$ 以下，小功率锗管的 I_{CBO} 为几微安或几十微安。I_{CBO} 越小越好，温度升高，I_{CBO} 会增大。测量 I_{CBO} 的电路如图 1-25a 所示。

（2）集电极-发射极反向饱和电流（穿透电流）I_{CEO}

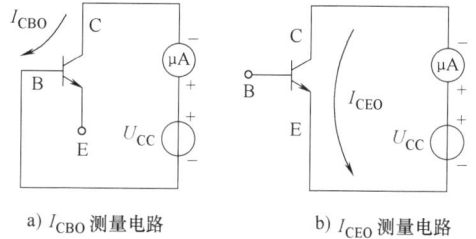

a) I_{CBO} 测量电路　　　　b) I_{CEO} 测量电路

图 1-25　极间反向电流的测量

I_{CEO} 是双极型晶体管基极开路，集电极与发射极之间的电流，也称为集-射极之间的穿透电流。温度越高，I_{CEO} 越大，所以双极型晶体管的温度特性很差，其测量电路如图 1-25b 所示。可以证明，I_{CBO} 与 I_{CEO} 的关系是

$$I_{\mathrm{CEO}} = (1+\beta) I_{\mathrm{CBO}} \tag{1-10}$$

及

$$I_{\mathrm{C}} = \beta I_{\mathrm{B}} + I_{\mathrm{CEO}} \tag{1-11}$$

3. 极限参数

（1）集电极最大允许电流 I_{CM}

当集电极电流 I_{C} 超过一定数值后，β 值将明显下降。当 β 下降到正常值的 2/3 时的集电极电流称为集电极最大允许电流 I_{CM}。可见，当工作电流超过 I_{CM} 时，管子不一定会损坏，但它将以降低 β 为代价。一般小功率双极型晶体管的 I_{CM} 约为几十毫安，大功率双极型晶体管可达几安。

（2）集电极-发射极反向击穿电压 $U_{(\mathrm{BR})\mathrm{CEO}}$

$U_{(\mathrm{BR})\mathrm{CEO}}$ 指基极开路时，集电极与发射极之间所能承受的最高反向电压。接成共射电路时，若超过此值，集电结会发生反向击穿。温度升高，管子的反向击穿电压下降。

（3）集电极最大允许耗散功率 P_{CM}

P_{CM} 指集电结允许功率损耗的最大值，其大小主要取决于允许的集电结结温。一般硅管允许结温约为 150℃，锗管约为 70℃。显然，P_{CM} 的大小与管子的散热条件及环境温度有关。P_{CM} 的公式为

$$P_{CM} = I_C U_{CE} \tag{1-12}$$

综上所述，由 P_{CM}、I_{CM}、$U_{(BR)CEO}$ 可画出管子的安全工作区，如图 1-26 所示。实际使用中，不允许超出安全工作区。

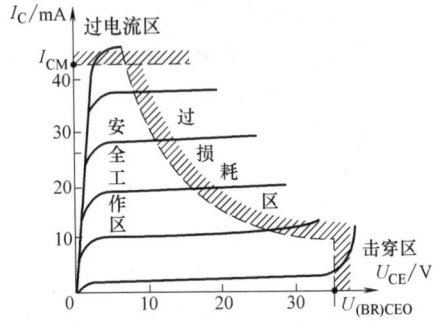

图 1-26　双极型晶体管的安全工作区

1.5　场效应晶体管

场效应晶体管（Field-Effect Transistor，FET）又称为单极晶体管，是一种较新型的半导体器件，其外形与双极型晶体管相似。与作为电流控制元件的双极型晶体管不同，它的导电途径为沟道（Channel），其工作原理是通过外加电场对沟道的厚度和形状进行控制，以改变沟道的电阻，从而改变电流的大小，是电压控制器件。又由于场效应晶体管工作时只有一种载流子参与导电，故称为单极晶体管。其特点是输入电阻高（可达 $10^9 \sim 10^{14}\,\Omega$）、温度特性好、抗干扰能力强、便于集成，被广泛应用于放大电路和数字电路中。

场效应晶体管按结构不同分为结型场效应晶体管（JFET）和绝缘栅型场效应晶体管（IGFET）两种，后者由于性能优越，制造工艺简单，便于大规模集成，应用尤为广泛。本节只对绝缘栅型场效应晶体管的结构、工作原理、特性和参数做简单的介绍。

1.5.1　绝缘栅型场效应晶体管

绝缘栅型场效应晶体管也称为金属-氧化物-半导体场效应晶体管（MOSFET），因它由金属、氧化物和半导体三种物质制成，故简称为 MOS 场效应晶体管。

绝缘栅型场效应晶体管按工作状态可分为增强型和耗尽型两类，每类按导电沟道形成的不同，又有 N 沟道和 P 沟道之分，故共有四种类型，它们的图形符号如图 1-27 所示。以下仅介绍 N 沟道增强型和耗尽型 MOS 管的工作原理。

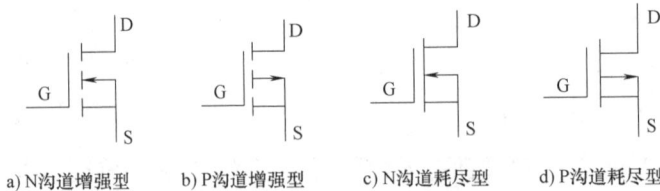

a) N 沟道增强型　　b) P 沟道增强型　　c) N 沟道耗尽型　　d) P 沟道耗尽型

图 1-27　场效应晶体管的分类

1. N 沟道增强型 MOS 管

（1）结构

N 沟道增强型 MOS 管（MOSFET）的结构如图 1-28 所示。以一块掺杂浓度较低的 P 型半导体作为衬底，在其表面上覆盖一层 SiO_2 的绝缘层，再在 SiO_2 层上刻出两个窗口，通过扩

散工艺形成两个高掺杂的 N 型区（用 N$^+$ 表示），并在 N$^+$ 区和 SiO$_2$ 的表面各自喷上一层金属铝，分别引出源极 S（Source）、漏极 D（Drain）和栅极 G（Gate）。衬底（B）上也接出一根引线（通常情况下将它和源极在内部相连）。在两个 N$^+$ 区之间的半导体区是载流子从源极流向漏极的通道，称为导电沟道（Conductive Channel）。由于栅极与导电沟道之间被 SiO$_2$ 绝缘，故称此类场效应晶体管为绝缘栅型。

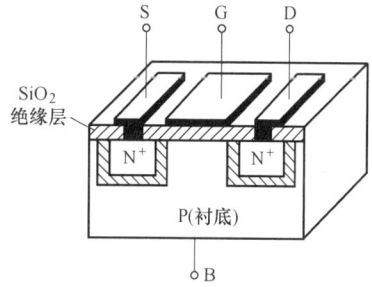

图 1-28　N 沟道增强型 MOS
管结构示意图

（2）工作原理

当栅源电压 $U_{GS} = 0$ 时，由于在漏极和源极的两个 N$^+$ 区之间是 P 型衬底，因此漏、源极之间相当于两个背靠背的 PN 结。无论漏、源极之间加上何种极性的电压，总是不导通的，即 $I_D = 0$。

当 $U_{DS} = 0$，$U_{GS} > 0$ 时，因 SiO$_2$ 绝缘层的存在，栅极电流为零，但却产生了一个垂直半导体表面、由栅极指向 P 型衬底的电场。这个电场排斥空穴，吸引电子，P 型衬底中的电子受到电场力的吸引达到表层，填补空穴形成负离子的耗尽层，如图 1-29a 所示。当 $U_{GS} > U_{GS(th)}$ 时，形成了一层以电子为主的 N 型层，通常称为反型层，由于源极和漏极均为 N$^+$ 型，故此 N 型层在漏、源极间形成电子导电的沟道，称为 N 型沟道，如图 1-29b 所示，其中 $U_{GS(th)}$ 称为开启电压。此时在漏、源极间加 U_{DS}，则形成电流 I_D。显然，此时改变 U_{GS} 则可改变沟道的宽窄，即改变沟道电阻大小，从而控制了漏极电流 I_D 的大小。由于这类场效应晶体管在 $U_{GS} = 0$ 时，$I_D = 0$，只有在 $U_{GS} > U_{GS(th)}$ 后才出现沟道，形成电流，故称为增强型。

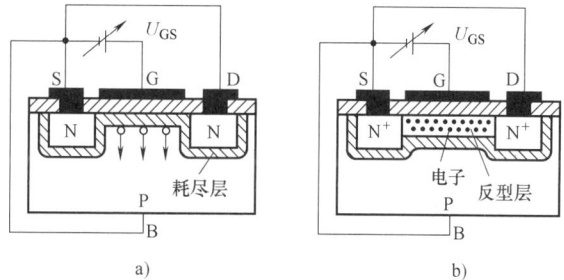

图 1-29　N 沟道增强型 MOS 管工作原理图

（3）特性曲线

场效应晶体管的特性曲线是指 I_D、U_{GS}、U_{DS} 之间的关系曲线，N 沟道增强型场效应晶体管的特性曲线如图 1-30 所示。

特性曲线共有两条，其中，转移特性曲线表示在漏源电压 U_{DS} 一定时，输出电流 I_D 与输入电压 U_{GS} 的关系，如图 1-30a 所示，转移特性还可用公式表达为

a）转移特性曲线　　b）输出特性曲线

图 1-30　N 沟道增强型场效应晶体管的特性曲线

$$I_D = I_{DO} \left(\frac{U_{GS}}{U_{GS(th)}} - 1 \right)^2 \qquad (U_{GS} > U_{GS(th)}) \qquad (1\text{-}13)$$

式中，I_{DO} 是 $U_{GS} = 2U_{GS(th)}$ 时的 I_D 值。曲线上，$I_D = 0$ 处的 U_{GS} 就是开启电压 $U_{GS(th)}$。

输出特性曲线（也称漏极特性曲线）如图 1-30b 所示，它表示了在栅源电压 U_{GS} 一定时，输出电流 I_D 与漏源电压 U_{DS} 的关系曲线。和双极型晶体管类似，输出特性可分为四个

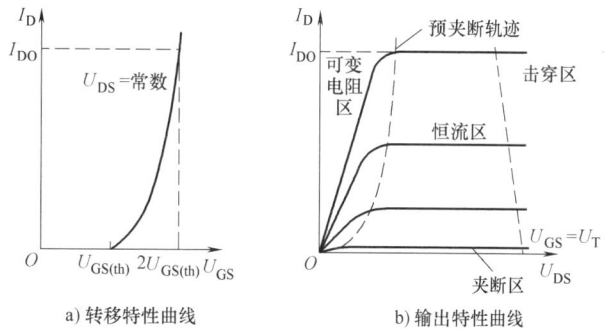

区，分别是可变电阻区、恒流区（或线性放大区）、夹断区和击穿区。可变电阻区：U_{GS} 不变时，I_D 随 U_{DS} 的增大而近于直线上升，MOS 管相当于一个线性电阻。恒流区：I_D 基本不随 U_{DS} 变化，仅取决于 U_{GS} 的大小，曲线近似为一组平行于横轴的平行线。夹断区：$U_{GS} < U_{GS(th)}$，导电沟道完全处于夹断状态，$I_D = 0$。击穿区：当 U_{DS} 升高到一定程度时，反向偏置的 PN 结发生雪崩击穿，I_D 突然变大。

2. N 沟道耗尽型 MOS 管

如果在制造 MOS 管时，在 SiO_2 的绝缘层中掺入大量的正离子，那么，即使在 $U_{GS} = 0$ 时，在正离子的作用下也存在反型层，即漏极与源极之间存在导电沟道，如图 1-31 所示。若 U_{DS} 不为零，当 U_{GS} 为正时，反型层变宽，沟道电阻减小，I_D 增大；反之，当 U_{GS} 为负时，反型层变窄，沟道电阻增大，I_D 减小；当 U_{GS} 减小到一定值时，反型层消失，漏、源间导电沟道消失，$I_D = 0$，此时的 U_{GS} 称

图 1-31　N 沟道耗尽型 MOS 管示意图

为夹断电压（Pinch-off Voltage），用 $U_{GS(off)}$ 表示。可见，这种 MOS 管通过外加 U_{GS} 既可使导电沟道变厚，也可使其变薄，直至耗尽为止，故称为 N 沟道耗尽型 MOS 管。

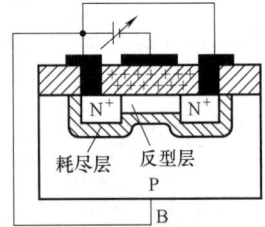

图 1-32 为 N 沟道耗尽型场效应晶体管的特性曲线。从图中可以看出，N 沟道耗尽型 MOS 管的 U_{GS} 可以在正负值的一定范围内实现对 I_D 的控制，其夹断电压 $U_{GS(off)}$ 为负值。

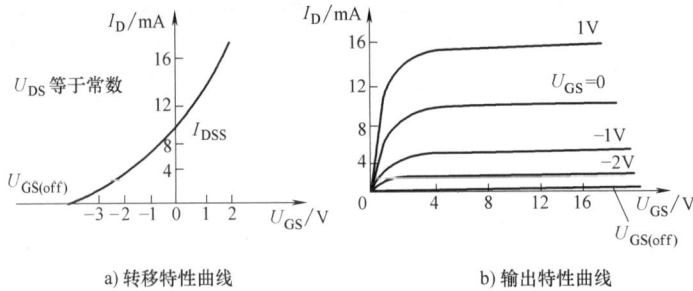

a) 转移特性曲线　　　　　　　b) 输出特性曲线

图 1-32　N 沟道耗尽型场效应晶体管的特性曲线

漏极电流与栅源电压间的数学表达式为

$$I_D = I_{DSS}\left(1 - \frac{U_{GS}}{U_{GS(off)}}\right)^2 \tag{1-14}$$

式中，I_{DSS} 为饱和漏极电流；$U_{GS(off)}$ 为夹断电压。

以上分别介绍了 N 沟道增强型和耗尽型场效应晶体管，它们的主要区别在于是否有原始导电沟道。图 1-27 的电路符号可做如下理解，箭头方向是由 P（衬底或沟道）指向 N（沟道或衬底），与源极相连的为衬底，由此可判断沟道类型。符号中三条断续线表示 $U_{GS} = 0$ 时不存在导电沟道，反之，为存在导电沟道，由此可判断是增强型 MOS 管还是耗尽型 MOS 管。

1.5.2　场效应晶体管的主要参数

1. 夹断电压 $U_{GS(off)}$

$U_{GS(off)}$ 是耗尽型和结型场效应晶体管的重要参数，是指当 U_{DS} 一定时，使 I_D 减小到某一

个微小电流（如 $1\mu A$、$50\mu A$）时所需的 U_{GS} 值。

2. 开启电压 $U_{GS(th)}$

$U_{GS(th)}$ 是增强型场效应晶体管的重要参数，是指当 U_{DS} 一定时，漏极电流 I_D 达到某一微小数值（如 $10\mu A$）时所加的 U_{GS} 值。

3. 饱和漏极电流 I_{DSS}

I_{DSS} 是耗尽型和结型场效应晶体管的一个重要参数，是指在栅、源极之间的电压 $U_{GS}=0$，而漏、源极之间的电压 U_{DS} 大于夹断电压 $U_{GS(off)}$ 时对应的漏极电流。

4. 直流输入电阻 R_{GS}

R_{GS} 是栅、源极之间所加电压与产生的栅极电流之比，由于栅极几乎不索取电流，因此输入电阻很高，结型的 R_{GS} 为 $10^6\Omega$ 以上，MOS 管的 R_{GS} 可达 $10^{10}\Omega$ 以上。

5. 低频跨导 g_m

g_m 是表征场效应晶体管放大能力的重要参数，反映了栅源电压 U_{GS} 对漏极电流的控制作用，定义为当 U_{DS} 一定时，I_D 与 U_{GS} 的变化量之比，即

$$g_m = \frac{\Delta I_D}{\Delta U_{GS}}\bigg|_{U_{DS}=常数} \tag{1-15}$$

跨导 g_m 的单位是西门子（S）。它的值可由转移特性或输出特性求得。

为了方便比较，下面将 4 种绝缘栅型场效应晶体管的转移特性和输出特性列出，见表1-3。

表 1-3　绝缘栅型场效应晶体管的特性曲线

1.6 Multisim14 软件仿真举例

1. 二极管构成的双向限幅电路

二极管构成的双向限幅电路如图 1-33a 所示，输入为最大值 10V、频率 1kHz 的正弦交流信号。当输入值大于 3.7V 时，二极管 D_1 导通，输出被限制为 3.7V；当输入值小于 -3.7V 时 D_2 导通，输出被限制为 -3.7V；当输入值大于 -3.7V 而小于 3.7V 时，二极管 D_1、D_2 均截止，输出与输入相同，经 Multisim14 软件仿真后的波形如图 1-33b 所示。

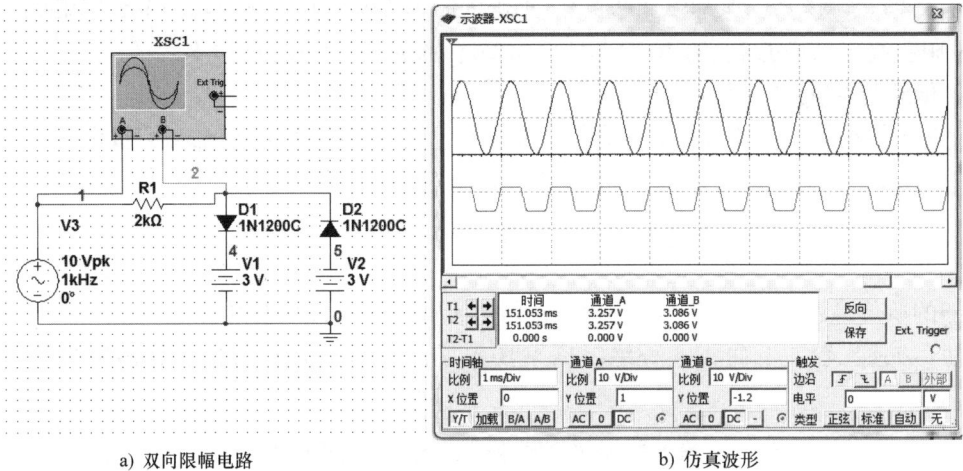

a) 双向限幅电路　　　　　　　　　　b) 仿真波形

图 1-33　二极管构成的双向限幅电路

2. 稳压管电路

稳压管实验电路如图 1-34 所示。其中，稳压管 D_1 的稳压值为 4.7V，稳定电流的最小值 $I_{Zmin}=5mA$，稳定电流的最大值 $I_{Zmax}=40mA$。实验中把 24V 直流电源串联一个 100Ω 电位器来模拟输入电压及其变化，按下〈A〉键可以使输入电压在 20~24V 之间改变；稳压管限流电阻的取值为 400Ω；负载电阻由 100Ω 固定电阻和 500Ω 电位器串联组成，按下〈B〉键可以模拟 100~600Ω 的负载变化。为显示实验结果，还在电路的输入端、负载端和稳压管等支路设置了电压表和电流表，如图 1-34 所示。

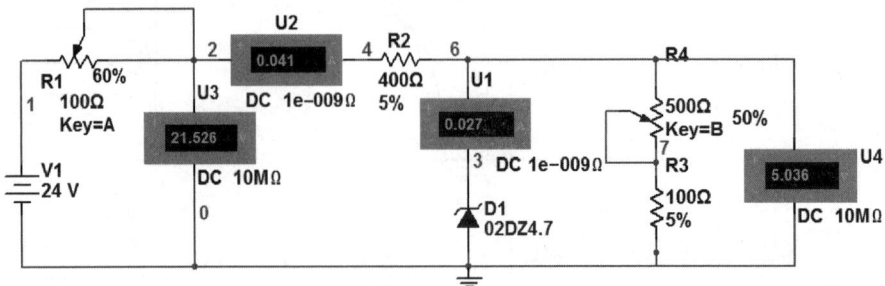

图 1-34　稳压管实验电路

在图 1-34 中，稳压管电流为 27mA，在稳定电流范围内，稳压管处于稳压状态，输出电压为 5.036V，近似于稳压管的稳压值。此时，若按下〈A〉键，使输入电压在 20~24V 之间变化时，稳压管电流在 24~33mA 之间变化，没有超出稳压管的变化范围，稳压管仍处于稳压状态。同理，若按下〈B〉键，当负载电阻为 100Ω 时，稳压管电流为 0.699mA，超出了稳定电流范围，稳压管处于反向截止状态，输出端电压变为 4.306V，电路已不能正常稳压。

本 章 小 结

1. 半导体器件是构成电子电路的基本元件，由于它们具有体积小、重量轻、使用寿命长、消耗功率少和功率转换效率高等优点而得到广泛的应用。PN 结则是构成各种半导体器件的共同基础，PN 结具有正向导通、反向截止的导电特性，这种特性称为 PN 结的单向导电性。

2. 半导体二极管按所用材料不同可分为硅管和锗管，按制造工艺不同可分为点接触型、面接触型和平面型。在模拟电子电路中半导体二极管主要用于整流、检波、限幅、元件保护和小电压稳压电路等，在数字电子电路中多用于开关电路。

3. 双极型晶体管在结构上的主要特点是：基区很薄且掺杂浓度低，发射区掺杂浓度高，集电区面积大。双极型晶体管工作在放大状态的外部条件是发射结正偏，集电结反偏，它是电流控制型器件。

4. 场效应晶体管是一种较新型的半导体器件，它的导电途径为沟道，其工作原理是通过外加电场对沟道的厚度和形状进行控制，以改变沟道的电阻，从而改变电流的大小，是电压控制型器件。其特点是输入电阻高、温度特性好、抗干扰能力强、便于集成，被广泛应用于放大电路和数字电路中。场效应晶体管按结构不同分为结型场效应晶体管和绝缘栅型场效应晶体管两种，后者由于性能优越、制造工艺简单、便于大规模集成，应用尤为广泛。

练习与思考

1. N 型半导体是如何形成的？P 型半导体又是如何形成的？

2. N 型半导体中的多数载流子是什么，少数载流子是什么？P 型半导体中的多数载流子是什么，少数载流子是什么？

3. 电子导电和空穴导电有什么不同？空穴电流是不是自由电子填补空穴形成的？

4. 当 PN 结反向偏置时，耗尽层变宽了还是变窄了？

5. 什么是扩散运动？什么是漂移运动？

6. PN 结的典型特点是什么？

7. 试用二极管构成一个或门开关电路。

8. 在使用稳压管稳压时，为什么要使用限流电阻？限流电阻该如何与稳压管配合使用？

9. 普通二极管可以作稳压管用吗？

10. 如何用万用表判断出一个晶体管是 NPN 型还是 PNP 型？如何判断晶体管的三个电极？又如何通过实验来区别晶体管是硅管还是锗管？

11. 晶体管和二极管的 PN 结特性相同吗？可以把晶体管当作二极管来用吗？

12. 放大电路如图 1-22 所示，则

(1) 如果 U_{CC}、U_{BB} 和 R_C 不变，减小 R_B 时，I_B、I_C 和 U_{CE} 如何变化？

(2) 如果 U_{CC}、U_{BB} 和 R_b 不变，减小 R_C 时，I_B、I_C 和 U_{CE} 如何变化？

13. 双极型晶体管与场效应晶体管相比有何不同？

14. 说明耗尽型绝缘栅型场效应晶体管的工作原理。

15. 绝缘栅型场效应晶体管的输入电阻为什么很高？试画出 N 沟道增强型场效应晶体管的转移特性

曲线。

16. N 沟道增强型和耗尽型场效应晶体管有何区别？说明 $U_{GS(th)}$ 和 $U_{GS(off)}$ 的区别。

习　题

1-1　电路如图 1-35 所示，已知 $u_i = 10\sin\omega t(V)$，试画出 u_i 与 u_o 的波形。设 VD 的正向导通电压可忽略不计。

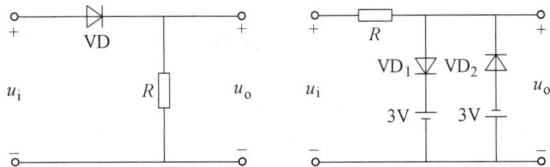

图 1-35　习题 1-1 的图

1-2　求图 1-36 所示各电路的输出电压值，设 VD 的正向电压降 $U_D = 0.7V$。

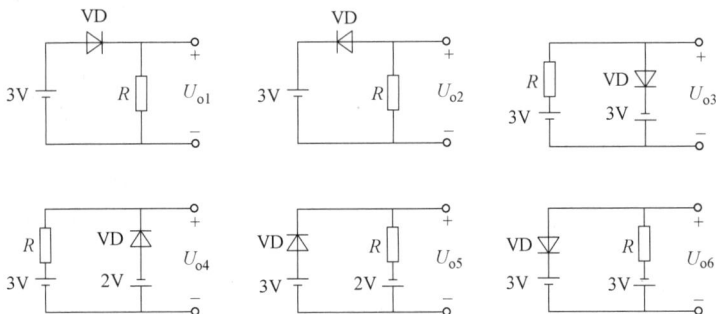

图 1-36　习题 1-2 的图

1-3　电路如图 1-37 所示，VD 为理想二极管，试判断 VD 是导通还是截止。

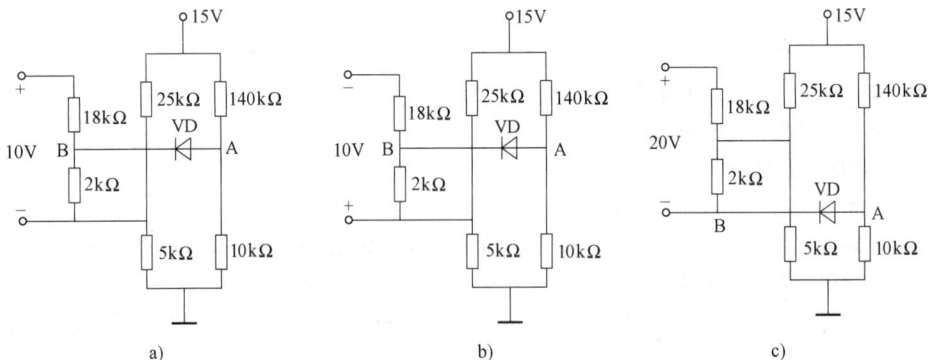

图 1-37　习题 1-3 的图

1-4　在图 1-38 所示电路中，已知 $U_Z = 6V$，最小稳定电流 $I_{Zmin} = 5mA$，最大稳定电流 $I_{Zmax} = 25mA$。

(1) 分别计算 U_I 为 10V、15V、35V 三种情况下的输出电压 U_O。

(2) 若 U_I 为 35V 时负载开路，会出现什么问题？为什么？

1-5　现有两只稳压管，它们的稳定电压分别为 5V 和 7V，正向导通电压为 0.7V。试问：

(1) 若将它们串联相接，则可得到几种稳压值？各为多少？

（2）若将它们并联相接，则又可得到几种稳压值？各为多少？

分别画出电路图。

1-6 现测得放大电路中两只管子两个电极的电流如图 1-39 所示，分别求另一个电极的电流，标出实际方向，并在圆圈中画出管子，且分别求其电流放大倍数 β。

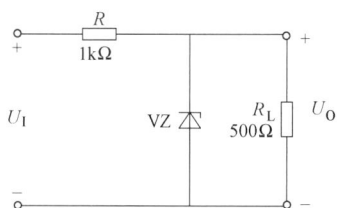

图 1-38 题 1-4 的图

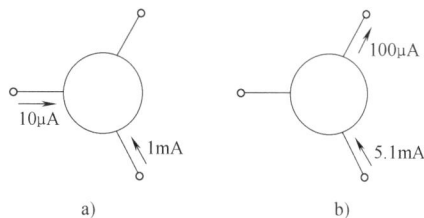

图 1-39 习题 1-6 的图

1-7 有两个晶体管分别接在电路中，今测得它们的引脚对地电位分别见表 1-4 和表 1-5，试确定晶体管的各引脚，并说明是硅管还是锗管，是 PNP 型还是 NPN 型？

表1-4 晶体管1

引脚	1	2	3
电位/V	3.7	12	4.4

表1-5 晶体管2

引脚	1	2	3
电位/V	−4	−7	−4.2

第2章　基本放大电路

晶体管（Transistor）的主要用途之一是利用其放大作用组成放大电路，放大电路的功能是把微弱的电信号放大为负载（如扬声器、继电器、微电机、测量显示仪表等）所能接收和识别的信号。例如，在自动控制机床上，需要将反映加工要求的控制信号加以放大，得到一定输出功率以推动执行元件；在收音机和电视中，天线接收到的微弱电信号也必须经放大电路放大，才能推动扬声器和显像管工作。又如，在电动单元组合仪表中，首先将温度、压力、流量等非电量通过传感器转换成微弱的电信号，只有经过放大电路放大以后，才能从显示仪表上读出非电量的大小，或者去推动执行元件实现自动调节和控制。可见，放大电路是电子设备中的基本单元，在电子电路中应用十分广泛。

基本放大电路一般是指由电阻、电容等外围电路以及一个以上晶体管为核心元件构成的放大电路，本章主要介绍由分立元件（Discrete Component）构成的基本放大电路，讨论基本放大电路的结构、工作原理、分析方法、基本性能和应用。

2.1　基本放大电路概述

2.1.1　基本放大电路的组成

按输入输出信号与晶体管连接方式的不同，基本放大电路可以分为三种形式：共发射极放大电路、共基极放大电路和共集电极放大电路。其中，使用最为广泛的是共发射极放大电路（Common-emitter Amplifier），电路结构如图 2-1 所示。

该放大电路由 NPN 型晶体管 VT、直流电源（集电极电源）U_{CC}、耦合电容 C_1 和 C_2、基极电阻 R_B、集电极电阻 R_C、负载电阻 R_L 构成。u_s 为待放大的信号源电压，R_s 为信号源的内阻。u_i 经 C_1 从晶体管的基极输入，放大后的信号电压 u_o 经 C_2 从集电极输出，发射极是输入输出的公共端，故为共发射极放大电路。电路中各元器件的作用分述如下。

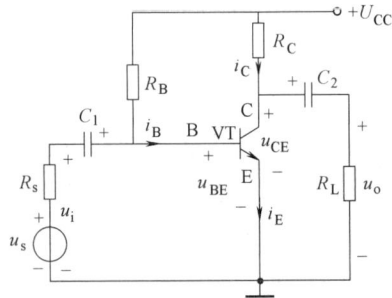

图 2-1　共发射极放大电路

1. 晶体管 VT

晶体管是放大电路中的放大元件，利用电流放大作用，用较小的基极电流 i_B，在集电极电路获得较大的集电极电流 i_C。从能量的观点来看，输入信号的能量较小，输出信号的能量较大，但能量是守恒的，输出的较大能量来自于直流电源。可见，放大电路放大的本质是能量的控制和转换，是在输入信号作用下，通过放大电路将直流电源的能量转换成负载所获得的能量。

2. 集电极电源 U_{CC}

U_{CC} 给晶体管和整个放大电路工作提供需要的能量，同时，它还使晶体管 VT 的发射结正偏、集电结反偏，保证晶体管工作在放大状态。U_{CC}一般为数伏到数十伏。

3. 基极电阻 R_B

基极电阻 R_B 又称为偏置电阻，它与直流电源 U_{CC} 共同作用为晶体管提供合适的基极电流 I_B（称为偏置电流或偏流，Current Bias），并使放大电路获得合适的工作点。所以该电路也称为固定偏置共发射极放大电路，R_B 的阻值一般为数十千欧到数百千欧。

4. 集电极负载电阻 R_C

集电极负载电阻 R_C 简称集电极电阻，它为晶体管集电极电流提供回路，同时把集电极电流的变化转换成电压的变化加以输出，以实现电压放大。R_C 的阻值一般为数千欧至数十千欧。

5. 耦合电容 C_1 和 C_2

电容有隔离直流的作用，C_1、C_2 分别将放大电路与信号源、负载隔离开来，以保证其直流工作状态独立，不受输入、输出的影响。电容 C_1、C_2 的另一个作用是交流耦合（Coupling），使交流信号能顺利通过，即所谓的"隔直通交"。为了减小输入输出交流信号在电容上的电压降，应使两电容的容抗尽可能小，因此 C_1、C_2 的电容值取得较大，一般采用几微法到几十微法的电解电容。这种电容是有极性的，在电路连接时要加以注意。

通过以上讨论可以看出，放大电路中既有直流电源 U_{CC} 提供的直流电压、电流量，也有信号源 u_s 所提供的交流电压、电流量（以后分析中还要用到交、直流的合成量）。电压、电流种类很多，为了分析问题的方便，避免引起混淆，有必要事先约定各电压、电流量的表示符号，见表 2-1，请读者注意。

表 2-1　放大电路中各电压和电流量的表示符号

名　　称	直流分量	交流分量		合成分量
		瞬时值	有效值	
基极电流	I_B	i_b	I_b	i_B
集电极电流	I_C	i_c	I_c	i_C
发射极电流	I_E	i_e	I_e	i_E
集电极-发射极电压	U_{CE}	u_{ce}	U_{ce}	u_{CE}
基极-发射极电压	U_{BE}	u_{be}	U_{be}	u_{BE}

2.1.2　放大电路的性能指标

无论内部电压、电流关系如何，放大电路的输入、输出回路都各有两个端子，因此可以将放大电路看成一个 2 端口网络并用一个方框 A 表示（见图 2-2），它和信号源（输入端 a、b）、负载（输出端 c、d）之间的关系框图如图 2-2 所示。

对放大电路的基本要求是不失真地放大信号，即只有在不失真的情况下放大才有意义。晶体管是放大电路的核心元件，只有它们工作在合适的区域（双极型晶体管工作在放大区，场效应晶体管工作在恒流区），才能使输出量

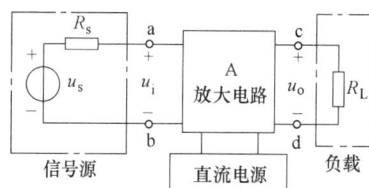

图 2-2　基本放大电路与输入、输出的关系框图

与输入量始终保持线性关系，即电路才不会失真。放大电路性能的优劣，需要用一些指标来评价，主要的技术指标有电压放大倍数 A_u、输入电阻 R_i 和输出电阻 R_o 等。

假设输入为正弦信号，电路中各量均可以用相量表示，设 $\dot{U}_s$ 为信号源电压，R_s 为信号源内阻，$\dot{U}_i$ 和 $\dot{I}_i$ 分别为输入电压和输入电流，$\dot{U}_o$ 和 $\dot{I}_o$ 分别为输出电压和输出电流，R_L 为负载电阻。现对几个主要的技术指标介绍如下。

1. 电压放电倍数

1）电压放大倍数 A_u（Voltage Gain），也称电压增益，表示输出电压 $\dot{U}_o$ 与输入电压 $\dot{U}_i$ 的比值，用来衡量放大电路的电压放大能力，即

$$A_u = \frac{\dot{U}_o}{\dot{U}_i} \tag{2-1}$$

式中，$\dot{U}_i$ 为输入电压，是直接加到放大电路输入端的电压。

2）源电压放大倍数 A_{us}（Source Voltage Gain），表示输出电压与信号源电压的比值，是考虑了信号源内阻 R_s 影响时的 A_u，即

$$A_{us} = \frac{\dot{U}_o}{\dot{U}_s} \tag{2-2}$$

2. 输入电阻

从输入端 a、b 看进去的放大电路的等效电阻 R_i，称为放大电路的输入电阻（Input Resistance，见图 2-3），数值上等于输入电压 $\dot{U}_i$ 与输入电流 $\dot{I}_i$ 的比值，它是信号源 $\dot{U}_s$ 的负载电阻，表明放大电路从信号源吸取电流大小的参数，即

$$R_i = \frac{\dot{U}_i}{\dot{I}_i} \tag{2-3}$$

R_i 越大，放大电路从信号源取用的电流越小，信号源在其内阻 R_s 上的电压降越小，输入电压 U_i 越高。这也可以从 $\dot{U}_i$ 与信号源电压 $\dot{U}_s$ 之间的分压关系看出

$$\dot{U}_i = \frac{R_i}{R_s + R_i} \dot{U}_s \tag{2-4}$$

通常希望输入电阻 R_i 高一些。但如果信号源内阻 R_s 为常量，为使输入电流大一些，则应使 R_i 小一些。因此，放大电路输入电阻的大小要视需要而设计。

3. 输出电阻

将负载电阻 R_L 断开，从输出端 c、d 端看进去的等效电阻 R_o（见图 2-3），称为放大电路的输出电阻（Output Resistance）。从 c、d 端看，放大电路 A 是一个有源二端网络，因此可以用一个电动势为 $\dot{U}_o'$、内阻为 R_o 串联的戴维南电路来等效，放大电

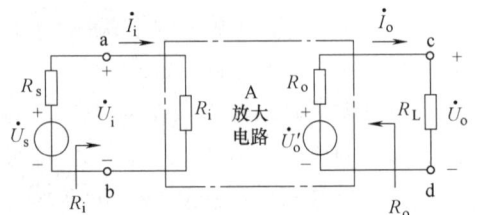

图 2-3 放大电路的输入、输出电阻

路的输出电阻 R_o 实际上就是该戴维南等效电路的内阻，亦即将信号源短路、负载开路后，从输出端看入的等效电阻。

输出电阻表明了放大电路带负载的能力。由电路理论可知，负载 R_L 变化时，R_o 越小，输出电压波动就越小，放大电路带负载的能力（Load Capacity）越强，故通常希望放大电路的输出电阻 R_o 低一些。R_o 可通过实验的方法用下式求得：

$$R_o = \frac{\dot{U}_o' - \dot{U}_o}{\dot{U}_o} R_L = \left(\frac{\dot{U}_o'}{\dot{U}_o} - 1\right) R_L \tag{2-5}$$

式中，$\dot{U}_o'$ 为负载开路时放大电路的空载电压；$\dot{U}_o$ 为放大电路带上负载 R_L 时的输出电压。

需要注意的是，A_u、R_i、R_o 通常是放大电路工作在正弦信号下的交流参数，只有放大电路处于放大状态且输出不失真的前提下才有意义。除了 A_u、R_i、R_o 几个指标外，放大电路还有通频带、输出功率、效率等技术指标。

2.2 放大电路的静态分析

在放大电路中，既存在直流信号，也存在交流信号，即放大电路是交直流并存的，但对放大电路进行分析时，通常把直流和交流分开。只有直流工作的状态称为静态，静态分析的目的是计算放大电路的静态值，即直流值 I_B、I_C 和 U_{CE}，这样的一组数值，称为放大电路的静态工作点（也称 Q 点，Quiescent Operation Point）。静态工作点是放大电路能够正常工作的基础，它设置得合理与否将直接影响放大电路的工作状态及性能。

教学视频 2-1：
放大电路的静态
分析和动态分析

常用的静态分析法有直流通路（Direct Current Path）近似计算法（也称估算法）和图解分析法两种，下面首先介绍直流通路法。

2.2.1 直流通路法

直流通路是在直流电源作用下直流电流流经的通路，直流通路画法如下：

1）电容视为开路。

2）电感线圈视为短路。

3）信号源视为短路，但应保留其内阻。

根据直流通路的画法可以画出图 2-1 所示的放大电路的直流通路，如图 2-4 所示。

图 2-4 基本放大电路直流通路

由图 2-4 可得静态基极电流为

$$I_B = \frac{U_{CC} - U_{BE}}{R_B} \approx \frac{U_{CC}}{R_B} \tag{2-6}$$

由于 U_{BE} 比 U_{CC} 小得多，往往将其忽略不计。

集电极电流为

$$I_C = \beta I_B \tag{2-7}$$

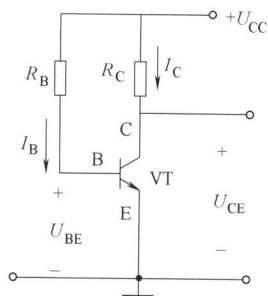

集电极与发射极间的电压则为

$$U_{CE} = U_{CC} - I_C R_C \qquad (2-8)$$

【例 2-1】 在图 2-4 中，已知 $U_{CC} = 10\text{V}$，$R_C = 2\text{k}\Omega$，$R_B = 200\text{k}\Omega$，$\beta = 40$，试求放大电路的静态值。

解：
$$I_B \approx \frac{U_{CC}}{R_B} = \frac{10}{200}\text{mA} = 0.05\text{mA} = 50\mu\text{A}$$

$$I_C = \beta I_B = 40 \times 0.05\text{mA} = 2\text{mA}$$

$$U_{CE} = U_{CC} - R_C I_C = (10 - 2 \times 2)\text{V} = 6\text{V}$$

计算时，电压、电阻、电流的量纲分别依次采用 V、$\text{k}\Omega$ 和 mA，这样比较方便。

2.2.2 图解法

利用晶体管的输入、输出特性曲线，通过作图来分析放大电路性能的方法称为图解法（Graphic Method），静态值也可以用图解法来确定。

由式（2-8）解得集电极电流

$$I_C = -\frac{1}{R_C}U_{CE} + \frac{U_{CC}}{R_C} \qquad (2-9)$$

这表明集电极电流 I_C 与集-射极电压 U_{CE} 的关系是一条直线，因为它是由直流通路得出的，又与集电极负载电阻 R_C 有关，故称为直流负载线。晶体管是非线性元件，其输出肯定要符合某条输出特性曲线，直流负载线与某条输出特性曲线的交点就是静态工作点 Q，如图 2-5 所示。

求静态工作点的一般步骤如下：

1) 绘出放大电路所用晶体管的输出特性曲线。

2) 在输出特性曲线上画出直线 $I_C = -\frac{1}{R_C}U_{CE} + \frac{U_{CC}}{R_C}$，

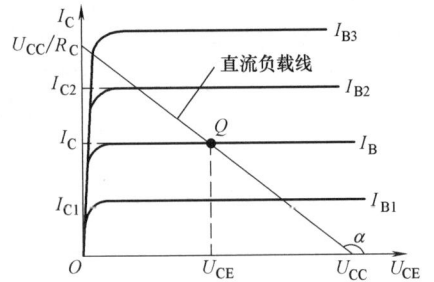

图 2-5 图解法确定静态工作点

此直线与横轴的交点为 U_{CC}，与纵轴的交点为 $\frac{U_{CC}}{R_C}$，斜率为 $\frac{-1}{R_C}$。

3) 估算 I_B，根据式（2-6）有 $I_B = \frac{U_{CC} - U_{BE}}{R_B} \approx \frac{U_{CC}}{R_B}$。

4) 在输出特性曲线图上找到 I_B 所对应的曲线与直流负载线的交点，即为静态工作点 Q。

5) 静态工作点的纵坐标和横坐标即为 I_C 和 U_{CE}。

由图 2-5 可以看出，I_B 不同，静态工作点在直流负载线上的位置也不同，也就是说，工作点可以通过调节偏流 I_B 的大小来改变。调整 R_B 的阻值即可以调整偏流的大小，R_B 越大则 I_B 越小，静态工作点在直流负载线上的位置就越低，反之亦然。

【例 2-2】 在图 2-4 中，已知 $U_{CC} = 10\text{V}$，$R_C = 2\text{k}\Omega$，$R_B = 200\text{k}\Omega$，晶体管的输出特性曲线如图 2-6 所示，用图解法求静态工作点。

解： 根据式（2-9）可得

$$I_C = -\frac{1}{R_C}U_{CE} + \frac{U_{CC}}{R_C}$$

确定横轴截距：当 $I_C = 0$ 时，$U_{CE} = U_{CC} = 10V$

确定纵轴截距：$U_{CE} = 0$ 时，$I_C = \frac{U_{CC}}{R_C} = 5mA$

连接这两点可以画出直流负载线，如图 2-7 所示。

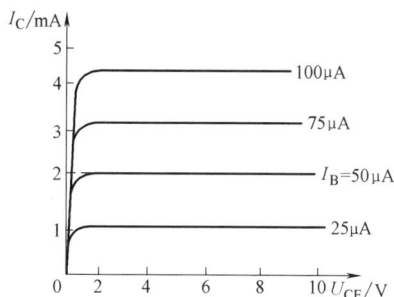

图 2-6 晶体管的输出特性曲线　　　　图 2-7 用图解法求静态工作点

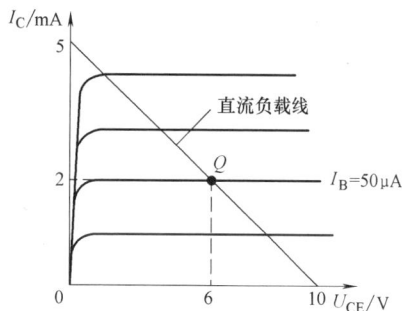

根据式（2-6）有

$$I_B \approx U_{CC}/R_B = 50\mu A$$

由图 2-7 可得出静态工作点 Q：

$$I_B = 50\mu A, I_C = 2mA, U_{CE} = 6V$$

与直流通路计算法的结果相符。

【例 2-3】 图 2-4 所示电路的静态工作点如图 2-8 所示，试分析由于电路中的什么参数发生了改变，导致静态工作点从 Q_0 分别移动到 Q_1、Q_2、Q_3？（提示：电源电压、集电极电阻 R_C、基极偏置电阻 R_B 的变化都会导致静态工作点的改变。）

解： 原有静态工作点从 Q_0 点移动到 Q_1 点，由于此两点在一条直流负载线上，所以集电极电阻 R_C 不变，直流负载线与横轴截距不变，说明电源电压 U_{CC} 不变，基极电流 I_B 增大，其原因是基极偏置电阻 R_B 减小；Q_0 点移动到 Q_2 点，I_B 不变，U_{CE} 减小，其原因是集电极电阻增大；Q_0 点移动到 Q_3 点，两点所在直流负载线平行，斜率不变，所以集电极电阻 R_C 不变，I_B 减小，且 U_{CE} 减小，原因是基极偏置电阻 R_B 增大且电源电压 U_{CC} 减小。

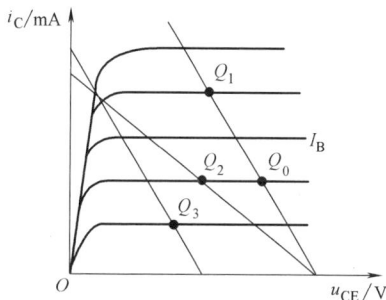

图 2-8 例 2-3 的图

2.3 放大电路的动态分析

有交流信号工作的状态称为动态，动态分析主要用来计算放大电路的性能指标，如电压放大倍数 A_u，输入、输出电阻 R_i、R_o 等，常用的分析方法有微变等效电路法和图解法。

2.3.1 微变等效电路法

晶体管是一个非线性器件，表现为其特性曲线为非线性。但如果放大电路的输入信号电压很小，就可以考虑将晶体管的特性曲线在一定范围内用直线代替，从而把晶体管用一个线性电路来等效，即将晶体管线性化，然后就可以用分析线性电路的一般方法来分析由它组成的放大电路，这就是分析基本放大电路的微变等效电路法，又称为小信号分析法（Small-signal Equivalent Circuit Technique）。晶体管应用于不同场合时，其微变等效电路也不同，这里仅介绍应用于低频小信号时的等效电路模型。

1. 晶体管的微变等效电路

图 2-9a 所示的是晶体管的输入特性曲线，是非线性的。但是当输入小信号时，在静态工作点 Q 附近的工作段可认为是直线，即 i_B 与 u_{BE} 近似为线性关系。当 u_{CE} 为常数时，Δu_{BE} 与 Δi_B 之比称为晶体管的输入电阻，即

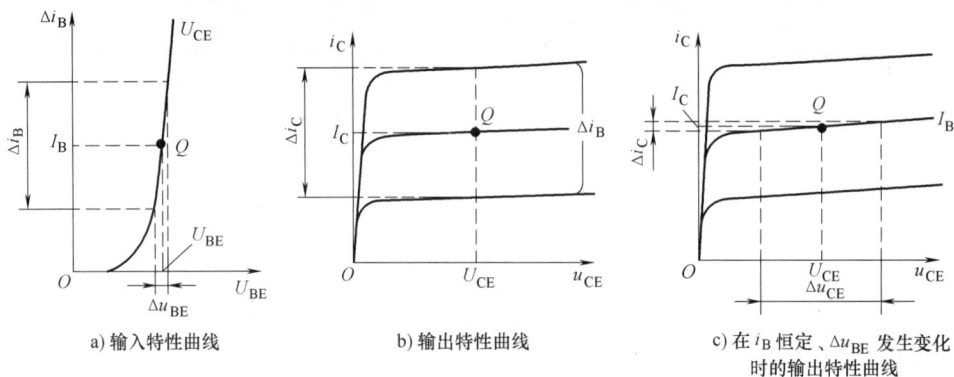

a) 输入特性曲线　　b) 输出特性曲线　　c) 在 i_B 恒定、Δu_{BE} 发生变化时的输出特性曲线

图 2-9　晶体管等效参数 r_{be}、β、r_{ce} 的意义

$$r_{be} = \frac{\Delta u_{BE}}{\Delta i_B}\bigg|_{u_{CE}=C} = \frac{u_{be}}{i_b}\bigg|_{u_{CE}=C} \tag{2-10}$$

由图 2-9a 可知，若 Q 点不同，在相同的 Δu_{BE} 下有不同的 Δi_B，可得出不同的 r_{be}，所以 r_{be} 的大小与静态工作点的设置有关。理论分析和实践证明，r_{be} 可用下式估算：

$$r_{be} = 200 + (1+\beta)\frac{26(\text{mV})}{I_E(\text{mA})}(\Omega) \tag{2-11}$$

式中，等号右边第一项称为晶体管的基体电阻（一般用 r'_{bb} 表示），取值为 $100\sim300\Omega$；r_{be} 一般为几百欧到几千欧，是放大电路动态情况下的等效电阻，在手册中常用 h_{ie} 表示。

图 2-9b 所示的是晶体管的输出特性曲线，在放大区是一组近似等距离的平行直线，即 Δi_C 基本上取决于 Δi_B，而与 u_{CE} 无关，有

$$\beta = \frac{\Delta i_C}{\Delta i_B} = \frac{i_c}{i_b} \tag{2-12}$$

说明在小信号情况下，晶体管的电流放大倍数 β 为一常量。因此，输出回路可以用一受控电流源 $i_c = \beta i_b$ 来等效。该电流源 i_c 受 i_b 控制（属于电流控制电流型受控源），其大小和方向由 i_b 决定。

实际上，晶体管的输出特性曲线并不是完全平坦的直线，由图 2-9c 可见，在 i_B 恒定、Δu_{BE} 发生变化时，Δi_C 将有微小变化，有

$$r_{ce} = \frac{\Delta u_{CE}}{\Delta i_C}\bigg|_{i_B=C} = \frac{u_{ce}}{i_c}\bigg|_{i_B=C} \tag{2-13}$$

r_{ce} 称为晶体管的输出电阻，与受控源 $i_c = \beta i_b$ 并联，也就是受控源的内阻。由于 r_{ce} 很大，为几十千欧到几百千欧，故在电路分析中往往不考虑其分流作用，在简化的微变等效电路中常将其忽略不画，晶体管的微变等效电路如图 2-10 所示。

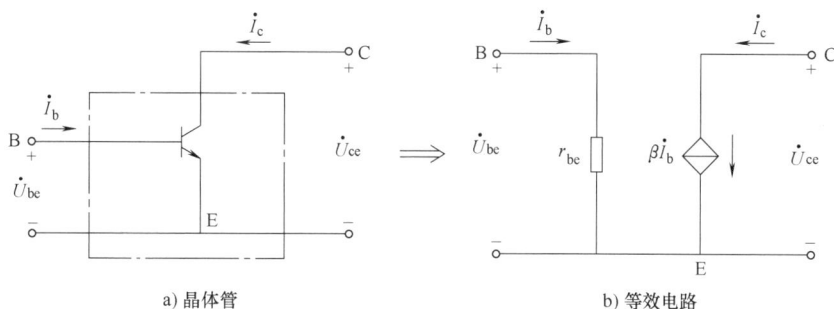

a) 晶体管   b) 等效电路

图 2-10　晶体管及其等效电路

2. 放大电路的微变等效电路

微变等效电路是对交流信号而言的，只考虑交流信号源作用时的放大电路称为交流通路（Alternating Current Path）。对交流而言，耦合电容 C_1、C_2 可视为短路，直流电源 U_{CC} 内阻很小，对交流信号影响很小，也可忽略不计，据此可以画出图 2-1 所示放大电路的交流通路和微变等效电路，如图 2-11 所示。

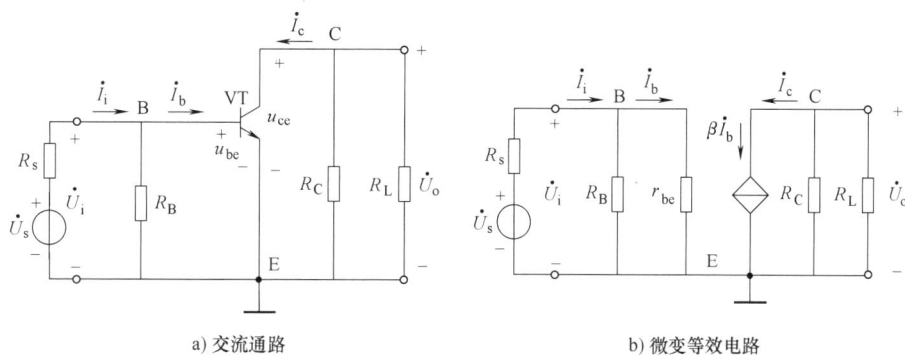

a) 交流通路   b) 微变等效电路

图 2-11　图 2-1 所示基本放大电路的交流通路及其微变等效电路

设电路中的电压、电流都是正弦量，在图中均用相量表示。

3. 放大电路电压放大倍数的计算

由图 2-11b 可知

$$\dot{U}_i = r_{be} \dot{I}_b$$

$$\dot{U}_o = -\dot{I}_c R'_L = -\beta \dot{I}_b R'_L$$

式中，$R'_L = R_c // R_L$，称为交流负载电阻。

则电压放大倍数

$$A_\mathrm{u} = \frac{\dot{U}_\mathrm{o}}{\dot{U}_\mathrm{i}} = \frac{-\beta \dot{I}_\mathrm{b} R'_\mathrm{L}}{r_\mathrm{be} \dot{I}_\mathrm{b}} = -\beta \frac{R'_\mathrm{L}}{r_\mathrm{be}} \qquad (2\text{-}14)$$

式中，负号表示输出电压 $\dot{U}_\mathrm{o}$ 与输入电压 $\dot{U}_\mathrm{i}$ 反向。

当放大电路未接 R_L（即空载）时

$$A_\mathrm{u} = -\beta \frac{R_\mathrm{C}}{r_\mathrm{be}} \qquad (2\text{-}15)$$

可见，空载时电压放大倍数比接负载时要高。

放大电路的电压放大倍数 A_u 是放大电路最重要的一个技术指标，共射极放大电路的 A_u 较大，通常为几十到几百。

4. 放大电路输入电阻的计算

由式（2-3）及图 2-11b 可得放大电路的输入电阻为

$$R_\mathrm{i} = \frac{\dot{U}_\mathrm{i}}{\dot{I}_\mathrm{i}} = R_\mathrm{B}//r_\mathrm{be} = \frac{R_\mathrm{B} r_\mathrm{be}}{R_\mathrm{B} + r_\mathrm{be}} \approx r_\mathrm{be} \qquad (2\text{-}16)$$

因 R_B 比 r_be 大得多，故基本共射放大电路的输入电阻主要由晶体管的输入电阻 r_be 决定，一般为几千欧。注意不要混淆 R_i 和 r_be，前者是放大电路的输入电阻，后者是晶体管的输入电阻。

如果放大电路的输入电阻较小，第一，将从信号源取用较大的电流，从而增加信号源的负担；第二，经过信号源内阻 R_s 和 R_i 的分压，使加到放大电路的输入电压减小；第三，后级放大电路的输入电阻是前级放大电路的负载电阻，从而会降低前级放大电路的电压放大倍数。因此，通常希望放大电路的输入电阻高一些。

5. 放大电路输出电阻的计算

由式（2-5）对输出电阻的定义及对图 2-11b 的分析，当 $u_\mathrm{s} = 0$ 时，$\dot{I}_\mathrm{b} = 0$，$\beta \dot{I}_\mathrm{b} = 0$，受控电流源相当于开路，所以

$$R_\mathrm{o} \approx R_\mathrm{C} \qquad (2\text{-}17)$$

R_C 的阻值一般为几千欧，可见共射极放大电路的输出电阻较高。

【例 2-4】 共发射极晶体管放大电路如图 2-1 所示，已知 $U_\mathrm{CC} = 12\mathrm{V}$，$\beta = 40$，$R_\mathrm{B} = 240\mathrm{k}\Omega$，$R_\mathrm{C} = 3\mathrm{k}\Omega$，$R_\mathrm{L} = 6\mathrm{k}\Omega$。

求：（1）静态值（I_B、I_C、U_CE）。

（2）画出微变等效电路。

（3）求带载电压放大倍数 A_u 和空载电压放大倍数 A'_u。

（4）估算输入、输出电阻 R_i、R_o。

解：（1）静态工作点：

$$I_\mathrm{B} \approx \frac{U_\mathrm{CC}}{R_\mathrm{B}} = \frac{12\mathrm{V}}{240\mathrm{k}\Omega} = 50\mu\mathrm{A}$$

$$I_\mathrm{C} = \beta I_\mathrm{B} = 40 \times 50\mu\mathrm{A} = 2\mathrm{mA}$$

$$I_\mathrm{E} \approx I_\mathrm{C} = 2\mathrm{mA}$$

$$U_\mathrm{CE} = U_\mathrm{CC} - I_\mathrm{C} R_\mathrm{C} = 12\mathrm{V} - 2\mathrm{mA} \times 3\mathrm{k}\Omega = 6\mathrm{V}$$

（2）交流通路及其微变等效电路如图 2-12 所示。

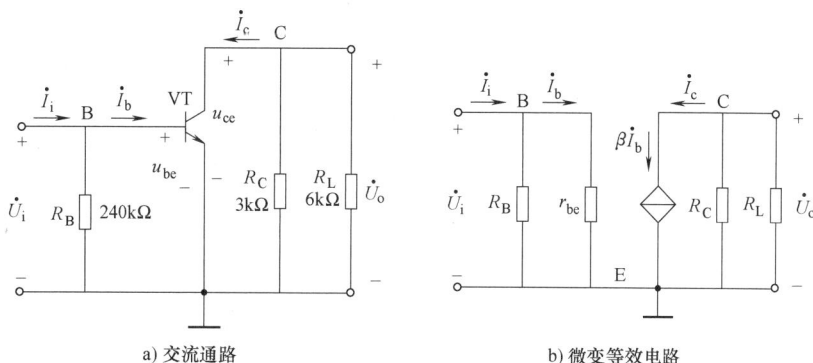

a) 交流通路　　　　　　b) 微变等效电路

图 2-12　例 2-4 的交流通路和微变等效电路

（3）带载电压放大倍数：

$$r_{be} = 200 + (1+\beta)\frac{26(mV)}{I_E(mA)} = 200\Omega + (1+40)\frac{26mV}{2mA} = 733\Omega$$

$$A_u = \frac{u_o}{u_i} = \frac{-\beta(R_C//R_L)i_b}{r_{be}i_b} = -\beta\frac{R_L'}{r_{be}} = -40\times\frac{3k\Omega//6k\Omega}{733\Omega} = -109$$

空载电压放大倍数：

$$A_u' = \frac{u_o}{u_i} = -\beta\frac{R_C}{r_{be}} = -40\times\frac{3k\Omega}{0.733k\Omega} = -163.7$$

可见，空载时电压放大倍数提高了。

（4）输入、输出电阻：

$$R_i = \frac{u_i}{i_i} = R_B//r_{be} = \frac{R_B r_{be}}{R_B + r_{be}} \approx r_{be} = 0.733k\Omega$$

$$R_o \approx R_C = 3k\Omega$$

2.3.2　图解法

放大电路的动态图解分析法是在静态分析的基础上，利用晶体管的输出特性曲线，根据已知的输入信号波形，用作图来分析各个电压和电流之间传输关系的一种分析方法。

由图 2-11a 所示的交流通路可知，动态时 $u_{ce} = -i_c R_L'$。可见，u_{ce} 和 i_c 也是线性关系，其斜率为 $-\frac{1}{R_L'}$，这条由交流负载电阻 R_L' 确定的直线称为交流负载线。它是动态工作点随输入信号变化而移动的轨迹。显然，当输入信号为零时，动态工作点应与静态工作点重合，因此，交流负载线是经过 Q 点，斜率为 $-\frac{1}{R_L'}$ 的直线。因 R_L' 是 R_L 与 R_C 的并联值，故交流负载线比直流负载线陡些。图 2-13 所示为直流负载线与交流负载线的关系。

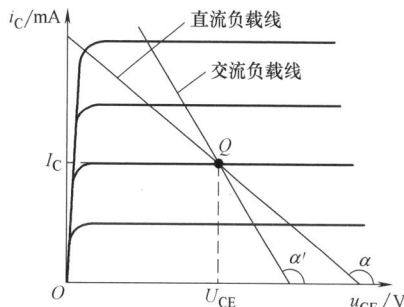

图 2-13　直流负载线与交流负载线的关系

动态图解分析的过程如下（见图 2-14）。

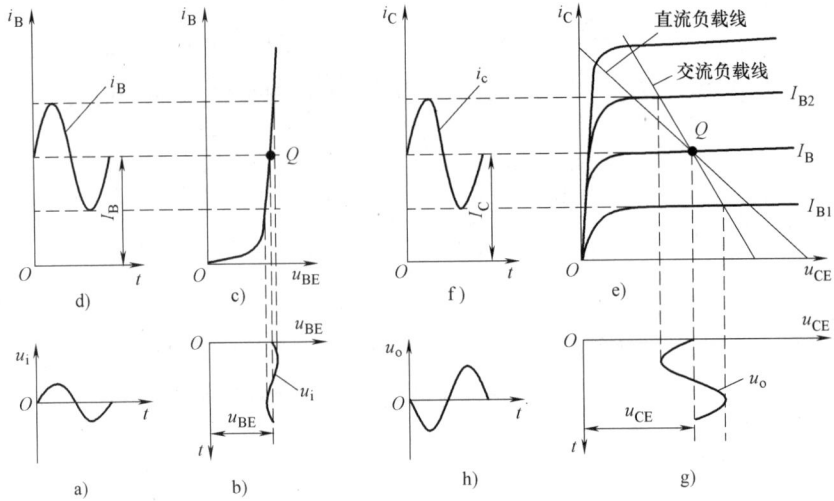

图 2-14　放大电路的动态图解分析

1）交流输入电压信号 u_i（见图 2-14a）与静态电压 U_{BE} 叠加，形成合成信号 $u_{BE}=U_{BE}+u_i$，如图 2-14b 所示。

2）由输入特性曲线（见图 2-14c），再根据 u_{BE} 的变化可得出晶体管的基极电流 i_B 的变化曲线，如图 2-14d 所示，$i_B=I_B+i_b$。

3）由输出特性曲线（见图 2-14e），根据 i_B 的变化可得出集电极电流 i_C 的变化曲线，如图 2-14f 所示，$i_C=I_C+i_c$。

4）由晶体管的输出特性曲线及交流负载线（见图 2-14e），再根据 i_C 的变化可得出晶体管的集电极-发射极电压 u_{CE} 的变化曲线，如图 2-14g 所示，$u_{CE}=U_{CE}+u_{ce}$。

5）由于耦合电容 C_2 的隔直作用，输出电压 u_o 等于 u_{CE} 的交流分量 u_{ce}，如图 2-14h 所示。

由图 2-14h、a 可知，输出电压 u_o 与输入电压 u_i 相位相反，故又称共射放大电路为倒相器或反向器（Inverter）。此外，由输入、输出电压信号的幅值也可以粗略地计算电压放大倍数。R_L 阻值越小，交流负载线越陡，电压放大倍数下降得越多。

需要指出，微变等效电路法是在将晶体管线性化的前提下进行的，故只适用于输入为低频小信号时的动态分析，通过对微变等效电路的计算，可以定量求出放大电路的 A_u、R_i、R_o 等指标。而动态图解分析法可以比较直观地观察各电压、电流的大小和相位关系，在实际应用中多用于分析 Q 点的位置及估算放大电路的动态工作范围，但作图过程较烦琐，且易产生误差。

2.3.3　放大电路的非线性失真

对放大电路有一基本要求就是输出信号尽可能不失真。所谓失真就是输出信号的波形不像输入信号的波形，不能真实地反映输入信号的变化。产生失真的原因很多，其中最常见的原因就是静态工作点不合适或输入信号幅值过大，使放大电路的工作范围超出了晶体管特性曲线上的线性范围，这种失真称为非线性失真（Non-linear Distortion）。非线性失真有两种情况，一种是截止失真（Cut-off Distortion），另一种是饱和失真（Saturation Distortion），分述如下。

1. 截止失真

由于静态工作点 Q 设置太低，如图 2-15 所示，在输入信号的负半周，u_{BE} 低于死区电压，晶体管不导通，使基极电流 i_B 波形的负半周被削去，产生了失真。因 i_B 的失真，导致 i_C、u_{CE} 和 u_o 的波形也都产生失真，这种失真是由于晶体管的截止引起的，故称为截止失真。

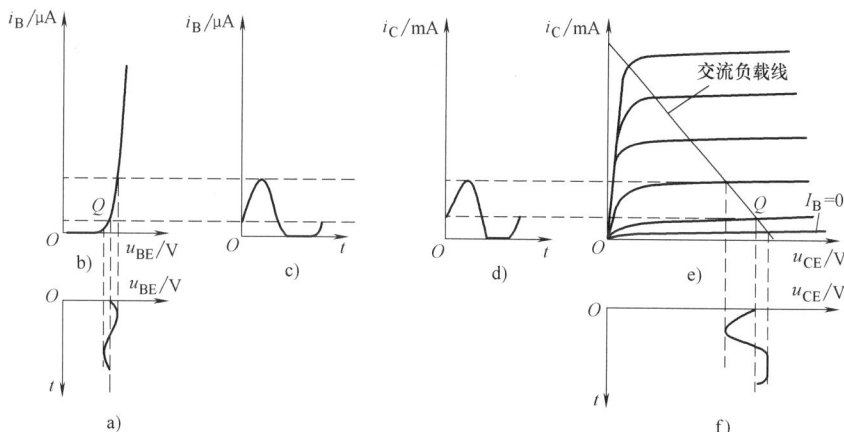

图 2-15　静态工作点 Q 设置太低引起的截止失真

2. 饱和失真

如果静态工作点 Q 设置太高，如图 2-16 所示，在输入信号的正半周，晶体管进入饱和区，虽然 i_B 的波形没有失真，但是 i_C 波形的正半周、u_{CE} 和 u_o 波形的负半周被削去，产生失真，这种失真是由于晶体管的饱和引起的，故称为饱和失真。

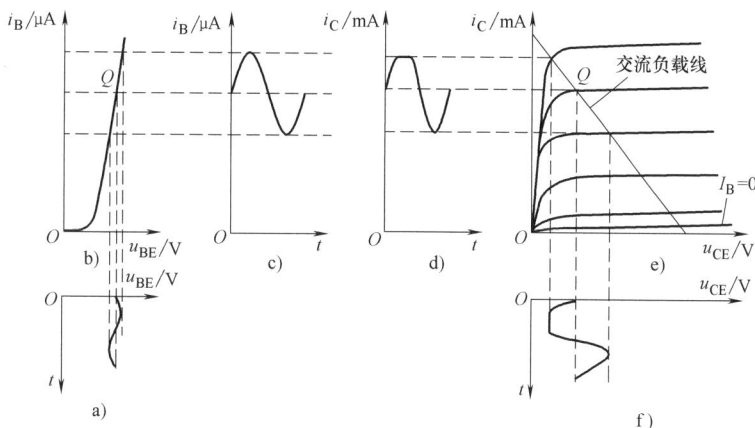

图 2-16　静态工作点 Q 设置太高引起的饱和失真

由此看出，放大电路必须设置合适的静态工作点才能不产生非线性失真，一般静态工作点应设置在交流负载线的中部。还要注意，如果输入信号幅值太大，也会同时产生截止失真和饱和失真。

2.4 放大电路静态工作点的稳定

2.4.1 温度对静态工作点的影响

从前面的内容可知,静态工作点不但决定了电路是否会产生失真,还会影响放大电路的各项动态性能指标,例如电压放大倍数、输入电阻等。因此,设置一个合理的静态工作点对放大电路来说非常重要。但在实际工作中,由于电源电压波动、温度变化、元器件老化等原因都会导致静态工作点的不稳定,其中影响最大的是温度的变化。因温度的变化将影响内部载流子(电子和空穴)的运动,使 I_{CBO}、I_{CEO}、β 增大,发射结正向电压 U_{BE} 减小,静态集电极电流 I_C 增大,静态工作点 Q 将沿直流负载线上移,从而破坏了静态工作点的稳定性。前面介绍的固定偏置共射放大电路不能稳定静态工作点。想要稳定静态工作点,常引入直流负反馈,分压式偏置放大电路能够稳定静态工作点就是采用这种方法。

2.4.2 分压式偏置放大电路

分压式偏置放大电路如图 2-17a 所示。

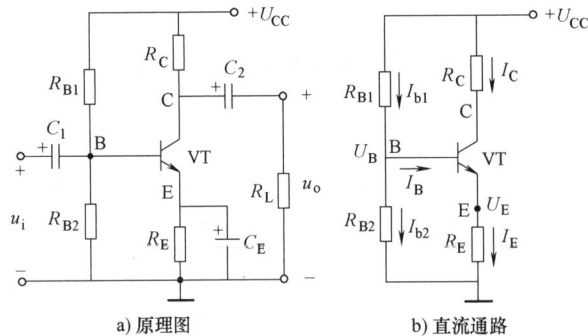

a) 原理图　　　　b) 直流通路

图 2-17　分压式偏置放大电路

1. 稳定静态工作点的原理

设流过 R_{B1} 和 R_{B2} 的电流分别为 I_{b1} 和 I_{b2},由图 2-17b 所示的直流通路可知

$$I_{b1} = I_{b2} + I_B$$

若 R_{B1}、R_{B2} 选择适当,使得

$$I_{b2} >> I_B$$

则有 $I_{b2} \approx I_{b1}$,而基极电位

$$U_B = \frac{R_{B2}}{R_{B1} + R_{B2}} U_{CC} \tag{2-18}$$

可见 U_B 仅由偏置电阻 R_{B1}、R_{B2} 和电源 U_{CC} 决定,不随温度变化,基本上保持稳定。

因为

$$U_E = U_B - U_{BE}$$

若使

$$U_{\text{B}}^{\cdot}>>U_{\text{BE}}$$

则

$$U_{\text{E}} \approx U_{\text{B}}$$

有

$$I_{\text{C}} \approx I_{\text{E}} = \frac{U_{\text{B}} - U_{\text{BE}}}{R_{\text{E}}} \approx \frac{U_{B}}{R_{\text{E}}} \tag{2-19}$$

所以在 U_{B} 稳定的前提下，I_{C} 也不受温度的影响。

分压式偏置电路稳定温度变化的物理过程可通过各电压、电流表示如下：

$$T \!\uparrow\! \rightarrow\! I_{\text{C}} \!\uparrow\! \rightarrow\! I_{\text{E}} \!\uparrow\! \rightarrow\! U_{\text{E}} \!\uparrow\! \rightarrow\! U_{\text{BE}} \!\downarrow\! \rightarrow\! I_{\text{B}} \!\downarrow$$
$$I_{\text{C}} \!\downarrow\! \longleftarrow$$

温度 T 上升导致 I_{C} 上升，而 $I_{\text{E}} \approx I_{\text{C}}$ 也上升，I_{E} 上升导致电阻 R_{E} 上的电压降 $R_{\text{E}} I_{\text{E}}$ 增大，U_{E} 上升，但 U_{B} 固定不变，所以 U_{E} 的上升使得 U_{BE} 下降，U_{BE} 的下降导致 I_{B} 下降，从而使 I_{C} 下降。最终使 I_{C} 趋于稳定，从而稳定了静态工作点。

不难看出，接入发射极电阻的 R_{E} 在稳定静态工作点过程中起着重要的作用（实际上是引入了电流负反馈，减弱了温度对 I_{C} 的影响）。从理论上讲，R_{E} 越大，稳定效果越好。但 R_{E} 太大时将使 U_{E} 增高而使 U_{CE} 减小，有可能使晶体管进入饱和区。此外，发射极电流的交流分量 i_{e} 也会通过 R_{E} 产生交流电压降，使 u_{be} 减小，降低电压放大倍数。为此，可在 R_{E} 两端并联电容 C_{E}，只要 C_{E} 足够大，即可对交流分量视为短路，对交流信号不起负反馈作用，故 C_{E} 称为发射极交流旁路电容（Bypass Capacitor）。

由于要求满足 $I_{\text{b2}}>>I_{\text{B}}$，似乎 I_{b2} 越大越好。其实不然，还要考虑到其他影响。I_{b2} 不能太大，否则 R_{B1} 和 R_{B2} 就要取得较小，这不但要增加功率损耗，而且将从信号源取用较大的电流，使信号源的内阻电压降增加，加在放大器输入端的净输入电压 u_{i} 减小。一般 R_{B1} 和 R_{B2} 为几十千欧。

基极电位 U_{B} 也不能太高，否则 U_{E} 增高将使 U_{CE} 相应地减小（U_{CC} 一定），因而减小了放大电路输出电压的变化范围。一般硅管取 $I_{\text{b2}} = (5 \sim 10) I_{\text{B}}$，$U_{\text{B}} = (5 \sim 10) U_{\text{BE}}$。

2. 静态分析

由图 2-17b 给出的直流通路可得

$$U_{\text{B}} = \frac{R_{\text{B2}}}{R_{\text{B1}} + R_{\text{B2}}} U_{\text{CC}}$$

$$I_{\text{C}} \approx I_{\text{E}} = \frac{U_{\text{B}} - U_{\text{BE}}}{R_{\text{E}}}$$

$$I_{\text{B}} = \frac{I_{\text{C}}}{\beta} \tag{2-20}$$

$$U_{\text{CE}} = U_{\text{CC}} - I_{\text{C}} R_{\text{C}} - I_{\text{E}} R_{\text{E}} \approx U_{\text{CC}} - I_{\text{C}} (R_{\text{C}} + R_{\text{E}}) \tag{2-21}$$

3. 动态分析

1）首先画出图 2-17a 的微变等效电路，如图 2-18 所示。

2）求电压放大倍数 A_{u}。

由图 2-18 得

$$\dot{U}_{\text{i}} = r_{\text{be}} \dot{I}_{\text{b}}, \dot{U}_{\text{o}} = -R'_{\text{L}} \dot{I}_{\text{c}} = -\beta R'_{\text{L}} \dot{I}_{\text{b}}$$

则

$$A_{\text{u}} = \frac{\dot{U}_{\text{o}}}{\dot{U}_{\text{i}}} = \frac{-\beta \dot{I}_{\text{b}} R'_{\text{L}}}{\dot{I}_{\text{b}} r_{\text{be}}} = -\beta \frac{R'_{\text{L}}}{r_{\text{be}}} \qquad (2\text{-}22)$$

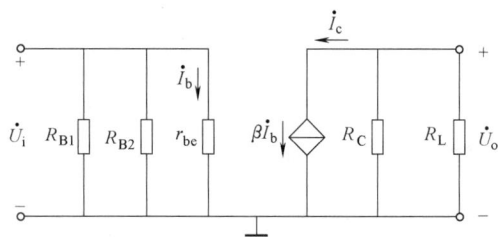

图 2-18　分压式偏置放大电路的微变等效电路

其中　$R'_{\text{L}} = R_{\text{C}} // R_{\text{L}}$。

3）求输入电阻 R_{i}。

由图 2-18 得

$$R_{\text{i}} = R_{\text{B1}} // R_{\text{B2}} // r_{\text{be}} \qquad (2\text{-}23)$$

4）求输入电阻 R_{o}。

由图 2-18 得

$$R_{\text{o}} = R_{\text{C}} \qquad (2\text{-}24)$$

如果没有发射极交流旁路电容 C_{E}，则微变等效电路为图 2-19 所示。

电压放大倍数 A_{u} 为

$$A_{\text{u}} = \frac{\dot{U}_{\text{o}}}{\dot{U}_{\text{i}}} = -\beta \frac{R'_{\text{L}}}{r_{\text{be}} + (1+\beta) R_{\text{E}}} \qquad (2\text{-}25)$$

输入电阻为

$$R_{\text{i}} = R_{\text{B1}} // R_{\text{B2}} // [r_{\text{be}} + (1+\beta) R_{\text{E}}] \qquad (2\text{-}26)$$

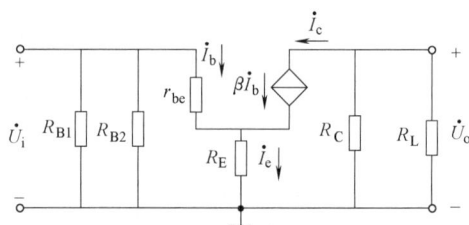

图 2-19　没有发射极交流旁路电容的微变等效电路

输出电阻 $R_{\text{o}} = R_{\text{C}}$，与接有发射极交流旁路电容 C_{E} 时相同。

【例 2-5】　分压式偏置电路如图 2-17 所示。已知：$U_{\text{CC}} = 12\text{V}$，$R_{\text{B1}} = 51\text{k}\Omega$，$R_{\text{B2}} = 10\text{k}\Omega$，$R_{\text{C}} = 3\text{k}\Omega$，$R_{\text{E}} = 1\text{k}\Omega$，$\beta = 80$，晶体管的发射结压降为 0.7V，试计算：

（1）放大电路的静态工作点。

（2）将晶体管 VT 替换为 $\beta = 100$ 的晶体管后，静态工作点有何变化？

（3）若要求 $I_{\text{C}} = 1.8\text{mA}$，应如何调整 R_{B1}。

解：（1）放大电路的静态工作点：

$$U_{\text{B}} = \frac{R_{\text{B2}}}{R_{\text{B1}} + R_{\text{B2}}} U_{\text{CC}} = \frac{10}{51+10} \times 12\text{V} \approx 2\text{V}$$

$$I_{\text{C}} \approx I_{\text{E}} = \frac{U_{\text{B}} - U_{\text{BE}}}{R_{\text{E}}} = \frac{2\text{V} - 0.7\text{V}}{1\text{k}\Omega} = 1.3\text{mA}$$

$$I_{\text{B}} = \frac{I_{\text{C}}}{\beta} = \frac{1.3\text{mA}}{80} \approx 16\mu\text{A}$$

$$U_{\text{CE}} = U_{\text{CC}} - I_{\text{C}} R_{\text{C}} - I_{\text{E}} R_{\text{E}} \approx U_{\text{CC}} - I_{\text{C}} (R_{\text{C}} + R_{\text{E}}) = 12\text{V} - 1.3\text{mA} \times (3\text{k}\Omega + 1\text{k}\Omega) = 6.8\text{V}$$

（2）若 $\beta = 100$，静态 I_{C} 和 U_{CE} 不会变化，即 $I_{\text{C}} \approx I_{\text{E}} = 1.3\text{mA}$，$U_{\text{CE}} = 6.8\text{V}$

I_{B} 减小，$I_{\text{B}} = \frac{I_{\text{C}}}{\beta} = \frac{1.3\text{mA}}{100} = 13\mu\text{A}$

（3）若要求 $I_{\text{C}} = 1.8\text{mA}$，$I_{\text{C}} \approx I_{\text{E}} = \frac{U_{\text{B}} - U_{\text{BE}}}{R_{\text{E}}}$

$$U_B = U_{BE} + I_C R_E = 0.7\text{V} + 1.8\text{mA} \times 1\text{k}\Omega = 2.5\text{V}$$

$$R_{B1} = \frac{R_{B2} U_{CC}}{U_B} - R_{B2} = \frac{10\text{k}\Omega \times 12\text{V}}{2.5\text{V}} - 10\text{k}\Omega - 38\text{k}\Omega$$

【例2-6】 电路如图 2-20 所示，晶体管的 $\beta = 100$，$U_{BE} = 0.7\text{V}$。

（1）求电路的 Q 点、A_u、R_i 和 R_o。

（2）若电容 C_E 开路，则将引起电路的哪些动态参数发生变化？如何变化？

解：（1）静态分析：

$$U_B \approx \frac{R_{B1}}{R_{B1} + R_{B2}} U_{CC} = 2\text{V}$$

$$I_C \approx I_E = \frac{U_{BQ} - U_{BEQ}}{R_F + R_E} \approx 1\text{mA}$$

$$I_B = \frac{I_C}{\beta} \approx 10\mu\text{A}$$

$$U_{CE} \approx U_{CC} - I_E(R_C + R_F + R_E) = 5.7\text{V}$$

动态分析：

$$r_{be} = r_{bb'} + (1+\beta)\frac{26\text{mV}}{I_{EQ}} \approx 2.83\text{k}\Omega$$

$$A_u = -\frac{\beta(R_C /\!/ R_L)}{r_{be} + (1+\beta)R_F} \approx -7.55$$

$$R_i = R_{B1} /\!/ R_{B2} /\!/ [r_{be} + (1+\beta)R_F] \approx 3.7\text{k}\Omega$$

$$R_o = R_C = 5\text{k}\Omega$$

（2）R_i 增大，$R_i = R_{B1} /\!/ R_{B2} /\!/ [r_{be} + (1+\beta)(R_F + R_E)] \approx 4\text{k}\Omega$；

$|A_u|$ 减小，$A_u = \dfrac{-\beta(R_C /\!/ R_L)}{r_{be} + (1+\beta)(R_F + R_E)} \approx -1.86$。

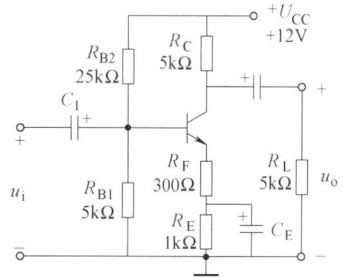

图 2-20　例 2-6 的图

2.5　共集电极放大电路

图 2-21a 为共集电极放大电路，由其对应的交流通路（见图 2-21b）可以看出，与共射极放大电路不同，这种接法的放大电路的输入信号是

教学视频 2-2：
共集电极
放大电路

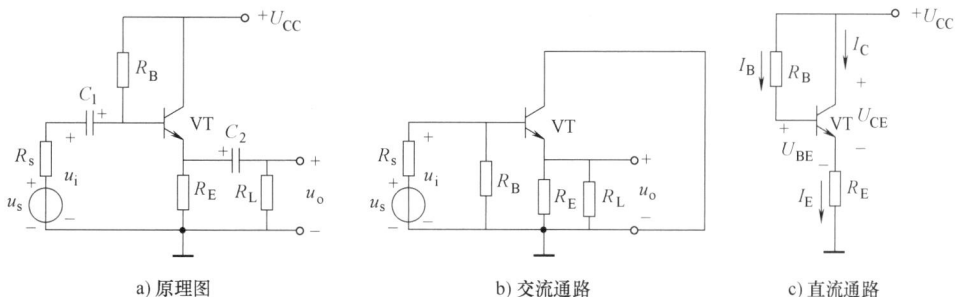

a) 原理图　　　　　　　　b) 交流通路　　　　　　　　c) 直流通路

图 2-21　共集电极放大电路

加在晶体管的基极和地即集电极之间，而输出信号从发射极和集电极两端取出，集电极是输入、输出回路的公共端，所以该电路称为共集电极放大电路（Common-collector Amplifier）。因为信号是从发射极输出，所以共集电极放大电路又称为射极输出器（Emitter-follower）。

2.5.1 静态分析

共集电极放大电路的直流通路如图 2-21c 所示，电阻 R_E 对静态工作点有自动调节作用，使该电路的 Q 点基本稳定。由直流通路可得

$$U_{CC} = I_B R_B + U_{BE} + I_E R_E = I_B R_B + U_{BE} + (1+\beta) R_E I_B = [R_B + (1+\beta) R_E] I_B + U_{BE}$$

则

$$I_B = \frac{U_{CC} - U_{BE}}{R_B + (1+\beta) R_E} \tag{2-27}$$

式中，$(1+\beta)R_E$ 可以理解为折算到基极支路的发射极支路电阻。

集电极电流为

$$I_C = \beta I_B$$

发射极电流为

$$I_E = I_B + I_C = I_B + \beta I_B = (1+\beta) I_B$$

集-射极电压为

$$U_{CE} = U_{CC} - R_E I_E = U_{CC} - (1+\beta) R_E I_B \tag{2-28}$$

2.5.2 动态分析

根据图 2-21b 的交流通路可以画出图 2-22 所示的微变等效电路。

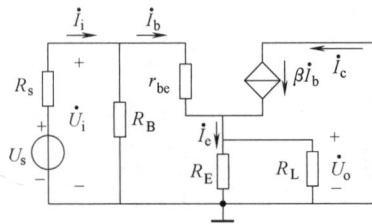

图 2-22 共集电极放大电路的微变等效电路

1. 电压放大倍数

由图 2-22 的微变等效电路可得

$$\dot{U}_i = \dot{I}_b r_{be} + \dot{I}_e R_L' = \dot{I}_b [r_{be} + (1+\beta) R_L']$$

式中，$R_L' = R_E // R_L$。

$$\dot{U}_o = \dot{I}_e R_L' = (1+\beta) \dot{I}_b R_L'$$

故
$$A_{u} = \frac{\dot{U}_{o}}{\dot{U}_{i}} = \frac{(1+\beta)R'_{L}}{r_{be} + (1+\beta)R'_{L}} \tag{2-29}$$

由式（2-29）可见，$A_{u} < 1$。但在一般情况下，$(1+\beta)R'_{L} \gg r_{be}$，所以有 $A_{u} \approx 1$，该电路没有电压放大能力。但 $\dot{I}_{e} = (1+\beta)\dot{I}_{b}$，所以该电路有电流放大能力。

A_{u} 为正数，说明输出电压与输入电压同相。

由于输出电压与输入电压大小近似相等，相位相同，所以射极输出器又叫电压跟随器（Voltage-follower）。

2. 输入电阻

由图 2-22 的微变等效电路通过计算可得

$$r_{i} = \frac{\dot{U}_{i}}{\dot{I}_{i}} = R_{B} // [r_{be} + (1+\beta)R'_{L}] \tag{2-30}$$

式中的 $(1+\beta)R'_{L}$ 可以理解成折算到基极回路的发射极电阻，因发射极电流是基极电流的 $(1+\beta)$ 倍，所以发射极电阻折算到基极也应该是原来的 $(1+\beta)$ 倍。一般 R_{B} 的阻值很大（几十千欧到几百千欧），且 $[(1+\beta)R'_{L}]$ 也比共射放大电路的输入电阻（$R_{i} \approx r_{be}$）大得多，故射极输出器的输入电阻很高，可达几十千欧到几百千欧。

3. 输出电阻

根据输出电阻的定义，将信号源 $\dot{U}_{s}$ 短路，保留内阻 R_{s}，去掉负载电阻 R_{L}，输出端外加电压 $\dot{U}_{o}$，产生电流 $\dot{I}_{o}$，并设 R_{s} 与 R_{B} 并联后的电阻为 R'_{s}，得图 2-23 所示的求输出电阻的等效电路图。

由图 2-23 可得

图 2-23　计算输出电阻 R_{o} 的等效电路

$$\dot{I}_{o} = \dot{I}_{b} + \beta\dot{I}_{b} + \dot{I}_{e} = \frac{\dot{U}_{o}}{r_{be} + R'_{s}} + \beta\frac{\dot{U}_{o}}{r_{be} + R'_{s}} + \frac{\dot{U}_{o}}{R_{E}}$$

整理后得

$$r_{o} = \frac{\dot{U}_{o}}{\dot{I}_{o}} = \frac{1}{\dfrac{1+\beta}{r_{be} + R'_{s}} + \dfrac{1}{R_{E}}} = R_{E} // \frac{r_{be} + R'_{s}}{1+\beta} \tag{2-31}$$

射极输出器的输出电阻很低，一般为几十欧到几百欧，远小于共发射极电路的输出电阻。射极输出器接负载 R_{L} 后，由于输出电阻很低，即使 R_{L} 变化，输出电压也基本不变，说明该电路具有恒压输出特性。

4. 射极输出器的应用

射极输出器的主要特点为：输入电压与输出电压同相，电压放大倍数小于 1 且近似等于 1，输入电阻大，输出电阻小。它的用途非常广泛，主要应用在以下场合：

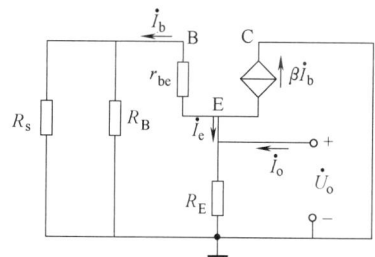

1）由于射极输出器输入电阻大，从信号源吸取的电流小，常被用于多级放大电路的输入级，这样可以获得更高的净输入电压。

2）由于射极输出器的输出电阻小，常被用于多级放大电路的输出级，以便保持输出电压的稳定，从而增大其带负载的能力。

3）由于射极输出器具有高输入电阻、低输出电阻，常作为多级放大电路的中间级，且它的高输入电阻对前级影响较小，而低输出电阻带负载能力强，故能起到阻抗变换作用。

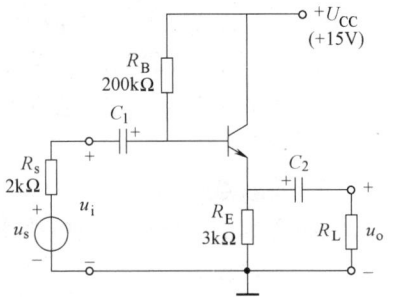

图 2-24 例 2-7 的电路

【**例 2-7**】 电路如图 2-24 所示，晶体管的 $\beta = 80$，$U_{BE} = 0.7V$，$R_L = 6k\Omega$。

（1）求出静态工作点 Q。

（2）分别求出 $R_L = \infty$ 和 $R_L = 6k\Omega$ 时电路的 A_u 和 R_i。

（3）求出 R_o。

解：（1）求解静态工作点 Q：

$$I_B = \frac{U_{CC} - U_{BE}}{R_B + (1+\beta)R_E} = \frac{15 - 0.7}{200 + (1+80) \times 3}\text{mA} = 0.0323\text{mA} = 32.3\mu\text{A}$$

$$I_C = \beta I_B = 80 \times 0.0323\text{mA} = 2.58\text{mA}$$

$$I_E = (1+\beta)I_B = (1+80) \times 0.0323\text{mA} = 2.61\text{mA}$$

$$U_{CE} = U_{CC} - I_E R_E = (15 - 2.61 \times 3)\text{V} = 7.17\text{V}$$

（2）$r_{be} = 200 + (1+\beta)\dfrac{26}{I_E} = \left[200 + (1+80)\dfrac{26}{2.61}\right]\Omega \approx 1\text{k}\Omega$

当 $R_L = \infty$ 时

$$r_i = R_B // [r_{be} + (1+\beta)R_E]$$
$$= 200\text{k}\Omega // [1\text{k}\Omega + (1+80)3\text{k}\Omega] \approx 110\text{k}\Omega$$

$$A_u = \frac{\dot{U}_o}{\dot{U}_i} = \frac{(1+\beta)R_E}{r_{be} + (1+\beta)R_E} = \frac{(1+80) \times 3\text{k}\Omega}{1\text{k}\Omega + (1+80) \times 3\text{k}\Omega} \approx 0.996$$

当 $R_L = 6k\Omega$ 时

$$R_L' = \frac{R_E R_L}{R_E + R_L} = \frac{3 \times 6}{3 + 6}\text{k}\Omega = 2\text{k}\Omega$$

$$r_i = R_B // [r_{be} + (1+\beta)R_L'] = 200\text{k}\Omega // [1 + (1+80) \times 2]\text{k}\Omega$$
$$= 200\text{k}\Omega // 163\text{k}\Omega = \frac{200 \times 163}{200 + 163}\text{k}\Omega = 89.8\text{k}\Omega$$

$$A_u = \frac{(1+\beta)R_L'}{r_{be} + (1+\beta)R_L'} = \frac{(1+80) \times 2}{1 + (1+80) \times 2} = 0.994$$

（3）求输出电阻：

$$R_s' = \frac{R_s R_B}{R_s + R_B} = \frac{2 \times 200}{2 + 200}\text{k}\Omega = 1.98\text{k}\Omega$$

$$R_o = \frac{\dot{U}_o}{\dot{I}_o} = R_E // \frac{r_{be}+R'_s}{1+\beta} = 3k\Omega // \frac{1+1.98}{1+80}k\Omega \approx 36.3\Omega$$

2.6 多级放大电路

只有一个晶体管构成的放大电路称为单级放大电路，其电压放大倍数一般只有数十倍，为了将微弱的输入信号电压放大到足够的幅值并能够提供给负载工作所需要的功率，往往需要将几个单级放大电路级联起来，构成多级放大电路（Multi-amplifier）。多级放大电路一般由输入级、中间级、末前级和输出级（末级）组成。其中前若干级主要用于电压放大，末级主要用于功率放大，如图 2-25 所示。

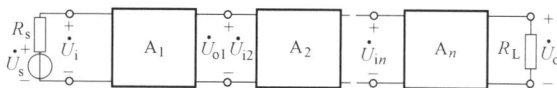

教学视频 2-3：
多级放大电路

图 2-25 多级放大电路的组成框图

在多级放大电路中，前后两个单级放大电路之间的连接方式称为耦合（Coupling），耦合方式主要有四种：阻容耦合、直接耦合和变压器耦合、光电耦合。图 2-26 给出了采用阻容耦合和直接耦合的两级放大电路示意图。

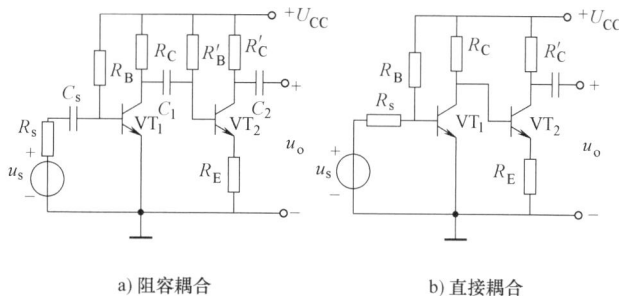

a) 阻容耦合　　　　　　　b) 直接耦合

图 2-26 两级放大电路的阻容耦合和直接耦合

2.6.1 阻容耦合

如图 2-26a 所示，两级之间通过耦合电容及后级输入电阻连接，称为阻容耦合（R-C Coupling）。电容 C_1、C_2、C_s 仍起"隔直通交"的作用，它既可使前后级的静态工作点各自独立，互不影响，同时又能顺利地传递交流信号。为了减少信号损失，耦合电容的容量一般比较大，但在集成电路中，由于难以集成容量较大的电容，因而几乎无法采用这种耦合方式，因此阻容耦合只能应用在由分立元件构成的电压放大电路中。

在多级放大电路中，前一级的输出即是后一级的输入，因此，多级放大电路的总放大倍数就等于各单级放大倍数的乘积，即

$$A_u = A_{u1}A_{u2}\cdots A_{u(n-1)}A_{un} \tag{2-32}$$

在多级放大电路中，前一级的输出电阻是带动后一级的等效信号源的内阻，后一级的输入电阻是前一级的负载电阻。

多级放大电路的输入电阻为第一级放大电路的输入电阻，$R_i = R_{i1}$；多级放大电路的输出电阻等于最末级放大电路的输出电阻，$R_o = R_{on}$。

2.6.2 直接耦合

如图 2-26b 所示，把前级的输出端经导线直接接到后级的输入端，称为直接耦合（Direct Coupling），这种耦合方式适用于放大缓慢变化的交流信号或直流信号。直接耦合不采用耦合电容，容易集成化，在集成放大电路中有广泛的应用。但直接耦合方式的缺陷也是显而易见的：一个是前后级静态工作点互相影响的问题，另一个是零点漂移问题。分述如下。

1. 前级和后级静态工作点的相互影响

如果简单地将两级放大电路直接连接在一起，如图 2-27a 所示，前级的集电极电位恒等于后级的基极电位（0.7V 左右），使得 VT_1 极易进入饱和状态，同时，VT_2 的偏流 I_{B2} 将由 R_{B2} 和 R_{C1} 共同决定，也就是两级的静态工作点互相牵扯，互不独立。

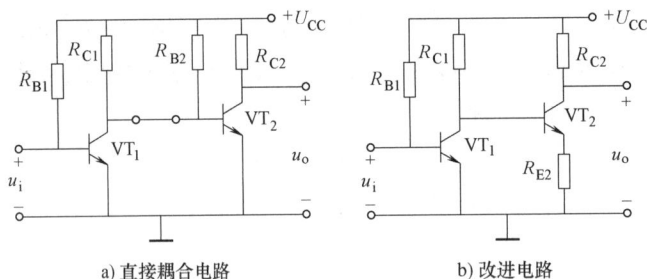

图 2-27 两级直接耦合式放大电路及其改进

因此，必须采取一定的措施，以保证既能有效地传递信号，又要使每一级有合适的静态工作点。常用的办法之一是提高后级的发射极电位。在图 2-27b 中，在后级发射极和地之间接一电阻 R_{E2}，这一方面能提高 VT_1 的集电极电位，增大其输出电压的幅度，另一方面又能使 VT_2 获得合适的工作点，但这个电阻却使第二级的电压放大倍数下降了。改进的措施就是用稳压管代替电阻，如图 2-28 所示，利用稳压管的电压降 U_Z 来提高 U_{CE1}，此时 $U_{CE1} = U_Z + U_{BE2}$。稳压管的动态电阻较小，对第二级的电压放大倍数影响不大。

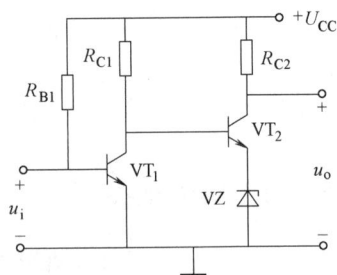

图 2-28 后级发射极采用稳压管的直接耦合电路

2. 零点漂移

实验中发现，在直接耦合放大电路中，即使将输入端短路，用灵敏的直流表测量输出端，也会有变化缓慢的输出电压，如图 2-29所示。这种输入电压为零而输出电压不为零且缓慢变化的现象，称为零点漂移（Zero Drift）。

当放大电路输入信号后，这种漂移就伴随着信号共存于放大电路中，两种信号互相纠缠在一起，难以分辨。在直接耦合放大电路中，第一级的漂移影响最为严重，由于直接耦合，第一级的漂移会被逐级放大，以至影响到整个放大电路。

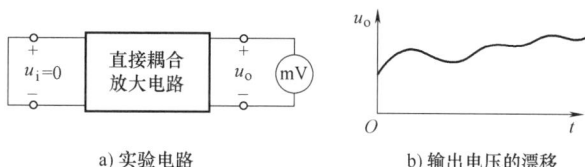

a) 实验电路　　　　　　　　　　b) 输出电压的漂移

图 2-29　直接耦合放大电路的零点漂移现象

引起零点漂移的原因很多，在放大电路中，环境温度的变化、电源电压的波动、元器件的老化以及其参数的变化等都会引起零点漂移，其中温度的影响最严重，因此零点漂移也称为温度漂移。抑制温度漂移的措施主要有：

1）采用高质量的稳压电源和使用经过老化实验的元器件。

2）在电路中引入直流负反馈，稳定静态工作点。

3）采用温度补偿的方法，利用热敏元件来抵消晶体管的参数变化。

4）采用差分放大电路。

【例 2-8】　为提高放大电路的带负载能力，多级放大电路的末级常采用射极输出器，两级阻容耦合放大电路如图 2-30 所示。已知 $R_{B1} = 51\text{k}\Omega$，$R_{B2} = 11\text{k}\Omega$，$R_{C1} = 5.1\text{k}\Omega$，$R_{E1} = 5.1\text{k}\Omega$，$R_{E2} = 1\text{k}\Omega$，$R'_{B1} = 150\text{k}\Omega$，$R'_{E1} = 3.3\text{k}\Omega$，$\beta_1 = \beta_2 = 50$，$U_{BE} = 0.7\text{V}$，$U_{CC} = 12\text{V}$。（1）求各级的静态工作点；（2）求电路的输入电阻 R_i 和输出电阻 R_o；（3）计算电压放大倍数 A_u。（$R_L = 5.1\text{k}\Omega$）

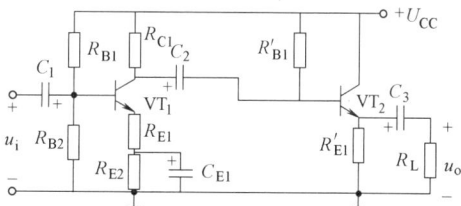

图 2-30　例 2-8 的图

解：（1）第一级是分压式静态工作点稳定电路，所以先求 U_B：

$$U_B = \frac{R_{B2}}{R_{B1}+R_{B2}}U_{CC} = \frac{11}{51+11}\times12\text{V} = 2.13\text{V}$$

$$I_C \approx I_E = \frac{U_B - U_{BE}}{R_{E1}+R_{E2}} = \frac{2.13\text{V}-0.7\text{V}}{5.1\text{k}\Omega+1\text{k}\Omega} = 0.234\text{mA}$$

$$I_B = \frac{I_C}{\beta} = \frac{0.234\text{mA}}{50} = 4.68\mu\text{A}$$

$$U_{CE} = U_{CC}-I_C R_{C1}-I_E(R_{E1}+R_{E2}) = U_{CC}-I_C(R_{C1}+R_{E1}+R_{E2})$$
$$= 12\text{V}-0.234\text{mA}\times(5.1\text{k}\Omega+5.1\text{k}\Omega+1\text{k}\Omega) = 9.38\text{V}$$

第二级为射极输出器，静态工作点如下：

$$I'_B = \frac{U_{CC}-U'_{BE}}{R'_{B1}+(1+\beta)R'_{E1}} = \frac{12\text{V}-0.7\text{V}}{150\text{k}\Omega+(1+50)\times3.3\text{k}\Omega} = 35.5\mu\text{A}, I'_C = \beta_2 I'_B = 1.775\text{mA}$$

$$I'_E = (1+\beta)I'_B = (1+50)\times35.5\mu\text{A} \approx 1.81\text{mA}$$

$$U'_{CE} = U_{CC}-R'_{E1}I'_E = 12\text{V}-3.3\text{k}\Omega\times1.81\text{mA} \approx 6.03\text{V}$$

（2）本电路的输入电阻为第一级放大电路的输入电阻，输出电阻为第二级放大电路的输出电阻：

$$r_{\mathrm{be}} = 200 + (1+\beta_1)\frac{26\mathrm{mV}}{I_{\mathrm{E}}} = 5.87\mathrm{k}\Omega$$

$$R_{\mathrm{i}} = R_{\mathrm{B1}}//R_{\mathrm{B2}}//[r_{\mathrm{be}}+(1+\beta_1)R_{\mathrm{E1}}] \approx 8.75\mathrm{k}\Omega$$

$$r'_{\mathrm{be}} = 200 + (1+\beta_2)\frac{26\mathrm{mV}}{I'_{\mathrm{E}}} = 932.6\Omega$$

$$R_{\mathrm{o}} = R'_{\mathrm{E1}}//\frac{r'_{\mathrm{be}}+(R_{\mathrm{C1}}//R'_{\mathrm{B1}})}{1+\beta_2} = 0.11\mathrm{k}\Omega$$

（3）

$$A_{\mathrm{u}} = A_{\mathrm{u1}}A_{\mathrm{u2}} = -\frac{\beta_1\{R_{\mathrm{C1}}//R'_{\mathrm{B1}}//[r'_{\mathrm{be}}+(1+\beta_2)(R'_{\mathrm{E1}}//R_{\mathrm{L}})]\}}{r_{\mathrm{be}}+(1+\beta_1)R_{\mathrm{E1}}} \cdot \frac{(1+\beta_2)(R'_{\mathrm{E1}}//R_{\mathrm{L}})}{r'_{\mathrm{be}}+(1+\beta_2)(R'_{\mathrm{E1}}//R_{\mathrm{L}})}$$

$$= 0.86$$

2.7 差分放大电路

差分放大电路或称差分放大器（Differential Amplifier），是一种最有效的抑制零点漂移的放大电路，常用在直接耦合放大电路的第一级，是集成运算放大器的主要组成部分。

教学视频 2-4：
差分放大电路

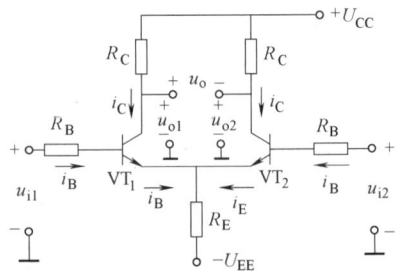

2.7.1 基本差分放大电路

基本差分放大电路如图 2-31 所示，它由两个参数、特性完全相同的晶体管 VT$_1$、VT$_2$ 接成共射放大电路构成。有两个输入信号 u_{i1}、u_{i2} 经各输入回路电阻 R_{B} 分别加在两个管子的基极上，输出信号 u_{o} 从两个晶体管的集电极取出。电路是对称的，两侧的电阻 R_{B} 和 R_{C} 完全相同。

图 2-31 基本差分放大电路

1. 对零点漂移的有效抑制

静态时，$u_{\mathrm{i1}} = u_{\mathrm{i2}} = 0$，两输入端与地之间可以看成短路，由于电路对称，两集电极电流 $I_{\mathrm{C1}} = I_{\mathrm{C2}}$，两集电极电位 $U_{\mathrm{C1}} = U_{\mathrm{C2}}$，输出电压 $u_{\mathrm{o}} = U_{\mathrm{C1}} - U_{\mathrm{C2}} = 0$。

当环境温度升高时，两管的集电极电流 I_{C1}、I_{C2} 同时增加 ΔI_{C}，U_{C1}、U_{C2} 同时减小 ΔU_{C}，$u_{\mathrm{o}} = (U_{\mathrm{C1}}+\Delta U_{\mathrm{C}}) - (U_{\mathrm{C2}}+\Delta U_{\mathrm{C}}) = 0$，输出电压仍等于零，由此看出，差分放大电路有效抑制了零点漂移，这是它的最大优点。

上面讲的差分放大电路能够抑制零点漂移，是靠电路的对称性完成的，实际上，完全对称的电路并不存在，因此单靠提高电路的对称性来抑制零点漂移是有限的。另外，每个管子的集电极电位的漂移并未被抑制，如果采用单端输出，漂移根本无法抑制。因此，在电路中引入了发射极电阻 R_{E} 和负电源 $-U_{\mathrm{EE}}$。

R_{E} 的主要作用是稳定电路的静态工作点，进一步减小零点漂移。当温度 T 升高使 I_{C1}、I_{C2} 均增加时，抑制漂移的过程如下：

$$I_{C1} \downarrow$$

$$T \uparrow \rightarrow \left\{ \begin{array}{c} I_{C1} \uparrow \\ I_{C2} \downarrow \end{array} \right\} \rightarrow I_E \uparrow \rightarrow U_{R_E} \uparrow \left[\begin{array}{c} U_{BE1} \downarrow \rightarrow I_{B1} \downarrow \\ U_{BE2} \downarrow \rightarrow I_{B2} \downarrow \end{array} \right.$$

$$I_{C2} \downarrow$$

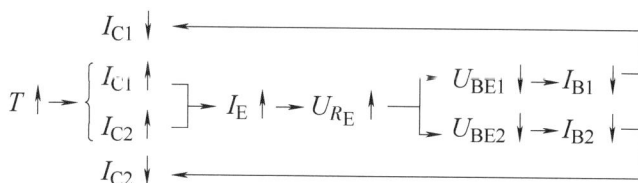

可见，R_E 的作用和静态工作点稳定电路的工作原理是一样的，都是利用电流负反馈（将在本书 2.10 节中讨论）改变晶体管的 U_{BE}，从而抑制 I_C 的变化。因 R_E 对每个晶体管的漂移均起到了抑制作用，故能有效地抑制零点漂移。

R_E 越大，负反馈作用越强（有关负反馈的概念，见 2.10 节），抑制零漂的效果越好。但 U_{CC} 一定时，过大的 R_E 会使集电极电流减小，影响静态工作点和电压放大倍数。为此引入负电源 $-U_{EE}$ 来抵消 R_E 两端的直流电压降，以获得合适的静态工作点。

2. 输入信号的几种形式

差分放大电路有两个输入端子，可以输入不同种类的信号，分述如下。

（1）共模输入

在差分放大电路的两个输入端同时输入大小相等、极性相同的信号 $u_{i1} = u_{i2} = u_{ic}$，这种输入称为共模输入。这样一对大小相等、极性相同的信号称为共模信号（Common-mode Signal）。

当输入共模信号 $u_{i1} = u_{i2} = u_{ic}$ 时，因电路完全对称，两晶体管集电极电压 u_{C1}、u_{C2} 大小相等、极性相同，则 $u_o = u_{C1} - u_{C2} = 0$，共模电压放大倍数 $A_{uc} = u_o / u_{ic} = 0$。可见差分放大电路对共模信号有很强的抑制作用。实际上，差分放大电路对零点漂移的抑制作用是抑制共模信号的一个特例。因为如果将每管集电极的漂移电压折合到各自的输入端，就相当于给差分放大电路加了一对共模信号。

（2）差模输入

在差分放大电路的两个输入端分别输入大小相等、极性相反的信号，即 $u_{i1} = -u_{i2}$，这种输入称为差模输入（Differential-mode Input）。而把这样一对大小相等、极性相反的信号称为差模信号（Differential-mode Signal）。差模信号之差通常用 u_{id} 表示，$u_{id} = u_{i1} - u_{i2}$。

当输入差模信号 u_{i1}、u_{i2} 时，因电路对称，两晶体管集电极电压 u_C 的变化大小相等、极性相反，设 $\Delta u_{C1} = \Delta u_C$，则 $\Delta u_{C2} = -\Delta u_C$，差模输出电压 $u_o = \Delta u_{C1} - \Delta u_{C2} = 2\Delta u_C$，可见在差模输入方式下，差模输出电压是单管输出电压的两倍。即差分放大电路可以有效地放大差模信号。

对差模信号来说，两个晶体管 VT_1、VT_2 的发射极电流 i_{E1}、i_{E2} 一个增大时另一个必然减小，在电路对称的情况下，增加量等于减小量，故流过电阻 R_E 的电流保持不变，也就是说，R_E 对差模信号没有影响。

（3）比较输入

在差分放大电路的两个输入端分别输入一对大小、极性任意的信号，这种输入方式称为比较输入信号。

为了使问题简化，通常把这对既非共模又非差模的信号分解为共模信号 u_{ic} 和差模信号 u_{id} 的组合，即

$$u_{i1} = u_{ic1} + u_{id1} = \frac{u_{i1} + u_{i2}}{2} + \frac{u_{i1} - u_{i2}}{2}$$

$$u_{i2} = u_{ic2} + u_{id2} = \frac{u_{i1}+u_{i2}}{2} - \frac{u_{i1}-u_{i2}}{2}$$

式中，$u_{ic1} = u_{ic2} = u_{ic} = \dfrac{u_{i1}+u_{i2}}{2}$，$u_{id1} = -u_{id2} = \dfrac{u_{i1}-u_{i2}}{2}$。

例如，u_{i1} 和 u_{i2} 是两个输入信号，设 $u_{i1} = 10\text{mV}$，$u_{i2} = 6\text{mV}$，有 $u_{i1} = 8\text{mV}+2\text{mV}$，$u_{i2} = 8\text{mV} -2\text{mV}$，可见，8mV 是两输入信号的共模分量，而 +2mV 和 −2mV 为两输入信号的差模分量，因此可得

$$u_{ic1} = u_{ic2} = 8\text{mV}, \quad u_{id1} = -u_{id2} = 2\text{mV}, \quad u_{id} = u_{id1} - u_{id2} = 2\text{mV} - (-2\text{mV}) = 4\text{mV}$$

由前面分析可知，差分放大电路放大的是两个输入信号之差，而对共模信号没有放大作用，故有"差分"放大电路之称。比较输入方式广泛应用于自动控制系统中，例如有两个信号，一个为测量信号（或者反馈信号）u_{i1}，一个为给定的参考信号 u_{i2}，两个信号在输入端比较后，得出差值 $u_{i1} - u_{i2}$，经放大后，输出电压为

$$u_o = A_{ud}(u_{i1} - u_{i2}) = A_{ud}u_{id}$$

式中，A_{ud} 为电压放大倍数；偏差电压信号 u_{id} 可正可负，但它只反映两信号的差值，并不反映其大小。

如果两信号相等，则输出电压 $u_o = 0$，说明不需调节，而一旦出现偏差，偏差信号将被放大输出并送至执行机构，即可根据极性和变化幅度实现对某一生产过程（如炉温、水位等）的自动调节或控制。

2.7.2　静态分析

图 2-31 所示的电路中共有 U_{CC} 和 U_{EE} 正、负两路电源，负电源 U_{EE} 通过电阻 R_E 为两个管子提供偏流，因两侧完全对称，静态分析只需计算一侧即可，由图 2-32 的单管直流通路可得

$$R_B I_B + U_{BE} + 2(1+\beta)I_B R_E = U_{EE}$$

$$I_B = \frac{U_{EE} - U_{BE}}{R_B + 2(1+\beta)R_E} \tag{2-33}$$

$$I_E \approx I_C = \beta I_B$$

图 2-32　单管直流通路

每管的集射极电压为

$$U_{CE} = U_{CC} + U_{EE} - I_C R_C - 2I_E R_E \tag{2-34}$$

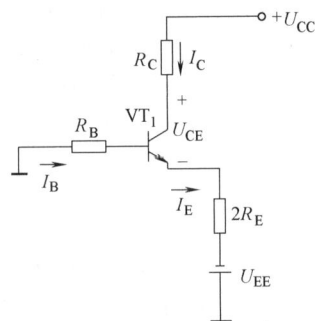

2.7.3　动态分析

差分放大电路有两个输入端、两个输出端，因此按照输入输出方式可分为四种情况：双端输入双端输出、双端输入单端输出、单端输入双端输出及单端输入单端输出。输入信号又分为共模信号和差模信号，下面分别进行分析。

1. 共模输入

（1）双端输入双端输出

电压放大倍数为

$$A_{uc} = \frac{u_o}{u_{ic}} = 0 \tag{2-35}$$

输出电阻 R_{oc} 为

$$R_{oc} = 2R_C \tag{2-36}$$

（2）双端输入单端输出

共模输入时，单管的交流通路如图 2-33 所示，其中 $2R_E$ 为电阻 R_E 折算到单管放大电路后的电阻（共模输入时，原来 R_E 中电流为 $2i_E$，变成单管放大电路后，电流为 i_E，为了保证 R_E 两端电压降不变，折算后的电阻应为 $2R_E$）。

电压放大倍数为

$$A_{uc1} = A_{uc2} = \frac{u_{oc1}}{u_{ic}} = \frac{u_{oc2}}{u_{ic}} = -\frac{\beta R_C}{R_B + r_{be} + 2(1+\beta)R_E} \tag{2-37}$$

图 2-33 共模输入时的单管交流通路

单管放大电路的输入电阻 R_{ic1} 为

$$R_{ic1} = R_B + r_{be} + 2(1+\beta)R_E \tag{2-38}$$

整个差分放大电路共模输入电阻为单管输入电阻的并联，因此 R_{ic} 为

$$R_{ic} = \frac{1}{2}\left[R_B + r_{be} + 2(1+\beta)R_E\right] \tag{2-39}$$

共模输入时，输入电阻只与输入方式有关，与输出方式无关，因此双端输入双端输出时的输入电阻与双端输入单端输出时相同。

输出电阻为

$$R_{oc1} = R_{oc2} = R_C \tag{2-40}$$

2. 差模输入

（1）双端输入双端输出

前已述及，当输入差模信号时，差模输出电压是单管输出电压的两倍，故图 2-31 所示差分放大电路的电压放大倍数为（由于 R_E 对差模信号不起作用，画交流通路时，两个管子的发射极相当于接地）

$$A_{ud} = \frac{u_{od}}{u_{id}} = \frac{u_{od1} - u_{od2}}{u_{i1} - u_{i2}} = \frac{2u_{od1}}{2u_{i1}} = \frac{u_{od1}}{u_{i1}} = -\beta\frac{R_C}{R_B + r_{be}} \tag{2-41}$$

可见，双端输入双端输出时，差分放大电路的差模电压放大倍数等于组成该差分放大电路的单管放大电路的电压放大倍数。在这种接法中，牺牲了一个管子的放大作用，换来了抑制零点漂移的效果。

当在输出 u_o 间接入负载电阻 R_L 时，差模电压放大倍数为

$$A'_{ud} = -\beta\frac{R'_L}{R_B + r_{be}} \tag{2-42}$$

式中，$R'_L = R_C // (R_L/2)$。

因为在输入差模信号时，VT_1、VT_2 管的集电极电位变化相反，一边增大、一边减小，且大小相等。故负载电阻 R_L 的中点相当于交流"地"，等效到一侧的放大电路中，每管各带一半负载。

两输入端之间的差模输入电阻为

$$R_i = 2(R_B + r_{be}) \tag{2-43}$$

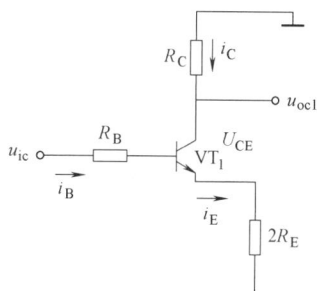

两集电极之间的差模输出电阻为

$$R_o \approx 2R_C \tag{2-44}$$

（2）双端输入单端输出

电压放大倍数为

$$A_{ud1} = \frac{u_{od1}}{u_{id}} = \frac{u_{od1}}{u_{i1}-u_{i2}} = \frac{u_{od1}}{2u_{i1}} = -\beta \frac{R_C}{2(R_B+r_{be})}$$

$$A_{ud2} = \frac{u_{od2}}{u_{id}} = \frac{-u_{od1}}{u_{i1}-u_{i2}} = \frac{-u_{od1}}{2u_{i1}} = \beta \frac{R_C}{2(R_B+r_{be})} \tag{2-45}$$

可见，单端输出时，电压放大倍数为双端输出时的一半。

输入电阻为

$$R_i = 2(R_B+r_{be}) \tag{2-46}$$

输出电阻为

$$R_{od1} = R_{od2} \approx R_C \tag{2-47}$$

3. 共模抑制比 K_{CMRR}

共模信号往往是干扰、噪声、温漂等无用信号，而差模信号才是有用信号。为了全面衡量差分放大电路放大差模信号的能力以及抑制共模信号的能力，通常引用共模抑制比 K_{CMRR} 来表征。

差模电压放大倍数与共模电压放大倍数之比的绝对值定义为共模抑制比，即

$$K_{CMRR} = \left| \frac{A_{ud}}{A_{uc}} \right| \tag{2-48}$$

共模抑制比常用分贝表示，定义为

$$K_{CMR} = 20\lg \left| \frac{A_{ud}}{A_{uc}} \right| \tag{2-49}$$

K_{CMR} 越大，表明电路的性能越好。对于双端输出差分放大电路，若电路完全对称，$A_{uc}=0$，$K_{CMRR} \to \infty$，但实际上电路完全对称并不存在，所以共模抑制比不可能达到无穷。

提高双端输出差分放大电路共模抑制比的途径有两个，一是使电路尽可能对称，二是尽可能加大共模抑制电阻 R_E。提高单端输出差分放大电路共模抑制比的途径只能是加大共模抑制电阻 R_E。

【例2-9】 在图2-34所示的差分放大电路中，$\beta=$ 50，$U_{BE}=0.7V$，输入电压 $u_{i1}=7mV$，$u_{i2}=3mV$。（1）计算放大电路的静态值 I_B、I_C 及各电极的电位 U_E、U_C 和 U_B；（2）把输入电压 u_{i1}、u_{i2} 分解为共模分量 u_{ic1}、u_{ic2} 和差模分量 u_{id1}、u_{id2}；（3）求单端共模输出 u_{oc1} 和 u_{oc2}；（4）求单端差模输出 u_{od1} 和 u_{od2}；（5）求单端总输出 u_{o1} 和 u_{o2}；（6）求双端共模输出 u_{oc}、双端差模输出 u_{od} 和双端总输出 u_o。

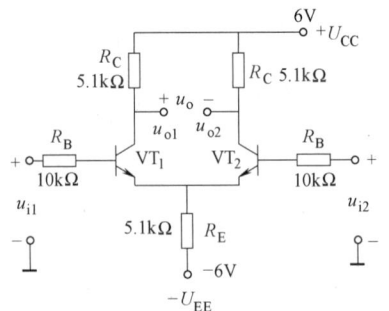

图2-34 例2-9的图

解：（1）放大电路的静态工作点：

$$I_B=I_{B1}=I_{B2}, \quad I_C=I_{C1}=I_{C2}, \quad U_{CE}=U_{CE1}=U_{CE2}$$

$$I_B = \frac{U_{EE} - U_{BE}}{R_B + 2(1+\beta)R_F} \approx 10\mu A, I_E \approx I_C = \beta I_B = 0.5mA$$

$$U_B = 0 - I_B R_B = -10\mu A \times 10k\Omega = -0.1V$$

$$U_E = U_B - U_{BE} = -0.1V - 0.7V = -0.8V$$

$$U_C = U_{CC} - I_C R_C = 6V - 0.5 \times 5.1V = 3.45V$$

（2）

$$u_{i1} = u_{ic1} + u_{id1} = 7mV, \quad u_{i2} = u_{ic2} + u_{id2} = 3mV$$

共模分量

$$u_{ic1} = u_{ic2} = u_{ic} = 5mV$$

差模分量

$$u_{id1} = -u_{id2} = 2mV$$

$$u_{id} = u_{id1} - u_{id2} = 2mV - (-2mV) = 4mV$$

（3）

$$r_{be} = 200 + (1+\beta)\frac{26mV}{I_E} = 2852\Omega$$

单端输出共模电压放大倍数为

$$A_{uc1} = \frac{u_{oc1}}{u_{ic}} = -\beta\frac{R_C}{R_B + r_{be} + 2(1+\beta)R_E} = -0.478$$

$$u_{oc1} = u_{oc2} = A_{uc} u_{ic} = -2.39mV$$

（4）

$$A_{ud1} = \frac{u_{od1}}{u_{id}} = -\beta\frac{R_C}{2(R_B + r_{be})} = -9.92, \quad A_{ud2} = \frac{u_{od2}}{u_{id}} = \beta\frac{R_C}{2(R_B + r_{be})} = 9.92$$

$$u_{od1} = u_{id} A_{ud1} = -39.68mV, \quad u_{od2} = +39.68mV$$

（5）

$$u_{o1} = u_{od1} + u_{oc1} = -42.07mV, \quad u_{o2} = u_{od2} + u_{oc2} = +37.29mV$$

（6）

$$u_{oc} = 0, \quad u_{od} = -79.36mV, \quad u_o = -79.36mV$$

4. 单端输入单端输出差分放大电路

若信号从差分放大电路的一个管子的基极输入，而另一个管子的基极接地，这种连接方式称为单端输入。

图 2-35 所示是一个单端输入差分放大电路，晶体管 VT_2 的基极经电阻 R_B 接地，信号加在晶体管 VT_1 上。由于 R_E 很大，可以近似看成开路，电路又完全对称，输入电压近似平均分配在两个管的输入回路上。即输入电压的一半加在 VT_1 的输入端，另一半加在 VT_2 的输入端。同双端输入一样，两者极性相反，即 $u_{i1} = \frac{u_i}{2}$，$u_{i2} = -\frac{u_i}{2}$。

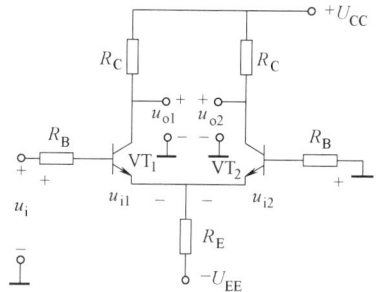

图 2-35　单端输入差分放大电路

这样就可以把 u_{i1}、u_{i2} 看成是双端输入差模信号，因此各种性能指标的计算与前面相同，这里不再赘述。

*2.8　功率放大电路

在实用放大电路中，往往要求放大电路的末级（即输出级）输出一定的功率，用以推动负载工作，例如，使扬声器发声、使电机旋转、使继电器动作、使仪表指针偏转等。从能量控制和转换的角度看，功率放大电路（Power Amplifier）与小信号基本放大电路没有本质区别，只是功率放大电路要求输出足够大的功率，而小信号基本放大电路要求输出足够大的电压或电流，两种放大电路的侧重点不同。因此两种放大电路从组成、分析方法到其元器件的选择都有区别。

2.8.1 对功率放大电路的基本要求

1. 要有足够的输出功率

在输入信号为正弦波，输出信号不失真的情况下，输出功率的表达式为

$$P_0 = U_0 I_0 \tag{2-50}$$

式中，U_0、I_0 为输出电压、电流的有效值。为了获得较大的输出功率，往往使电路工作在极限状态，但要考虑晶体管的极限参数如 P_{CM}、I_{CM}、U_{CEO} 等，使管子在安全状态下工作。

2. 要有较高的效率

功率放大电路的最大交流输出功率与电源所提供的直流功率之比称为转换效率。即

$$\eta = P_0 / P_E \tag{2-51}$$

式中，P_0 为信号输出功率；P_E 为电源提供的功率。

在直流电源提供相同直流功率的条件下，输出信号功率越大，电路的效率越高。在一定的输出功率下，减小直流电源的功耗，就可以提高电路的效率。

3. 尽量减小非线性失真

功率放大器是在大信号状态下工作的，由于晶体管是非线性器件，因此输出信号不可避免地会产生一些非线性失真，而且同一功放管输出功率越大，非线性失真往往越严重，这就使非线性失真和输出功率成为一对主要矛盾。在实际应用中应采取措施减小失真，使之满足负载要求。

由于功率放大电路工作在大信号状态，输出电压和输出电流的幅值均很大，晶体管的非线性不可忽略，因此不能用小信号微变等效电路分析方法，通常采用图解法进行分析。

2.8.2 提高功率放大电路效率的主要途径

功率放大电路按功放管静态工作点设置的不同，分为甲类、乙类、甲乙类三种，如图 2-36 所示，现分别介绍如下。

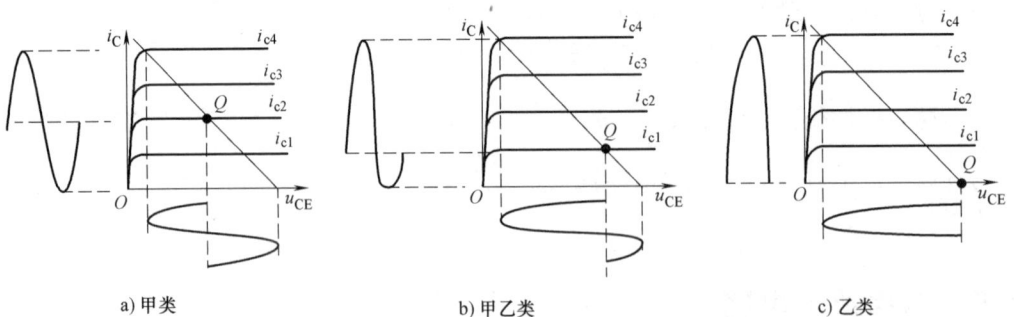

图 2-36 功率放大电路的工作状态

甲类功率放大电路的工作点 Q 设置在负载线的中点，功放管在信号的整个周期内均导通，始终有电流 i_c 流过，管子的导通角 $\theta = 360°$，由于在信号的全周期范围内管子均导通，故非线性失真较小，但其输出效率却较低，可以证明，即使在理想情况下，甲类功率放大电

路的效率最高也只能达到 50%。因为，无论有无输入信号，电源提供的功率 $P_E = U_{CC}I_C$ 是常量不变。当无信号输入时，电源功率将全部转换为热能消耗在管子和电阻上（主要是管子的集电极损耗）。只在有信号输入时，电源功率的一部分才转换为有用的输出功率 P_0。

为了减小功耗，提高效率，可将静态工作点 Q 沿负载线下移，使静态值 I_C 减小（见图 2-36b），这就是甲乙类工作状态，此时，功放管的导通角为 $180° < \theta < 360°$。

如果继续将工作点 Q 下移，使得静态 $I_C = 0$，则处于静态的功放管损耗将更小，这种工作状态称为乙类。功放管仅在半个周期内导通，导通角 $\theta = 180°$。因为只有当有信号输入时才有集电极电流流过管子，从而大大减小了功耗。

甲乙类或乙类工作状态，虽然减少了静态功耗，提高了效率，但都存在波形严重失真的缺陷，所以一般采用下面要介绍的甲乙类或乙类互补对称放大电路，既能提高工作效率，又能减小信号波形的失真，还便于集成。

2.8.3 互补对称功率放大电路

1. 乙类互补对称功率放大电路

电路如图 2-37 所示。它由一对 NPN 和 PNP 型特性相同的互补晶体管组成。输入信号 u_i 同时加在两个管子的基极，由发射极输出。无信号输入时，基极电流及发射极电流约等于零，使放大电路处于乙类状态。电路设置了正、负两路对称电源 $+U_{CC}$ 和 $-U_{CC}$，以满足两种不同类型晶体管的工作需要。

教学视频 2-5：
乙类互补对称
功率放大电路

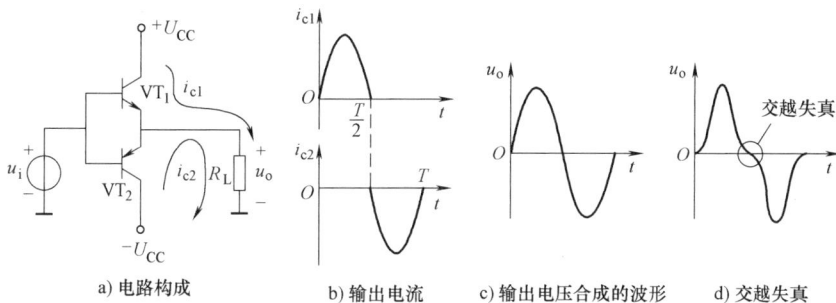

a) 电路构成　　　b) 输出电流　　　c) 输出电压合成的波形　　　d) 交越失真

图 2-37　乙类互补对称功率放大电路

静态时，$u_i = 0$，两个管子都截止，输出电压 $u_o = 0$。当输入信号 u_i 处于正半周时，PNP 型晶体管 VT_2 截止，NPN 型晶体管 VT_1 承担放大任务，有电流 i_{c1}（约等于 i_{e1}）通过负载 R_L，方向由上到下，形成正半周输出电压；当输入信号处于负半周时，NPN 型晶体管 VT_1 截止，PNP 型晶体管 VT_2 担任放大任务，有电流 i_{c2}（约等于 i_{e2}）通过负载 R_L，方向由下到上（见图 2-37a），形成负半周输出电压。这样在信号变化的一个周期内，R_L 端就获得了一个完整的输出电压 u_o（见图 2-37c）。由于电路上下对称，在信号变化的一个周期内，两功放管轮流工作、互补导通，故称为互补对称功率放大电路（Complementary Symmetry Power Amplifier）。

乙类互补对称功率放大电路的输出功率用输出电压有效值 U_o 和输出电流有效值 I_o 的乘积来表示。设输出电压的幅值为 U_{om}，则

$$P_o = U_o I_o = \frac{U_{om}}{\sqrt{2}} \frac{U_{om}}{\sqrt{2} R_L} = \frac{1}{2} \frac{U_{om}^2}{R_L} \qquad (2\text{-}52)$$

由图 2-37 可知，VT_1 和 VT_2 管工作在射极输出器状态，电压放大倍数约等于 1。当输出信号足够大时，使 $U_{im} = U_{om} \approx U_{CC}$，可获得最大输出功率

$$P_{om} = \frac{1}{2} \frac{U_{om}^2}{R_L} \approx \frac{1}{2} \frac{U_{CC}^2}{R_L} \qquad (2\text{-}53)$$

理想情况下，乙类互补对称功率放大电路的效率最高可达到 75%。

该功放电路的缺点是，因功放管的输入特性中存在死区，当输入信号的幅值小于晶体管的死区电压时，会导致两管基极电流约为零，集电极电流也约为零，且输出与输入不存在线性关系，从而会使输出电压产生失真。由于这种失真出现在信号的过零处，称为交越失真（见图 2-37d）。解决的办法就是设法抬高静态工作点 Q，使电路工作在甲乙类。

2. 甲乙类功率放大电路

改进后的电路如图 2-38a 所示，为了使功放管工作在甲乙类状态，就需要产生一定的偏置电压，为此设置了基极电阻 R_{B1}、R_{B2}。电路中还增加了二极管 VD_1、VD_2，在静态时它们的管压降给 VT_1、VT_2 的发射结提供正向偏置电压，从而产生一定的基极电流，避开死区。动态时因二极管的动态电阻很小，两二极管则相当于短路，保证输入信号同时加到两个管子的基极。

图 2-38a 所示的电路统称为 OCL（Output Capacitor-less，无输出电容）互补功率放大电路，简称 OCL 电路。这是由于它们的输出信号不经电容耦合，而是直接连至负载。

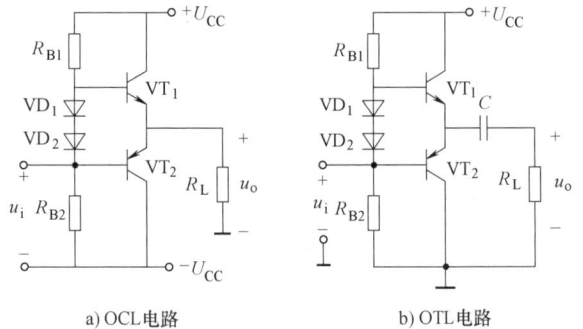

a) OCL电路　　b) OTL电路

图 2-38　甲乙类功率放大电路

OCL 电路的缺点是需要正、负两路电源，这在使用中很不方便，为此，可以考虑用电容 C 取代负电源，如图 2-38b 所示。静态时，电容相当于开路，这样分到每个管子上的集电极-发射极间电压为 $\frac{1}{2} U_{CC}$。动态时，电流 i_{c1}、i_{c2} 两个方向交替流动，经耦合电容流向负载。为了减少在电容 C 上的电压降，电容选得比较大。由于静态电流小，管子的功耗就很小。这种电路的效率在理论上可以达到 78.5%。图 2-38b 所示电路常称为 OTL（Output Transformer-less，无输出变压器）电路，因为它没有采用传统的变压器耦合，而是经电容耦合输出。

3. 复合管

互补对称功率放大电路需要一对特性相同的 PNP 型和 NPN 型功放管，在要求功率输出较大时，往往采用复合管，或称为达林顿管（Darlington Transistor）。复合管的组成原则是：

1）同一导电类型的晶体管构成复合管时，应将前一只管子的发射极接至后一只管子的基极；不同导电类型的晶体管构成复合管时，应将前一只管子的集电极接至后一只管子的基极，以实现两次放大作用。

2）必须保证两个管子均工作在放大状态。

复合管有四种接法，图 2-39 所示的是其中的两种，复合后的管子类型是 NPN 型还是 PNP 型取决于 VT$_1$ 管，而与 VT$_2$ 管的类型无关。

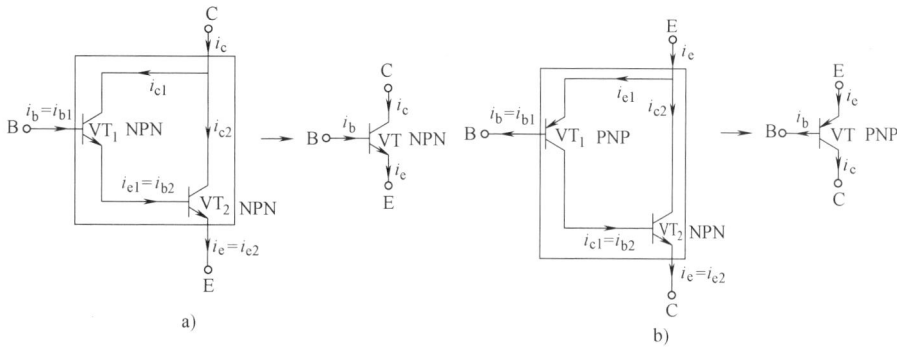

图 2-39　两种类型复合管

设 VT$_1$、VT$_2$ 的电流放大系数分别为 β_1、β_2，可以推导出复合管 VT 的电流放大系数，以图 2-39a 为例，根据 VT$_1$、VT$_2$ 的连接关系可得

$$i_c = i_{c1} + i_{c2} = \beta_1 i_{b1} + \beta_2 i_{b2} = \beta_1 i_{b1} + \beta_2 i_{e1}$$
$$= \beta_1 i_{b1} + \beta_2 (1 + \beta_1) i_{b1} = (\beta_1 + \beta_2 + \beta_1 \beta_2) i_{b1} \approx \beta_1 \beta_2 i_{b1} = \beta_1 \beta_2 i_b$$

所以

$$\beta = \frac{i_c}{i_b} \approx \beta_1 \beta_2$$

可见，复合管的电流放大系数近似等于两个单管电流放大系数的乘积。

2.8.4　集成功率放大电路

随着半导体元器件制造技术的飞速发展，集成功率放大电路（Integrated Power Amplifier，简称集成功放）得到了越来越广泛的应用，目前市场上已有多种型号的产品可供使用。

LM386 是美国国家半导体公司生产的 OTL 型集成功放，它是一款集成音频功率放大电路，具有功耗小、放大倍数可调、外接元器件少等优点，广泛应用于收音机和录音机电路中，图 2-40 是 LM386 的一种接法，也是外接元器件最少的一种用法。C_1 为输出电容，R 和 C_2 串联构成校正网络用来进行相位补偿，以消除自激振荡；引脚 1 和 8 开路，集成功放的电压增益为 26dB，即电压放大倍数为 20，利用 R_P 可调节扬声器的音量。

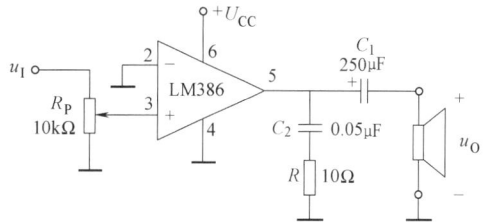

教学视频 2-6：集成功率放大电路

图 2-40　LM386 的一种应用电路

静态时输出电容上的电压为 $\dfrac{U_{CC}}{2}$，LM386 的最大不失真输出电压峰值约为 $\dfrac{U_{CC}}{2}$。如果扬声器的负载电阻为 R_L，则最大输出功率为

$$P_{om} = \frac{1}{2} \cdot \frac{\left(\dfrac{U_{CC}}{2}\right)^2}{R_L} = \frac{U_{CC}^2}{8R_L} \qquad\qquad (2\text{-}54)$$

此时输入电压有效值为

$$U_i = \frac{U_{CC}}{2\sqrt{2} A_u} \qquad\qquad (2\text{-}55)$$

图 2-41 为 LM386 电压增益最大时的连接电路，C_3 使引脚 1 和 8 在交流通路中短路，使 $A_u \approx 200$；C_4 为旁路电容；C_5 为去耦电容，滤掉电源中的高频交流成分，最大输出功率的公式同式（2-54）。

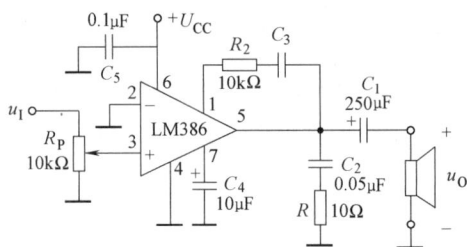

图 2-42 为 LM386 的一般接法，图中利用 R_2 改变 LM386 的增益。

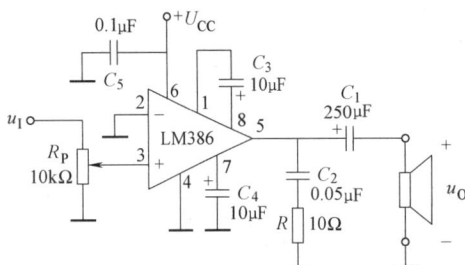

图 2-41　LM386 电压增益最大时的连接电路　　　图 2-42　LM386 的一般接法

*2.9　场效应晶体管放大电路

场效应晶体管通过栅源之间电压 u_{GS} 来控制漏极电流 i_D，因此它和双极型晶体管一样可以实现能量的控制，构成放大电路。场效应晶体管具有输入电阻高、耗电少、噪声低、抗辐射强等优点，因此常用于多级放大电路的输入级以及要求噪声低的放大电路中。

场效应晶体管的源极 S、漏极 D、栅极 G 对应于双极型晶体管的发射极 E、集电极 C、基极 B。与双极型晶体管放大电路类似，场效应晶体管也可构成相应的共源极、共漏极和共栅极放大电路。场效应晶体管放大电路也要设置合适的静态工作点，进行分析时也要分别进行静态分析和动态分析。本节介绍最常见的共源极放大电路及其分析方法。

在共源极放大电路中，按偏置电路的不同，场效应晶体管放大电路可分为基本共源放大电路、自给偏压偏置电路和分压式偏置电路。

2.9.1　静态分析

1. 基本共源放大电路

采用 N 沟道增强型场效应晶体管构成的基本共源放大电路如图 2-43 所示，在输入回路中加栅极电压 U_{GG}，U_{GG} 应大于开启电压 $U_{GS(th)}$；在输出回路加漏极电源 U_{DD}，它一方面使漏源电压大于预夹断电压以保证场效应晶体管工作在恒流区，另一方面也是负载的能源；R_d 为漏极负载，将电流的变化转化为电压的变化，从而实现电压放大。

令输入信号 $u_i = 0$，由于栅极中的电流为 0，所以 $U_{GS} = U_{GG}$，如果已知场效应晶体管的输出特性曲线，找出 $U_{GS}=U_{GG}$ 的那根输出特性曲线，再画出直流负载线 $u_{DS}=U_{DD}-i_D R_d$，两条曲线的交点即为 Q 点，根据坐标值可得到静态值 I_D 和 U_{DS}，如图 2-44 所示，这种方法就是图解法。也可以利用场效应晶体管的电流方程求解静态工作点，即

$$I_D = I_{DO}\left(\frac{U_{GS}}{U_{GS(th)}}-1\right)^2 \tag{2-56}$$

$$U_{DS} = U_{DD}-I_D R_D \tag{2-57}$$

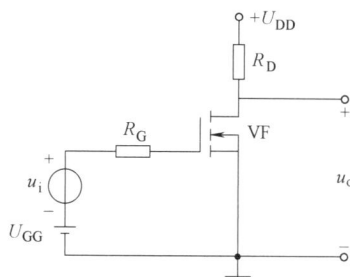

图 2-43 基本共源放大电路

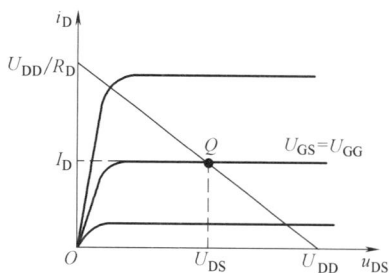

图 2-44 图解法

为了使信号源与放大电路"共地"，也为了采用单电源供电，在实用电路中多采用自给偏压偏置放大电路和分压式偏置放大电路。

2. 自给偏压偏置放大电路

采用自给偏压的场效应晶体管放大电路如图 2-45 所示，不难发现，其电路结构与采用固定偏置的双极型晶体管共射极放大电路非常相似。源极是输入、输出的公共端，故称为共源极放大电路。

电路中各元器件的作用如下：

VF 为场效应晶体管，起放大作用。R_S 为源极电阻，它的大小决定了静态工作点 Q，其阻值大约为几千欧。和晶体管的发射极电阻类似，R_S 也有稳定静态工作点的能力。C_S 为交流旁路电容，约为几十微法。R_G 为栅极电阻，构成栅源之间的直流通路，为了使放大电路的输入电阻足够大，R_G 不能太小，一般为几百千欧到 10MΩ。R_D 为漏极电阻，它将场效应晶体管放大电路的输出电流

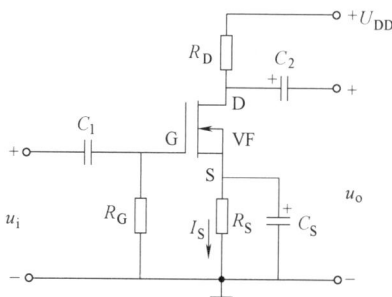

图 2-45 自给偏压偏置
共源极放大电路

转换为电压。C_1、C_2 为输入输出耦合电容，其值为 0.01μF 到几微法之间。

将电路中三个电容看成开路，很容易得出直流通路，由于栅极绝缘，I_G 为零，R_G 上没有电压降，栅极电位 $U_G=0$，直流偏压是靠源极电阻 R_S 上的直流电压降建立的，栅源电压为

$$U_{GS} = U_G-U_S = 0-U_S = 0-I_D R_S = -I_D R_S \tag{2-58}$$

由式（2-58）可知，放大电路的栅极偏压是靠管子的自身电流 I_D 产生的，故称为自给偏压偏置电路。由于此电路要求在静态时就有漏极电流 I_D 产生，故只适合于耗尽型场效应晶体管构成的放大电路。

源极电阻 R_S 除了产生负偏压以外，同样有稳定静态工作点的作用，但为了不降低电压放大倍数，在 R_S 两端并联了旁路电容 C_S，使得 R_S 对交流信号短路。

3. 分压式偏置放大电路

图 2-46 为 N 沟道增强型 MOS 管构成的分压式偏置共源极放大电路，电路直流偏压靠分

压电阻 R_{G1}、R_{G2} 和源极电阻 R_S 共同建立。因 $I_G = 0$，故电阻 R_G 电压降为零，栅源电压为

$$U_{GS} = U_G - U_S = \frac{R_{G2}}{R_{G1}+R_{G2}}U_{DD} - R_S I_D \quad (2\text{-}59)$$

调整 R_{G2} 的大小就可以调整 U_{GS}，分压式偏置电路适合各种类型的场效应晶体管构成的放大电路。

在 $U_{GS} \geqslant U_{GS(th)}$ 的范围内，增强型场效应晶体管的转移特性可用下式表示：

$$I_D = I_{DO}\left(\frac{U_{GS}}{U_{GS(th)}}-1\right)^2 \quad (2\text{-}60)$$

联立式（2-59）和式（2-60），即可确定 U_{GS}、I_D。

而漏源极电压为

$$U_{DS} = U_{DD} - I_D(R_D + R_S) \quad (2\text{-}61)$$

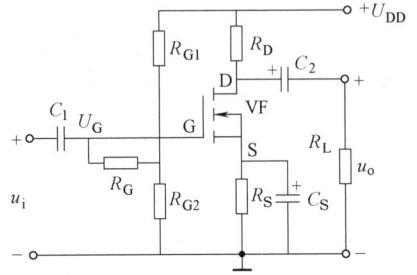

图 2-46 分压式偏置放大电路

2.9.2 动态分析

1. 场效应晶体管的微变等效电路

场效应晶体管和双极型晶体管一样，同属非线性器件，在小信号前提下，也可以用其微变等效电路代替，其等效电路如图 2-47 所示。因其输入电阻 r_{gs} 很大，$i_g \approx 0$，输入端是开路的。栅源电压 u_{gs} 对漏极电流 i_d 的控制作用，用一个电压控制型电流源 $g_m u_{gs}$ 表示，g_m 为场效应晶体管的跨导，在小信号时，其值可以看成常数。增强型 MOS 管的 g_m 为

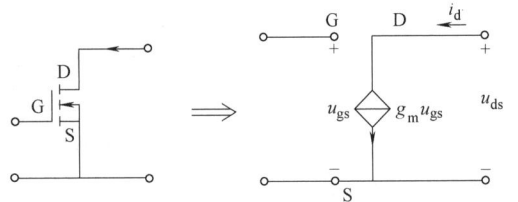

图 2-47 场效应晶体管的微变等效电路

$$g_m \approx \frac{2}{U_{GS(th)}}\sqrt{I_{DO}I_{DQ}} \quad (2\text{-}62)$$

2. 放大电路的微变等效电路

场效应晶体管分压式偏置放大电路（见图 2-46）的微变等效电路如图 2-48 所示。动态分析的主要目的仍然是求放大电路的输入电阻 R_i、输出电阻 R_o 和电压放大倍数 A_u。

（1）输入电阻

从输入端看入的等效电阻为

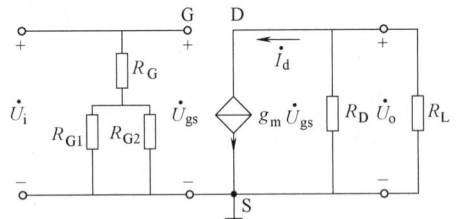

图 2-48 放大电路的微变等效电路

$$R_i = \frac{\dot{U}_i}{\dot{I}_i} = (R_G + R_{G1}//R_{G2}) \quad (2\text{-}63)$$

R_G 的大小不影响放大电路的偏置，也对电压放大倍数没有影响，为增大放大电路的输入电阻，R_G 一般取值较大，使得 $R_G \gg (R_{G1}//R_{G2})$，故

$$R_i \approx R_G$$

（2）输出电阻

输入信号不作用时，$\dot{U}_\mathrm{i}=\dot{U}_\mathrm{gs}=0$，$\dot{I}_\mathrm{d}=g_\mathrm{m}\dot{U}_\mathrm{gs}=0$，故输出电阻为

$$R_\mathrm{o}=R_\mathrm{D} \tag{2-64}$$

（3）电压放大倍数

由图 2-48 容易得出

$$\dot{U}_\mathrm{i}=\dot{U}_\mathrm{gs}$$

$$\dot{U}_\mathrm{o}=-R'_\mathrm{L}\dot{I}_\mathrm{d}=-g_\mathrm{m}\dot{U}_\mathrm{gs}R'_\mathrm{L}$$

$$A_\mathrm{u}=\frac{\dot{U}_\mathrm{o}}{\dot{U}_\mathrm{i}}=\frac{-g_\mathrm{m}\dot{U}_\mathrm{gs}R'_\mathrm{L}}{\dot{U}_\mathrm{gs}}=-g_\mathrm{m}R'_\mathrm{L} \tag{2-65}$$

式中，$R'_\mathrm{L}=R_\mathrm{D}//R_\mathrm{L}$，负号表示输出电压与输入电压反向。

【例 2-10】 基本共源放大电路如图 2-43 所示，电路参数如下：$U_\mathrm{GG}=6\mathrm{V}$，$U_\mathrm{DD}=12\mathrm{V}$，$R_\mathrm{D}=3\mathrm{k}\Omega$，场效应晶体管的开启电压 $U_\mathrm{GS(th)}=4\mathrm{V}$，$I_\mathrm{DO}=10\mathrm{mA}$。试确定该电路的 Q 点、电压放大倍数 A_u 和输出电阻 R_o。

解：（1）估算 Q 点。根据式（2-56）可以得出

$$I_\mathrm{D}=I_\mathrm{DO}\left(\frac{U_\mathrm{GG}}{U_\mathrm{GS(th)}}-1\right)^2=\left[10\times\left(\frac{6}{4}-1\right)^2\right]\mathrm{mA}=2.5\mathrm{mA}$$

$$U_\mathrm{DS}=U_\mathrm{DD}-I_\mathrm{D}R_\mathrm{D}=(12-2.5\times3)\mathrm{V}=4.5\mathrm{V}$$

（2）估算电压放大倍数 A_u 和输出电阻 R_o

$$g_\mathrm{m}\approx\frac{2}{U_\mathrm{GS(th)}}\sqrt{I_\mathrm{DO}I_\mathrm{DQ}}=\left(\frac{2}{4}\sqrt{10\times2.5}\right)\mathrm{ms}=2.5\mathrm{ms}$$

$$A_\mathrm{u}=-g_\mathrm{m}R_\mathrm{D}=-2.5\times3=-7.5$$

$$R_\mathrm{o}=R_\mathrm{D}=3\mathrm{k}\Omega$$

共漏极放大电路与晶体管共集电极放大电路类似，电路如图 2-49a 所示，图 2-49b 是它的微变等效电路。由图 2-49a 可知

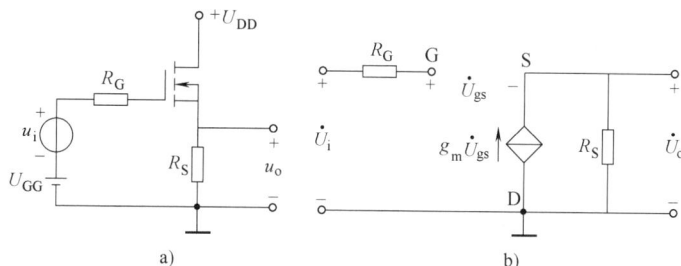

图 2-49 基本共漏放大电路及其微变等效电路

$$U_\mathrm{GG}=U_\mathrm{GS}+I_\mathrm{D}R_\mathrm{S} \tag{2-66}$$

$$I_\mathrm{D}=I_\mathrm{DO}\left(\frac{U_\mathrm{GS}}{U_\mathrm{GS(th)}}-1\right)^2 \tag{2-67}$$

$$U_{\mathrm{DS}} = U_{\mathrm{DD}} - I_{\mathrm{D}}R_{\mathrm{S}} \tag{2-68}$$

联立以上公式可得出 I_{D} 和 U_{DS}。

从图 2-49b 可得

$$A_{\mathrm{u}} = \frac{\dot{U}_{\mathrm{o}}}{\dot{U}_{\mathrm{i}}} = \frac{g_{\mathrm{m}}\dot{U}_{\mathrm{gs}}R_{\mathrm{S}}}{\dot{U}_{\mathrm{gs}} + g_{\mathrm{m}}\dot{U}_{\mathrm{gs}}R_{\mathrm{S}}} = \frac{g_{\mathrm{m}}R_{\mathrm{S}}}{1 + g_{\mathrm{m}}R_{\mathrm{S}}} \tag{2-69}$$

$$R_{\mathrm{i}} = \infty$$

在求输出电阻时，将输入端短路，在输出端加交流电压 $\dot{U}_{\mathrm{o}}$，产生电流 $\dot{I}_{\mathrm{o}}$，如图 2-50 所示。

输出电阻为
$$r_{\mathrm{o}} = \frac{\dot{U}_{\mathrm{o}}}{\dot{I}_{\mathrm{o}}}$$

由图 2-50 可知

$$\dot{I}_{\mathrm{o}} = \frac{\dot{U}_{\mathrm{o}}}{R_{\mathrm{S}}} + g_{\mathrm{m}}\dot{U}_{\mathrm{o}}$$

所以

$$R_{\mathrm{o}} = R_{\mathrm{S}} // \frac{1}{g_{\mathrm{m}}} \tag{2-70}$$

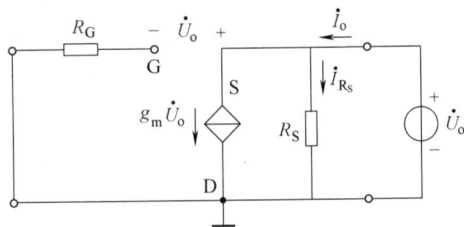

图 2-50　求输出电阻的电路

【例 2-11】　共漏放大电路如图 2-49 所示，已知场效应晶体管的开启电压 $U_{\mathrm{GS(th)}} = 3\mathrm{V}$，$I_{\mathrm{DO}} = 8\mathrm{mA}$，$R_{\mathrm{S}} = 3\mathrm{k\Omega}$，静态时 $I_{\mathrm{DQ}} = 2.5\mathrm{mA}$，场效应晶体管工作在恒流区。试求：

（1）电压放大倍数 A_{u}。

（2）输入电阻和输出电阻 R_{i}、R_{o}。

解：（1）首先求出 g_{m}

$$g_{\mathrm{m}} \approx \frac{2}{U_{\mathrm{GS(th)}}}\sqrt{I_{\mathrm{DO}}I_{\mathrm{DQ}}} = \left(\frac{2}{3}\sqrt{8\times2.5}\right)\mathrm{ms} \approx 2.98\mathrm{ms}$$

$$A_{\mathrm{u}} = \frac{g_{\mathrm{m}}R_{\mathrm{s}}}{1 + g_{\mathrm{m}}R_{\mathrm{s}}} = \frac{2.98\times3}{1 + 2.98\times3} \approx 0.899$$

（2）由图 2-50 容易得出，输入电阻和输出电阻 R_{i}、R_{o} 为

$$R_{\mathrm{i}} = \infty$$

$$R_{\mathrm{o}} = R_{\mathrm{s}} // \frac{1}{g_{\mathrm{m}}} = \left(3 // \frac{1}{2.98}\right)\mathrm{k\Omega} \approx 0.302\mathrm{k\Omega}$$

2.10　放大电路中的负反馈

反馈（Feedback）技术在科技领域有多方面的应用，如大多数控制系统都利用负反馈构成闭环系统，用于改善系统的性能。在电子技术中，利用反馈原理可以实现稳压、稳流等。在放大电路中适当引入反馈，可以改善放大器的性能、产生正弦波振荡等，本节扼要介绍反

馈的基本概念、反馈类型及其判别和负反馈（Negative Feedback）对放大电路性能的影响，重点讨论负反馈。

2.10.1 反馈的基本概念

1. 反馈的定义

将电子电路输出端的信号（电压或电流）的一部分或全部通过反馈电路引回到输入端，就称为反馈。在反馈电路中，电路的输出不仅取决于输入，而且还取决于输出本身，因而就有可能使电路根据输出状况自动地对输入进行实时调节，达到改善电路性能的目的。带有负反馈的电子电路框图如图 2-51 所示。

这种放大电路一般包括两部分，即无反馈的基本放大电路 A 和反馈电路 F，基本放大电路 A 可以是任意组态的单级或多级放大电路，反馈回路 F 可以由电阻、电容、电感等单个元件或者其组合构成，也可以由较为复杂的网络构成。图 2-51 中，$\dot{X}_i$ 为输入信号，$\dot{X}_f$ 为反馈信号，$\dot{X}_d$ 为基本放大电路 A 的净输入信号，$\dot{X}_o$ 为放大电路

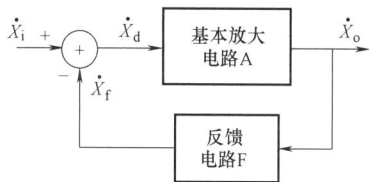

图 2-51 带有负反馈的电子电路框图

的输出信号，这些信号可以是电压，也可以是电流。符号 $\oplus$ 表示 $\dot{X}_i$ 与 $\dot{X}_f$ 的比较环节（称为相加点），图中箭头表示信号的传递方向。

在图 2-51 中，净输入信号 $\dot{X}_d$ 可以表示为

$$\dot{X}_d = \dot{X}_i - \dot{X}_f \tag{2-71}$$

2. 反馈的基本类型

按照不同的分类方法，反馈可以分成多种类型，在此归纳如下：

（1）按反馈极性分类

正反馈：使净输入信号 $\dot{X}_d$ 增加的反馈。正反馈会使电路工作不稳定，常用在振荡电路中。

负反馈：使净输入信号 $\dot{X}_d$ 减小的反馈。负反馈使电路工作稳定，常用来改善放大电路的工作性能。

（2）按反馈电路从放大电路输出端所采集信号的类型分类

电压反馈：反馈信号取自放大电路输出端的电压，它可以稳定输出电压。

电流反馈：反馈信号取自放大电路输出端的电流，它可以稳定输出电流。

（3）按反馈电路输出端与放大电路输入端的连接方式分类

串联反馈：反馈电路输出端与放大电路输入端串联连接（反馈信号与输入信号线无连接），反馈输出信号在放大电路输入端以电压形式出现。它可以增加放大电路的输入电阻。

并联反馈：反馈电路输出端与放大电路输入端并联连接（反馈信号与输入信号线有连接），反馈输出信号在放大电路输入端以电流形式出现。它可以减小放大电路的输入电阻。

62

（4）按反馈电路从放大电路输出端所采集信号的成分分类

直流反馈：指反馈信号为直流量，即存在于直流通路中的反馈。直流反馈只对直流分量起作用，反馈元件只能传递直流信号，这种反馈在放大电路中的作用是稳定静态工作点。

交流反馈：指反馈信号为交流量，即存在于交流通路中的反馈。交流反馈只对交流分量起作用，反馈元件只能传递交流信号，它可以改善放大电路的交流特性。

（5）按反馈在本级还是不同级分类

本级反馈：指反馈在某级放大电路内。

级间反馈：指反馈在不同级放大电路间。

2.10.2 反馈类型的判断

1. 正、负反馈的判断

通常采用瞬时极性法来判断正反馈和负反馈。具体做法是：先设定电路输入信号在某一时刻对地的极性为⊕，再逐级判断电路中各点电位的极性，从而得出输出信号的极性，根据输出信号的极性判断出反馈信号的极性。若反馈信号使基本放大电路的净输入信号增大，则说明引入了正反馈；若反馈信号使基本放大电路的净输入信号减小，则说明引入了负反馈。

反馈电路里面经常使用集成运放和晶体管，对于集成运放，输出极性与同相输入端极性相同，与反相输入端极性相反；对于由晶体管构成的分立元件放大电路而言，判断正负反馈的关键是要掌握晶体管各极之间的相位关系（即极性）。前已述及，共射极放大电路基极输入信号与集电极输出信号相位相反，而共集电极放大电路基极输入信号与发射极输出信号相位相同，因此，输入信号从基极输入时，晶体管三个电极的瞬时极性如图 2-52 所示。

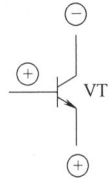

图 2-52 晶体管的瞬时极性

【例 2-12】 判断图 2-53 中反馈电路的极性。

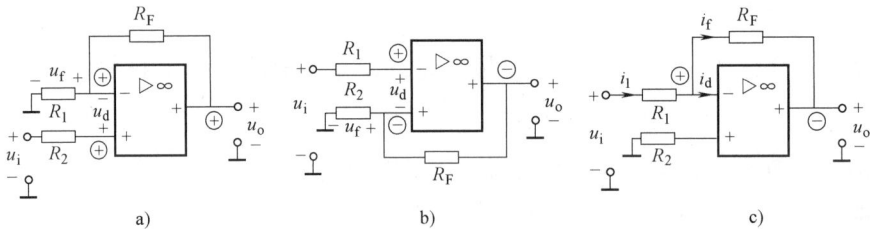

图 2-53 例 2-12 的图

解：对图 2-53a 所示的电路，设输入极性为⊕，输出与同相输入端极性相同，也为⊕，经电阻 R_F 反馈到反相输入端的反馈电压 u_f 也为⊕，使净输入电压 u_d 减小（也可以说，输出端电位的瞬时极性为⊕，通过反馈提高了反相输入端的电位，因而减小了净输入量），所以该反馈为负反馈。

对图 2-53b 所示的电路，设输入极性为⊕，输出与反相输入端极性相反，为⊖，经电阻 R_F 反馈到同相输入端的反馈电压 u_f 也为⊖，使净输入电压 u_d 增大（也可以说，输出端电位的瞬时极性为⊖，通过反馈降低了同相输入端的电位，因而增大了净输入量），所以该反馈為正反饋。

對圖 2-53c 所示的電路，設輸入極性為 $\oplus$，輸出與反相輸入端極性相反，為 $\ominus$，此時反相輸入端電位高於輸出端電位，則電阻 R_F 中電流 i_f 的流向如圖中所示，淨輸入電流 i_d 減小，所以該反饋為負反饋。

【例 2-13】 在圖 2-54 所示的電路中，試判斷電路引入了正反饋還是負反饋。

解： 該圖是發射極無交流旁路電容的分壓式偏置電路的交流通路，R_E 是反饋電阻，因它聯繫著輸出和輸入回路，設某一時刻輸入信號為正，則基極交流電位的瞬時極性同為正（此時 u_{be} 也在正半周），而集電極交流電位的瞬時極性為負，因此，輸出電壓 u_o 的實際方向與參考方向相反。此時電流 i_e 的實際方向與圖中參考方向相同，射極電阻 R_E 兩端的電壓 u_f 為上正下負，使得淨輸入信號 $u_{be}=u_i-u_f$ 減小，所以為負反饋。

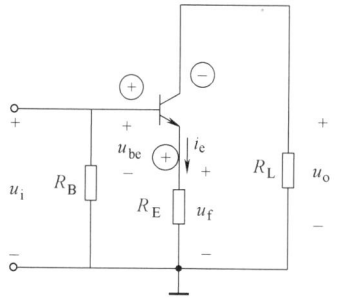

圖 2-54　例 2-13 的圖

2. 直流反饋和交流反饋的判斷

由於電容具有"隔直通交"的作用，所以它是電路中判斷直流反饋和交流反饋的關鍵。在圖 2-55 中，電阻 R_E 上既有交流負反饋，又有直流負反饋。而在圖 2-56 中，接入了旁路電容，由於旁路電容具有"隔直通交"的作用，所以此時發射極電阻 R_E 上只有直流成分，沒有交流成分，即只有直流負反饋，無交流負反饋。

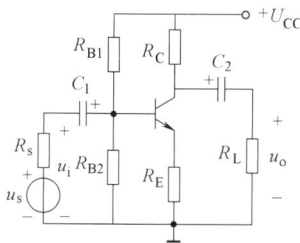

圖 2-55　發射極無旁路電容的放大電路

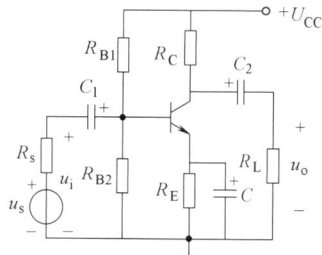

圖 2-56　加入了旁路電容的放大電路

3. 電壓反饋和電流反饋的判斷

若反饋信號取自輸出電壓，則是電壓反饋；若反饋信號取自輸出電流，則是電流反饋。判斷方法採用輸出短路法，即令 $u_o=0$（或者 $R_L=0$），如果反饋不存在了，則反饋為電壓反饋；如果反饋依然存在，則為電流反饋。

在圖 2-57 中，電阻 R_F 構成反饋，如果令 $u_o=0$，則 R_F 的右端接地，反饋就不存在了，因此該反饋為電壓反饋。從公式也可以看出來，由圖可得，反饋電流為

$$i_f=\frac{u_{bc}}{R_F}=\frac{u_{be}-u_{ce}}{R_F}=\frac{u_{be}-u_o}{R_F}\approx\frac{-u_o}{R_F}$$

i_f 正比於輸出電壓 u_o，故為電壓反饋。

在圖 2-58 中，電阻 R_E 構成反饋，如果令 $u_o=0$，反饋 u_f 依然存在，則該反饋為電流反饋。由圖可得，反饋電壓 $u_f=i_eR_E\approx i_cR_E$，即 u_f 正比於輸出電流 i_c，故為電流反饋。

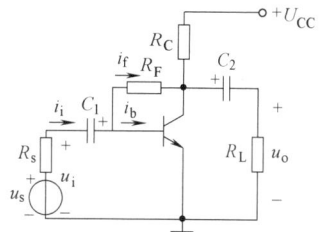

圖 2-57　電壓反饋判斷電路

4. 串联反馈和并联反馈的判断

在图 2-59 中，反馈电阻 R_F 一端与第一级输入回路基极相连，此时信号源的输入信号与反馈信号叠加从基极输入，故此反馈为并联反馈（即反馈信号与输入有连接，即为并联反馈）。

在图 2-60 中，反馈电阻 R_F 一端与第一级输入回路发射极相连，此时信号源的输入信号与反馈信号在放大电路的输入回路中叠加，故此反馈为串联反馈（反馈信号与输入没有连接，即为串联反馈）。

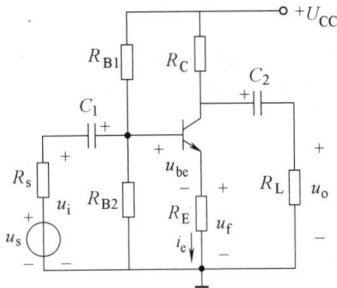

图 2-58 电流反馈判断电路　　图 2-59 并联反馈判断电路　　图 2-60 串联反馈判断电路

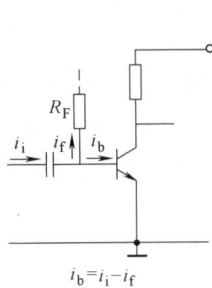

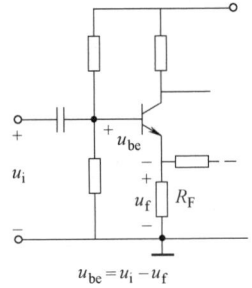

【例 2-14】 判断图 2-53 所示电路中的负反馈类型。

解： 对图 2-53a 所示的电路，令 $u_o = 0$，则反馈就不存在，因此该反馈为电压反馈；反馈与输入信号线无连接，所以为串联反馈，因此该反馈为电压串联负反馈。

对图 2-53b 所示的电路，令 $u_o = 0$，则反馈就不存在，因此该反馈为电压反馈；反馈与输入信号线无连接，所以为串联反馈，因此该反馈为电压串联正反馈。

对图 2-53c 所示的电路，令 $u_o = 0$，则反馈就不存在，因此该反馈为电压反馈；反馈与输入信号线有连接，所以为并联反馈，因此该反馈为电压并联负反馈。

【例 2-15】 判断图 2-61 所示电路中的反馈类型。

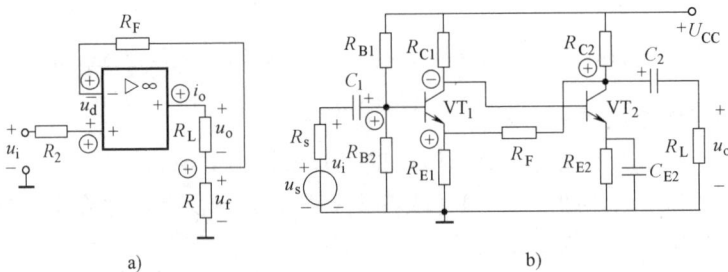

图 2-61 例 2-15 的图

解： 对图 2-61a 所示的电路，如果令 $u_o = 0$，反馈 u_f 依然存在，则该反馈为电流反馈；反馈信号与输入端无连接，所以为串联反馈；设输入为 ⊕，反馈电压 u_f 也为 ⊕，使净输入电压 u_d 减小，所以该反馈为负反馈。因此该反馈为电流串联负反馈。

对图 2-61b 所示的电路，R_{E1} 对本级引入电流串联负反馈，R_F 在级间引入了串联电压负反馈。

【例 2-16】 判断图 2-62 所示电路中的反馈类型。

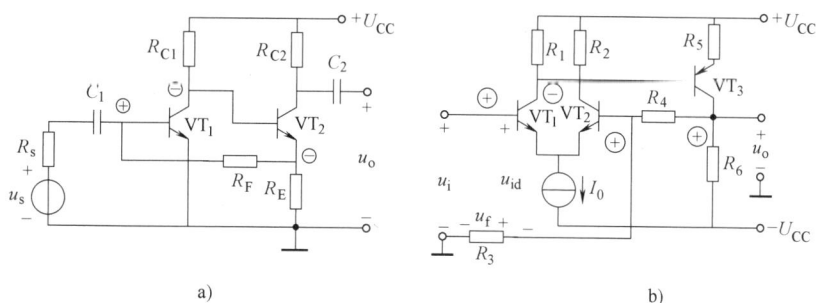

图 2-62　例 2-16 的图

解：对图 2-62a 所示的电路，R_E 对本级引入电流串联负反馈，R_F 在级间引入了电流并联负反馈。

对图 2-62b 所示的电路，电阻 R_3 和 R_4 引入级间反馈，令 $u_o = 0$，则反馈就不存在，因此该反馈为电压反馈；反馈与输入信号线无连接（输入信号从 VT_1 管基极输入，而反馈信号在 VT_2 管基极），所以为串联反馈；设输入为 ⊕，反馈电压 u_f 也为 ⊕，使净输入电压 u_d 减小，所以该反馈为负反馈。因此该反馈为电压串联负反馈。

2.10.3　负反馈对放大电路性能的影响

1. 降低了放大倍数

在图 2-51 中，没有反馈的放大倍数（称开环放大倍数）为

$$A = \frac{\dot{X}_o}{\dot{X}_d} \tag{2-72}$$

反馈信号与输出信号之比称为反馈系数，定义为

$$F = \frac{\dot{X}_f}{\dot{X}_o} \tag{2-73}$$

由于 $\dot{X}_d = \dot{X}_i - \dot{X}_f$，故

$$A = \frac{\dot{X}_o}{\dot{X}_i - \dot{X}_f} \tag{2-74}$$

引入负反馈后的电压放大倍数（称闭环电压放大倍数）为

$$A_f = \frac{\dot{X}_o}{\dot{X}_i} = \frac{\dot{X}_o}{\dot{X}_d + \dot{X}_f} = \frac{\dot{X}_o}{\dfrac{\dot{X}_o}{A} + F\dot{X}_o} = \frac{A}{1 + AF} \tag{2-75}$$

将式（2-72）与式（2-73）两式相乘，有

$$AF = \frac{\dot{X}_o \dot{X}_f}{\dot{X}_d \dot{X}_o} = \frac{\dot{X}_f}{\dot{X}_d}$$

教学视频 2-8：负反馈对放大电路性能的影响

引入负反馈时，$\dot{X}_{\mathrm{f}}$、$\dot{X}_{\mathrm{d}}$ 同相，所以 AF 是正实数，由式（2-75）可见，$|A_{\mathrm{f}}| < |A|$，这也就是说，引入负反馈将使放大电路的放大倍数下降。$|1+AF|$ 称为反馈深度，其值越大，负反馈作用越强，A_{f} 也就越小。

2. 提高了放大器的稳定性

当管子老化、环境温度变化、电源电压波动时，即便输入信号不变，也将引起输出信号的变化，即引起放大倍数的变化，如果这种变化很大，就说明放大器的稳定性很差。

对式（2-75）求导，并与式（2-75）相除得

$$\frac{\mathrm{d}A_{\mathrm{f}}}{A_{\mathrm{f}}} = \frac{1}{1+AF}\frac{\mathrm{d}A}{A} \tag{2-76}$$

式中，$\mathrm{d}A/A$ 是开环放大倍数的相对变化率；$\mathrm{d}A_{\mathrm{f}}/A_{\mathrm{f}}$ 是闭环放大倍数的相对变化率，它只是前者的 $1/(1+AF)$。可见，引入负反馈后，放大倍数的稳定性提高了。

如果 $|AF| \gg 1$，根据式（2-75），得

$$A_{\mathrm{f}} \approx \frac{1}{F} \tag{2-77}$$

这时负反馈称为深度负反馈，在放大电路中引入深度负反馈后，其闭环放大倍数将只与反馈系数有关，而与放大电路本身无关，这意味着将大大提高放大电路的稳定性。

3. 改善了波形失真

由于放大电路的非线性，容易引起输出信号产生非线性失真，加入负反馈后，放大倍数下降，使输出电压进入非线性区的部分减少，从而改善了失真。从图 2-63 中可以看出，电路开环时，输出波形正半周大、负半周小，输出波形严重失真；电路引入负反馈后，输出波形已经接近正弦波。

4. 展宽了放大器通频带

从图 2-64 中可以看出，引入负反馈后放大器的通频带比没有负反馈时的通频带要宽。一般说通频带越宽越好。

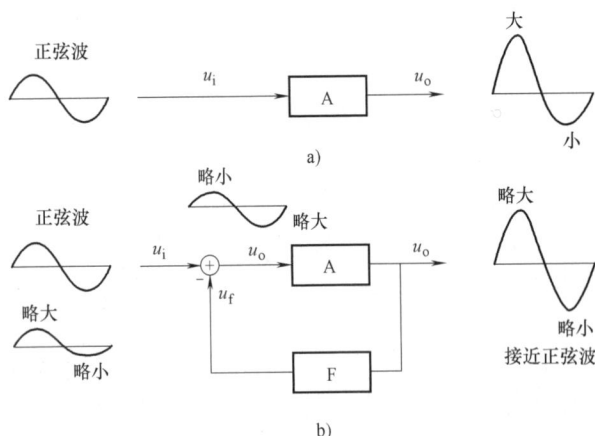

图 2-63　负反馈对非线性失真的影响　　　　图 2-64　负反馈展宽通频带

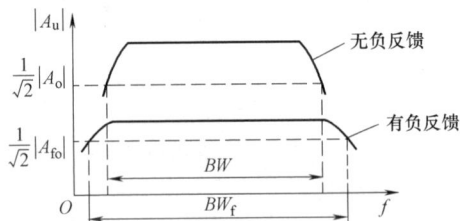

2.10.4　深度负反馈条件下的近似计算

常见的交流负反馈包括电压串联负反馈、电压并联负反馈、电流串联负反馈和电流并联

负反馈四种类型。不同的负反馈类型，x_i、x_o、x_f和x_{id}代表的电量不同，四种负反馈的闭环增益A_f具有不同的含义，具体见表2-2。

表 2-2　负反馈放大电路中信号量的含义

信号量 或增益	负反馈类型			
	电 压 串 联	电 压 并 联	电 流 串 联	电 流 并 联
x_o	电压	电压	电流	电流
x_i、x_f、x_{id}	电压	电流	电压	电流
A_f	$A_{uf}=\dfrac{u_o}{u_i}$ 闭环电压增益	$A_{rf}=\dfrac{u_o}{i_i}$ 闭环互阻增益（Ω）	$A_{gf}=\dfrac{i_o}{u_i}$ 闭环互导增益（S）	$A_{if}=\dfrac{i_o}{i_i}$ 闭环电流增益

当负反馈处于深度负反馈时，满足

$$A_f \approx \frac{1}{F}$$

而

$$A_f = \frac{x_o}{x_i}$$

$$\frac{1}{F} = \frac{x_o}{x_f}$$

所以，深度负反馈情况下，$x_i \approx x_f$，对于串联负反馈有 $u_i \approx u_f$，对于并联负反馈有 $i_i \approx i_f$，所以深度负反馈情况下放大电路同时满足虚短路和虚断路。深度负反馈情况下计算放大电路的闭环增益时，首先根据负反馈的反馈类型得到闭环增益表达式，再根据 $x_i \approx x_f$ 进行近似计算。

【例 2-17】 图 2-65 所示放大电路满足深度负反馈，试判断反馈类型并计算闭环电压增益。

解：该电路构成电压串联负反馈，闭环增益为闭环电压增益。

$$A_{uf} = \frac{u_o}{u_i} \approx \frac{u_o}{u_f} = \frac{R_1 + R_F}{R_1} = 1 + \frac{R_F}{R_1}$$

【例 2-18】 图 2-66 所示放大电路满足深度负反馈，试判断反馈类型并计算闭环增益和闭环电压增益。

解：该电路构成电流并联负反馈，闭环增益为闭环电流增益。

$$A_{if} = \frac{i_o}{i_i} \approx \frac{i_o}{i_f} = \frac{R + R_F}{R} = 1 + \frac{R_F}{R}（注：此时集成运放的反相输入端虚地）$$

闭环电压增益为

$$A_{uf} = \frac{u_o}{u_s} = \frac{-i_o R_L}{i_i R_s} \approx \frac{-i_o R_L}{i_f R_s} = -\frac{R_L}{R_s}\left(1 + \frac{R_F}{R}\right)$$

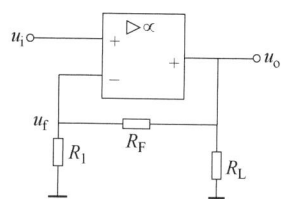

图 2-65　例 2-17 的图

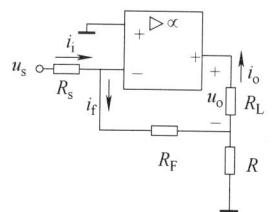

图 2-66　例 2-18 的图

2.11 应用举例

2.11.1 直流电机驱动电路

直流电机驱动电路如图 2-67 所示，A、B 两端分别与信号发生器的输出端和地相连。当 A 端为低电平时，VT$_1$和 VT$_3$截止，VT$_2$导通，直流电机 M$_1$ 左端为高电平；当 A 端为高电平时，VT$_1$和 VT$_3$导通，VT$_2$截止，直流电机 M$_1$ 左端为低电平。同理，当 B 端为低电平时，VT$_4$和 VT$_6$截止，VT$_5$导通，直流电机 M$_1$ 右端为高电平；当 B 端为高电平时，VT$_4$和 VT$_6$导通，VT$_5$截止，直流电机 M$_1$ 右端为低电平。当 A 端为低电平、B 端为高电平时，直流电机正转；当 A 端为高电平、B 端为低电平时，直流电机反转；当 A 端和 B 端同时为高电平或同时为低电平时，直流电机不转。

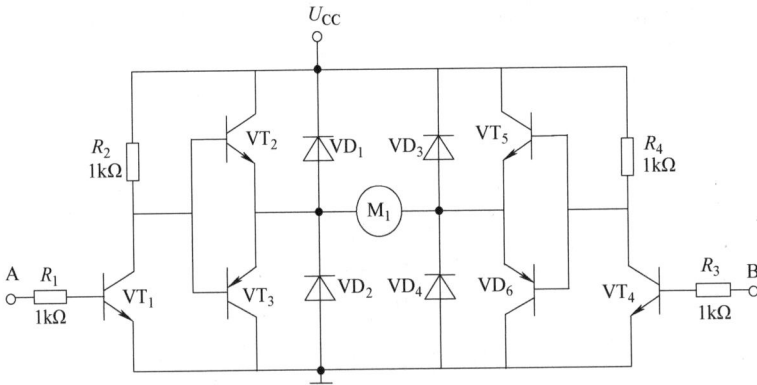

图 2-67 直流电机驱动电路

2.11.2 声光双控延时照明灯控制器

声光双控延时照明灯控制器如图 2-68 所示，该电路在白天不工作，在晚上收到突发声响（击掌声、咳嗽声、开门声等）信号时自动开灯，延时点亮一段时间后自动熄灭，节能

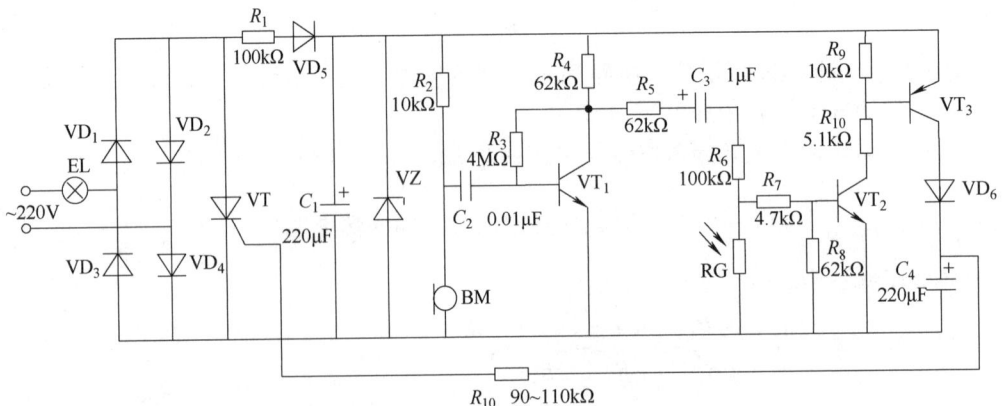

图 2-68 声光双控延时照明灯控制器电路

实用，可用于楼道、走廊或庭院等处的夜间照明。电路由电源电路、声控电路、光控电路和延时电子开关电路组成。电源电路由照明灯 EL、二极管 $VD_1 \sim VD_5$、电阻 R_1、电容 C_1 和稳压二极管 VZ 组成。声控电路由传声器 BM、电阻 $R_2 \sim R_4$、晶体管 VT_1、电容 C_2 和 C_3 组成。其中 VT_1 及其偏置电路构成单管共发射极放大电路。光控电路由光电电阻 RG、电阻 $R_6 \sim R_{10}$ 和晶体管 VT_2 组成。延时电子开关电路由晶体管 VT_2 和 VT_3、二极管 VD_6、电容 C_4、电阻 $R_8 \sim R_{10}$ 和晶闸管 VT 组成。其中 VT_2、VT_3 及其偏置电路构成两级电子开关电路。

该电路的具体工作原理如下：交流 220V 电压经 EL 限流降压、$VD_1 \sim VD_4$ 整流、R_1 限流、VD_5 隔离、VZ 稳压及 C_1 滤波后，为 $VT_1 \sim VT_3$ 提供 +11V 工作电压。白天，RG 受光照射呈低阻状态，VT_2、VT_3 和 VT 均处于截止状态，EL 不亮，声控电路不起作用。夜晚，RG 无光照变为高阻状态，此时若有突发声响出现，则 BM 会接收到声音信号并将该信号转换为电信号，该电信号经 VT_1 放大后使 VT_2、VT_3 饱和导通，从 VT_3 的集电极输出的电信号经 VD_6 对 C_4 充电，同时使 VT 触发导通，EL 通电点亮。声音信号消失后，VT_2 和 VT_3 截止，C_4 对 VT 的栅极放电，使 VT 维持导通。当 C 放电完毕后，VT 截止，EL 熄灭。

2.12 Multisim14 软件仿真举例

1. 分压式偏置放大电路
能够稳定静态工作点的共射极分压式偏置放大电路如图 2-69 所示。

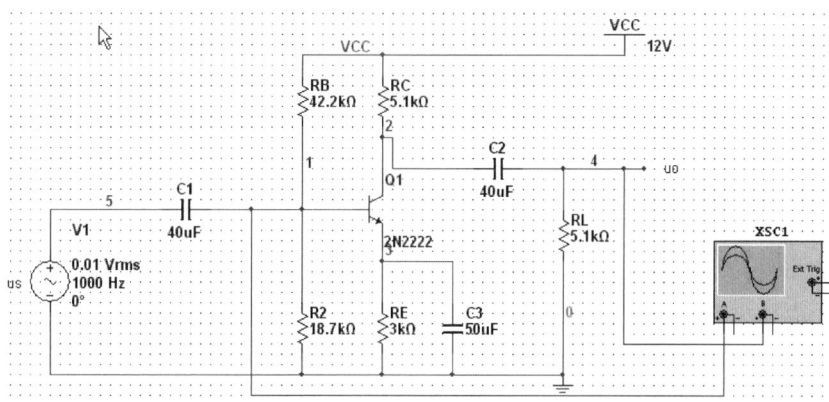

图 2-69 共射极分压式偏置放大电路

单击仿真按钮 ▷，双击示波器图标，即可得到输入信号和输出信号的电压波形，如图 2-70所示。

从示波器的仿真波形可以看出，输入为正弦波，峰峰值约为 28mV，输出为放大的正弦波，峰峰值为 2.3V，输出与输入之间呈倒向，放大倍数约为 80。

2. 差分放大电路
差分放大电路如图 2-71 所示，采用双端输入双端输出方式，输入峰峰值为 40mV 的正弦波信号，输出信号峰峰值约为 800mV，且输出与输入反相，如图 2-72 所示，与理论结果一致。

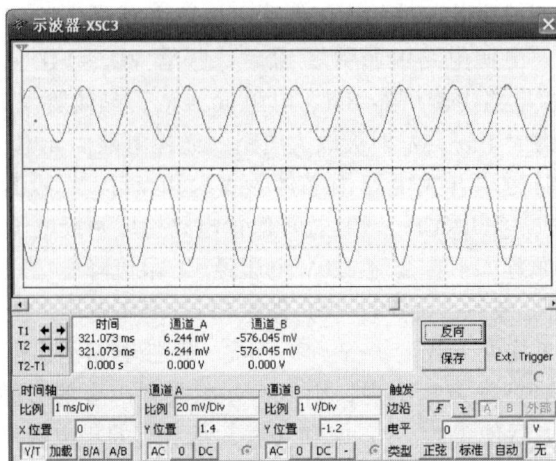

图 2-70 示波器测得的输入输出信号电压波形

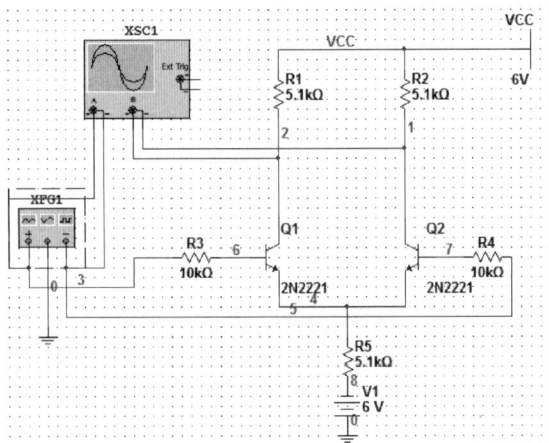

图 2-71 差分放大电路

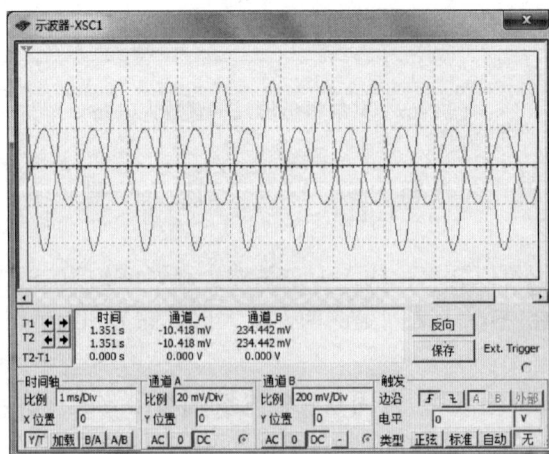

图 2-72 示波器测得的输入输出信号电压波形

本 章 小 结

1. 按输入输出信号与晶体管连接方式的不同，基本放大电路可以分为三种形式：共发射极放大电路、共基极放大电路和共集电极放大电路。其中使用最为广泛的是共发射极放大电路。共发射极放大电路输出与输入反相，输入电阻和输出电阻适中，由于它的电压、电流和功率放大倍数都比较大，适用于一般放大和多级放大电路的中间级；共集电极放大电路也叫射极输出器，电压放大倍数小于1，约等于1，输出与输入同相，而且输入电阻高，输出电阻低，通常可应用于多级放大电路的输入级、中间级和输出级。

2. 静态工作点是放大电路能够正常工作的基础，它设置得合理与否将直接影响放大电路的工作状态及性能。常用的静态分析法有直流通路近似计算法（也称估算法）和图解分析法；常用的动态分析方法有微变等效电路法和图解法。

3. 多级放大电路一般由输入级、中间级、末前级和输出级（末级）组成。其中前若干级主要用于电压放大，末级主要用于功率放大。多级放大电路的总电压放大倍数等于各单级电压放大倍数的乘积；多级放大电路前一级的输出电阻是带动后一级的等效信号源的内阻，后一级的输入电阻是前一级的负载电阻；多级放大电路的输入电阻为第一级放大电路的输入电阻；输出电阻等于末级放大电路的输出电阻。

4. 差分放大电路是一种最有效的抑制零点漂移的放大电路，常用在直接耦合放大电路的第一级，是集成运算放大器的主要组成部分。差分放大电路有两个输入端、两个输出端，因此按照输入输出方式可分为四种情况：双端输入双端输出、双端输入单端输出、单端输入双端输出、单端输入单端输出。

5. 将电子电路输出端的信号（电压或电流）的一部分或全部通过反馈电路引回到输入端，就称为反馈（Feedback）。按照极性的不同，反馈分为正反馈和负反馈，使净输入信号增大的反馈为正反馈，使净输入信号减小的反馈为负反馈。负反馈使电路的放大倍数降低，但能够提高增益的稳定性，减小非线性失真、展宽频带等。

练习与思考

1. 晶体管基本放大电路有哪几种连接形式？说说固定偏置共发射极放大电路各元器件的作用。

2. 放大电路中直流电源 U_{CC} 的作用是什么？放大电路中为什么一定要用直流电源？

3. 带负载能力的强弱是放大器的一个重要技术指标，什么叫放大器的带负载能力？体现在哪个参数上？

4. 什么是静态工作点？为什么要设置静态工作点？如何设置？

5. 分别改变图 2-4 中 R_B、R_C 和 U_{CC} 时，对直流负载线有什么影响？对静态工作点 Q 有什么影响？

6. 画出用 PNP 管子组成的共射极放大电路的电路图。

7. 为什么要对放大电路分别进行静态分析和动态分析？这种分析方法的理论基础是叠加定理吗？

8. 晶体管用微变等效电路来代替，等效条件是什么？

9. 为什么说输入电阻 R_i 大一些为好？而输出电阻 R_o 小一些为好？

10. 能否通过增大 R_C 来提高放大电路的电压放大倍数？当 R_C 过大时对放大电路的工作有什么影响？

11. r_{be}、R_i、R_o 是交流电阻还是直流电阻？

12. 什么是截止失真？什么是饱和失真？是什么原因引起的？放大电路的非线性失真如何避免？

13. 放大电路静态工作点不稳定的原因是什么？

14. 试分析分压式偏置放大电路稳定工作点的原理。

15. 与共射极放大电路比较，射极输出器有何特点？

16. 射极输出器应用广泛，说出原因。

17. 多级放大电路由哪几部分组成？各自完成什么功能？

18. 阻容耦合与直接耦合放大电路有何区别？

19. 多级放大电路的电压放大倍数、输入电阻和输出电阻如何计算？

20. 差分放大电路有什么优点？通常用在什么地方？

21. 什么是共模信号？什么是差模信号？什么是比较输入信号？

22. 双端输入差分放大电路与单端输入差分放大电路在求解差模放大倍数时是否相同？

23. 双端输入差分放大电路单端输出放大倍数与双端输出放大倍数有何关系？

24. 功率放大电路有哪几种工作状态？哪种工作状态效率最低？

25. 什么是交越失真？如何消除？

26. 什么是复合管？复合管的放大倍数等于什么？

27. 什么是 OCL 功率放大电路？什么是 OTL 功率放大电路？各自有什么特点？

28. 在自给偏压放大电路中，电阻 R_G 起什么作用？

29. 和双极型晶体管构成的共射极放大电路比较，场效应晶体管构成的共源极放大电路有什么特点？为什么后者的输入电阻较高？

30. 若放大电路的放大倍数为负，则引入的反馈一定是负反馈吗？

31. 如何判断反馈类型？

32. 负反馈对放大电路有何影响？

33. 反馈量仅仅取决于输出量吗？

34. 试判断图 2-73 所示电路中 R_F 所构成的反馈。

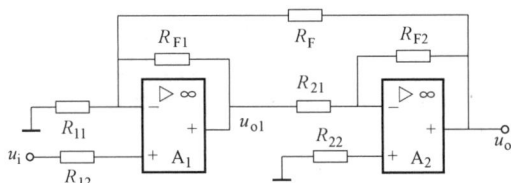

图 2-73　练习与思考 34 的图

习　　题

2-1　测得某放大电路中双极型晶体管三个极的对地电位分别为以下数值，试判断该管子类型（NPN 型还是 PNP 型，硅管还是锗管）及各电极。（1）$u_A = -9V$，$u_B = -6V$，$u_C = -6.2V$；（2）$u_A = 8.7V$，$u_B = 4.4V$，$u_C = 3.7V$。

2-2　固定偏置放大电路如图 2-74a 所示，图 2-74b 为晶体管的输出特性曲线。

试求：（1）用估算法求静态值；（2）用作图法求静态值。

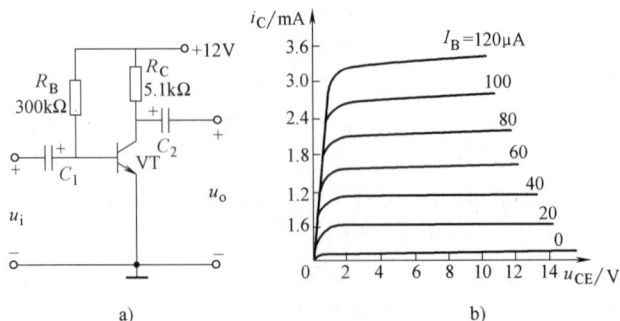

图 2-74　习题 2-2 的图

2-3　试判断图 2-75 中的各个电路对正弦信号有无放大作用，简单说明理由。

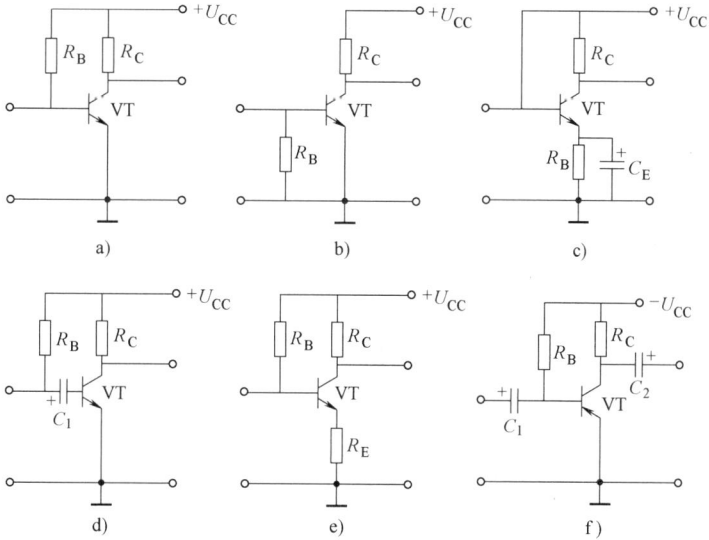

图 2-75 习题 2-3 的图

2-4 在图 2-76 所示的电路中, 已知 $U_{CC} = 12V$, $\beta = 60$, 并设 $U_{BEQ} = 0.7V$, $R_B = 120k\Omega$, $R_C = 3k\Omega$, $R_L = 3k\Omega$, $R_P = 2M\Omega$。(1) 当将 R_P 调到零时, 试求 Q 点, 此时晶体管工作在什么状态? (2) 当将 R_P 调到最大时, 试求 Q 点, 此时晶体管工作在什么状态? (3) 若使 $U_{CE} = 6V$, 应当将 R_P 调到何值? 此时晶体管工作在什么状态?

2-5 共发射极放大电路的输出电压波形如图 2-77a、b、c 所示。问: 分别发生了什么失真? 该如何改善?

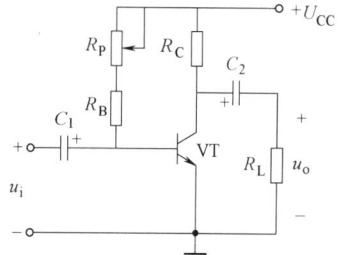

图 2-76 习题 2-4 的图

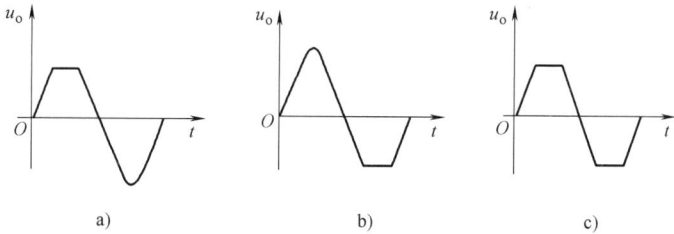

图 2-77 习题 2-5 的图

2-6 电路如图 2-78 所示, 设 $\beta = 120$, $U_{BE} = 0.7V$。(1) 估算 Q 点; (2) 求电压放大倍数 A_{u1} 和 A_{u2}; (3) 求输入电阻 R_i; (4) 求输出电阻 R_{o1} 和 R_{o2}。

2-7 分压式偏置电路如图 2-17 所示。已知: $U_{CC} = 12V$, $R_{B1} = 51k\Omega$, $R_{B2} = 10k\Omega$, $R_C = 4k\Omega$, $R_E = 1.5k\Omega$, $\beta = 100$, 晶体管的发射结压降为 0.7V, 试计算:

(1) 放大电路的 Q 点。

(2) 将晶体管 VT 替换为 $\beta = 120$ 的晶体管后, Q 点有何变化?

(3) 若要求 $I_C = 1mA$, 应如何调整 R_{B1}?

2-8 射极输出器电路如图 2-79 所示, 晶体管的 $\beta = 100$。

(1) 求出静态工作点 Q。

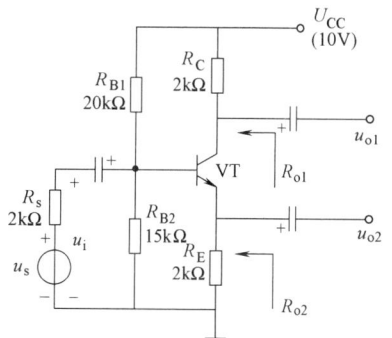

图 2-78 习题 2-6 的图

（2）分别求出 $R_L = \infty$ 和 $R_L = 6\text{k}\Omega$ 时电路的 A_u 和 R_i。

（3）求出输出电阻 R_o。

2-9 两级交流放大电路如图 2-80 所示，已知两个晶体管的 β 值均为 40，$r_{be1} = 1.37\text{k}\Omega$，$r_{be2} = 0.89\text{k}\Omega$。（1）画出直流通路，并计算各级静态工作点（计算 U_{CE1} 时忽略 I_{B2}）；（2）求整个放大电路的输入和输出电阻；（3）求总电压放大倍数。

2-10 在图 2-81 所示的差分电路中，VT_1、VT_2 为硅管，$U_{CC} = U_{EE} = 10\text{V}$，$I_o = 1\text{mA}$，$r_o = 25\text{k}\Omega$（电流源交流电阻），$R_{C1} = R_{C2} = 10\text{k}\Omega$，$\beta = 200$，$U_{BE} = 0.7\text{V}$。试求：（1）电路的静态工作点；（2）双端输出差模电压放大倍数 A_{ud}、单端输出差模电压放大倍数 A_{ud1}、共模电压放大倍数 A_{uc1}；（3）双端输入双端输出差模输入电阻 R_{id}、输出电阻 R_{od}。

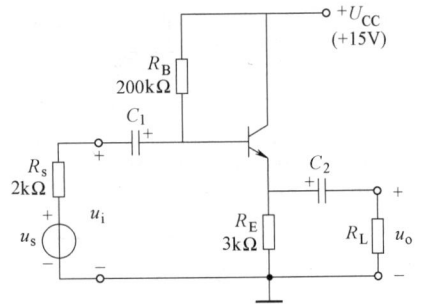

图 2-79 习题 2-8 的图

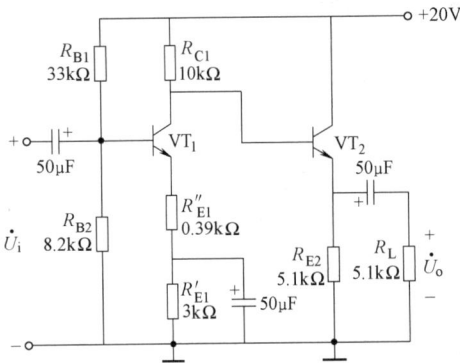

图 2-80 习题 2-9 的图

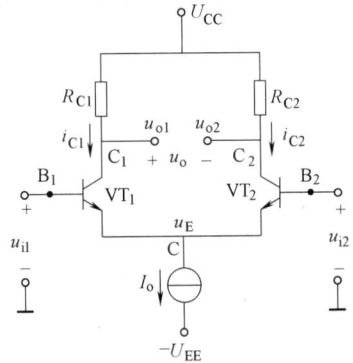

图 2-81 习题 2-10 的图

2-11 在图 2-46 给出的 N 沟道增强型 MOS 管构成的分压式偏置共源极放大电路中，（1）如果输出电压波形底部失真，可以采取哪些措施？如果出现顶部失真，可以采取哪些措施？（2）若要增大电压放大倍数，则可以采取哪些措施？

2-12 由集成运放和晶体管 VT_1 和 VT_2 组成的放大电路如图 2-82 所示，试分别按下列要求将信号源 u_s、电阻 R_F 正确接入电路。（1）引入电压串联负反馈；（2）引入电压并联负反馈；（3）引入电流并联负反馈；（4）引入电流串联负反馈。

2-13 为了实现下列要求，在图 2-83 中应引入何种负反馈？反馈电阻 R_F 应如何接入到电路中？（1）增大输入电阻，减小输出电阻；（2）稳定输出电压，减小输入电阻；（3）稳定输出电流，减小输入电阻。

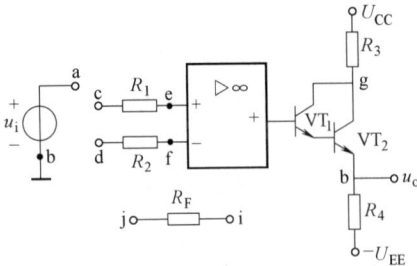

图 2-82 习题 2-12 的图

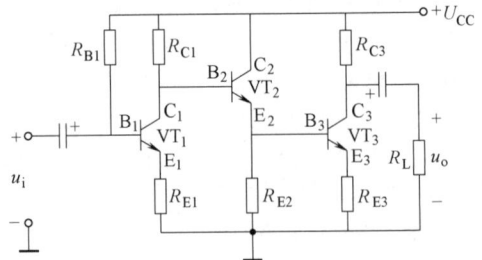

图 2-83 习题 2-13 的图

第 3 章　集成运算放大器

　　集成电路（Integrated Circuit）是指采用专门的制作工艺，在一块较小的单晶硅片上将晶体管、场效应晶体管、二极管、电容以及电阻等元器件连接成完整的电子电路并加以封装，使之具有特定功能的电路。集成电路以其体积小、重量轻、价格便宜、功耗低等优点正逐步取代分立元器件电路。集成电路按其处理信号的种类不同，可以分为模拟集成电路和数字集成电路两类。集成运算放大器、集成稳压电源、集成功率放大器等属于模拟集成电路，而门电路、触发器、计数器、寄存器、存储器等属于数字集成电路。

　　就集成度而言，集成电路有小规模（SSI）、中规模（MSI）、大规模（LSI）、超大规模（VLSI）和甚大规模（ULSI）之分，目前的甚大规模集成电路，每块芯片上可制有上亿个元器件，而芯片面积仅有几平方毫米；就功能而言，有电视机用集成电路、音响用集成电路、照相机用集成电路、通信用集成电路等各种专用集成电路，不胜枚举。电路种类繁多，几乎在任一电子设备的电路板上，都可以看到集成电路的身影。

　　集成运算放大器是模拟集成电路中应用极为广泛的一种器件，它是以双端为输入、单端对地为输出的直接耦合型高增益放大器。在其输入与输出之间接入不同的反馈网络，可组成不同用途的实用电路，利用集成运算放大器可非常方便地完成信号运算（比例、加、减、积分、微分、对数、指数运算等）、信号处理（滤波、调制）以及波形的产生和变换等。本章重点讲述集成运算放大器在信号运算及信号处理方面的应用。

3.1　集成运算放大器概述

3.1.1　集成运算放大器电路的构成

　　集成运算放大器（Integrated Operational Amplifier，简称集成运放）由四部分构成，分别为输入级、中间级、输出级以及各级的偏置电路，其电路框图如图 3-1 所示。

1. 输入级

　　输入级又称为前置级，一般是一个双端输入的高性能差分放大电路，有同相和反相两个输入端。一般要求其输入电阻高、抑制零点漂移和共模干扰信号的能力强、差模放大倍数高、静态电流小。输入级的好坏直接影响集成运算放大器的性能参数。

2. 中间级

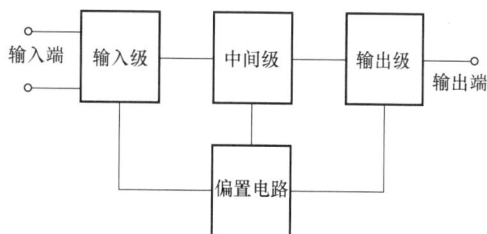

图 3-1　集成运算放大器框图

　　中间级是集成运算放大器的主放大器，主要作用是提供足够大的电压放大倍数，故而也称为电压放大级。要求中间级本身具有较高的电压增益，一般采用共发射极（或共源）放大电路。为了提高电压放大倍数，放大管经常采用复合管，集电极负载通常使用恒流源，其电压放大倍数可达千倍以上。

3. 输出级

输出级的主要作用是输出足够大的电压和电流以满足负载的需要，同时还要求具有输出电压线性范围宽、输出电阻小和非线性失真小等特点。为保证输出电阻小（即带负载能力强），得到大电流和高电压输出，输出级一般由射极输出器或互补功率放大电路构成。输出级设有保护电路，以保护输出级不致损坏。有些集成运算放大器中还设有过热保护等。

4. 偏置电路

偏置电路的作用是给上述各级电路提供稳定、合适的偏置电流，从而确定合适的静态工作点，一般采用恒流源电路构成偏置电路。

常见的集成运算放大器有圆形、扁平形、双列直插式等，引脚数有 8 引脚、14 引脚等。集成运算放大器的外形及引脚如图 3-2 所示。

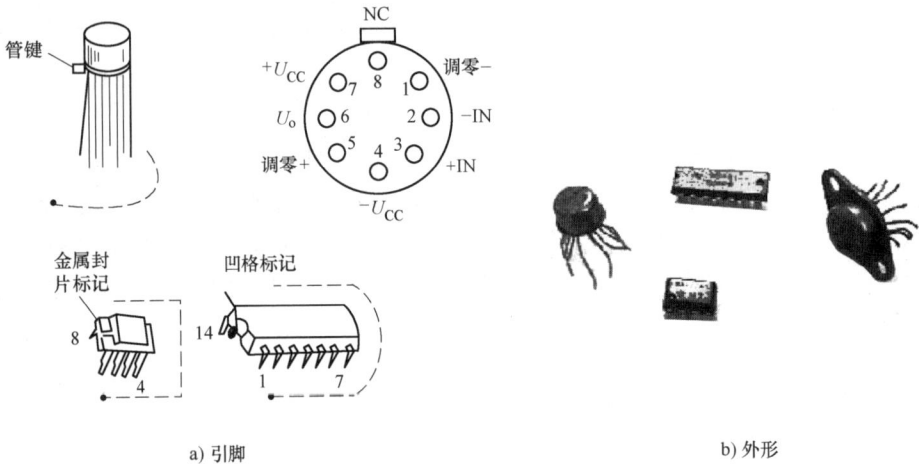

图 3-2　集成运算放大器的外形及引脚图

3.1.2　集成运算放大器的电压传输特性

集成运算放大器的符号如图 3-3 所示。

运算放大器有三个引线端：两个输入端和一个输出端。其中一个输入端称为同相输入端（Non-inverting Input），该端输入信号与输出端输出信号的极性相同，用符号 "+" 或 "IN+" 表示，其对 "地" 的电压（即电位）用 u_+ 表示；另一个输入端称为反相输入端（Inverting Input），该端输入信号与输出端输出信号的极性相反，用符号 "–" 或 "IN–" 表示，其对

图 3-3　集成运算放大器的符号

"地" 的电压（即电位）用 u_- 表示。输出端一般画在输入端的另一侧，在符号边框内标有 "+" 号，其对 "地" 的电压（即电位）用 u_o 表示。实际的运算放大器还必须有正、负电源端，另外还可能有补偿端和调零端。在简化符号中，电源端、调零端等都省略。

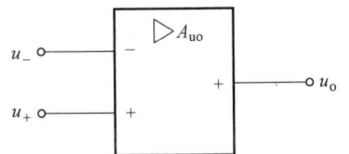

集成运算放大器的输出电压 u_o 与输入电压（即同相输入端与反相输入端之间的差值电

压）之间的关系 $u_o=f(u_+-u_-)$（见图 3-4）称为电压传输特性（Voltage-transfer Characteristic）。从图 3-4 所示曲线可以看出，电压传输特性包括线性区和饱和区两部分。

在线性区，曲线的斜率为电压放大倍数，即

$$u_o=A_{uo}(u_+-u_-) \tag{3-1}$$

由于受电源电压的限制，u_o 不可能随 u_+-u_- 的增加而无限增加。当 u_o 增加到一定值后，便进入了正、负饱和区。

由于集成运算放大器的线性区很窄且电压放大倍数 A_{uo} 很大，可达几十万倍，所以即使输入电压很小，在不引入深度负反馈的情况下集成运算放大器也很难在线性区稳定工作。

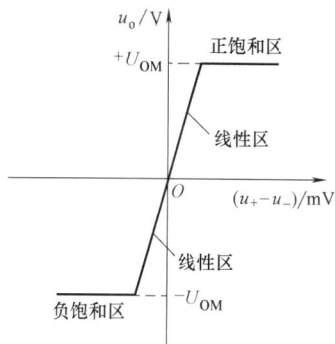

图 3-4　集成运算放大器电压传输特性

3.1.3　主要参数

集成运算放大器的参数反映了它的性能，要想合理选择和正确使用运算放大器，就必须了解各主要参数的意义。

1. 输入失调电压 U_{IO}

理想的运算放大器，当输入电压为零时，输出电压 u_o 也应为零。但是实际的运算放大器，当输入电压为零时，由于元件参数的不对称性等原因，输出电压 $u_o\neq0$。若使输出电压 $u_o=0$，则必须在输入端加一个值为 U_{IO} 的补偿电压，它就是输入失调电压。U_{IO} 是表征运算放大器内部电路对称性的指标，一般为几毫伏，其值越小越好。

2. 输入失调电流 I_{IO}

输入失调电流是指输入为零时，两个输入端静态基极电流之差，用于表征差分级输入电流不对称的程度。I_{IO} 一般在零点零几到零点几微安之间，其值越小越好。

3. 最大输出电压 U_{OPP}

它是指使集成运算放大器输出电压和输入电压保持不失真关系的最大输出电压。

4. 开环差模电压放大倍数 A_{uo}

它是指集成运算放大器在无外加反馈回路的情况下差模电压的放大倍数。其值越大，运算精度越高。A_{uo} 一般为 $10^4\sim10^7$，即 $80\sim140$dB。

5. 共模抑制比 K_{CMR}

共模抑制比等于差模放大倍数与共模放大倍数之比的绝对值，常用分贝数来表示。它综合反映了集成运算放大器对差模输入信号的放大能力和对共模输入信号的抑制能力，其值越大越好。

6. 差模输入电阻 R_{id}

差模输入电阻 R_{id} 是指输入差模信号时运算放大器的输入电阻。R_{id} 越大，对信号源的影响越小，运算放大器的 R_{id} 一般在几百千欧以上。

3.1.4　理想运算放大器

一般情况下，在分析集成运算放大器电路时，为了简化分析，通常将实际的运算放大器看成是一个理想的运算放大器，即将集成运算放大器的各项参数理想化。构成理想运算放大器的主要条件是：

1）开环差模电压放大倍数 $A_{uo} \to \infty$。

2）差模输入电阻 $R_{id} \to \infty$。

3）输出电阻 $R_o \to 0$。

4）共模抑制比 $K_{CMR} \to \infty$。

5）无内部干扰和噪声。

实际运算放大器看作理想运算放大器时，上述条件达到以下要求即可：

电压放大倍数达到 $10^4 \sim 10^5$ 倍；输入电阻达到 $10^5\,\Omega$；输出电阻小于几百欧姆；输入最小信号时，有一定信噪比，共模抑制比大于或等于 60dB。由于实际运算放大器的参数比较接近理想运算放大器，因此由理想化带来的误差非常小，在一般的工程计算中可以忽略不计。

理想运算放大器的符号如图 3-5 所示。在本章及以后各章中，如果没有特别注明，所有电路图中的运算放大器均作为理想运算放大器处理。

理想运算放大器的电压传输特性如图 3-6 所示。

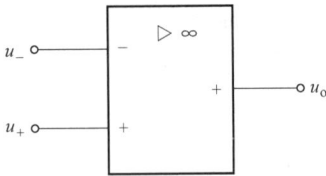

图 3-5　理想运算放大器的符号　　　　图 3-6　理想运算放大器的电压传输特性

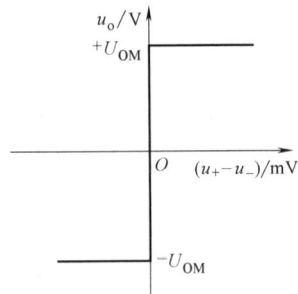

从图 3-6 可以看出，由于理想运算放大器的开环差模电压放大倍数 $A_{uo} \to \infty$，所以线性区几乎与纵轴重合。在不加负反馈的情况下，只要 $|u_+ - u_-|$ 从零开始有微小的增加，运算放大器就很快进入饱和区，即

$$u_+ > u_- \text{时，} u_o = +U_{OM}$$

$$u_+ < u_- \text{时，} u_o = -U_{OM}$$

在引入深度负反馈后，理想运算放大器工作在线性区，可以得出两条重要的结论：

1）虚短路（简称虚短，Virtual Short Circuit）：即集成运算放大器两输入端的电位相等，$u_+ = u_-$。

由于集成运算放大器的输出电压为有限值，而理想集成运算放大器的 $A_{uo} \to \infty$，则

$$u_+ - u_- = \frac{u_o}{A_{uo}} = 0, \quad \text{即} \quad u_+ = u_-$$

从上式看，两个输入端好像是短路，但又未真正短路，故将这一特性称为虚短。

2）虚断路（简称虚断，Virtual Break）：即集成运算放大器两输入端的输入电流为零，$i_+ = i_- = 0$。

由于运算放大器的输入电阻一般在几百千欧以上，流入运算放大器同相输入端和反相输入端中的电流十分微小，比外电路中的电流小几个数量级，往往可以忽略，这相当于将运算放大器的输入端开路，即 $i_+ = i_- = 0$。显然，运算放大器的输入端不可能真正开路，故将这一特性称为虚断。

当运算放大器的同相输入端（或反相输入端）接地时，根据"虚短"的概念可知，运算放大器的另一端也相当于接地，称其为虚地（Virtual Ground）。

在分析运算放大器应用电路时，运用虚短、虚断、虚地的概念，可以大大简化运算放大器电路分析的工作量。

3.2 运算放大器在信号运算方面的应用

运算电路是集成运算放大器的基本应用电路，它是集成运算放大器的线性应用。集成运算放大器外接深度负反馈电路后，就可以实现对输入信号的比例、加、减、积分和微分等运算。

3.2.1 比例运算

比例运算电路满足输出信号与输入信号之间比例运算的关系，它是各种运算电路的基础。比例运算电路包括同相比例运算电路和反相比例运算电路，分述如下。

1. 同相比例运算电路

同相比例运算电路如图 3-7 所示。输入信号经电阻 R_2 加至同相输入端，反相输入端经电阻 R_1 接地，在输出端与反相输入端之间接反馈电阻 R_F。

根据理想运算放大器工作在线性区"虚短""虚断"的特性，可得

$$u_+ = u_- = u_i$$
$$i_1 = i_f$$

而

$$i_1 = \frac{u_-}{R_1} = \frac{u_i}{R_1}, \quad i_f = \frac{u_o - u_-}{R_F} = \frac{u_o - u_i}{R_F}$$

所以

$$u_o = \left(1 + \frac{R_F}{R_1}\right)u_i \qquad (3-2)$$

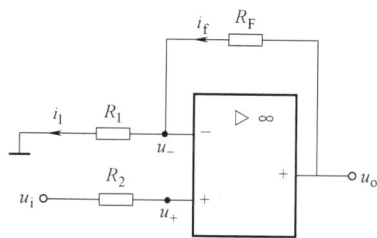

图 3-7 同相比例运算电路

式（3-2）说明，输出电压 u_o 随输入电压 u_i 按正比变化，即输出与输入成正比。

闭环电压放大倍数为

$$A_{uf} = \frac{u_o}{u_i} = \left(1 + \frac{R_F}{R_1}\right) \qquad (3-3)$$

可见 A_{uf} 恒为正值，总是大于或等于 1，表示 u_o 与 u_i 同相，且 A_{uf}（即 u_o 与 u_i 的比值）与运算放大器本身的参数无关。

当 $R_1 \to \infty$（断开）或 $R_F = 0$ 时，$A_{uf} = \frac{u_o}{u_i} = 1$，即 $u_o = u_i$，称为电压跟随器（Voltage Follower），这时的电路如图 3-8 所示。

虽然电压跟随器的电压放大倍数等于 1，但它的输入电阻 $R_i \to \infty$，输出电阻 $R_o \to 0$，故可在电路中作阻抗变换器或缓冲器。

【**例 3-1**】 在图 3-9 所示的同相比例运算电路中，已知 $R_1 = 1\text{k}\Omega$，$R_2 = 2\text{k}\Omega$，$R_3 = 10\text{k}\Omega$，$R_F = 5\text{k}\Omega$，$u_i = 1\text{V}$，求 u_o。

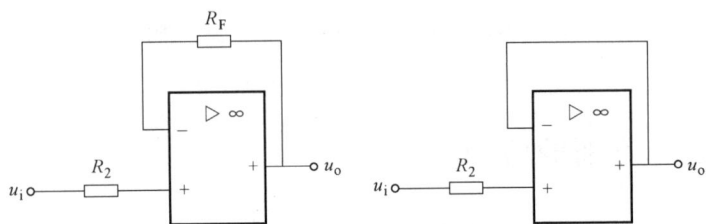

图 3-8 电压跟随器

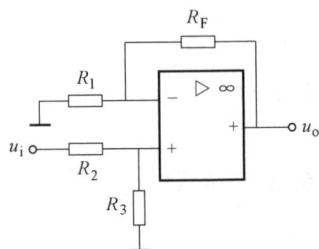

图 3-9 例 3-1 的图

解：根据虚断性质可得

$$u_- = \frac{u_o}{R_1 + R_F} \times R_1$$

$$u_+ = \frac{u_i}{R_2 + R_3} \times R_3$$

根据虚短性质 $u_+ = u_-$ 得

$$\frac{u_o}{R_1 + R_F} \times R_1 = \frac{u_i}{R_2 + R_3} \times R_3$$

整理得 $u_o = \dfrac{R_1 + R_F}{R_2 + R_3} \times \dfrac{R_3}{R_1} \times u_i = 5\text{V}$。

2. 反相比例运算电路

输入信号 u_i 经电阻 R_1 加至反相输入端（见图 3-10），同相输入端经电阻 R_2 接地，在输出端与反相输入端之间接反馈电阻 R_F，下面分析其输入输出信号之间的关系。

利用理想运算放大器工作在线性区虚断、虚短的概念，有

$$i_1 = i_f$$

$$u_+ = u_- = 0$$

及

$$i_1 = \frac{u_i - u_-}{R_1} = \frac{u_i}{R_1}$$

$$i_f = \frac{u_- - u_o}{R_F} = -\frac{u_o}{R_F}$$

所以

教学视频 3-2：
反相比例
运算电路

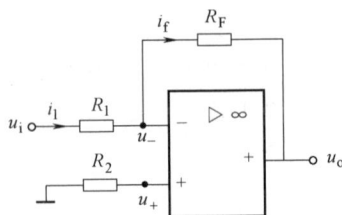

图 3-10 反相比例运算电路

$$u_o = -\frac{R_F}{R_1} u_i \tag{3-4}$$

从式（3-4）可以看出，u_o 与 u_i 成反比，故称为反相比例运算电路。

电压放大倍数为

$$A_{uf} = \frac{u_o}{u_i} = -\frac{R_F}{R_1} \tag{3-5}$$

图 3-10 中的电阻 R_2 称为平衡电阻，$R_2 = R_1 // R_F$，其作用是消除静态基极电流对输出电压的影响。

当 $R_1 = R_F$ 时，$A_{uf} = \dfrac{u_o}{u_i} = -1$，即 $u_o = -u_i$，称为反相器（Inverter）。

【例 3-2】 试推导出图 3-11 中 $A_{uf} = \dfrac{u_o}{u_i}$ 的表达式。

解：设 M 点电位为 U，由虚短性质得 $u_- \approx u_+ = 0$

由虚断性质得 $i_1 = i_2$，即 $\dfrac{u_i}{R_1} = \dfrac{0 - U}{R_2}$

由 M 点的基尔霍夫电流定律（KCL），$i_4 = i_2 + i_3$，即

$$\frac{U - u_o}{R_4} = \frac{0 - U}{R_2} + \frac{0 - U}{R_3}$$

联立以上两式可得

$$A_{uf} = \frac{u_o}{u_i} = -\left(\frac{R_2}{R_1} + \frac{R_4}{R_1} + \frac{R_2 R_4}{R_3 R_1} \right)$$

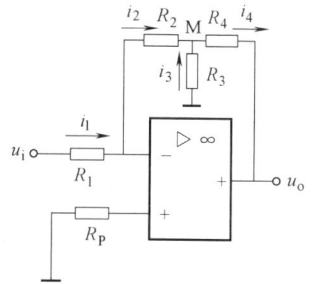

图 3-11 例 3-2 的图

【例 3-3】 试求图 3-12 中输入电压 u_i 与输出电压 u_o 的运算关系式。

解：第一级运放为电压跟随器，所以

$$u_{o1} = u_i$$

第二级运放为反相比例电路，因此

$$u_o = -\frac{R_F}{R_1} u_{o1} = -\frac{R_F}{R_1} u_i$$

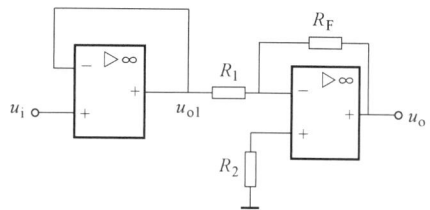

图 3-12 例 3-3 的图

3.2.2 加法运算

在反相比例运算电路的基础上，增加一路支路，就构成了反相加法运算电路，如图 3-13 所示。此时两个输入信号电压产生的电流都流向 R_F，输出是两个输入信号的比例和。

由于同相输入端经电阻 R_2 接地，则 $u_+ = u_- = 0$，列写各支路电流方程

$$i_{12} = \frac{u_{i2} - 0}{R_{12}} = \frac{u_{i2}}{R_{12}}$$

$$i_{11} = \frac{u_{i1} - 0}{R_{11}} = \frac{u_{i1}}{R_{11}}$$

$$i_f = \frac{0 - u_o}{R_F} = -\frac{u_o}{R_F}$$

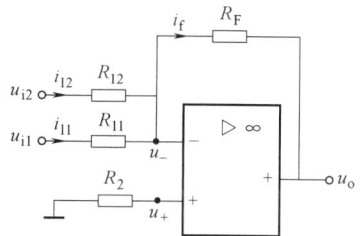

图 3-13 反相加法运算电路

利用虚断的概念，$i_- = 0$，有 $i_f = i_{11} + i_{12}$，据此可得

$$u_o = -R_F\left(\frac{u_{i1}}{R_{11}} + \frac{u_{i2}}{R_{12}}\right) = -\left(\frac{R_F}{R_{11}}u_{i1} + \frac{R_F}{R_{12}}u_{i2}\right) \tag{3-6}$$

当 $R_{11} = R_{12} = R_1$ 时，$u_o = -\dfrac{R_F}{R_1}$（$u_{i1} + u_{i2}$）

当 $R_{11} = R_{12} = R_F$ 时，$u_o = -$（$u_{i1} + u_{i2}$）。

即输出电压为输入电压之和的反相，因此该电路也称为反相求和电路。

平衡电阻 $R_2 = R_{11} // R_{12} // R_F$。

同相加法电路如图 3-14 所示。

根据同相比例电路可得

图 3-14 同相加法电路

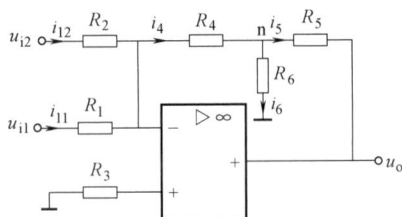

$$u_o = \left(1 + \frac{R_4}{R_3}\right)u_+$$

而 $u_+ = \left(\dfrac{R_2}{R_1 + R_2}\right)u_{i1} + \left(\dfrac{R_1}{R_1 + R_2}\right)u_{i2}$，所以

$$u_o = \left(1 + \frac{R_4}{R_3}\right)\left[\left(\frac{R_2}{R_1 + R_2}\right)u_{i1} + \left(\frac{R_1}{R_1 + R_2}\right)u_{i2}\right] \tag{3-7}$$

当 $R_1 = R_2 = R_3 = R_4$ 时，$u_o = (u_{i1} + u_{i2})$。

【例 3-4】 求解图 3-15 所示电路中输入电压与输出电压之间的运算关系。

解：图 3-15 所示电路为反相加法运算电路，求解此题的关键是要先求出 n 点的电位 u_n，运用电路理论，有

$$i_4 = i_{11} + i_{12}$$

或

图 3-15 例 3-4 的图

$$-\frac{u_n}{R_4} = \frac{u_{i1}}{R_1} + \frac{u_{i2}}{R_2}$$

整理后可得

$$u_n = -R_4\left(\frac{u_{i1}}{R_1} + \frac{u_{i2}}{R_2}\right)$$

对节点 n 运用 KCL，有

$$i_5 = i_4 - i_6 = \left(\frac{u_{i1}}{R_1} + \frac{u_{i2}}{R_2}\right) - \frac{u_n}{R_6}$$

求得

$$u_o = u_n - i_5 R_5 = -\left(R_4 + R_5 + \frac{R_4 R_5}{R_6}\right)\left(\frac{u_{i1}}{R_1} + \frac{u_{i2}}{R_2}\right)$$

3.2.3 减法运算

两个输入信号相减的运算电路如图 3-16 所示。

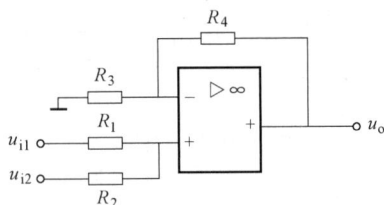

此为运算放大器两个输入端均有输入信号的情况（称为双端输入），由图 3-16 可列出

$$u_+ = u_- = \frac{R_3}{R_2+R_3}u_{i2}$$

$$i_1 = \frac{u_{i1}-u_-}{R_1}, \quad i_f = \frac{u_- - u_o}{R_F}$$

$$i_1 = i_f$$

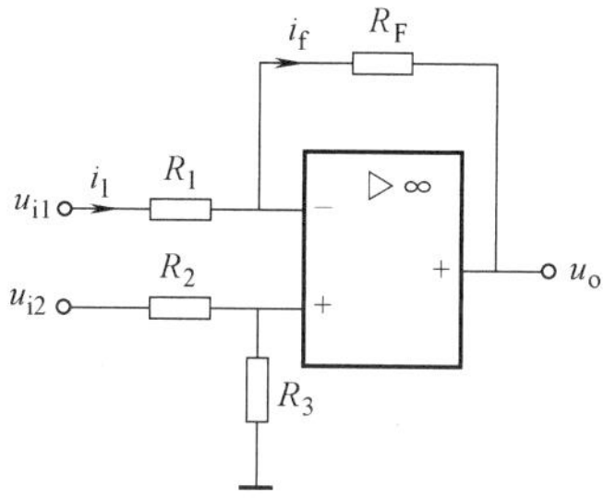

整理后可得

图 3-16　减法运算电路

$$u_o = \left(1+\frac{R_F}{R_1}\right)\frac{R_3}{R_2+R_3}u_{i2} - \frac{R_F}{R_1}u_{i1} \qquad (3-8)$$

当 $R_1 = R_2$，且 $R_3 = R_F$ 时，$u_o = \frac{R_F}{R_1}(u_{i2}-u_{i1})$

即输出电压正比于两输入电压之差，实现了对输入电压的减法运算。

又当 $R_1 = R_F$ 时，$u_o = u_{i2} - u_{i1}$。

【例 3-5】　电路如图 3-17 所示，已知 $u_{i1}=1V$，$u_{i2}=2V$，$u_{i3}=4V$，$u_{i4}=8V$，$R_1=R_2=1k\Omega$，$R_3=R_4=2k\Omega$，$R_F=5k\Omega$，求输出电压 u_o。

解：对同相输入端列方程

$$\frac{u_+}{R_F} = \frac{u_{i3}-u_+}{R_3} + \frac{u_{i4}-u_+}{R_4}$$

将各元件值代入上式，可得 $u_+ = 5V$，即 $u_- = 5V$。

对反相输入端列方程

图 3-17　例 3-5 的图

$$\frac{u_{i1}-u_-}{R_1} + \frac{u_{i2}-u_-}{R_2} = \frac{u_- - u_o}{R_F}$$

将各元件值代入上式，可得 $u_o = 40V$。

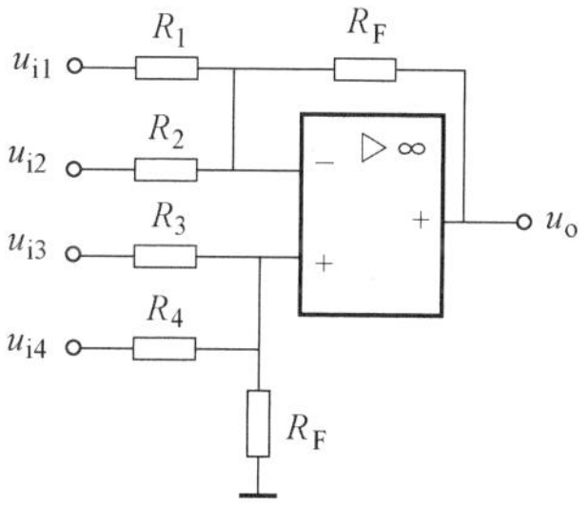

【例 3-6】　推导图 3-18 所示电路输出电压与输入电压的运算关系式。

解：在第一级运放中：$u_{o1} = u_{i1}$

$$\frac{u_{i2}}{R_1} = \frac{u_{o2}-u_{i2}}{R_F} \Rightarrow u_{o2} = \left(1+\frac{R_F}{R_1}\right)u_{i2}$$

第二级运放应用叠加定理，当只有 u_{o1} 作用，$u_{o2}=0$ 时，输出

$$u_o' = -\frac{R_F}{R_1}u_{o1} = -\frac{R_F}{R_1}u_{i1}$$

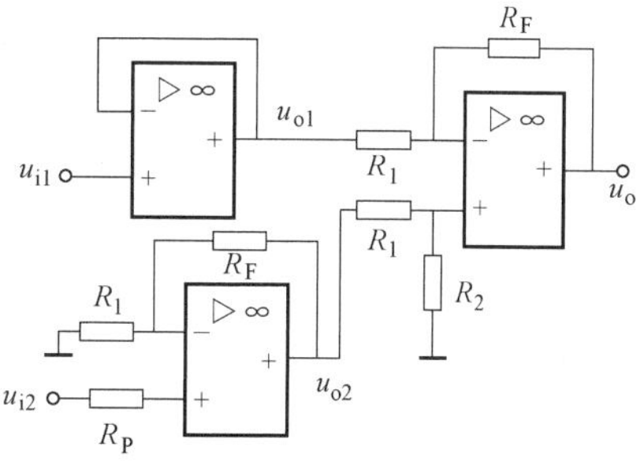

当只有 u_{o2} 作用，$u_{o1}=0$ 时，输出

$$u_o'' = \left(1+\frac{R_F}{R_1}\right)u_{R2} = \left(1+\frac{R_F}{R_1}\right)\frac{R_2}{R_1+R_2}u_{o2}$$

图 3-18　例 3-6 的图

把 u_{o2} 表达式代入，得 $u_o'' = \left(1+\frac{R_F}{R_1}\right)^2 \frac{R_2}{R_1+R_2}u_{i2}$

这样可得总输出为

$$u_o = -\frac{R_F}{R_1}u_{i1} + \left(1+\frac{R_F}{R_1}\right)^2\frac{R_2}{R_1+R_2}u_{i2}$$

3.2.4 积分运算

在反相比例运算电路中，用电容 C_F 代替 R_F 作为反馈元件（见图 3-19），就构成了反相积分运算电路。

由图 3-19 所示电路可列出

$$i_1 = i_f = \frac{u_i}{R_1}$$

所以

$$u_o = -u_C = -\frac{1}{C_F}\int i_f\mathrm{d}t = -\frac{1}{R_1C_F}\int u_i\mathrm{d}t \qquad (3-9)$$

由此可见，输出电压 u_o 为输入电压 u_i 对时间的积分，负号表明输出电压和输入电压在相位上是相反的，R_1C_F 称为积分常数。

平衡电阻 $R_2 = R_1$。

在求解 t_1 到 t_2 时间段 t_2 点的积分值时

$$u_o = -\frac{1}{R_1C_F}\int_{t_1}^{t_2}u_i\mathrm{d}t + u_o(t_1)$$

当 u_i 为常量时

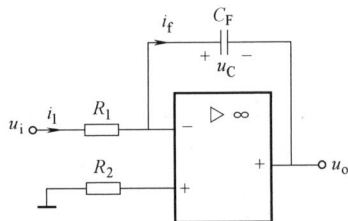

图 3-19 积分运算电路

$$u_o = -\frac{1}{R_1C_F}u_i(t_2-t_1)+u_o(t_1) \qquad (3-10)$$

【例 3-7】 在图 3-20a 所示的电路中，已知输入电压 u_i 的波形如图 3-20b 所示，当 $t=0$ 时 $u_o=0$。试画出输出电压 u_o 的波形。

解：

$$u_o = -\frac{1}{RC}u_i(t_2-t_1)+u_o(t_1)$$

$$= -\frac{1}{10^4\times10^{-7}}u_i(t_2-t_1)+u_o(t_1)$$

$$= -1000u_i(t_2-t_1)+u_o(t_1)$$

若 $t\leqslant0$ 时 $u_o=0$，当 $0\mathrm{ms}\leqslant t\leqslant5\mathrm{ms}$ 时，$u_i=5\mathrm{V}$，$u_o(0)=0$

$$u_o(5) = -1000\times5\times5\times10^{-3}\mathrm{V} = -25\mathrm{V}$$

当 $5\mathrm{ms}\leqslant t\leqslant15\mathrm{ms}$ 时，$u_i=-5\mathrm{V}$，$u_o(5)=-25\mathrm{V}$

$$u_o(15) = \left[-1000\times(-5)\times(15-5)\times10^{-3}+(-25)\right]\mathrm{V} = 25\mathrm{V}$$

因此输出波形如图 3-21 所示。

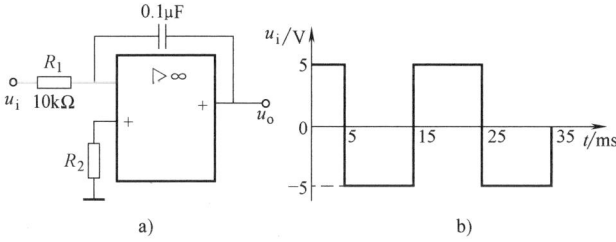

图 3-20 例 3-7 的图

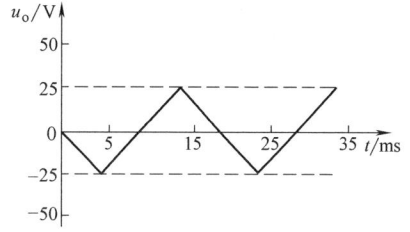

图 3-21 例 3-7 的输出波形图

【例 3-8】 试求图 3-22 所示电路输出电压与输入电压的关系式。

解：由图 3-22 可列出

$$i_1 = i_f = \frac{u_i}{R_1} = \frac{-u_o - u_C}{R_F}$$

及

$$u_C = \frac{1}{C_F}\int i_f \mathrm{d}t$$

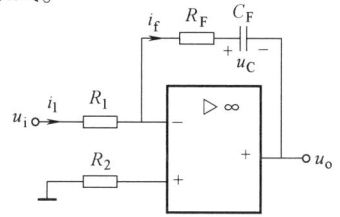

图 3-22 例 3-8 的图

整理可得

$$u_o = -\left(\frac{R_F}{R_1}u_i + \frac{1}{R_1 C_F}\int u_i \mathrm{d}t\right)$$

由上式可知，u_o 与 u_i 之间是反相比例关系和积分关系的叠加，图 3-22 所示电路称为比例-积分调节器（简称 PI 调节器，Proportional Integral Regulator）。其作用是将被调节参数快速调整到预先的设定值，提高精度，保证控制系统的稳定性。

3.2.5 微分运算

由于微分运算是积分运算的逆运算，所以只需将积分电路中的反馈电容和反相输入端电阻交换位置即可构成微分运算电路，如图 3-23 所示。

由图可列出

$$i_1 = C_1 \frac{\mathrm{d}u_C}{\mathrm{d}t} = C_1 \frac{\mathrm{d}u_i}{\mathrm{d}t}$$

$$i_f = -\frac{u_o}{R_F}$$

$$i_1 = i_f$$

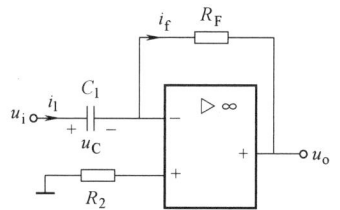

图 3-23 微分运算电路

由上式可得

$$u_o = -R_F C_1 \frac{\mathrm{d}u_i}{\mathrm{d}t} \tag{3-11}$$

由式（3-11）可知，输出电压正比于输入电压的微分。当输入信号频率高时，电容的容抗 $\left(X_C = \frac{1}{\omega C}\right)$ 减小，放大倍数增大，因而这种微分电路对输入信号中的高频干扰非常敏感，工作时稳定性不高，故很少应用。

平衡电阻 $R_2 = R_F$。

【例3-9】 试求图3-24所示电路中输出电压与输入电压的运算关系式。

解：
$$u_o = -R_F i_f - u_{CF} = -R_F i_f - \frac{1}{C_F}\int i_f dt$$

$$i_f = i_1 + i_C = \frac{u_i}{R_1} + C_1\frac{du_i}{dt}$$

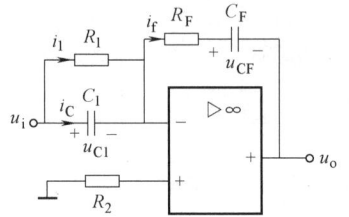

图3-24 例3-9的图

所以

$$u_o = -R_F\left(\frac{u_i}{R_1} + C_1\frac{du_i}{dt}\right) - \frac{1}{C_F}\int\left(\frac{u_i}{R_1} + C_1\frac{du_i}{dt}\right)dt$$

$$= -\left(\frac{R_F}{R_1} + \frac{C_1}{C_F}\right)u_i - \frac{1}{C_F R_1}\int u_i dt - R_F C_1\frac{du_i}{dt}$$

由输出与输入电压的关系式可见，图3-24所示电路是反相比例、积分和微分运算三者的组合，称为比例-积分-微分调节器（简称PID调节器，Proportional Integral Differential Regulator），PID调节器在自动控制系统中有着广泛的应用。

3.3 运算放大器在信号处理方面的应用

3.2节介绍的是集成运放在信号运算方面的应用，这就是运算放大器名称的由来，但实际上，此名称已名非其实，起码不很全面，对输入信号进行"运算"只是集成运放的功能之一，运算放大器在信号处理方面的应用也非常广泛，例如，它可以对信号进行滤波、对采样信号进行保持及对信号进行比较等，以下做简要的介绍。

3.3.1 有源滤波器

滤波器（Filter）就是对信号的频率具有选择性的电路，它允许某一部分频率的信号顺利通过，而抑制其他频率的信号。按照滤波电路的工作频带分类，滤波器可分为低通、高通、带通、带阻滤波器等；根据构成滤波器的电路元件分类，滤波器可分为有源滤波器和无源滤波器。无源滤波器只由 R、L、C 电路组成，若将此无源滤波器再接到运算放大器的同相输入端，因运算放大器是有源元件，所以这种滤波器称为有源滤波器（Active Filter）。

教学视频3-4：
一阶有源
滤波器

1. 有源低通滤波器

有源低通滤波器的电路如图3-25所示。

设输入电压 u_i 为正弦量，为计算方便用相量来表示，可分别求得反相输入端和同相输入端的电压为

$$\dot{U}_- = \frac{R_1}{R_1 + R_F}\dot{U}_o = \frac{1}{1 + \frac{R_F}{R_1}}\dot{U}_o$$

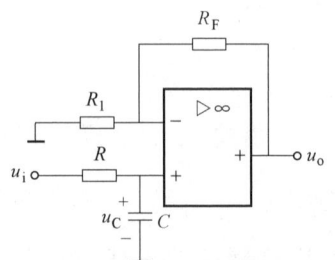

图3-25 有源低通滤波器

$$\dot{U}_{+} = \dot{U}_{C} = \frac{\frac{1}{j\omega C}}{R + \frac{1}{j\omega C}} \dot{U}_{i} = \frac{1}{1+j\omega RC} \dot{U}_{i}$$

及

$$\dot{U}_{+} = \dot{U}_{-}$$

据此，可求得电路的传递函数为

$$\frac{\dot{U}_{o}}{\dot{U}_{i}} = \frac{1+\frac{R_F}{R_1}}{1+j\omega RC} = \left(1+\frac{R_F}{R_1}\right) \frac{1}{1+j\frac{\omega}{\omega_0}} \quad (3\text{-}12)$$

其中 $\omega_0 = \frac{1}{RC}$ 称为截止角频率，它是电压增益下降到 $\frac{1}{\sqrt{2}}$ 时所对应的角频率。在式（3-12）中出现了 ω 的一次项，故称为一阶有源滤波器。

幅频特性为

$$\frac{U_{o}}{U_{i}} = \left(1+\frac{R_F}{R_1}\right) \frac{1}{\sqrt{1+\left(\frac{\omega}{\omega_0}\right)^2}} \quad (3\text{-}13)$$

相频特性为

$$\varphi(\omega) = -\arctan\frac{\omega}{\omega_0} \quad (3\text{-}14)$$

当 $\omega = 0$ 时，$\frac{U_{o}}{U_{i}} = 1+\frac{R_F}{R_1}$，滤波器对信号有放大作用；

当 $\omega = \omega_0$ 时，$\frac{U_{o}}{U_{i}} = \left(1+\frac{R_F}{R_1}\right)\frac{1}{\sqrt{2}}$；

当 $\omega \to \infty$ 时，$\frac{U_{o}}{U_{i}} = 0$。

一阶有源低通滤波器的幅频特性如图 3-26 所示。

为了改善滤波效果，通常将两节 RC 电路串联起来接在运算放大器的同相输入端，称为二阶有源低通滤波器。与一阶有源低通滤波器相比，它能使 $\omega > \omega_0$ 时的信号衰减得快些。

图 3-26 一阶有源低通滤波器的幅频特性

2. 有源高通滤波器

有源高通滤波器的电路如图 3-27 所示。与有源低通滤波器的电路相比，它只是将 RC 电路中的 R 和 C 元件对调了位置。

同理可列出反相输入端和同相输入端的电压：

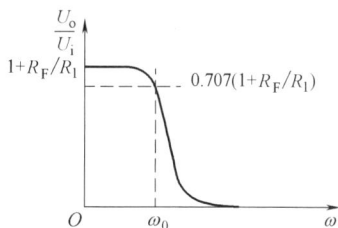

$$\dot{U}_- = \frac{R_1}{R_1 + R_F}\dot{U}_o = \frac{1}{1+\dfrac{R_F}{R_1}}\dot{U}_o$$

$$\dot{U}_+ = \frac{R}{R+\dfrac{1}{j\omega C}}\dot{U}_i = \frac{1}{1+\dfrac{1}{j\omega RC}}\dot{U}_i$$

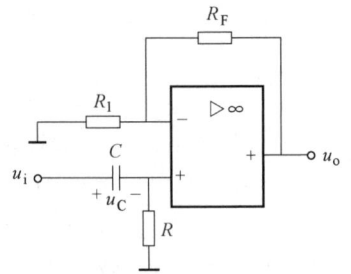

图 3-27 有源高通滤波器

及
$$\dot{U}_+ = \dot{U}_-$$

传递函数为

$$\frac{\dot{U}_o}{\dot{U}_i} = \left(1+\frac{R_F}{R_1}\right)\frac{1}{1+\dfrac{1}{j\omega RC}} = \frac{1+\dfrac{R_F}{R_1}}{1-j\dfrac{\omega_0}{\omega}} \tag{3-15}$$

式中，$\omega_0 = \dfrac{1}{RC}$。

幅频特性为

$$\frac{U_o}{U_i} = \left(1+\frac{R_F}{R_1}\right)\frac{1}{\sqrt{1+\left(\dfrac{\omega_0}{\omega}\right)^2}} \tag{3-16}$$

相频特性为

$$\varphi(\omega) = \arctan\frac{\omega_0}{\omega} \tag{3-17}$$

当 $\omega = 0$ 时，$\dfrac{U_o}{U_i} = 0$；

当 $\omega = \omega_0$ 时，$\dfrac{U_o}{U_i} = \left(1+\dfrac{R_F}{R_1}\right)\dfrac{1}{\sqrt{2}}$；

当 $\omega \to \infty$ 时，$\dfrac{U_o}{U_i} = 1+\dfrac{R_F}{R_1}$。

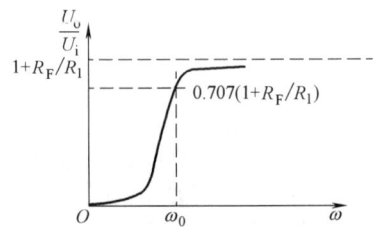

图 3-28 一阶有源高通滤波器的幅频特性

一阶有源高通滤波器的幅频特性如图 3-28 所示。

3.3.2 电压比较器和非正弦信号产生电路

1. 电压比较器

电压比较器（Voltage Comparator）是集成运算放大器非线性应用的一种电路，工作于电压传输特性的饱和区。它将输入电压信号和一个参考电压进行比较，在输出端输出高电平或低电平反映比较结果。电压比较器常用于非正弦波形变换电路及模拟电路与数字电路的接口电路。

图 3-29 所示电路是电压比较器中的一种。其中 U_R 为参考电压，加在同相输入端；输入电压 u_i 加在反相输入端。在开环状态下，运算放大器的电压放大倍数很高，所以即使输入端的差值信号很小，也会使输出信号进入饱和区。

其电压传输特性（即 u_o 与 u_i 的关系曲线）如图 3-30 所示。

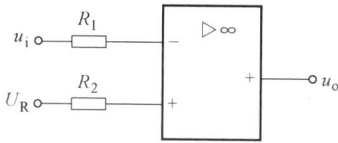

图 3-29　电压比较器

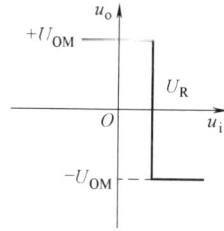

图 3-30　电压比较器的电压传输特性

由图 3-30 可以看出，当 $u_i > U_R$ 时，$u_o = -U_{OM}$；$u_i < U_R$ 时，$u_o = +U_{OM}$。

这里的 U_R 称为门限电压或阈值电压，一般门限电压用 U_T 表示。如果参考电压 $U_R = 0$，即输入电压 u_i 和零电平进行比较，此时的电压比较器称为过零比较器。其电路和电压传输特性如图 3-31 所示。

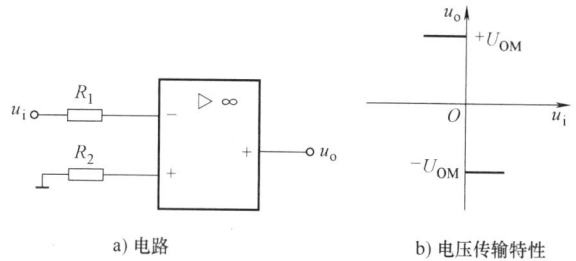

a) 电路　　　　　　　　b) 电压传输特性

图 3-31　过零比较器

【例 3-10】　利用过零比较器将正弦波信号变为方波信号。

解：变换电路如图 3-31a 所示。

当 $u_i > 0$ 时，$u_o = -U_{OM}$；当 $u_i < 0$ 时，$u_o = +U_{OM}$。

变换前后的信号波形如图 3-32 所示。

上面介绍的电压比较器只有一个门限电压，因此称为单门限电压比较器。单门限电压比较器电路结构简单、灵敏度高，但其抗干扰能力差。下面介绍一种能够提高抗干扰能力的电压比较器——迟滞比较器。

迟滞比较器是一种具有迟滞回环传输特性的比较器，电路如图 3-33 所示，在单门限电压比较器的基础上引入了正反馈。由于正反馈的作用，这种比较器的门限电压是随输出电压的变化而变化的。它的灵敏度较单门限电压比较器低，但抗干扰能力大大提高了。

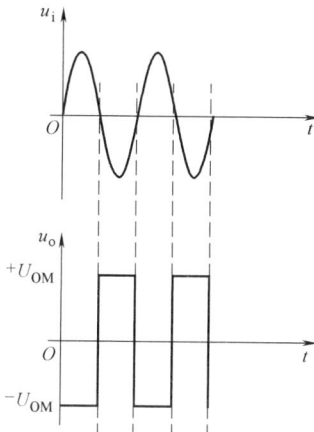

图 3-32　过零比较器将正弦波变为方波

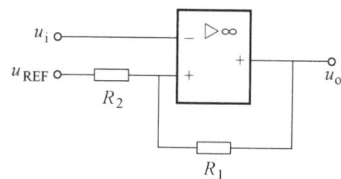

图 3-33　迟滞比较器

由于比较器中的运放处于正反馈状态，因此输出电压 u_o 与输入电压 u_i 一般不成线性关系，只有在输出电压 u_o 发生跳变瞬间，集成运放两个输入端电压才近似认为相等，即 $u_+ = u_- = u_i$ 是输出电压 u_o 发生跳变的临界条件。当 $u_i > u_+$ 时，$u_o = -U_{OM}$；当 $u_i < u_+$ 时，$u_o = +U_{OM}$。显然这里的 u_+ 值就是门限电压 U_T。设运放是理想的，由图 3-33 可得

$$u_+ = U_T = \frac{R_1 U_{REF}}{R_1 + R_2} + \frac{R_2 u_o}{R_1 + R_2} \tag{3-18}$$

根据输出电压 u_o 的不同值，可分别求得上门限电压 U_{T+} 和下门限电压 U_{T-} 为

$$U_{T+} = \frac{R_1 U_{REF}}{R_1 + R_2} + \frac{R_2 U_{OM}}{R_1 + R_2} \tag{3-19}$$

$$U_{T-} = \frac{R_1 U_{REF}}{R_1 + R_2} - \frac{R_2 U_{OM}}{R_1 + R_2} \tag{3-20}$$

门限宽度（或回差电压）为

$$\Delta U_T = U_{T+} - U_{T-} = \frac{2 R_2 U_{OM}}{R_1 + R_2} \tag{3-21}$$

迟滞比较器的电压传输特性曲线如图 3-34 所示。

由图 3-34 可见，输入电压在增加和下降的过程中使输出电压发生跳变对应的门限电压不同，由于这个特性，该电路可应用在波形变换、幅度鉴别和消除噪声干扰等电路中。

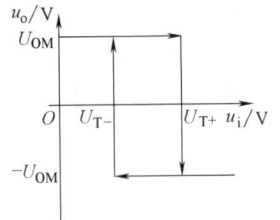

图 3-34　迟滞比较器的电压传输特性曲线

【例 3-11】　迟滞比较器电路中，$R_1 = R_2 = 10\text{k}\Omega$，$U_{REF} = 10\text{V}$，$\pm U_{OM} = \pm 8\text{V}$。（1）试分别求上门限电压 U_{T+} 和下门限电压 U_{T-}；（2）当输入电压 u_i 的波形如图 3-35a 所示时，试画出输出电压 u_o 的波形。

解：（1）根据上门限电压 U_{T+} 和下门限电压 U_{T-} 公式可得

$$U_{T+} = \frac{R_1 U_{REF}}{R_1 + R_2} + \frac{R_2 U_{OM}}{R_1 + R_2} = 9\text{V}$$

$$U_{T-} = \frac{R_1 U_{REF}}{R_1 + R_2} - \frac{R_2 U_{OM}}{R_1 + R_2} = 1\text{V}$$

（2）根据所求得的 U_{T+} 和 U_{T-}，可画出输出电压 u_o 的波形如图 3-35b 所示。

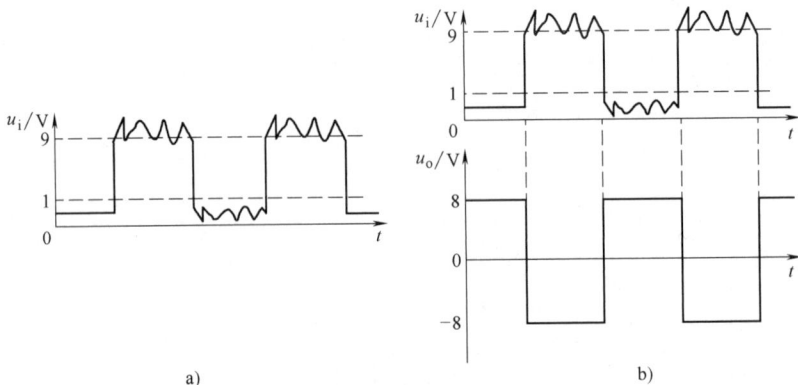

图 3-35　例 3-11 的图

2. 非正弦信号产生电路

非正弦信号产生电路用来产生方波、三角波、锯齿波等非正弦信号，通常由电压比较器、积分电路和反馈电路等组成。

（1）方波产生电路

图 3-36a 是由迟滞比较器构成的方波产生电路，由于方波含有极其丰富的谐波，因此也叫作多谐振荡器。该迟滞比较器的两个门限电压分别为

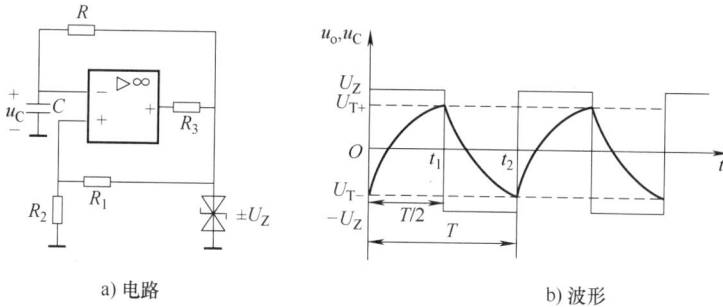

a) 电路   b) 波形

图 3-36 方波产生电路

$$U_{T+} = \frac{R_2}{R_1+R_2}U_Z \tag{3-22}$$

$$U_{T-} = \frac{-R_2}{R_1+R_2}U_Z \tag{3-23}$$

当电路稳定振荡后，电容交替充电和放电，在输出端得到方波信号。电路的工作原理如下：当输出 u_o 为 U_Z 时，电容 C 充电，电容两端电压 u_C 不断上升，当上升到 U_{T+} 时，输出 u_o 为 $-U_Z$，电容 C 放电，电容两端电压 u_C 不断下降，当下降到 U_{T-} 时，输出 u_o 为 U_Z，周而复始，输出端 u_o 交替出现 U_Z 和 $-U_Z$，波形如图 3-36b 所示。

方波产生电路的振荡频率与电容 C 的充放电规律有关，该电路为方波，所以只求出电容充电对应的半个周期即可求出波形的频率。根据一阶 RC 电路的过渡过程表达式可得

$$u_C(t) = u_C(\infty) - [u_C(\infty) - u_C(0)]e^{-\frac{t}{RC}} \tag{3-24}$$

由图 3-36b 可得

$$u_C(0) = U_{T-} = -\frac{R_2}{R_1+R_2}U_Z, u_C(\infty) = U_Z \tag{3-25}$$

当 $t=t_1$，相当于经过 $T/2$ 时

$$u_C(t_1) = u_C\left(\frac{T}{2}\right) = U_{T+} = \frac{R_2}{R_1+R_2}U_Z \tag{3-26}$$

将式（3-25）和式（3-26）代入式（3-24）可得

$$\frac{R_2}{R_1+R_2}U_Z = U_Z - \left(U_Z + \frac{R_2}{R_1+R_2}U_Z\right)e^{-\frac{T}{2RC}}$$

可得方波的周期为

$$T = 2RC\ln\left(1+\frac{2R_2}{R_1}\right) \tag{3-27}$$

频率为

$$f=\frac{1}{T}=\frac{1}{2RC\ln\left(1+\dfrac{2R_2}{R_1}\right)} \tag{3-28}$$

从频率公式可以看出，方波信号的频率与充放电时间常数和迟滞比较器的电阻比值 R_2/R_1 有关，与稳压二极管的稳压值 U_Z 无关，但方波的幅值是由 U_Z 决定的。实际应用中，通常通过改变 R 和 C 来调节振荡频率，通过调节 U_Z 来改变输出电压的幅值。

占空比可调的矩形波产生电路如图 3-37 所示，工作原理请读者自行分析。

（2）锯齿波产生电路

锯齿波产生电路如图 3-38a 所示，由同相输入迟滞比较器 C_1 和充放电时间常数不等的反相输入积分器 A_1 构成。

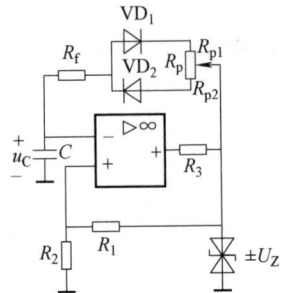

图 3-37　占空比可调的矩形波产生电路

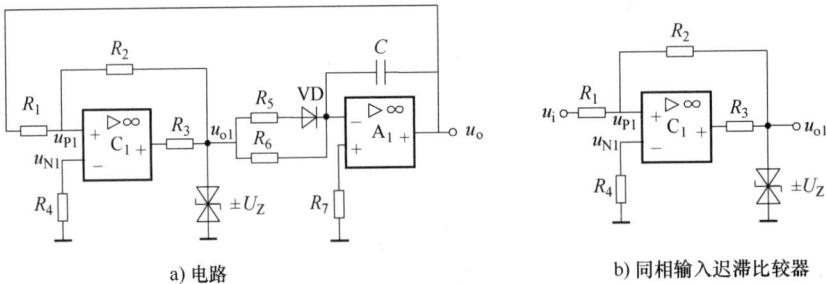

a）电路　　　　　　　b）同相输入迟滞比较器

图 3-38　锯齿波产生电路

现对锯齿波产生电路里的同相输入迟滞比较器单独分析其门限电压，如图 3-38b 所示，图中的 u_i 是图 3-38a 中的 u_o。由图 3-38b 可得

$$u_{P1}=\frac{R_2}{R_1+R_2}u_i+\frac{R_1}{R_1+R_2}u_{o1}=\frac{R_2}{R_1+R_2}u_i+\frac{R_1}{R_1+R_2}(\pm U_Z)$$

$$u_{N1}=0$$

电路翻转时，$u_{P1}\approx u_{N1}=0$，可得上门限电压 U_{T+} 和下门限电压 U_{T-} 分别为

$$U_{T+}=\frac{R_1}{R_2}U_Z,\ U_{T-}=-\frac{R_1}{R_2}U_Z$$

电路的工作原理如下：假设 $t=0$ 时刻接通电源，$u_{o1}=-U_Z$，此时二极管 VD 截止，u_{o1} 经 R_6 对电容 C 充电，输出电压 u_o 按线性规律上升，当电压上升到迟滞比较器的 U_{T+}，$u_{o1}=U_Z$，此时二极管导通，u_{o1} 经 R_5 和 R_6 对电容 C 反向充电，输出电压 u_o 按线性规律下降，由于时间常数比正向充电时小，所以 u_o 下降迅速，当 u_o 下降到迟滞比较器的 U_{T-} 时，$u_{o1}=-U_Z$，开始重复前面的过程，输出端 u_{o1} 得到矩形波，u_o 得到锯齿波，波形如图 3-39 所示。

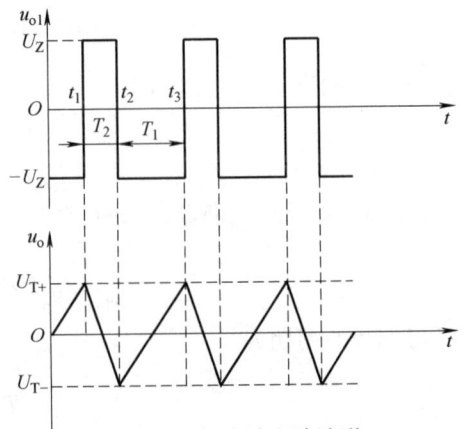

图 3-39　锯齿波电路波形

锯齿波振荡电路的振荡周期为

$$T = T_1 + T_2$$

$$= \frac{2R_1 R_6 C}{R_2} + \frac{2R_1 (R_6 // R_5) C}{R_2}$$

$$= \frac{2R_1 R_6 C (R_6 + 2R_5)}{R_2 (R_5 + R_6)}$$

如果去掉该电路中的 R_5 和 VD 支路，该电路就变成了方波-三角波产生电路，这里不再赘述。

3.4 应用举例

3.4.1 三角波发生器

由运放构成的三角波发生器如图 3-40a 所示，这里运放 A_1 以及电阻 R_1、R_2、R_3、R_6 和稳压管 VZ 构成迟滞比较器；运放 A_2 以及电阻 R_4、R_5 和电容 C_F 构成积分电路。u_{o1} 和 u_o 的波形如图 3-40b 所示，在输出端得到周期三角波信号。如果把积分电路做些修改，使正、负向积分的时间常数不等，此电路即变成锯齿波发生器。

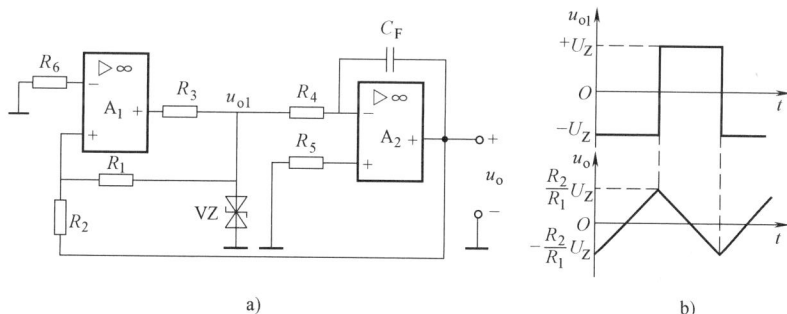

图 3-40 三角波发生器

3.4.2 火灾报警电路

火灾报警电路如图 3-41 所示，u_{i1} 和 u_{i2} 分别来源于两个温度传感器，安装在室内同一处。其中，一个安装在金属板上，产生 u_{i1}，另一个安装在塑料壳体内部，产生 u_{i2}。当无火灾发生时，两个温度传感器产生的电压相等，发光二极管不亮，蜂鸣器不响；当有火灾发生时，安装在金属板上的温度传感器产生的电压 u_{i1} 大，而安装在塑料壳体内部的温度传感器产生的电压 u_{i2} 小，使 u_{i1} 和 u_{i2} 产生差值电压。当差值电压增大到一定数值时，发光二极管发光，蜂鸣器鸣响，达到报警目的。

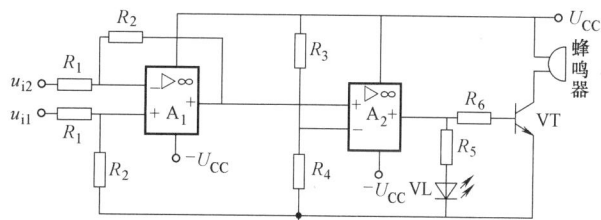

图 3-41 火灾报警电路

3.4.3 自动增益控制电路

自动增益控制电路如图 3-42 所示，该电路经常应用在自动控制系统中。

在该电路中，点画线框部分为模拟乘法器，其输出电压为

$$u_{o1} = K u_X u_Y$$

运放 A_1 以及电阻 R_1、R_2、R_8 构成同相比例运算电路，其输出为整个电路的输出；A_2、R_3、R_4、VD_1 和 VD_2 构成精密整流电路；A_3、R_5 和 C 构成低通有源滤波电路；A_4、R_6 和 R_7 构成加减运算电路。A_4 的输出电压 u_{o4} 作为模拟乘法器的输入，因此电路引入了反馈，构成一个闭环系统。

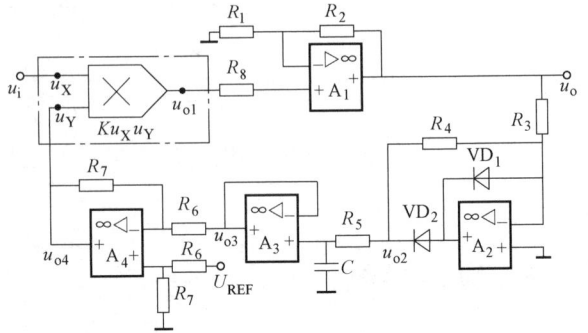

图 3-42 自动增益控制电路

此电路的输出电压表达式为

$$u_o = K\left(1 + \frac{R_2}{R_1}\right)\frac{R_7}{R_6}(U_{REF} - u_{o3})u_i \tag{3-22}$$

如果输入电压 u_i 增大，输出电压 u_o 也增大，u_{o3} 必然增大，导致 $(U_{REF} - u_{o3})$ 减小，从而使输出电压 u_o 也减小；如果输入电压 u_i 减小，则过程正好相反。总之，在参数选择合适的条件下，在一定的频率范围内，对于不同幅值的正弦波 u_i，能使输出电压 u_o 的幅值基本不变，因此该电路具有增益自动调节功能。

3.4.4 温度监测控制电路

温度监测控制电路如图 3-43 所示，该电路由温度传感器、电压跟随器、加法电路、滞回

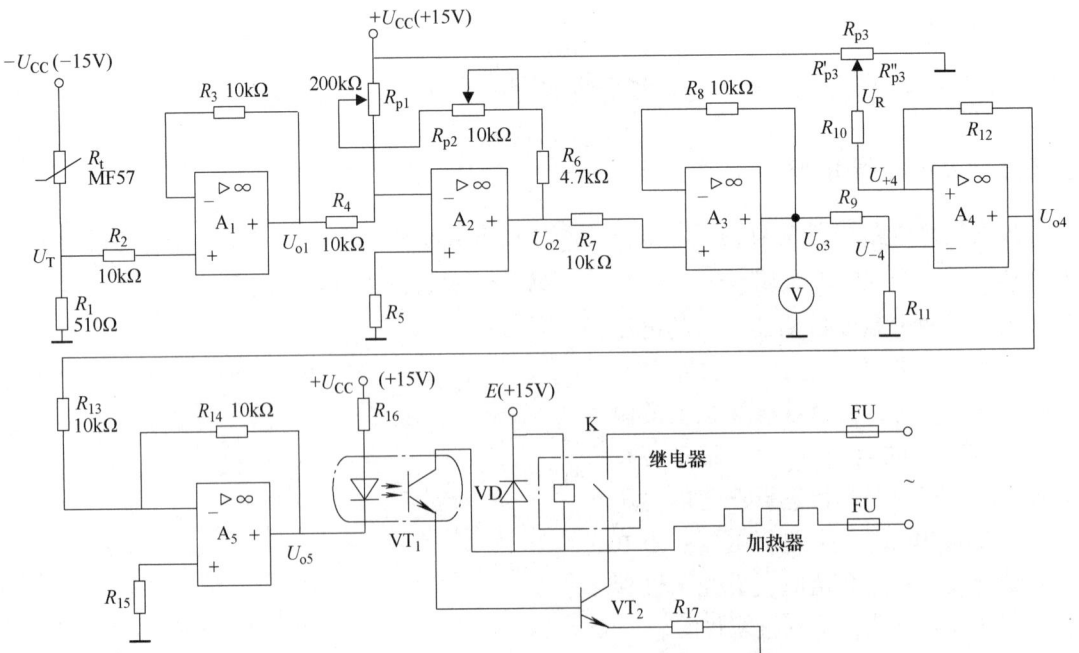

图 3-43 温度监测控制电路

比较器、反相器、光电耦合器、继电器和加热器等组成。工作原理如下：如被监控点的温度较低时，R_t阻值较大，U_T、U_{o1}的绝对值较小，U_{o2}、U_{o3}亦较小，使$U_{-4}<U_{+4}$，A_4输出正饱和电压。经 A_5 反相，输出 U_{o5} 为低电平，使 VT_1 和 VT_2 饱和导通，继电器 K 的线圈通电，其触点闭合，加热器通电加热，使被监控点的温度上升。随着温度的上升，R_t 减小，U_T、U_{o1} 的绝对值增大，U_{o2}、U_{o3} 亦增大。当温度上升至上限值时，使 $U_{-4}>U_{+4}$，A_4 输出负饱和电压。经 A_5 反相，U_{o5} 为高电平，VT_1、VT_2 截止，继电器 K 的线圈失电，触点断开，停止加热，使温度逐渐下降。随着温度的下降，U_{o2}、U_{o3}、U_{-4} 下降。当温度下降至下限值时，$U_{-4}<U_{+4}$，A_4 输出正饱和，重新加热。因此，该电路能直接监测温度，并能将监测点的温度自动控制在一定的范围内。

3.4.5 扩音机电路

扩音设备的作用是把话筒、录放卡座、CD 机送出的微弱信号放大成能推动扬声器发声的大功率信号，一般把这种设备称为扩音机。简单的扩音机电路如图 3-44 所示，运放 A_1、A_2 及电阻、电容构成前置放大电路，运放 A_3 及电阻、电容构成音调放大电路，运放 A_4 及晶体管、电阻、电容构成功率放大电路。

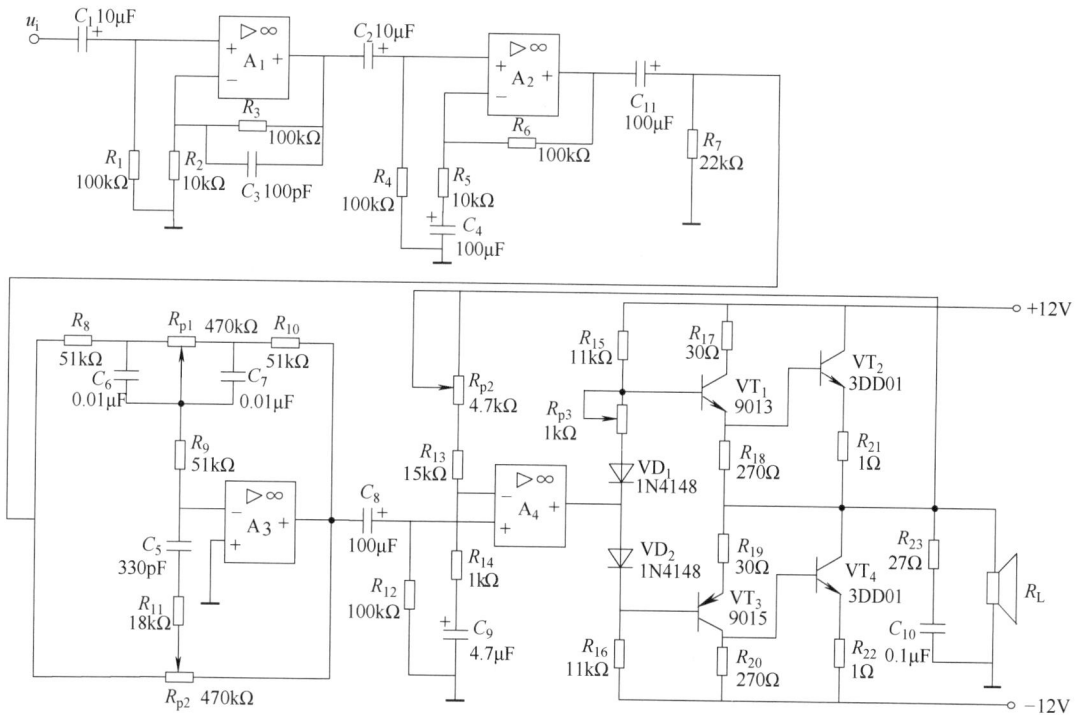

图 3-44　扩音机电路

3.5　Multisim14 软件仿真举例

1. 比例放大电路

图 3-45 为反相比例放大电路，输出电压 $U_o = -\dfrac{R_2}{R_1}U_i$，将输入、输出电压接入示波器，得

96

到图 3-46 所示的波形。由示波器可以看出，输出波形幅值是输入波形的 -10 倍。图 3-47 所示为同相比例放大电路，输出电压 $U_{\text{o}} = \left(1 + \dfrac{R_2}{R_1}\right) U_{\text{i}}$，将输入、输出电压接入示波器，得到图 3-48 所示的波形。由示波器可以看出，输出波形幅值是输入波形的 11 倍。

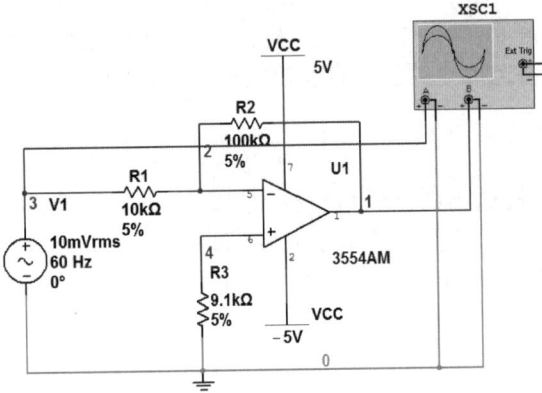

图 3-45　反相比例放大电路

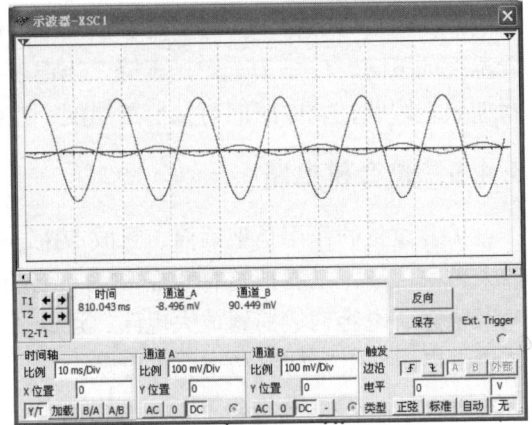

图 3-46　反相比例放大电路输入、输出波形

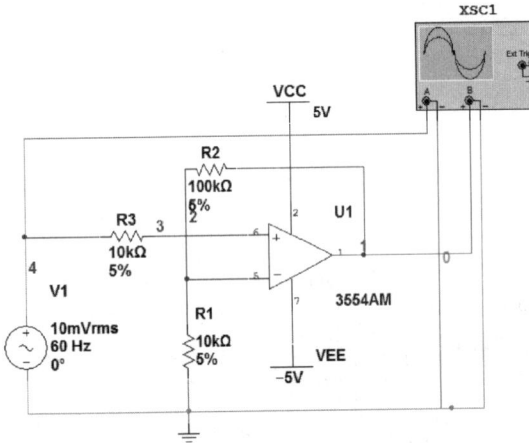

图 3-47　同相比例放大电路

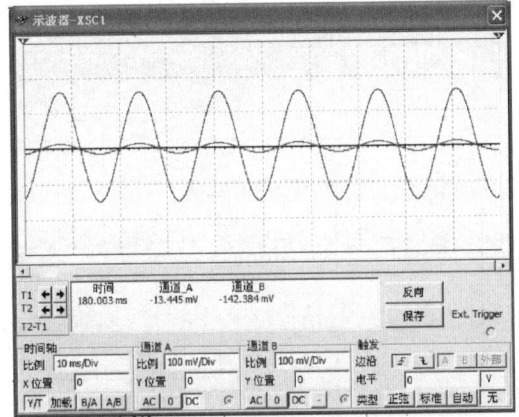

图 3-48　同相比例放大电路输入、输出波形

2. 加法运算电路

如图 3-49 所示，为同相加法运算电路。在此电路中，两个输入信号都是直流电压，分别是 100mV 和 200mV，在输出端接直流电压表，得到数值为 301mV，为两输入信号相加所得。同样是此运算电路，但改变其输入信号，加入一个直流信号、一个交流信号，如图 3-50 所示。在输出

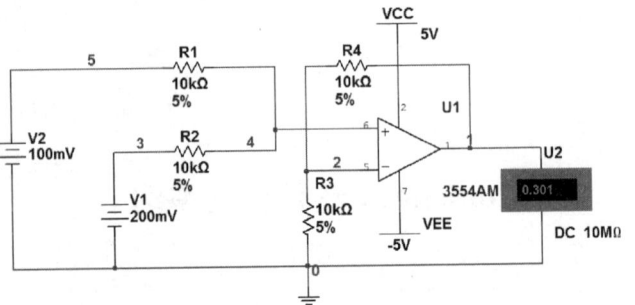

图 3-49　同相加法运算电路（加两个直流源）

端接入示波器，得到输出电压波形如图 3-51 所示，由图可以看出，输出波形为直流成分与交流成分的叠加所得。

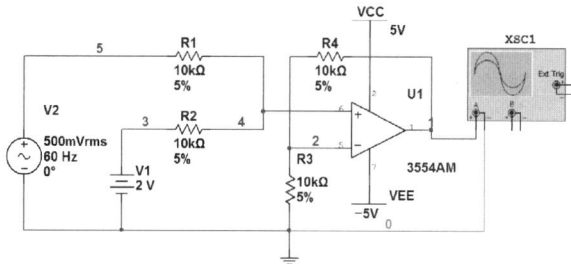

图 3-50 同相加法运算电路
（加一个直流电源、一个交流电源）

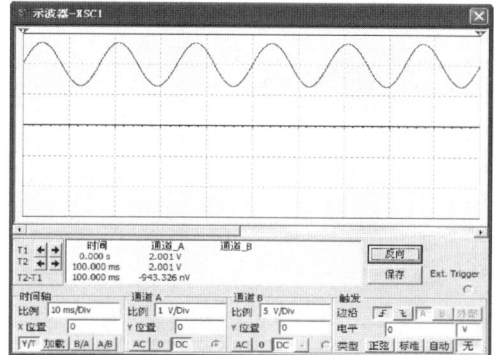

图 3-51 图 3-50 所示电路的输出电压波形

同理，也可实现加减运算电路，如图 3-52 所示。在图 3-52 中，同相端加入 30mV、50mV 两个直流信号，反相端加入 40mV、20mV 两个直流信号，得到输出值为 0.021V（21 mV）的输出信号。

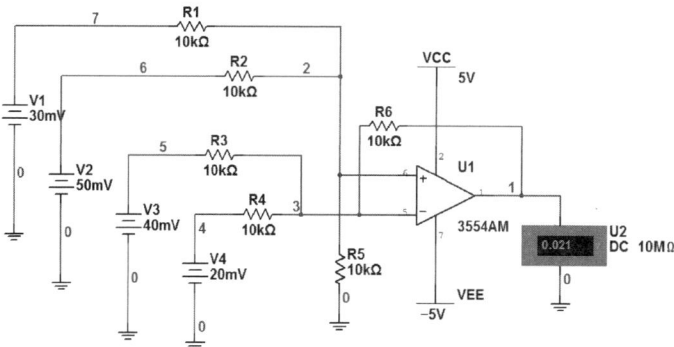

图 3-52 加减运算电路

3. 积分运算电路

如图 3-53 所示为积分运算电路，给入信号为 5V、1kHz 的输入信号，利用示波器，可以

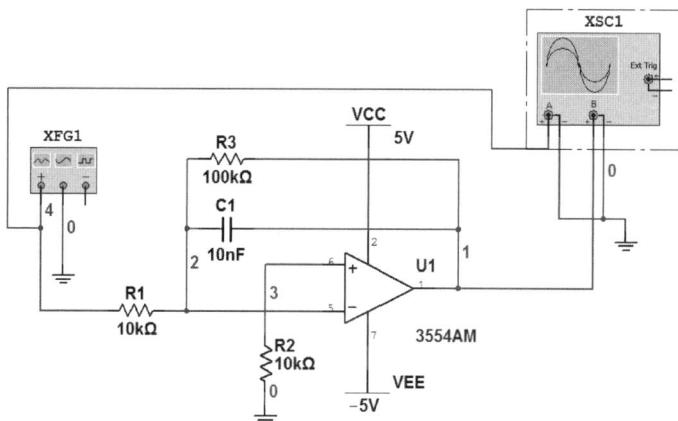

图 3-53 积分运算电路

观察到输出信号波形的相位比输入信号超前 90°, 如图 3-54 所示。将输入信号换为矩形波, 关闭电源再重新开启, 则输出波形变成三角波, 如图 3-55 所示, 从而证明输出信号为输入信号的积分。

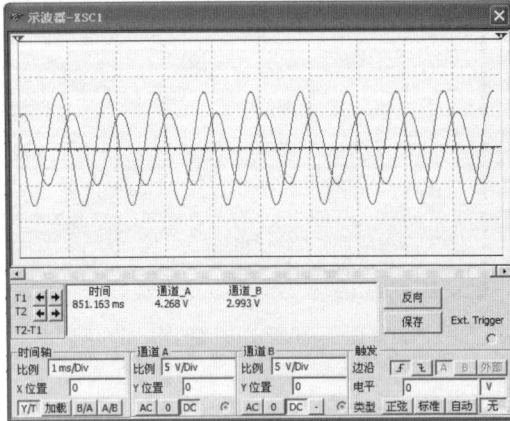

图 3-54　输出波形相位超前输入波形 90°

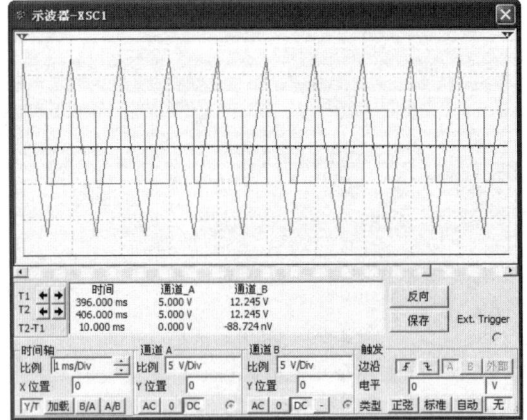

图 3-55　积分运算电路输入方波输出三角波

本 章 小 结

1. 集成运算放大器是以双端为输入、单端对地为输出的直接耦合型高增益放大器, 通常由输入级、中间级、输出级和偏置电路四部分组成。对于由双极型晶体管组成的集成运放, 输入级多用差分放大电路, 中间级为共射电路, 输出级多用互补输出级, 偏置电路是多路电流源电路。

2. 在集成运放输入与输出之间接入不同的反馈网络, 可组成不同用途的实用电路, 利用集成运算放大器可非常方便地完成信号运算（比例、加、减、积分、微分、对数、指数运算等）、信号处理（滤波、调制）以及波形的产生和变换等。

3. 电压比较器是集成运算放大器非线性应用的一种电路, 工作于电压传输特性的饱和区。电压比较器常用于非正弦波形变换电路及模拟电路与数字电路的接口。电压比较器分为单门限电压比较器和迟滞比较器, 单门限电压比较器电路结构简单、灵敏度高, 但其抗干扰能力差; 迟滞比较器是一种具有迟滞回环传输特性的比较器, 它的灵敏度较单门限电压比较器低, 但抗干扰能力大大提高了。

4. 使用集成运放时应注意调零、频率补偿和必要的保护措施。目前多数产品内部有补偿电容, 部分产品内部有稳零措施。

练习与思考

1. 集成运算放大器电路一般由几部分电路组成? 每部分电路的作用各是什么?

2. 若使理想集成运算放大器工作于线性区, 电路应采用什么接法? 为什么?

3. 理想集成运算放大器工作于饱和区时, 是否还具有虚短与虚断的特性? 为什么?

4. 如何组成同相加法运算电路? 并推导其输出电压与输入电压的运算关系式。

5. 怎样组成比例-微分运算电路? 并推导其输出电压与输入电压的运算关系式。

6. 在上述基本运算电路中, 哪些电路存在虚地?

7. 在单门限电压比较器中, 若将输入电压加在同相输入端, 参考电压加在反相输入端, 试画出其电压传输特性。

8. 在过零比较器电路中, 若想将输出电压稳定在 U_Z 或 $-U_Z$, 应怎样改进电路?

习　　题

3-1　试计算图 3-56 中输出电压 u_o 的值。

3-2　利用反相比例运算电路设计一个满足 $u_o = -0.5u_i$ 的电路。

3-3　电路如图 3-57 所示，集成运算放大器输出电压的最大幅值为 $\pm 12\text{V}$，试求当 u_i 为 0.6V、1V、2.5V 时 u_o 的值。

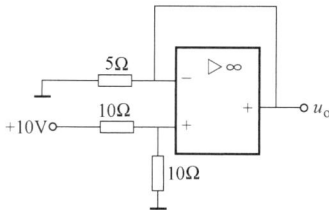

图 3-56　习题 3-1 的图

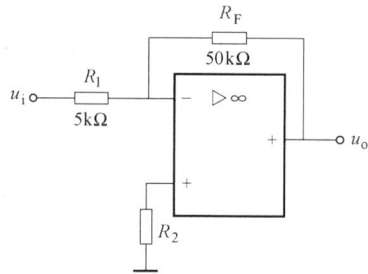

图 3-57　习题 3-3 的图

3-4　在图 3-58 中，$R_1 = 10\text{k}\Omega$，$R_3 = 100\text{k}\Omega$，$R_{F1} = 100\text{k}\Omega$，$R_{F2} = 500\text{k}\Omega$，设输入电压已知，求输出电压 u_o 与输入电压 u_i 的关系。

3-5　试求图 3-59 所示电路输出电压与输入电压的运算关系式。

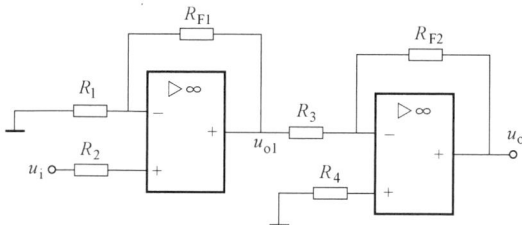

图 3-58　习题 3-4 的图

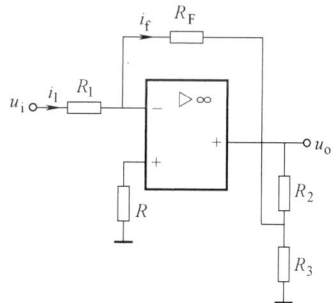

图 3-59　习题 3-5 的图

3-6　在图 3-60 所示的同相比例运算电路中，已知 $R_1 = 1\text{k}\Omega$，$R_2 = 2\text{k}\Omega$，$R_3 = 10\text{k}\Omega$，$R_F = 5\text{k}\Omega$，$u_i = 1\text{V}$，求 u_o。

3-7　电路如图 3-61 所示，已知 $u_o = -11u_i$，试求 R_5 的值。

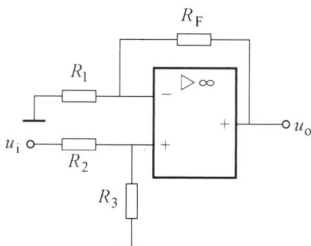

图 3-60　习题 3-6 的图

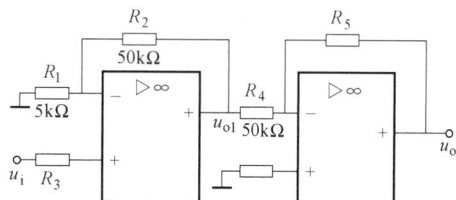

图 3-61　习题 3-7 的图

3-8　试用集成运算放大器实现运算 $u_o = 0.5u_i$。

3-9　图 3-62 电路中的输出电压 $u_o = -2u_{i1} - u_{i2}$，已知 $R_F = 5\text{k}\Omega$，求 R_1 和 R_2 的值。

3-10 试求图 3-63 中输出电压 u_o 与输入电压 u_{i1} 和 u_{i2} 的运算关系式。

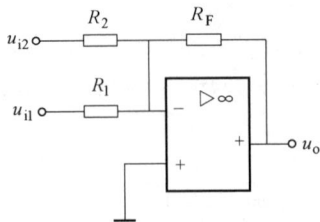

图 3-62 习题 3-9 的图

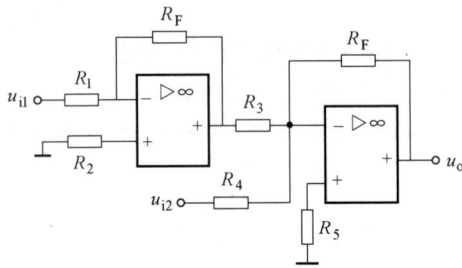

图 3-63 习题 3-10 的图

3-11 电路如图 3-64 所示，运放理想，试求 u_{o1}、u_{o2} 和 u_o 的值。

3-12 求图 3-65 所示电路中的电压放大倍数 $A_{uf} = \dfrac{u_o}{u_i}$。

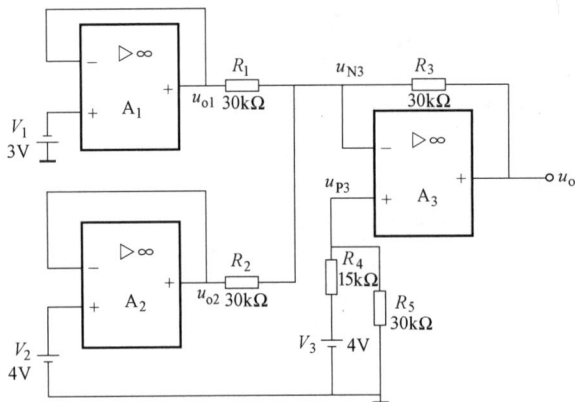

图 3-64 习题 3-11 的图

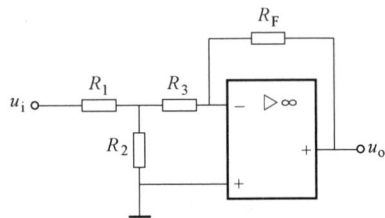

图 3-65 习题 3-12 的图

3-13 在图 3-66 中，试证明 $u_o = -\dfrac{R_4}{R_3}u_{i1} + \left(1 + \dfrac{R_4}{R_3}\right)u_{i2}$。

3-14 在图 3-67 中，已知稳压管工作在稳压状态，试求负载电阻 R_L 中的电流 I。

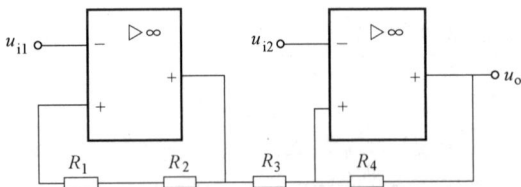

图 3-66 习题 3-13 的图

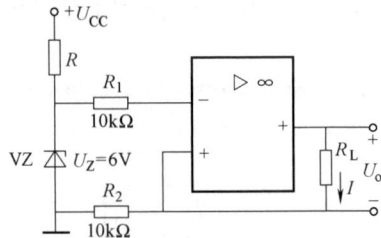

图 3-67 习题 3-14 的图

第 4 章　直流稳压电源

在工农业生产和科学实验中所使用的电能，绝大部分采用电网提供的交流电。交流电具有易于产生、传送、变换，使用方便，价格低廉等优点。但是在有些场合，如直流电机、蓄电池的充电、电解和电镀等，都需要采用直流电源。电子设备以及自动控制装置中的电子电路也需要电压非常稳定的直流电源。为了获得直流电，除了采用直流发电机直接产生直流电外，广泛采用的是变交流为直流的方法，即采用具有单向导电性的半导体器件将交流电变换为直流电。图 4-1 是小功率直流稳压电源的原理框图，它表示将交流电变换为直流电的过程，变换过程由变压、整流、滤波和稳压四个部分构成。各环节的功能如下。

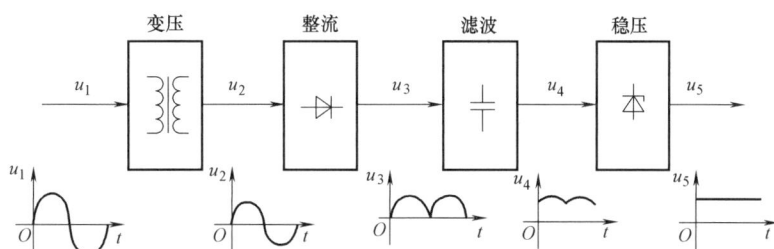

图 4-1　小功率直流稳压电源的原理框图

变压：将电网提供的交流电源（220V 或 380V）变为符合整流所需要的交流电压。

整流：利用整流元件（如整流二极管、晶闸管等）具有的单向导电性能，将交流电压变为单向脉动直流电压，单向脉动直流电压是非正弦周期波形，其中含有直流成分和各种谐波的交流成分。

滤波：利用电容或电感滤除单向脉动直流电压中的交流成分，保留直流成分，减小整流电压的脉动程度。

稳压：在电网电压波动或负载变化时，稳压电路的调节作用能够使输出电压稳定。对直流电压稳压程度要求较低的电路中，稳压电路可以省略。

4.1　整流电路

整流电路（Rectifier Circuit）的任务是将交流电变换成直流电。完成这一任务主要是靠二极管的单向导电作用，因此二极管是构成整流电路的核心元件。整流电路按输入电源相数可分为单相整流电路和三相整流电路，按输出波形又可分为半波整流电路、全波整流电路和桥式整流电路等。目前广泛使用的是桥式整流电路。为简单起见，分析整流电路时把二极管当作理想元件来处理，即认为二极管的正向导通电阻为零，而反向电阻为无穷大。

4.1.1　单相半波整流电路

单相半波整流电路如图 4-2a 所示。它由整流变压器、二极管整流元件 VD 及负载电阻

R_L组成。设整流变压器二次侧的电压为

$$u = \sqrt{2}\,U\sin\omega t$$

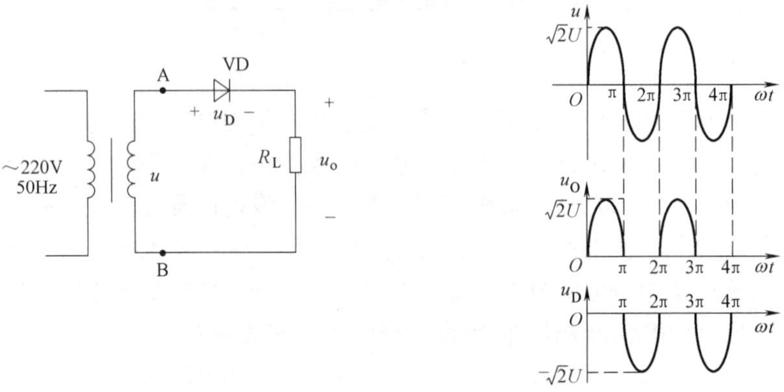

a) 单相半波整流电路

b) 单相半波整流电路的输入、输出电压波形

图 4-2　单相半波整流电路及其输入、输出电压波形

由于二极管 VD 具有单向导电性，只有当它的阳极电位高于阴极电位时才能导通。当 u 为正半周时，A 点电位高于 B 点电位，二极管 VD 因承受正向电压而导通，此时有电流流过负载，并且和二极管上的电流相等。忽略二极管的电压降，则负载两端的输出电压等于变压器二次电压，即 $u_o = u$。

当 u 为负半周时，A 点电位低于 B 点电位，二极管 VD 因承受反向电压截止。此时负载上无电流流过，输出电压 $u_o = 0$，变压器二次电压 u 全部加在二极管 VD 上。

由上述分析可得图 4-2b 所示的变压器二次电压 u、输出电压 u_o 和二极管两端电压 u_D 的电压波形。在负载电阻 R_L 上得到的是半波整流电压 u_o，该电压是单方向脉动的，其大小是变化的。这种所谓的单向脉动电压，常用一个周期的平均值来说明它的大小。单向半波整流电压的平均值为

$$U_O = \frac{1}{2\pi}\int_0^\pi \sqrt{2}\,U\sin\omega t\,\mathrm{d}(\omega t) = \frac{\sqrt{2}}{\pi}U = 0.45U \tag{4-1}$$

流过负载电阻 R_L 的电流平均值为

$$I_O = \frac{U_O}{R_L} = 0.45\frac{U}{R_L} \tag{4-2}$$

整流二极管的电流平均值就是流经负载电阻 R_L 的电流平均值，即

$$I_D = I_O = 0.45\frac{U}{R_L} \tag{4-3}$$

二极管截止时承受的最高反向电压就是整流变压器二次交流电压 u 的最大值，即

$$U_{DRM} = U_m = \sqrt{2}\,U \tag{4-4}$$

根据 I_D 和 U_{DRM} 可以选择合适的整流二极管。

【例 4-1】　某单相半波整流电路如图 4-2a 所示。已知负载电阻 $R_L = 2000\Omega$，变压器二次电压 $U = 30\mathrm{V}$，试求 U_O、I_O、U_{DRM}，并选用二极管。

解：输出电压的平均值为

$$U_0 = 0.45U = 0.45 \times 30\text{V} = 13.5\text{V}$$

流过负载电阻 R_L 的电流平均值为

$$I_0 = \frac{U_0}{R_L} = \frac{13.5\text{V}}{2000\Omega} = 6.75\text{mA}$$

二极管承受的最高反向电压为

$$U_{DRM} = \sqrt{2}U = \sqrt{2} \times 30\text{V} = 42.42\text{V}$$

因此可选用 2AP6(12mA, 100V) 整流二极管，为了使用安全，二极管的反向工作峰值电压 U_{RWM} 要选得比 U_{DRM} 大一倍左右。

4.1.2 单相桥式整流电路

单相半波整流的缺点是只利用了电源电压的半个周期，同时整流电压的脉动较大。为了克服这些缺点，常采用全波整流电路，其中最常用的是单相桥式整流（Bridge Rectifier）电路，电路如图 4-3 所示。

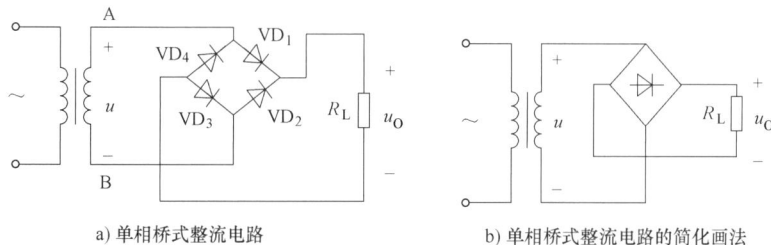

a) 单相桥式整流电路   b) 单相桥式整流电路的简化画法

图 4-3 单相桥式整流电路及其简化画法

在变压器二次电压 u 的正半周时，A 点电位高于 B 点，二极管 VD_1 和 VD_3 导通，VD_2 和 VD_4 截止，电流的通路是 A→VD_1→R_L→VD_3→B。这时，$u_0 = u$，负载电阻 R_L 上得到一个半波电压，如图 4-4 中 u_0 波形的 0~π 段所示。

在电压 u 的负半周时，B 点的电位高于 A 点。因此 VD_1 和 VD_3 截止，VD_2 和 VD_4 导通，电流的通路是 B→VD_2→R_L→VD_4→A。这时，$u_0 = -u$，在负载电阻上也得到一个半波电压，如图 4-4 中 u_0 波形的 π~2π 段所示。

可见，无论电压 u 是在正半周还是在负半周，负载电阻 R_L 上都有电流流过，因此在负载电阻 R_L 上得到单向脉动全波电压，其波形如图 4-4 所示。

显然，全波整流电路的整流电压的平均值比半波整流时增加了一倍，即

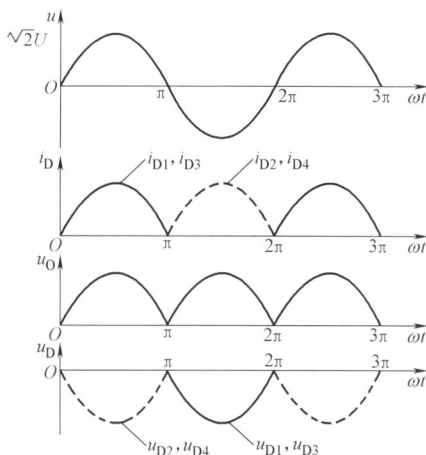

图 4-4 单相桥式整流电路的电压与电流波形

$$U_0 = \frac{1}{\pi}\int_0^\pi \sqrt{2}U\sin\omega t\,\text{d}(\omega t) = 2\frac{\sqrt{2}}{\pi}U = 2 \times 0.45U = 0.9U \tag{4-5}$$

流过负载电阻 R_L 的直流电流当然也增加了一倍，即

$$I_O = \frac{U_O}{R_L} = 0.9 \frac{U}{R_L} \tag{4-6}$$

每两个二极管串联导电半周，因此，每个二极管中流过的平均电流只有负载电流的一半，即

$$I_D = \frac{1}{2}I_O = 0.45 \frac{U}{R_L} \tag{4-7}$$

从图 4-4 中可以看出，在电压 u 的正半周时，二极管 VD_1 和 VD_3 导通，VD_2 和 VD_4 截止。此时 VD_2 和 VD_4 所承受到的最大反向电压均为 u 的最大值，即

$$U_{DRM} = U_m = \sqrt{2}\,U$$

同理，在电压 u 的负半周，VD_1 和 VD_3 也承受到同样大小的反向电压。

在选择桥式整流电路的整流二极管时，为了工作可靠，应使二极管的最大整流电流 $I_{OM} > I_D$，二极管的反向工作峰值电压 $U_{RWM} > U_{DRM}$。

【例 4-2】 在图 4-3 所示的电路中，已知变压器输出电压为 24V、输出电流为 1A 的直流电源，电路采用桥式整流，试确定变压器二次电压有效值，并选定相应的整流二极管。

解：变压器二次电压有效值为

$$U = \frac{U_O}{0.9} = \frac{24V}{0.9} = 26.7V$$

整流二极管承受的最高反向电压为

$$U_{DRM} = \sqrt{2}\,U = 37.6V$$

流过整流二极管的平均电流为

$$I_D = \frac{1}{2}I_O = 0.5A$$

因此，可以选用 4 只型号为 2CZ11A 的整流二极管，其最大整流电流为 1A，最高反向工作电压为 100V。

由于单相桥式整流电路应用普遍，现在已生产出集成硅桥堆，就是用集成技术将四个二极管（PN 结）集成在一个硅片上，引出四根线，如图 4-5 所示。

图 4-5 硅桥堆

4.2 滤波电路

整流电路可以将交流电转换为直流电，但脉动较大，在某些应用中，如电镀、蓄电池充电等可以直接使用脉动直流电源。但在大多数电子设备中，需要平稳的直流电源。这种电源中的整流电路后面还需要加滤波电路（Filter Circuit）将交流成分滤除，以得到比较平滑的输出电压。常见的滤波电路有电容滤波电路、电感滤波电路和 π 形复合滤波电路。

教学视频 4-1：
小功率整流
滤波电路

4.2.1　电容滤波电路

最简单的电容滤波（Capacitor Filter）电路是在整流电路的直流输出侧与负载电阻 R_L 并联一个电容 C，并利用电容在电源供给的电压升高时，能把部分能量存储起来，而当电源电压降低时，就把电场能量释放出来，使输出电压趋于平滑。电路如图 4-6 所示。

图 4-6　接有电容滤波器的单相半波整流电路

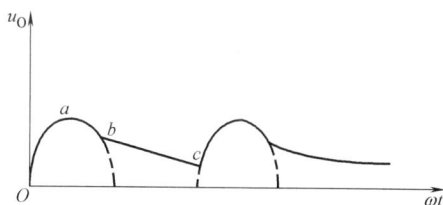

设变压器二次电压为

$$u = \sqrt{2}\,U\sin\omega t$$

从图 4-7 可以看出，在输出波形的 Oa 段，二极管 VD 导通，电源 u 在向负载 R_L 供电的同时又对电容 C 充电，如果忽略变压器的内阻抗及二极管正向电压降，电容电压 u_C（$u_O = u_C$）将随输入电压 u 按正弦规律上升至幅值 a 点；而后 u_C 随 u 下降至 b 点，过 b 点后，因正弦电压 u 的下降速度增大，而电容 C 经负载电阻 R_L 放电的时间常数($\tau = R_L C$) 较大，故 u_C 下降较慢，则 $u < u_C$，使二极管 VD 截止，而电容 C 经负载电阻 R_L 按指数规律放电；u_C

图 4-7　半波整流电容滤波电路的波形图

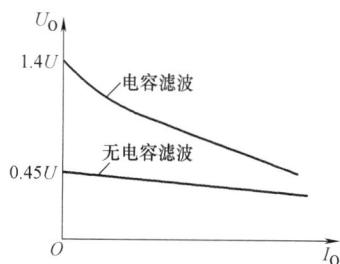

降至 c 点后，u 又大于 u_C，二极管又导通，电容 C 再次充电，这样一直循环，直至关掉电源。其波形如图 4-7 所示，可见输出电压的脉动大为减小，并且电压较高。在空载（$R_L = \infty$）和忽略二极管正向电压降的情况下，$U_O = \sqrt{2}\,U = 1.4U$，U 是图 4-6 中变压器二次电压的有效值。但是随着负载的增加(R_L 减小，I_O 增大)，放电时间常数($\tau = R_L C$) 减小，放电加快，U_O 也下降。

整流电路的输出电压 U_O 随输出电流 I_O 变化的关系称为整流电路的外特性或输出特性，如图 4-8 所示。由图可见，电容滤波电路的输出电压在负载变化时波动较大，说明它的带负载能力较差，只适用于负载较轻且变化不大的场合。一般常用如下经验公式估算电容滤波时的输出电压平均值，即

$$半波: U_O = U \tag{4-8}$$

$$全波: U_O = 1.2U \tag{4-9}$$

采用电容滤波时，输出电压的脉动程度与电容的放电时间常数($\tau = R_L C$) 有关，时间常数越大，脉动就越小。为了获得较平滑的输出电压，一般要求 $R_L \geqslant (10 \sim 15)\dfrac{1}{\omega C}$，即

图 4-8　电阻负载和电容滤波的单相
半波整流电路的外特性曲线

$$\tau = R_L C \geqslant (3 \sim 5)\frac{T}{2} \tag{4-10}$$

式中，T 为交流电压的周期；滤波电容 C 一般选择体积小、容量大的电解电容。

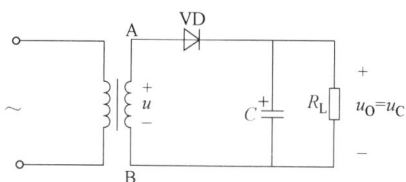

应注意，普通电解电容有正负极性，使用时正极必须接高电位端，如果接反则会造成电解电容的损坏。

加入滤波电容以后，二极管导通时间缩短，导通角小于180°，且在短时间内承受较大的冲击电流 (i_c+i_0)，容易使二极管损坏。为了保证二极管的安全，选管时应放宽裕量。至于二极管截止时所承受的最高反向电压 U_{DRM}，见表4-1。

表 4-1 截止二极管上的最高反向电压 U_{DRM}

电　路	无电容滤波	有电容滤波
单相半波整流	$\sqrt{2}U$	$2\sqrt{2}U$
单相桥式整流	$\sqrt{2}U$	$\sqrt{2}U$

对单相半波带有电容滤波的整流电路而言，当负载端开路时，$U_{DRM}=2\sqrt{2}U$（最高）。因为在交流电压的正半周时，电容上的电压充到等于交流电压的最大值 $\sqrt{2}U$，由于开路，不能放电，这个电压维持不变；而在负半周的最大值时，截止二极管上所承受的反向电压为交流电压的最大值 $\sqrt{2}U$ 与电容上电压 $\sqrt{2}U$ 之和，即等于 $2\sqrt{2}U$。

对于单相桥式整流电路而言，有电容滤波后，不影响 U_{DRM}。

滤波电容的数值一般在几十微法到几千微法，视负载电流的大小而定，其耐压应大于输出电压的最大值，通常采用极性电容。

【例4-3】 单相桥式整流电容滤波电路如图4-9所示。已知220V交流电源频率 $f=50Hz$，要求直流电压 $U_0=30V$，负载电流 $I_0=50mA$。试求电源变压器二次电压 u 的有效值，选择整流二极管及滤波电容。

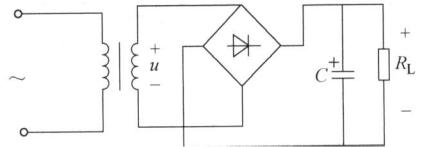

图 4-9 例4-3的图

解：

（1）变压器二次电压有效值

由式（4-9），取 $U_0=1.2U$，则

$$U=\frac{30}{1.2}V=25V$$

（2）选择整流二极管

流经二极管的平均电流为

$$I_D=\frac{1}{2}I_0=\frac{1}{2}\times 50mA=25mA$$

二极管承受的最大反向电压为

$$U_{DRM}=\sqrt{2}U=35V$$

因此，可选用2CZ51D整流二极管（其允许最大电流 $I_0=50mA$，最大反向电压 $U_{DRM}=100V$），也可选用硅桥堆QL-1型（$I_0=50mA$，$U_{DRM}=100V$）。

（3）选择滤波电容

负载电阻

$$R_L = \frac{U_O}{I_O} = \frac{30}{50}\text{k}\Omega = 0.6\ \text{k}\Omega$$

由式（4-10），取

$$\tau = R_L C = 4 \times \frac{T}{2} = 2T = 2 \times \frac{1}{50}\text{s} = 0.04\text{s}$$

由此得滤波电容

$$C = \frac{0.04\text{s}}{R_L} = \frac{0.04\text{s}}{600\Omega} = 66.6\mu\text{F}$$

若考虑电网电压波动±10%，则电容承受的最高电压为

$$U_{CM} = \sqrt{2}\,U \times 1.1 = (1.4 \times 25 \times 1.1)\text{V} = 38.5\text{V}$$

因此选用标称值为 $68\mu\text{F}/50\text{V}$ 的电解电容。

4.2.2　电感滤波电路

在单相桥式整流电路的输出端与负载电阻 R_L 之间串联一个电压量较大的铁心线圈 L，便构成桥式整流电感滤波（Inductance Filter）电路，如图 4-10 所示。交流电压 u 经全波整流后变成脉动直流电压，其中既含有各次谐波的交流分量，又含有直流分量。电感 L 的感抗 $X_L = \omega L$，对于直流分量，$X_L = 0$，电感相当于短路，所以直流分量基本上降在电阻 R_L 上；对于交流分量，谐波频率越高，感抗越大，因而交流分量大部分降在电感 L 上。这样，在输出端即可得到较平滑的电压波形。

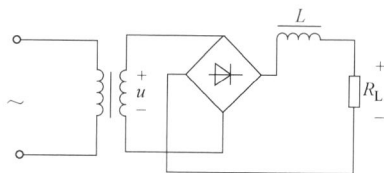

图 4-10　电感滤波电路

与电容滤波相比，电感滤波的特点是：

1）二极管的导电角较大（大于180°，是因为电感 L 的反电动势使二极管导电角增大），峰值电流很小，输出特性较平坦。

2）输出电压没有电容滤波的高。当忽略电感线圈的电阻时，输出的直流电压与不加电感时一样，为 $U_O = 0.9U$。负载改变时，对输出电压的影响也较小。因此，电感滤波适用于负载电压较低、电流较大以及负载变化较大的场合。它的缺点是制作复杂、体积大、笨重，且存在电磁干扰。

4.2.3　π形复合滤波电路

为了减小输出电压的脉动程度，可以在电容和电感的基础上再改进，再并联一个滤波电容 C_1（见图 4-11），它的滤波效果比 LC 滤波器更好，但整流二极管的冲击电流较大。

由于电感线圈的体积大而笨重，成本又高，所以有时候用电阻来代替 π 形滤波器中的电感线圈，这样便构成了 π 形 RC 滤波器，如图 4-12 所示。电阻对于交、直流电流都有同样的降压作用，但是当它和电容配合之后，就使脉动电压的交流分量较多地降落在电阻两端（因为电容 C_2 的交流阻抗甚小），而较少地降落在负载上，从而起到了滤波作用。R 越大，C_2 越大，滤波效果越好。但 R 太大，将使直流电压降增加，所以这种滤波电路主要适用于负载电流较小而又要求输出电压脉动很小的场合。

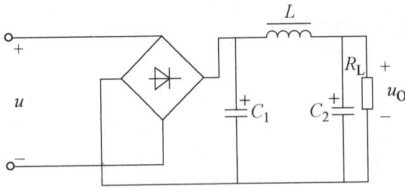

图 4-11　π 形 *LC* 滤波电路

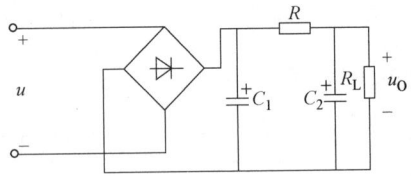

图 4-12　π 形 *RC* 滤波电路

4.3　直流稳压电源

大多数电子设备和微机系统都需要稳定的直流电压，但交流电经过变压、整流和滤波后，得到的直流电压往往受交流电源波动和负载变化的影响，稳压性能较差。电压的不稳定有时会产生测量和计算的误差，引起控制装置的工作不稳定，甚至根本无法正常工作。

4.3.1　稳压管稳压电路

图 4-13　稳压二极管组成的稳压电路

由稳压二极管 VZ 和限流电阻 R 所组成的稳压电路是一种最简单的直流稳压电源，如图 4-13 所示。其输入电压 U_I 是整流滤波后的电压，输出电压 U_O 就是稳压管的稳定电压 U_Z，R_L 是负载电阻。

从稳压管稳压电路得到两个基本关系式：

$$U_I = U_R + U_O \tag{4-11}$$
$$I_R = I_Z + I_O \tag{4-12}$$

对任何稳压电路都应从两个方面考察其稳压特性，一是设电网电压波动，研究其输出电压是否稳定；二是设负载变化，研究其输出电压是否稳定。

在图 4-13 所示的稳压电路中，当电网电压升高时，稳压电路的输入电压 U_I 随之增大，输出电压 U_O 也随之增大；但是，因为 $U_O = U_Z$，U_Z 也增大，U_Z 的增大使 I_Z 急剧增大；显然，根据式（4-12），I_R 必然随着 I_Z 增大而增大，U_R 会同时随着 I_R 增大而增大；根据式（4-11）不难理解，U_R 的增大必将使输出电压 U_O 减小。因此，只要参数选择合适，R 上的电压增量就可以与 U_I 的增量近似相等，从而使 U_O 基本不变。上述过程可简单描述如下：

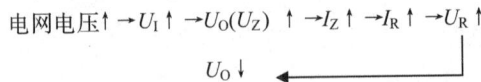

电网电压↑ → U_I↑ → $U_O(U_Z)$↑ → I_Z↑ → I_R↑ → U_R↑

U_O↓ ←

当电网电压下降时，各电量的变化与上述过程相反，U_R 的变化补偿了 U_I 的变化，以保证 U_O 基本不变。

如果电源电压保持不变，负载变化导致负载电流 I_O 增大时，I_R 将增大，U_R 会同时随着 I_R 增大而增大，使输出电压 U_O 减小。只要 U_O 下降一点，I_Z 就会急剧减小，I_R 将减小，U_R 也将减小，使输出电压 U_O 趋近原来的值不变。

综上所述，在稳压二极管所组成的稳压电路中，利用稳压管所起的电流调节作用，通过限流电阻 R 上电压或电流的变化进行补偿，来达到稳压的目的。限流电阻 R 是必不可少的元件，它既限制稳压管中的电流使其正常工作，又与稳压管相配合以达到稳压的目的。一般

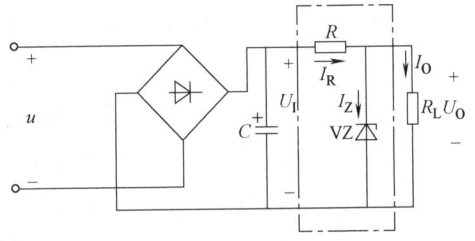

情况下，选择稳压二极管时，应满足以下条件：

$$U_Z = U_O$$
$$I_{ZM} = (1.5 \sim 5)I_{OM}$$
$$U_I = (2 \sim 3)U_O$$

【例 4-4】 有一稳压二极管稳压电路，如图 4-13 所示。负载电阻 R_L 由开路变到 $3k\Omega$，交流电压经整流滤波后得出 $U_I = 30V$。今要求输出直流电压 $U_O = 12V$，试选择稳压二极管 VZ。

解： 根据输出电压 $U_O = 12V$ 的要求，负载电流最大值为

$$I_{OM} = \frac{U_O}{R_L} = \frac{12}{3 \times 10^3}A = 4mA$$

选择稳压二极管 2CW60，其稳定电压 $U_Z = (11.5 \sim 12.5)V$，稳定电流 $I_Z = 5mA$，最大稳定电流 $I_{Zmax} = 19mA$。

4.3.2　串联型稳压电路

稳压管稳压电路输出电流较小，输出电压不可调，且稳定性不够理想，不能满足很多场合下的应用。串联型稳压电路以稳压管稳压电路为基础，利用晶体管的电流放大作用，增大负载电流，在电路中引入深度电压负反馈使输出电压稳定，并且通过改变反馈网络参数使输出电压可调。

串联型线性稳压电路的基本原理图如图 4-14 所示，整个电路由四部分组成。

1）取样环节：由 R_1、R_2 组成的分压电路构成，它将输出电压 U_O 分出一部分作为取样电压 U_F，送到比较放大环节。

2）基准电压：由稳压二极管 VZ 和电阻 R 构成的稳压电路提供一个稳定的基准电压 U_Z，作为调整、比较的标准。

3）比较放大电路：由运放构成，其作用是将基准电压 U_Z 与取样电压 U_F 之差经放大后去控制调整管 VT。

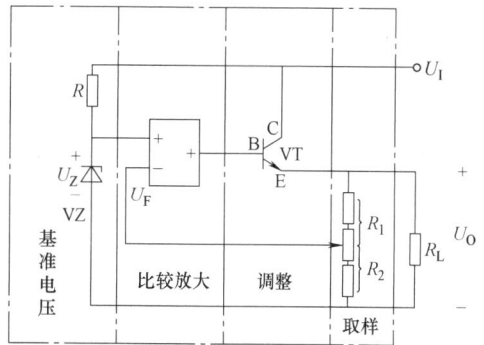

图 4-14　串联型线性稳压电路的基本原理

4）调整环节：由工作在线性放大区的晶体管 VT 构成，VT 的基极电流 I_B 受比较放大电路输出的控制，它的改变又可使集电极电流 I_C 和集电极-发射极电压 U_{CE} 发生变化，从而达到自动调整并稳定输出电压的目的。

由图 4-14 可见

$$U_- = U_F = \frac{R_2}{R_1 + R_2}U_O$$

当电源电压或负载电阻的变化引起输出电压 U_O 升高时，U_F 也就升高。而集成运放的输出电压也就是晶体管基极 B 的输入电压 U_B，等于集成运放的开环增益 A_{uo} 乘以 $(U_+ - U_-)$，即

$$U_B = A_{uo}(U_+ - U_-)$$

可见 U_B 会随着减小。于是得出如下稳压过程：

$$U_O\uparrow \to U_F\uparrow \to U_B\downarrow \to I_C\downarrow \to U_{CE}\uparrow$$
$$U_O\downarrow \longleftarrow$$

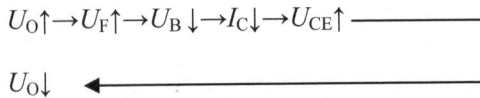

使 U_O 保持稳定。当输出电压降低时，其稳压过程相反。

从上述调整过程可以看出，该电路是依靠电压负反馈来稳定输出电压的。也就是输出电压的变化量经运算放大后去调整晶体管的管压降 U_{CE}，从而达到稳定输出电压的目的。所以通常称晶体管 VT 为调整管。反馈电压 U_F 取样于输出电压 U_O，U_F 和基准电压 U_Z 又分别加在运算放大器的两个输入端，可见图 4-14 中引入的是串联电压负反馈，故称为串联型稳压电路。

改变电位器就可调节输出电压。根据同相比例运算电路可知

$$U_O \approx U_B = \left(1+\frac{R_1}{R_2}\right)U_Z \tag{4-13}$$

4.3.3 集成稳压电源

在图 4-14 所示的串联型稳压电路的基础上，增加一些过电流保护等环节，并将电路中的各种元器件集成在同一硅片上，并加上外壳封装，即为使用较为广泛的固定输出三端集成稳压器，它具有体积小、可靠性高、性能技术指标好、使用简单灵活及价格便宜等优点，应用日益广泛。集成稳压器的常见封装及实物图如图 4-15 所示。

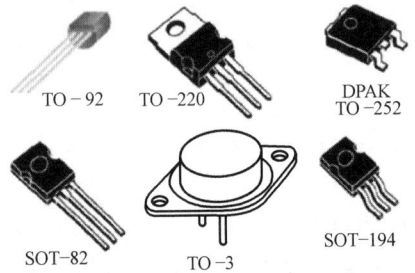

图 4-15　集成稳压器的常见封装及实物图

三端集成稳压器仅有输入端、输出端和公共端三个接线端子。这里主要讨论 W78×× 系列（输出正电压）和 W79×× 系列（输出负电压）稳压器的使用。它们的框图如图 4-16a 所示。使用时只需在其输入端和输出端与公共端之间各并联一个电容即可。C_i 用以抵消输入端较长接线的电压效应，防止产生自激振荡，接线不长时也可不用。C_o 是为了瞬时增减负载电流时不致引起输出电压有较大的波动。C_i 一般在 $0.1 \sim 1\mu F$ 之间，如 $0.33\mu F$；C_o 可用 $1\mu F$。接线图如图 4-16b 所示。W78×× 系列输出固定的正电压有 5V、8V、12V、15V、18V、24V 多种。例如，W7815 的输出电压为 15V；最高输入电压为 35V；最小输入、输出电压差为

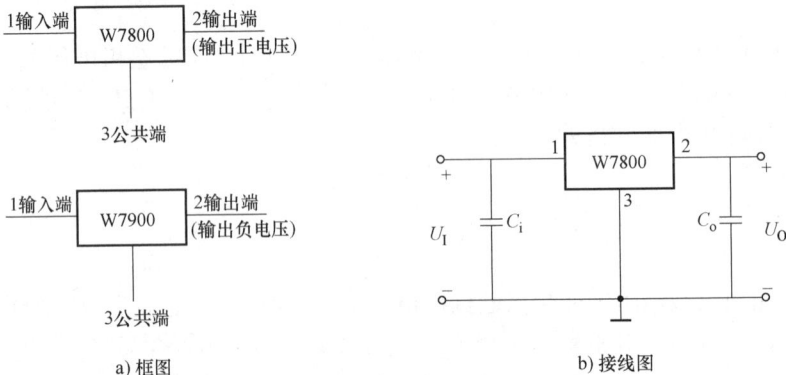

a) 框图

b) 接线图

图 4-16　三端集成稳压器的框图及接线图

2~3V；最大输出电流为 2.2A；输出电阻为 0.03~0.15Ω；电压变化率为 0.1%~0.2%。W79×× 系列输出固定的负电压，其参数与 W78×× 基本相同。使用时三端稳压器接在整流滤波电路之后。下面介绍几种三端集成稳压器的应用电路。

（1）输出正、负电压的电路

将 W78×× 系列和 W79×× 系列稳压器组成图 4-17 所示的电路，可以输出正、负电压。

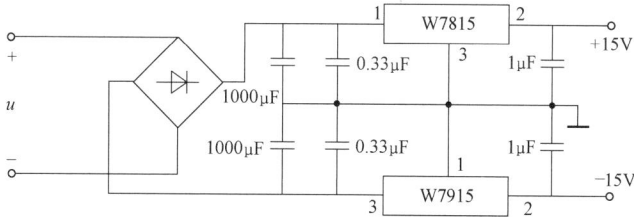

图 4-17　可输出正、负电压的稳压电路

（2）提高输出电压的电路

当负载所需电压高于现有三端稳压器的输出电压时，可采用升压电路来提高输出电压，其电路如图 4-18 所示。显然，电路的输出电压 U_O 高于 W7800 的固定输出电压 $U_{××}$，即 $U_O = U_{××} + U_Z$。

（3）扩大输出电流的电路

当电路所需电流大于 1~2A 时，可采用外接功率管 VT 的方法来扩大输出电流。在图 4-19 中，I_2 为稳压器的输出电流，I_C 是功率管的集电极电流，I_R 是电阻 R 上的电流。一般 I_3 很小，可忽略不计，则可得出式（4-14）的关系式，式中，β 是功率管的电流放大系数。设 $\beta = 10$，$U_{BE} = -0.3V$，$R = 0.5\Omega$，$I_2 = 1A$，则可算出 $I_C = 4A$。可见输出电流 $I_O = I_2 + I_C$，它比 I_2 扩大了。图中的电阻 R 的阻值要使功率管只能在输出电流较大时才导通。

$$I_2 \approx I_1 = I_R + I_B = -\frac{U_{BE}}{R} + \frac{I_C}{\beta} \tag{4-14}$$

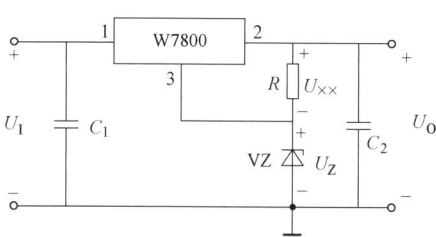

图 4-18　提高输出电压的电路

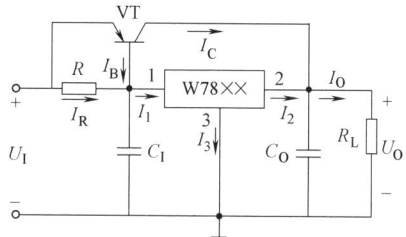

图 4-19　提高输出电流的电路

4.4　应用实例

直流稳压电源与充电电源电路如图 4-20 所示，该电路包括整流电路、滤波电路稳压电路、慢充电路和快充电路。稳压电源正常工作时，LED_1 和 LED_2 两个发光二极管亮，拨动开关 S_1 可实现输出电压的转换，拨动 S_2 可实现极性的转换。当 LED_3 和 LED_4 两个发光二极管亮

时，表明充电电路工作正常。

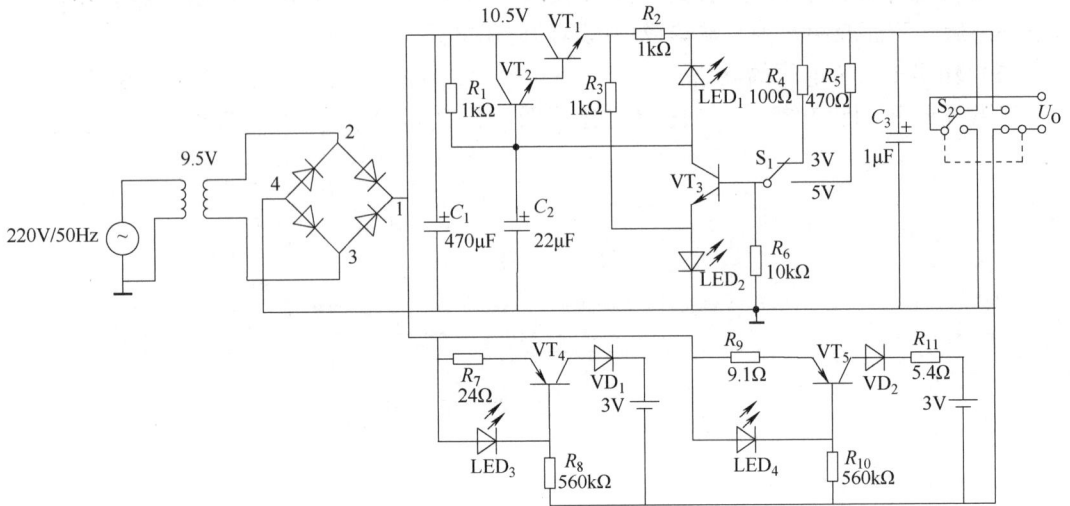

图 4-20　直流稳压电源与充电电源电路

4.5　Multisim14 软件仿真举例

1. 二极管桥式整流电路

二极管桥式整流实验电路如图 4-21 所示。当输入为 5V、1kHz 正弦波时，由于二极管的单向导电性，输出为单向脉动的直流，如图 4-22 所示。

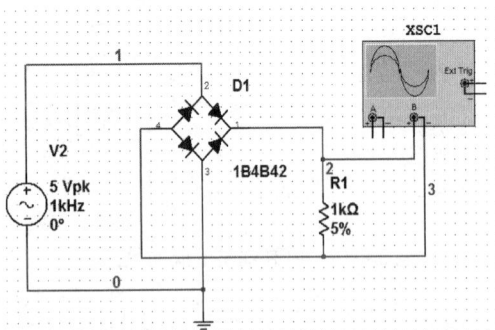

图 4-21　二极管桥式整流实验电路　　　　图 4-22　桥式整流电路输出波形

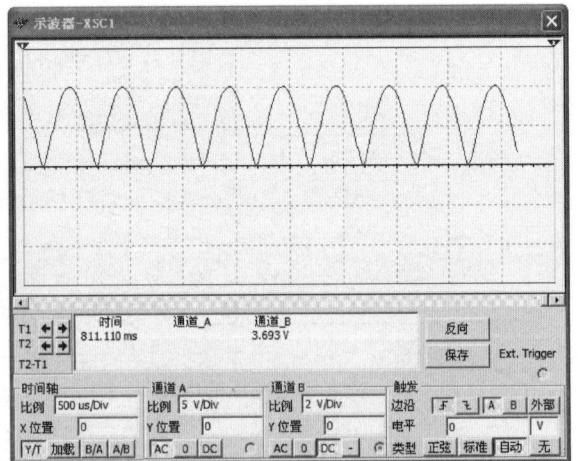

2. 三端集成稳压器应用电路

三端集成稳压器应用电路如图 4-23 所示，经 Multisim14 软件仿真，可测得输出端得到 5V 的直流电压。

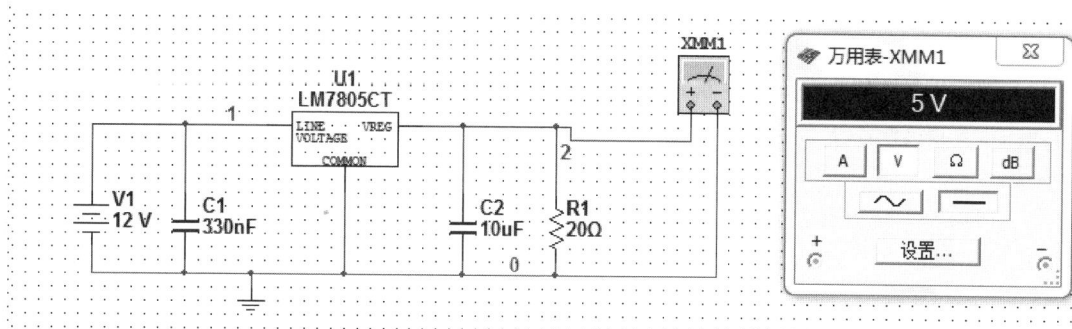

图 4-23 三端集成稳压器应用电路

本 章 小 结

1. 小功率直流稳压电源将交流电变换为直流电的过程包括变压、整流、滤波和稳压四个部分。

2. 整流电路的任务是将交流电变换成直流电。整流电路按输入电源相数可分为单相整流电路和三相整流电路，按输出波形又可分为半波整流电路、全波整流电路和桥式整流电路等。目前广泛使用的是桥式整流电路。

3. 滤波是利用电容或电感滤除单向脉动直流电压中的交流成分，保留直流成分，减小整流电压的脉动程度。常见的滤波电路有电容滤波电路、电感滤波电路和 π 形复合滤波电路。

4. 稳压电路的调节作用能够使输出电压稳定。三端集成稳压器具有体积小、可靠性高、性能技术指标好、使用简单灵活及价格便宜等优点，应用日益广泛。其中最常见的是 78×× 系列和 79×× 系列。

练习与思考

1. 在图 4-3 所示的单相桥式整流电路中，如果：（1）VD_3 接反；（2）因过电压 VD_3 被击穿短路；（3）VD_3 断开，试分别说明其后果如何？

2. 整流二极管的反向电阻不够大，而正向电阻较大时，对整流效果会产生什么影响？

3. 如果要求某一单相桥式整流电路的输出直流电压 U_0 为 36V，直流电流 I_0 为 1.5A，试选用合适的二极管。

4. 在整流滤波电路中，采用滤波电路的主要目的是什么？就其结构而言，滤波电路有电容输入式和电感输入式两种，各有什么特点？各应用于何种场合？

5. 电路如图 4-9 所示，电路中 u 的有效值 $U = 20V$。（1）电路中 R_L 和 C 增大时，输出电压是增大还是减小？为什么？（2）若 C 断开时，$U_0 = ?$

6. 单相半波整流电路变压器二次电流的有效值 $I = 1.57I_0$，如果带电容滤波器后，是否仍有上述关系？

7. 设计一个稳压管稳压电路。已知 $U_0 = 12V$，负载电流的变化范围为 0~6mA，电网电压的波动范围为±10%。

8. 某稳压管稳压电路，如图 4-13 所示。负载电阻 R_L 由开路变到 2kΩ，交流电压经整流滤波后得出 $U_I = 40V$。若要求输出直流电压 $U_0 = 12V$，试选择稳压管，并确定 R 的值。

9. 试论述串联反馈式稳压电路的稳压原理。

习　题

4-1　在图 4-2a 所示的单相半波整流电路中，已知变压器二次电压的有效值 $U = 30V$，负载电阻 $R_L = 100Ω$，试问：（1）输出电压和输出电流的平均值 U_0 和 I_0 各为多少？（2）若电源电压波动±10%，二极管承受的最高反向电压为多少？

4-2　若采用图 4-3 的单相桥式整流电路，试计算上题。

4-3 在如图 4-24 所示的整流电路中，已知变压器二次电压有效值 $U_2 = 10\text{V}$。（1）标出输出电压 U_{01}、U_{02} 的极性；（2）画出输出电压 U_{01}、U_{02} 的波形；（3）求出输出电压 U_{01}、U_{02} 的大小。

4-4 在图 4-25 所示的整流电路中，电路参数如图所示，试求：（1）负载电阻 R_{L1} 和 R_{L2} 上整流电压的平均值，并标出极性；（2）二极管 VD_1、VD_2、VD_3 中的电流平均值以及各管承受的最高反向电压。

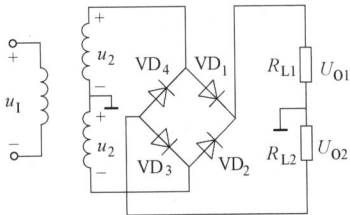

图 4-24 习题 4-3 的图

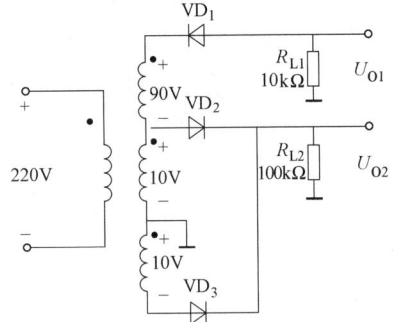

图 4-25 习题 4-4 的图

4-5 若有一电压为 110V，电阻为 55Ω 的直流负载，采用单相桥式整流电路（不带滤波器）供电，试求变压器二次电压和电流的有效值，并选用二极管。

4-6 试设计一个桥式整流电容滤波电路，其输入交流电源电压 $U_1 = 220\text{V}$、频率 $f = 50\text{Hz}$，输出直流电压 $U_0 = 20\text{V}$，负载电阻 $R_L = 50\Omega$。要求：（1）计算二极管的电流平均值以及承受的最高反向电压；（2）计算滤波电容的容量及其耐压值。

4-7 图 4-26 所示的电路是二倍压整流电路，$U_0 = 2\sqrt{2}\,U$，试分析之，并标出 U_0 的极性。

4-8 在图 4-27 所示的电路中，已知 $u_2 = 20\sqrt{2}\sin\omega t(\text{V})$，$U_0 = 6\text{V}$，$R = 1.2\text{k}\Omega$，试求：（1）$S_1$ 打开、S_2 闭合时的 U_1 和 I_Z；（2）S_1 和 S_2 闭合时的 U_1 和 I_Z。

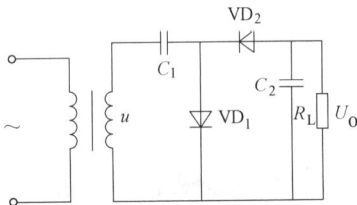

图 4-26 习题 4-7 的图

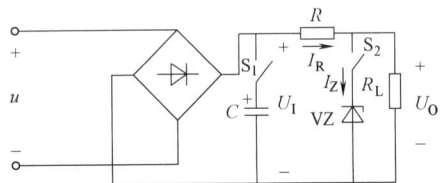

图 4-27 习题 4-8 的图

4-9 在图 4-28 所示的电路中，已知 $U_2 = 20\text{V}$，$R_1 = R_3 = 3.3\text{k}\Omega$，$R_2 = 5.1\text{k}\Omega$，$C = 1000\mu\text{F}$，试求输出电压 U_0 的范围。

4-10 在图 4-29 所示的电路中，已知 $R_1 = 500\Omega$，$R_2 = 1.5\text{k}\Omega$，$R_3 = R_4 = R_5 = 2.5\text{k}\Omega$，试求输出电压 U_0 的范围。

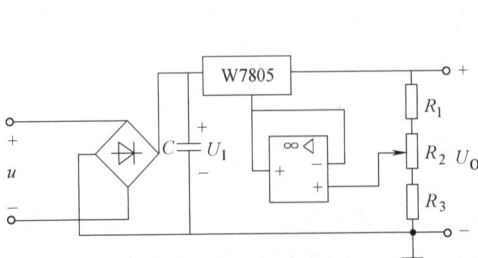

图 4-28 习题 4-9 的图

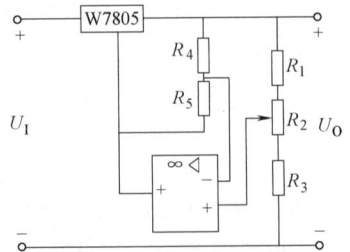

图 4-29 习题 4-10 的图

第2篇　数字电子技术

第5章　门电路与组合逻辑电路

前面各章介绍的电路都是模拟电路（Analog Circuit），其中的电信号在时间和幅值上是连续变化的模拟信号（Analog Signal）。从本章开始介绍数字电路（Digital Circuit），其中的电信号在时间和幅值上都是离散的数字信号（Digital Signal）。数字电路技术和模拟电路技术都是电子技术的重要基础。

本章先介绍数字电路和逻辑代数的基础知识，接着介绍由各种门电路组成的组合逻辑电路（Combination Logic Circuit）及其分析和设计方法。在此基础上，介绍几种常用集成组合逻辑电路的功能及其应用，最后介绍 Multisim14 软件仿真实例。

5.1　数字电路概述

5.1.1　数字技术的发展及其应用

电子技术是 20 世纪发展最迅速、应用最广泛的技术，已使工业、农业、科研、教育、金融、医疗、文化娱乐以及人们的日常生活发生了翻天覆地的变化。特别是数字电子技术，发展最为迅速，已成为当今电子技术的发展潮流。电子技术的发展是以电子器件的发展为基础的，从 20 世纪初的电子管，到 20 世纪 50 年代的晶体管，再到 20 世纪 60 年代的集成电路以及 20 世纪 70 年代的微处理器，电子技术发生了异常迅速的变化，其发展趋势是向系统集成、大规模、低功耗、高速度、可编程、可测试、多值化等方面发展。

数字技术的典型应用是电子计算机，计算机现在已成为各行各业离不开的应用工具，它是伴随着电子技术的发展而发展的。由于数字系统具有可靠性高、保密性强、信息易于存储、处理和传输等特点，数字技术在很多方面取代了传统的模拟技术，例如数字相机、数字电视等。但是无论数字技术如何发展，终将不能完全取代模拟技术，因为自然界中大多数的物理量是模拟的，数字技术不能直接接收模拟信号进行处理，也无法将处理后的信号直接送到外部物理世界。实际电子系统一般是模拟电路和数字电路的结合，它们之间是相辅相成的，发展数字技术的同时，也要重视模拟技术的发展。

5.1.2　数字信号和编码

电子电路中的信号可分为两类。一类是时间和幅值都是连续的信号，称为模拟信号，例如温度、速度、压力、磁场、电场等物理量通过传感器变成的电信号，模拟语音的音频信号和模拟图像的视频信号等。对模拟信号进行传输、处理的电子电路称为模拟电路，如放大电路、滤波器、信号发生器等。另一类是时间和幅值都是离散的（即不连续的）信号，称为数字信号。对数字信号进行传输、处理的电子电路称为数字电路，如数字电子钟、数字万用表、数字电子计算机等都是由数字电路组成的。在数字电路中所关注的是输出与输入之间的逻辑关系，而不像模拟电路中要研究输出与输入之间信号的大小、相位变化等。

在数字电路中采用只有 0、1 两种数值组成的数字信号。一个 0 或一个 1 通常称为 1bit（位），有时也将一个 0 或一个 1 的持续时间称为一拍。0 和 1 可以用电位的低和高来表示，也可以用脉冲信号（Pulse Signal）的无和有来表示。

数字电路中处理的信息除了数值信息外，还有文字、符号以及一些特定的操作（例如表示确认的回车操作）等。为了处理这些信息，必须将这些信息也用二进制数码来表示。这些特定的二进制数码称为这些信息的代码，这些代码的编制过程称为编码（Coding）。

在数字电子中，十进制数除了可转换为二进制数参加运算外，还可以直接用十进制数进行输入和运算。其方法是将十进制的 10 个数码分别用 4 位二进制代码表示，这种编码称为二—十进制编码（Binary Coded Decimal Coding），简称 BCD 码。BCD 码有很多种形式，常用的有 8421 码、余 3 码、余 3 循环码、2421 码、5421 码等，见表 5-1。

表 5-1　常用 BCD 码

十 进 制 数	8421 码	余 3 码	余 3 循环码	2421 码	5421 码
0	0000	0011	0010	0000	0000
1	0001	0100	0110	0001	0001
2	0010	0101	0111	0010	0010
3	0011	0110	0101	0011	0011
4	0100	0111	0100	0100	0100
5	0101	1000	1100	1011	1000
6	0110	1001	1101	1100	1001
7	0111	1010	1111	1101	1010
8	1000	1011	1110	1110	1011
9	1001	1100	1010	1111	1100
权	8421			2421	5421

在 8421 码中，10 个十进制数码与二进制数一一对应，即用二进制数的 0000~1001 来分别表示十进制数的 0~9。8421 码是一种有权码，各位的权从左到右分别为 8、4、2、1，所以根据代码的组成就可知道代码所代表的十进制数的值。设 8421 码的各位分别为 a_3、a_2、a_1、a_0，则它所代表的十进制数的值为

$$N = 8a_3 + 4a_2 + 2a_1 + 1a_0$$

8421 码与十进制数之间的转换只要直接按位转换即可。例如：

$$(647)_{10} = (0110\ 0100\ 0111)_{8421\,BCD}$$

4 位二进制数共有 16 种组合，即 0000~1111。8421 码只利用了这 16 种组合中的前 10 种组合 0000~1001，其余 6 种组合 1010~1111 是无效的。如果从 16 种组合中选取 10 种组合方式的不同，则可以得到其他二—十进制码，如 2421 码、5421 码等。余 3 码是由 8421 码加 3（0011）得来的，这是一种无权码。

格雷码的特点是从一个代码变为相邻的另一个代码时只有一位发生变化。这是考虑到信息在传输过程中可能出错，为了减少错误而研究的一种编码形式。格雷码的缺点是与十进制

之间不存在规律性的对应关系，不够直观，其编码方式见表5-2。

表5-2 格雷码

二 进 制 码	格 雷 码	二 进 制 码	格 雷 码
0000	0000	1000	1100
0001	0001	1001	1101
0010	0011	1010	1111
0011	0010	1011	1110
0100	0110	1100	1010
0101	0111	1101	1011
0110	0101	1110	1001
0111	0100	1111	1000

5.1.3 脉冲信号

数字电路中，信号（电压和电流）是脉冲形式的。脉冲是一种不连续的阶跃信号，并且持续时间短暂，可短至几微秒（μs）甚至几纳秒(ns)。图5-1是理想的矩形脉冲波形，实际的波形并不像图5-1那样理想，实际的矩形脉冲波形如图5-2所示。

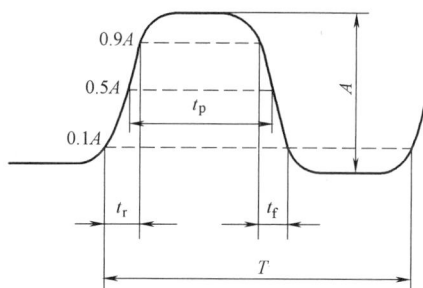

图 5-1 理想的矩形波   图 5-2 实际的矩形波

下面以图5-2为例，来说明脉冲信号波形的一些参数。

1）脉冲幅度 A：脉冲信号变化的最大值。

2）脉冲上升时间 t_r：从脉冲幅度的10%到90%上升所经历的时间（典型值 ns）。

3）脉冲下降时间 t_f：从脉冲幅度的90%到10%下降所经历的时间（典型值 ns）。

4）脉冲宽度 t_p：从上升沿脉冲幅度的50%到下降沿脉冲幅度的50%所需的时间，也称为脉冲持续时间。

5）脉冲周期 T：周期性脉冲信号相邻两个上升沿（或下降沿）的脉冲幅度的10%两点之间的时间间隔。

6）脉冲频率 f：单位时间的脉冲数，$f=\dfrac{1}{T}$。

在数字电路中，通常是根据脉冲信号的有无、个数、宽度和频率来进行工作的，所以抗干扰能力较强（干扰往往只影响脉冲幅度），准确度较高。

此外，脉冲信号还有正和负之分。如果脉冲跃变后的值比初始值高，则为正脉冲，如图5-3a所示；反之，则为负脉冲，如图5-3b所示。

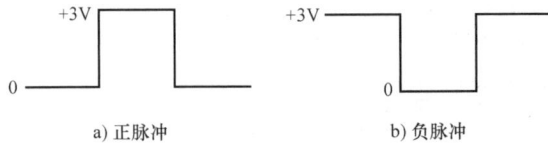

图 5-3　正脉冲和负脉冲

5.1.4　数字电路的特点和分类

1. 数字电路的特点

与模拟电路相比，数字电路具有以下特点。

（1）稳定性高

由于数字系统只有 0 和 1 两种状态，对元器件精度要求不高，允许有较大的误差，一般而言，对于一个给定的输入信号，数字电路的输出总是相同的。而模拟电路的输出随着输入信号、外界温度、电源电压以及元器件老化等因素而变化。

（2）可靠性强

因为传递、记录、加工的信息只有 0 和 1，不是连续变化，所以数字系统抗干扰能力强，可靠性高。

（3）保密性好

在进行数字量的传递时可进行加密处理，常用于军事、情报等方面。

（4）经济性

数字电路结构简单，易于设计，制造容易，便于集成化生产，成本低廉。

（5）通用性强

数字集成电路产品系列全，通用性强。

（6）可编程性

现代数字系统设计中，多采用可编程逻辑器件，用户可根据需要在计算机上完成电路设计和仿真，然后写入芯片，具有较大的方便性和灵活性。

（7）高速度、低功耗

集成电路中单管的开关速度可以做到小于 10^{-11}s，整体器件中，信号从输入到输出的传输时间小于 2×10^{-9}s。百万门以上的超大规模集成芯片的功耗可低达毫瓦级。

2. 数字集成电路的分类

数字电路可分为分立元件电路和数字集成电路两大类。目前，分立元件电路基本上已被数字集成电路取代，按照集成度的不同，数字集成电路可分为以下几类：

1）小规模集成电路（SSI）。其集成度为 1~12 门/片，主要是逻辑单元电路，如各种逻辑门电路、集成触发器等。

2）中规模集成电路（MSI）。其集成度为 12~99 门/片，主要是逻辑功能器件，如译码器、编码器、加法器、寄存器、计数器等。

3）大规模集成电路（LSI）。其集成度为 100~9999 门/片，主要是数字逻辑系统，如中央处理器、存储器等。

4）超大规模集成电路（VLSI）。其集成度为 10000~99999 门/片，主要是高集成度的数字逻辑系统，如大型存储器、单片计算机等。

5）甚大规模集成电路（ULSI）。其集成度为大于 10^6 门/片，主要是可编程逻辑器件、多功能专用集成电路等。

5.2 基本门电路

5.2.1 分立元件基本逻辑门电路

门电路（Gate Circuit）是一种具有一定逻辑关系的开关电路。当它的输入信号满足某种条件时，才有信号输出。如果把输入信号看作条件，把输出信号看作结果，那么当条件具备时，结果就会发生。也就是说，在门电路的输入信号与输出信号之间存在着一定的因果关系，这种因果关系称为逻辑关系。

基本逻辑关系有三种，分别为与逻辑、或逻辑和非逻辑。实现这些逻辑关系的电路分别称为与门、或门和非门。由这三种基本门电路还可以组成其他多种复合门电路。门电路是数字电路的基本逻辑单元。

门电路可以用二极管、晶体管等分立元件组成，目前广泛使用的是集成门电路。

1. 与逻辑和与门电路

当决定某事件的全部条件同时具备时，结果才会发生，这种因果关系叫作与逻辑。实现与逻辑关系的电路称为与门（AND Gate）。

如图 5-4a 是二极管与门电路，A 和 B 是它的两个输入信号（或称输入变量），Y 是输出信号（或称输出变量）。图 5-4b、c 分别是与门电路的逻辑符号和波形图。

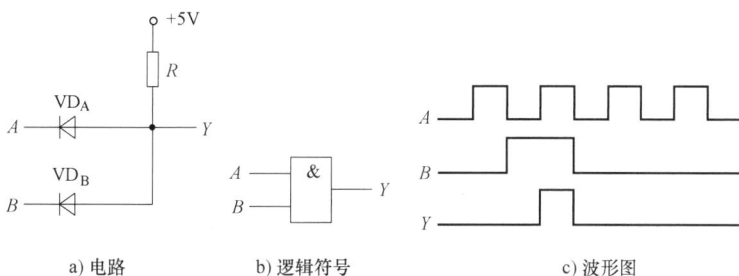

a) 电路　　　　b) 逻辑符号　　　　c) 波形图

图 5-4　二极管与门电路

当输入变量 A 和 B 全为 1 时（设两个输入端的电位均为 3V），电源+5V 的正端经电阻 R 向两个输入端流通电流，VD_A 和 VD_B 两管都导通，输出端的电位略高于 3V，因此输出变量为 1。

当输入变量不全为 1，而有一个或两个为 0 时，即该输入端的电位在 0V 附近。例如 A 为 0，B 为 1，则 VD_A 优先导通。这时输出端的电位在 0V 附近，因此 Y 为 0。VD_B 因承受反向电压而截止。

只有当输入变量全为 1 时，输出变量 Y 才为 1，这符合与逻辑。与逻辑表达式为

$$Y = A \cdot B \tag{5-1}$$

式中，小圆点表示 A、B 的与运算，与运算又叫逻辑乘，通常与运算符"·"可以省略。

图 5-4 有两个输入端，每个输入端有 1 和 0 两种状态，共有四种组合，表 5-3 完整地列

出了四种输入输出逻辑状态，这种表称为逻辑真值表。

表 5-3 与门逻辑真值表

A	B	Y	A	B	Y
0	0	0	1	0	0
0	1	0	1	1	1

2. 或逻辑和或门电路

在决定某事件的全部条件中，只要任一条件具备，结果就会发生，这种因果关系叫作或逻辑。实现或逻辑关系的电路称为或门（OR Gate）。

如图 5-5a 是二极管或门电路，图 5-5b、c 是或门的逻辑符号和波形图。A 和 B 是它的两个输入信号，Y 是输出信号。

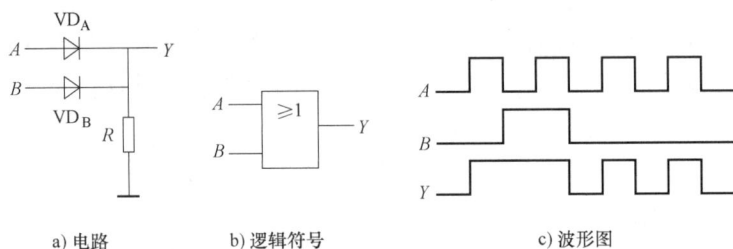

a) 电路　　　　　b) 逻辑符号　　　　　c) 波形图

图 5-5　二极管或门电路

当输入变量只要有一个为 1 时，输出就为 1。例如 A 为 1，B 为 0，则 VD_A 优先导通，输出变量 Y 也为 1。VD_B 因承受反向电压而截止。

只有当输入变量全为 0 时，输出变量 Y 才为 0，此时两个二极管都截止。或逻辑的表达式为

$$Y = A + B \tag{5-2}$$

表 5-4 是或门的输入输出逻辑真值表，它可和图 5-5c 相对照。

表 5-4　或门逻辑真值表

A	B	Y	A	B	Y
0	0	0	1	0	1
0	1	1	1	1	1

3. 非逻辑和非门电路

决定某事件的条件只有一个，当条件具备时结果不发生，而条件不具备时结果发生，这种因果关系叫作非逻辑。实现非逻辑关系的电路称为非门（NOT Gate），也称反相器。图 5-6a 所示为晶体管非门电路，非门的逻辑符号和波形图如图 5-6b、c 所示。晶体管非门电路不同于放大电路，晶体管或工作在截止区，或在饱和区，不会工作在放大区。非门电路只有一个输入端 A。当 A 为 1（设其电位为 3V）时，晶体管饱和，其集电极，即输出端 Y 为 0（其电位在 0V 附近）；当 A 为 0 时，晶体管截止，输出端 Y 为 1（其电位近似等于 U_{CC}）。加负电源 U_{BB} 是为了使晶体管可靠截止。非逻辑的表达式为

$$Y = \overline{A} \tag{5-3}$$

表 5-5 是非门的逻辑真值表，它可与图 5-6c 的波形图相对照。

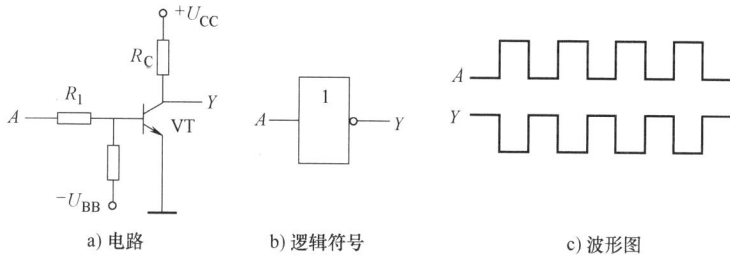

a) 电路　　　　b) 逻辑符号　　　　c) 波形图

图 5-6　晶体管非门电路

表 5-5　非门逻辑真值表

A	Y	A	Y
0	1	1	0

将与门、或门和非门三种基本门电路组合起来，可以构成多种复合门电路。例如，将与门和非门连接起来构成与非门（NAND Gate），或门和非门连接起来构成或非门（NOR Gate），还可构成与或非门、或与非门。与非门的逻辑表达式为

$$Y=\overline{AB} \tag{5-4}$$

逻辑符号如图 5-7 所示。或非门的逻辑表达式为

$$Y=\overline{A+B} \tag{5-5}$$

逻辑符号如图 5-8 所示。

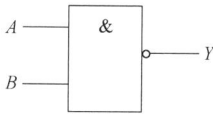

图 5-7　与非门逻辑符号

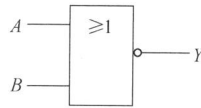

图 5-8　或非门逻辑符号

常用的门电路还有异或门和同或门，其逻辑表达式分别为

$$Y=A\oplus B(异或) \tag{5-6}$$
$$Y=A\odot B(同或) \tag{5-7}$$

逻辑符号分别如图 5-9 和图 5-10 所示。

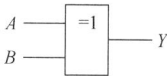

图 5-9　异或门逻辑符号

图 5-10　同或门逻辑符号

表 5-6 是异或门的输入输出逻辑真值表。

表 5-6　异或门逻辑真值表

A	B	Y	A	B	Y
0	0	0	1	0	1
0	1	1	1	1	0

表 5-7 是同或门的输入输出逻辑真值表。

表 5-7 同或门逻辑真值表

A	B	Y	A	B	Y
0	0	1	1	0	0
0	1	0	1	1	1

从异或门和同或门的真值表可以看出，异或和同或互为逻辑反。

5.2.2 TTL 集成门电路

为了便于说明逻辑功能，上面讨论的门电路都是由二极管、晶体管、电阻等分立元件组成的，称为分立元件门电路（Discrete Element Gate Circuit）。本节介绍集成门电路。以半导体器件为基本单元，集成在一块硅片上，并具有一定逻辑功能的电路称为集成门电路（Integrated Gate Circuit）。与分立元件门电路相比，集成门电路
具有体积小、功耗低、可靠性高、价格低廉和便于微型化等诸多优点。因此，实际应用比较广泛，其中应用最普遍的是与非门电路。TTL 集成逻辑门电路的输入端和输出端都是用双极型晶体管构成的，这种电路开关速度较高，缺点是功耗较大。

教学视频 5-1：TTL 集成门电路

1. TTL 与非门

图 5-11 所示为标准 TTL74 与非门的电路结构及其逻辑符号和外形，其中 VT_1 为输入级，VT_2 为中间反相级，VT_3、VT_4 为输出级。VT_1 是一个多发射极晶体管，可把它的集电结看成一个二极管，而把发射结看成与前者背靠背的两个二极管，如图 5-12 所示。这样，VT_1 的作用和二极管与门的作用完全相似。

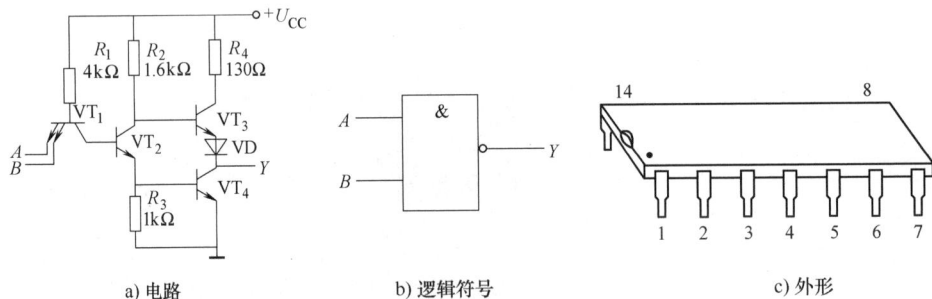

图 5-11 TTL 与非门电路及其逻辑符号和外形

TTL 与非门的工作原理如下：

1）当输入端有一个或几个接低电平 0（假设为 0.3V）时，对应于输入端接低电平的发射结处于正向偏置。这时电源通过 R_1 为晶体管 VT_1 提供基极电流。VT_1 的基极电位约为（0.3+0.7）V =1V，不足以向 VT_2 提供正向基极电流，所以 VT_2 截止，以至 VT_4 也截止。由于 VT_2 截止，其

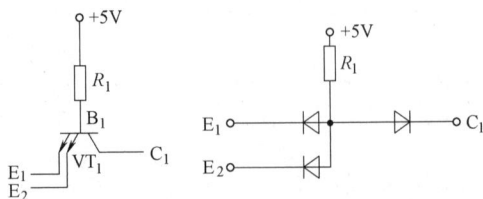

图 5-12 多发射极晶体管

集电极电位接近于电源电压 U_{CC}，VT$_3$ 和 VD 因而导通，所以输出端的电位为

$$U_Y = U_{CC} - I_{B3}R_2 - U_{BE3} - U_D$$

因为 I_{B3} 很小，可以忽略不计，电源电压 $U_{CC} = 5V$，于是有

$$U_Y = (5 - 0.7 - 0.7)V = 3.6V$$

即输出端 Y 为高电平 1。

2）输入信号全为高电平 1（假设为 3.6V）时，VT$_1$ 的两个发射结反向偏置，电源通过 R_1 和 VT$_1$ 的集电结向 VT$_2$ 提供足够大的基极电流，使 VT$_2$、VT$_4$ 饱和导通，VT$_3$ 和 VD 截止（$U_{C2} = 0.7V + 0.3V = 1V$，使 VT$_3$ 和 VD 截止）。输出端电位为

$$U_Y = 0.3V$$

即 $Y = 0$。

由于 VT$_3$ 截止，当接负载后，VT$_4$ 的集电极电流全部由外接负载门灌入，这种电流称为灌电流。

综上所述，可见图 5-11a 所示电路输入输出的逻辑关系如下：输入有 0 时输出为 1；输入全 1 时输出为 0，满足与非逻辑关系。图 5-13 是两种 TTL 与非门的外引脚排列图及逻辑符号（两边的数字是引脚号），一片集成电路内的各个逻辑门互相独立，可单独使用，但共用一根电源引脚和一根地线。

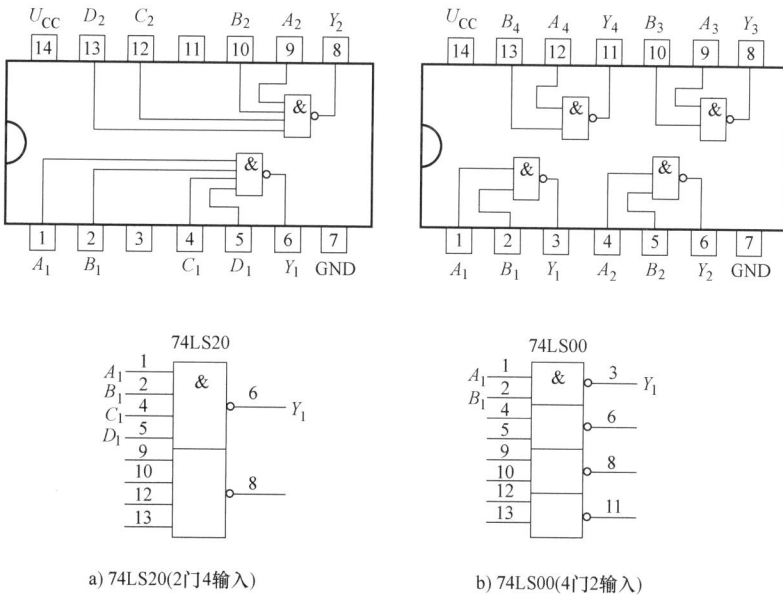

a) 74LS20(2门4输入)　　　b) 74LS00(4门2输入)

图 5-13　TTL 与非门外引脚排列图及逻辑符号

2. TTL 三态门

三态门（Tri-state Gate）是在普通门的基础上，加上使能控制信号和控制电路。它与普通门电路不同，它的输出端除了出现高电平和低电平，还可以出现第三种状态——高阻状态。

图 5-14 是 TTL 三态输出与非门电路及其逻辑符号。它与图 5-11 相比，只多了一个二极管 VD′，其中 A 和 B 是输入端，E 是控制端（或称使能端）。

当控制端 $E = 0$（约为 0.3V）时，VT$_1$ 的基极电位约为 1V，致使 VT$_2$ 和 VT$_4$ 截止。二极

a) 电路   b) 逻辑符号

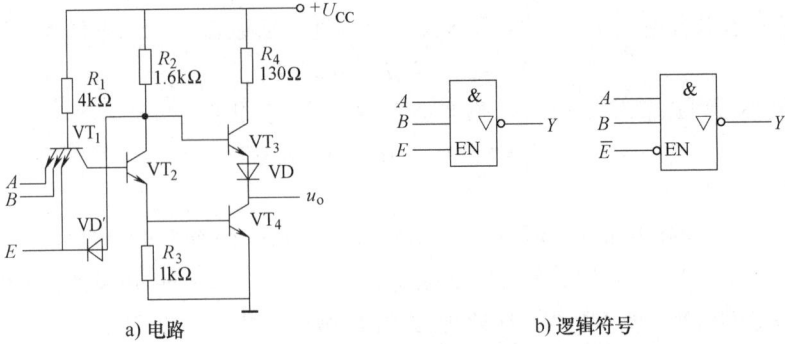

图 5-14　TTL 三态输出与非门电路及其逻辑符号

管 VD′导通，将 VT_2 的集电极电位钳位在 1V，而使 VT_3 和 VD 也截止。输出端与输入端的联系断开，输出端开路，处于高阻状态。由于三态门处于高阻状态时电路不工作，所以高阻态又叫作禁止态。

当控制端 $E=1$ 时，二极管 VD′截止，三态门的输出状态取决于输入端 A 和 B 的状态，实现与非逻辑关系，即全 1 出 0，有 0 出 1。此时电路处于工作状态，其逻辑符号如图 5-14b 左侧所示。由于电路结构不同，也有使能端为 0 时处于工作状态，为 1 时处于高阻态的三态门，其逻辑符号如图 5-14b 右侧所示。表 5-8 是三态与非门的逻辑真值表。

表 5-8　三态与非门的逻辑真值表

控制端 E	输 入 端		输 出 端
	A	B	Y
1	0	0	1
	0	1	1
	0	0	1
	1	1	0
0	×	×	高阻

三态门最重要的一个用途是实现多路数据的分时传输，即用一根导线轮流传送几个不同的数据，如图 5-15 所示，这根导线称为母线或总线。只要让门的控制端轮流处于高电平，这样总线就会轮流接收各三态门的输出。这种用总线来传送数据或信号的方法，在计算机中被广泛使用。三态门还可以实现数据的双向传输，如图 5-16 所示，当 $\overline{E}=0$ 时，G_1 工作，G_2 高阻，信号由 A 传至 B；当 $\overline{E}=1$ 时，G_2 工作，G_1 高阻，信号由 B 传至 A。

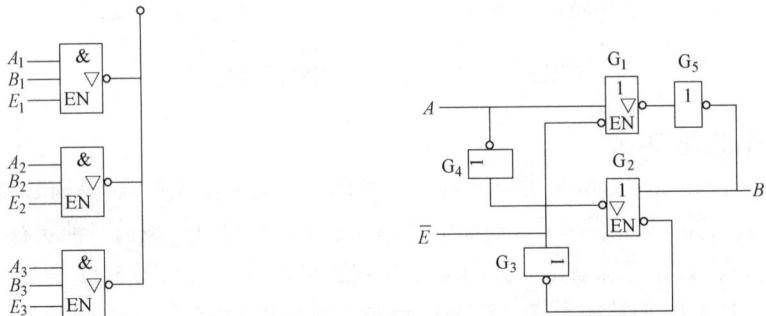

图 5-15　三态输出与非门的应用

图 5-16　数据双向传输

3. 集电极开路与非门电路

在工程实践中，往往需要将两个门的输出端并联以实现与逻辑的功能，这种功能称为线与（Wire-AND）。普通与非门的输出端不允许直接相连，即不能线与。否则当一个门的输出端为高电平，而另一个门的输出端为低电平时，将有较大的电流从截止门流到导通门（见图5-17），可能会将两个门损坏。这一问题可采用集电极开路门（Open Collector，OC）来解决。集电极开路与非门电路及其逻辑符号如图5-18所示，它与图5-11所示的普通TTL与非门相比，少了VT$_3$晶体管，并将输出级VT$_4$的集电极开路。工作时，VT$_4$的集电极（即输出端）外接电源U和电阻R_L，作为OC门的有源负载。要实现线与的时候，几个OC门的输出端相连，而后接电源U和电阻R_L，如图5-19所示。当OC$_1$门的输入全为高电平，而其他门的输入有低电平时，OC$_1$门的输出管VT$_4$饱和导通（$Y_1=0$），其他门的输出管截止（$Y_2=1$）。这时负载电流全部流入OC$_1$门的输出管，$Y=0$。由于有限流电阻R_L的存在，电流不会太大，所以不会损坏管子。

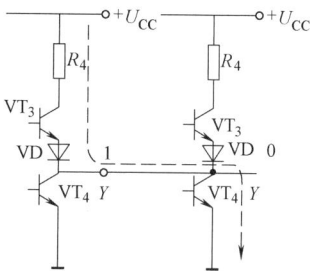

图5-17 普通与非门电路线与

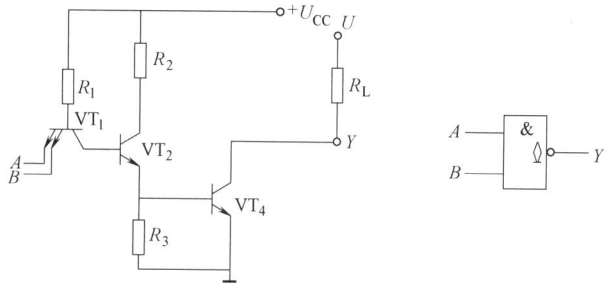

图5-18 集电极开路与非门电路及其逻辑符号

在OC门的输出端可以直接接负载，如继电器、指示灯、发光二极管等，如图5-20所示（图中接有继电器线圈KA）。而普通TTL与非门不允许直接驱动电压高于5V的负载，否则与非门将被损坏。

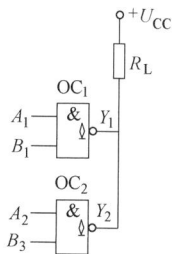

图5-19 线与电路图

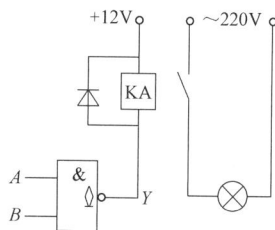

图5-20 OC门的输出端直接接继电器

5.2.3 CMOS门电路

MOS门电路（Metal-Oxide-Semiconductor Gate Circuit）是在TTL电路问世之后开发出的第二种广泛应用的数字集成器件。它由场效应晶体管构成，具有制造工艺简单、连接方便、集成度高、功耗低和抗干扰能力强等优点，所以发展很快，更便于向大规模集成电路发展，缺点是速度较低。其中的CMOS门电路是用P沟道MOS管和N沟道MOS管按照互补

教学视频5-2：
CMOS门电路

对称形式连接起来构成的，故称为互补型 MOS 集成电路，简称 CMOS 集成电路，目前应用最多。

1. CMOS 非门电路

图 5-21 是 CMOS 非门电路（也称 CMOS 反相器），驱动管 VF_2 采用 N 沟道增强型（NMOS），负载管 VF_1 采用 P 沟道增强型（PMOS），它们一起制作在一块硅片上。两管的栅极相连作为输入端 A；漏极也相连作为输出端 Y。两者连成互补对称的结构，衬底都与各自的源极相连。

当输入 A 为 1（约为 U_{DD}）时，驱动管 VF_2 的栅源电压大于开启电压，处于导通状态；负载管 VF_1 的栅源电压小于开启电压的绝对值，不能开启，处于截止状态。这时，VF_1 的电阻比 VF_2 高得多，电源电压便主要降在 VF_1 上，故输出 Y 为 0(约为 0V)。当输入 A 为 0（约为 0V）时，VF_2 截止，而 VF_1 导通。这时，电源电压便主要降在 VF_2 上，故输出 Y 为 1(约为 U_{DD})。

于是得出

$$Y=\overline{A} \tag{5-8}$$

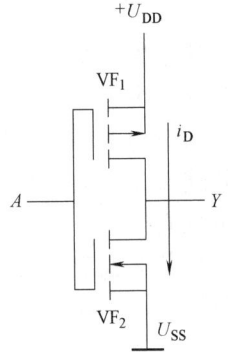

图 5-21　CMOS 非门电路

2. CMOS 与非门电路

图 5-22 是 CMOS 与非门电路。驱动管 VF_2 和 VF_4 为 N 沟道增强型管，两者串联；负载管 VF_1 和 VF_3 为 P 沟道增强型管，两者并联。负载管整体与驱动管串联。

当 A、B 两个输入全为 1 时，驱动管 VF_2 和 VF_4 都导通，电阻很低；而负载管 VF_1 和 VF_3 不能开启，都处于截止状态，电阻很高（并联后的电阻仍很高）。这时，电源电压主要降在负载管上，故输出 Y 为 0。当输入有一个或全为 0 时，则串联的驱动管截止，而相应的负载管导通，因此负载管的总电阻很低，驱动管的总电阻却很高。这时，电源电压主要降在串联的驱动管上，故输出 Y 为 1。

于是得出

$$Y=\overline{AB} \tag{5-9}$$

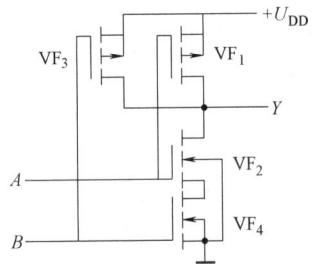

图 5-22　CMOS 与非门电路

3. CMOS 或非门电路

图 5-23 是 CMOS 或非门电路。驱动管 VF_2 和 VF_4 为 N 沟道增强型管，两者并联；负载管 VF_1 和 VF_3 为 P 沟道增强型管，两者串联。

当 A、B 两个输入全为 1 或其中一个为 1 时，输出 Y 为 0。只有当输入全为 0 时，输出才为 1，于是得出

$$Y=\overline{A+B} \tag{5-10}$$

由以上可知，与非门的输入端越多，串联的驱动管也越多，导通时的总电阻就越大，输出低电平值将会因输入端的增多而提

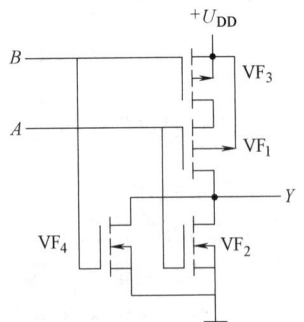

图 5-23　CMOS 或非门电路

高，所以输入端不能太多。而或非门电路的驱动管是并联的，不存在这样的问题。所以在 MOS 电路中，或非门用得较多。

4. CMOS 传输门电路

CMOS 传输门（Transmission Gate）就是一种传输模拟信号的模拟开关。模拟开关广泛地用于取样-保持电路、斩波电路、模-数和数-模转换电路等。CMOS 传输门电路及其逻辑符号如图 5-24 所示，由 NMOS 管 VF_1 和 PMOS 管 VF_2 并联而成。两者的源极相连作为输入端；漏极相连作为输出端（输入端和输出端可以对调）。两管的栅极作为控制极，分别加一对互为反量的控制电压 C 和 $\overline{C}$ 进行控制。

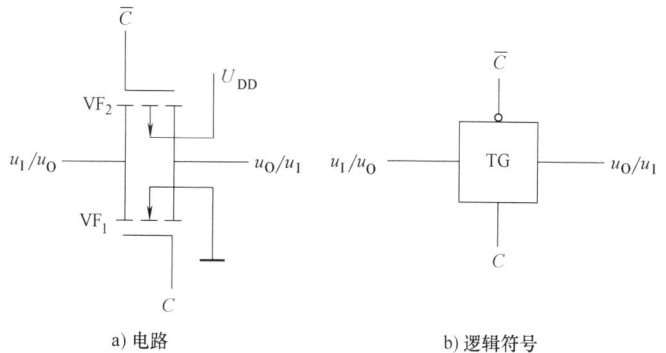

a) 电路　　　　b) 逻辑符号

图 5-24　CMOS 传输门电路及其逻辑符号

设两管的开启电压绝对值均为 3V。如果在 VF_1 管的栅极加 +10V，在 VF_2 管的栅极加 0V，当输入电压 u_1 在 0~10V 范围内连续变化时，传输门开通，u_1 可传到输出端，即 $u_O = u_1$。因为，当 u_1 在 0~7V 范围内变化时，VF_1 导通；当 u_1 在 3~10V 范围内变化时，VF_2 导通。可见，当 u_1 在 0~10V 范围内连续变化时，至少有一个管导通，这相当于开关接通。如果在 VF_1 管的栅极加 0V，在 VF_2 管的栅极加 +10V，当 u_1 在 0~10V 范围内连续变化时，两管都截止，传输门关断，相当于开关断开，u_1 不能传输到输出端。

由上可知，CMOS 传输门的开通和关断取决于栅极上所加的控制电压。当 C 为 1（$\overline{C}$ 为 0）时，传输门开通，反之则关断。

5. 三态输出 CMOS 门电路

三态输出 CMOS 门电路比三态输出 TTL 门电路要简单得多，但两者功能是一样的。图 5-25 是三态输出 CMOS 门电路及其逻辑符号。

图 5-25 是在 CMOS 非门电路的基础上增加了一个 P 沟道 MOS 管 VF_1' 和一个 N 沟道 MOS 管 VF_2' 作为控制管。当控制端 $\overline{EN} = 1$ 时，VF_1' 和 VF_2' 均截止，输出处于高阻状态。而当 $\overline{EN} = 0$ 时，VF_1' 和 VF_2' 均导通，电路处于工作状态，于是得出

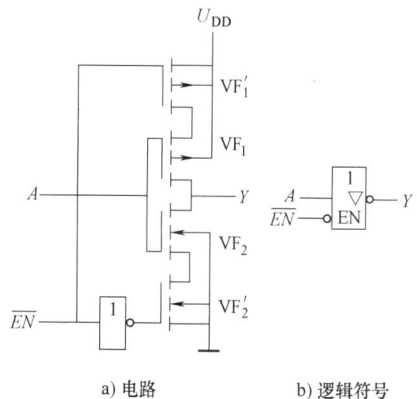

a) 电路　　　b) 逻辑符号

图 5-25　三态输出 CMOS 门电路及其逻辑符号

$$Y = \overline{A} \tag{5-11}$$

6. 逻辑门电路使用中的几个实际问题

（1）CMOS 门电路与 TTL 门电路的连接

在数字电路或系统的设计中，往往由于工作速度或者功耗指标的要求，需要把 CMOS 电路和 TTL 电路混合使用。由于每种器件的电压和电流参数各不相同，因而需要采用接口

电路。

1）CMOS 门电路驱动 TTL 门电路。由于 CMOS 电路的驱动电流小，而 TTL 电路的输入电流大，为了使两者匹配，可采用图 5-26 所示的两个电路。图 5-26a 是通过晶体管将电流放大；图 5-26b 是采用漏极开路的 CMOS 驱动门，它能吸收较大的负载电流。

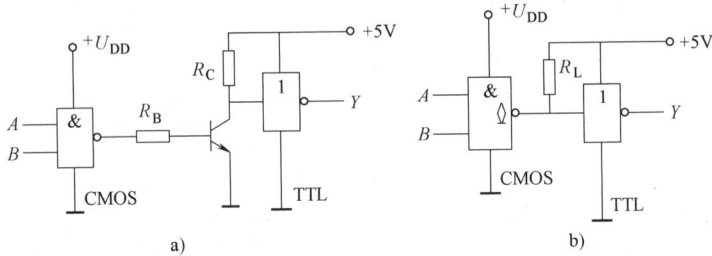

图 5-26　CMOS 门电路驱动 TTL 门电路

2）TTL 门电路驱动 CMOS 门电路。由于 TTL 电路的输出电平低，而 CMOS 电路的输入电平高，所以采用图 5-27 所示的电路。图 5-27a 用电阻 R_L（几百到几千欧）来提高 TTL 门的输出电平；图 5-27b 是采用集电极开路的驱动门，其输出端晶体管耐压较高。

（2）门电路带负载时的接口电路

1）用门电路直接驱动显示器。在数字电路中，往往用发光二极管来显示信息的传输，如简单的逻辑器件的状态、七段数码显示等。在每种情况下均需接口电路将数字信息转换为模拟信息显示。图 5-28 表示 CMOS 反相器 74HC04 驱动一发光二极管 LED，电路中串接了一限流电阻 R 以保护 LED。

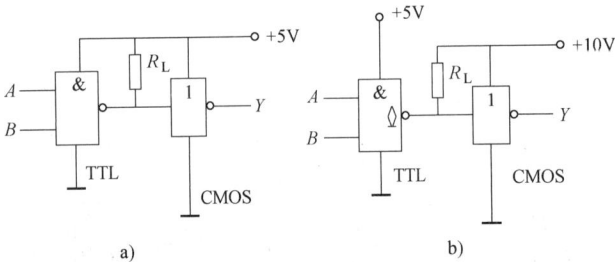

图 5-27　TTL 门电路驱动 CMOS 门电路　　图 5-28　CMOS 反相器驱动发光二极管

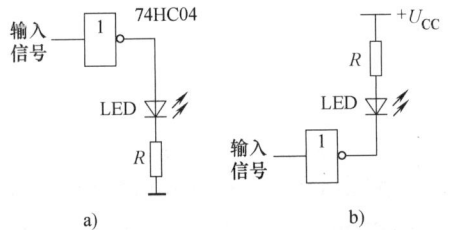

2）机电性负载接口。在工程实践中，往往会遇到用各种数字电路以控制机电性系统的功能，如控制电机的位置和转速、继电器的接通与断开、流体系统中阀门的开通和关闭、自动生产线中的机械手参数控制等。下面以继电器的接口电路为例来说明。在继电器的应用中，继电器本身有额定的电压和电流参数。一般情况下，需用运算放大器以提升到需要的数-模电压和电流接口值。对于小型继电器，可以将两个反相器并联作为驱动电路，如图 5-29 所示。

（3）抗干扰措施

在利用逻辑门电路（TTL 或 CMOS）作具体的设计时，还应当注意下列几个实际问题：

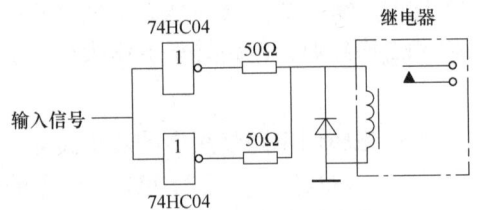

图 5-29　反相器并联驱动小型继电器

1）多余输入端的处理。一般不允许将多余输入端悬空（悬空相当于高电平），否则将会引入干扰信号。

① 对与逻辑（与、与非）门电路，应将多余输入端经电阻（1~3kΩ）或直接接电源正端，如图 5-30a 所示。

② 对或逻辑（或、或非）门电路，应将多余输入端接地，如图 5-30b 所示。

③ 如果前级（驱动级）有足够的驱动能力，也可将多余输入端与信号输入端连在一起，如图 5-30c 所示。

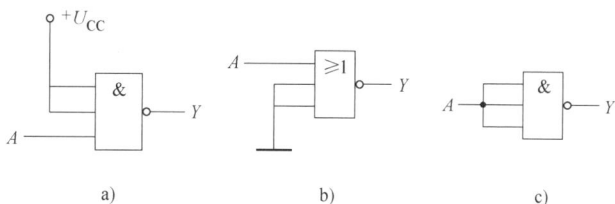

图 5-30　多余输入端的处理

2）去耦合滤波器。数字电路或系统往往是由多片逻辑门电路构成的，它们由一公共的直流电源供电。这种电源是非理想的，一般由整流稳压电路供电，具有一定的内阻抗。当数字电路运行时，产生较大的脉冲电流或尖峰电流，当它们经过公共的内阻抗时，必将产生相互的影响，甚至使逻辑功能发生错乱。一种常用的处理方法是采用去耦合滤波器，通常是用 $10\sim100\mu F$ 的大电容与直流电源并联以滤除开关噪声。

3）接地和安装工艺。正确的接地技术对于降低电路噪声是很重要的。这方面可将电源地与信号地分开，先将信号地汇集在一点，然后将二者用最短的导线连在一起，以避免含有多种脉冲波形（含尖峰电流）的大电流引到某数字器件的输入端而导致系统正常逻辑功能失效。此外，当系统中兼有模拟和数字两种器件时，同样需将二者的地分开，然后再选用一个合适的共同点接地，以免除二者之间的影响。在印制电路板的设计或安装中，要注意连线尽可能短，以减少接线电容而导致寄生反馈有可能引起的寄生振荡。此外，CMOS 器件在使用和储藏过程中要注意静电感应导致损伤问题，静电屏蔽是常用的防护措施。

5.3　逻辑代数

逻辑代数（Logic Algebra）又称为布尔代数（Boolean Algebra），其基本思想是英国数学家布尔于 1854 年提出的。1938 年，美国科学家香农（Claude Elwood Shannon）把逻辑代数用于开关和继电器网络的分析、化简，率先将逻辑代数用于解决实际问题。现在，逻辑代数已成为分析和设计逻辑电路不可缺少的数学工具。逻辑代数变量的取值只有 1 和 0 两种，即逻辑 1 和逻辑 0。它们不是数字符号，而是代表两种相反的逻辑状态，比如开关的关和开、电流的有和无等。

教学视频 5-3：逻辑代数的基本定律和规则

5.3.1　逻辑代数的基本定律和恒等式

0—1 律：$A+0=A$；$A \cdot 0=0$；$A+1=1$；$A \cdot 1=A$；$A+A=A$；$AA=A$；$A+\bar{A}=1$；$A \cdot \bar{A}=0$

结合律：$(A+B)+C=A+(B+C)$；$(AB)C=A(BC)$

交换律：$A+B=B+A$；$AB=BA$

分配律：$A(B+C)=AB+AC$

$$A+BC=(A+B)(A+C)$$

证明：$(A+B)(A+C)=AA+AB+AC+BC$

$$=A+A(B+C)+BC=A[1+(B+C)]+BC=A+BC$$

反演律（摩根定理）：$\overline{A \cdot B \cdot C}=\overline{A}+\overline{B}+\overline{C}$；$\overline{A+B+C}=\overline{A} \cdot \overline{B} \cdot \overline{C}$

吸收律：$A+AB=A$

$$A(A+B)=A$$

证明：$A(A+B)=AA+AB=A+AB=A(1+B)=A$

$$A+\overline{A}B=A+B$$

$$(A+B)(A+C)=A+BC$$

常用恒等式：$AB+\overline{A}C+BCD=AB+\overline{A}C$

$$AB+\overline{A}C+BC=AB+\overline{A}C$$

证明：$AB+\overline{A}C+BC=AB+\overline{A}C+(A+\overline{A})\ BC$

$$=AB+\overline{A}C+ABC+\overline{A}BC$$

$$=AB(1+C)+\overline{A}C(1+B)$$

$$=AB+\overline{A}C$$

5.3.2 逻辑代数的基本规则

1. 代入规则

在任何一个逻辑等式中，如果将等式两边出现的某变量 A 都用一个函数代替，则等式仍然成立，这个规则称为代入规则。

例如，在 $A(B+C)=AB+AC$ 中，将所有出现 A 的地方都用函数 $D+F$ 代替，则等式仍成立，即得

$$(D+F)(B+C)=(D+F)B+(D+F)C$$

代入规则可以扩展到所有基本定律和定理的应用范围。

2. 反演规则

将一个逻辑函数 Y 中的与（·）换成或（+），或（+）换成与（·），再将原变量换成非变量，非变量换为原变量；并将 1 换成 0，0 换成 1，那么所得的逻辑函数式就是 $\overline{Y}$，这个规则称为反演规则。

利用反演规则，可以比较容易地求出一个原函数的反函数。运用反演规则时必须注意以下两个原则：

1）保持原来的运算优先级，即先进行与运算，后进行或运算，并注意优先考虑括号内的运算。

2）对于反变量以外的非号应保留不变。

【例 5-1】 试求 $Y=\overline{A}\,\overline{B}+CD\overline{E}+0$ 的反函数 $\overline{Y}$。

解：按照反演规则，得

$$\overline{Y}=(A+B)\cdot(C+\overline{D}+E)\cdot 1=(A+B)\cdot(C+\overline{D}+E)$$

【**例 5-2**】 试求 $Y=\overline{A}\,\overline{B}+\overline{\overline{CD}+E}$ 的反函数 $\overline{Y}$。

解：按照反演规则，得

$$\overline{Y}=(A+B)\cdot\overline{\overline{\overline{C}+\overline{D}}\cdot\overline{E}}$$

3. 对偶规则

设 Y 是一个逻辑表达式，若把 Y 中的与（·）换成或（+），或（+）换成与（·）；1 换成 0，0 换成 1，那么就得到一个新的逻辑函数式，这就是 Y 的对偶式，记作 Y'。变换时仍需要注意保持原式中"先括号、然后与、最后或"的运算顺序。

例如，$Y=(A+\overline{B})(A+C)$，则 $Y'=A\,\overline{B}+AC$。

【**例 5-3**】 试求 $Y=\overline{AB}+\overline{CD}+0$ 的对偶式 Y'。

解：根据对偶式的求法，得

$$Y'=(\overline{A}+\overline{B})(\overline{C}+D)\cdot 1$$

【**例 5-4**】 试求 $Y=\overline{\overline{AB}+\overline{C}+D}+\overline{B}C$ 的对偶式 Y'。

解：根据对偶式的求法，得

$$Y'=\overline{(\overline{A}+\overline{B})\cdot\overline{\overline{C}D}}\cdot(\overline{B}+C)$$

当某个逻辑恒等式成立时，则该恒等式两侧的对偶式也相等，这就是对偶规则。利用对偶规则，可从已知公式中得到更多的运算公式，例如，吸收律 $A+\overline{A}B=A+B$ 成立，则它的对偶式 $A(\overline{A}+B)=AB$ 也成立。

5.4 逻辑函数的表示方法

逻辑函数（Logic Function）反映了数字电路的输出信号与输入信号之间的逻辑关系。逻辑函数的表示方法有真值表（Truth Table）、逻辑表达式（Logic Expression）、逻辑图（Logic Diagram）、波形图（Oscillogram）和卡诺图（Karnaugh Map）。只要知道其中一种表示形式，就可以转为其他几种表示形式，现举例说明。

【**例 5-5**】 某会议小组由一位组长和两位组员组成，对某事进行表决。当满足以下条件时表示同意：组长和至少一个组员表示同意。A、B 和 C 分别表示组长和两位组员。表决结果用 Y 表示，为 1 时，表示同意；为 0 时，表示不同意。试用五种方法表示该逻辑关系。

解：

1. 真值表

真值表就是由变量所有可能的取值组合及其对应的函数值所构成的表格。对上述逻辑关系，可得真值表，见表 5-9。

132

表 5-9 例 5-5 真值表

A	B	C	Y	A	B	C	Y
0	0	0	0	1	0	0	0
0	0	1	0	1	0	1	1
0	1	0	0	1	1	0	1
0	1	1	0	1	1	1	1

2. 逻辑表达式

逻辑表达式是用与、或、非等运算来表达逻辑函数的表达式。

（1）由真值表写出逻辑表达式

1）取 $Y=1$ 列逻辑式。

2）对一种组合，输入变量之间是与逻辑关系。如果输入变量为 1，则取它的原变量（如 A）；如果输入变量为 0，取它的反变量（如 $\bar{A}$）。然后取乘积项。

3）各种组合之间是或逻辑关系，所以取以上乘积项之和。

由此写出表 5-9 所示逻辑关系的逻辑表达式为

$$Y=A\bar{B}C+AB\bar{C}+ABC$$

反之，也能从逻辑表达式写出真值表。例如，逻辑表达式为

$$Y=\bar{A}\ \bar{B}\ C+A\bar{B}\ \bar{C}+ABC$$

有三个输入变量，共有八种组合，把各种组合的取值分别代入逻辑表达式中进行运算，得到相应的逻辑函数值，即可得到真值表，见表 5-10。

表 5-10 $Y=\bar{A}\ \bar{B}\ C+A\bar{B}\ \bar{C}+ABC$ 的真值表

A	B	C	Y	A	B	C	Y
0	0	0	1	1	0	0	1
0	0	1	0	1	0	1	0
0	1	0	0	1	1	0	0
0	1	1	0	1	1	1	1

（2）最小项

设 A、B、C 是三个输入变量，共有八个乘积项：$\bar{A}\ \bar{B}\ \bar{C}$、$\bar{A}\ \bar{B}\ C$、$\bar{A}B\bar{C}$、$\bar{A}BC$、$A\bar{B}\ \bar{C}$、$A\bar{B}C$、$AB\bar{C}$、$ABC$。它们具有以下特点：

1）每项都含有三个输入变量，每个变量是它的一个因子。

2）每项中每个因子或以原变量（A、B、C）的形式或以反变量（$\bar{A}$、$\bar{B}$、$\bar{C}$）的形式出现一次。

这八个乘积项是输入变量 A、B、C 的最小项（n 个输入变量有 2^n 个最小项）。全部由最小项组成的逻辑表达式称为最小项表达式。不是最小项的逻辑表达式可通过配项的方法转换成最小项表达式。

【例 5-6】 写出 $Y=AB+BC+AC$ 的最小项逻辑表达式。

解：$Y=AB+BC+AC=AB(C+\bar{C})+BC(A+\bar{A})+AC(B+\bar{B})$

$$= ABC + AB\bar{C} + ABC + \bar{A}BC + ABC + A\bar{B}C$$

$$= ABC + AB\bar{C} + \bar{A}BC + A\bar{B}C$$

可见，同一逻辑函数可用不同的逻辑表达式来表示，但由最小项组成与或逻辑式则是唯一的。

3. 逻辑图

逻辑图就是由表示逻辑运算的符号所构成的图形，用逻辑图表示逻辑函数是一种比较接近工程实际的表示方法。由逻辑表达式画逻辑图时，逻辑与用与门实现，逻辑或用或门实现，逻辑非用非门实现。例如，对上面提到的某会议小组的表决电路 $Y = A\bar{B}C + AB\bar{C} + ABC$，需要用 2 个非门实现 B、C 的非运算，3 个与门来实现 $A\bar{B}C$、$AB\bar{C}$、ABC，另外还需要一个或门把上述 3 项相或，逻辑图如图 5-31 所示。

4. 波形图

波形图就是由输入变量的所有可能取值组合的高、低电平及其对应的输出函数值的高、低电平所构成的图形。波形图可以将输出函数的变化和输入函数的变化在时间上直观地表示出来，因此又称为时间图或时序图。例如，对上面提到的某会议小组的表决电路 $Y = A\bar{B}C + AB\bar{C} + ABC$，当变量 A、B、C 的取值分别为 101、110、111 时，函数值 $Y = 1$，其他情况下 $Y = 0$，故可以用图 5-32 所示的波形图来表示该逻辑函数。

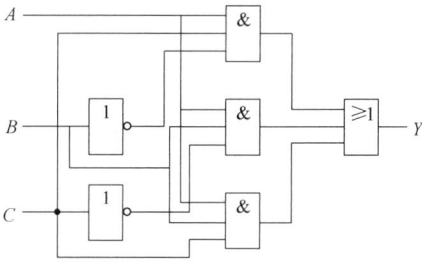

图 5-31 某会议小组的表决电路逻辑图

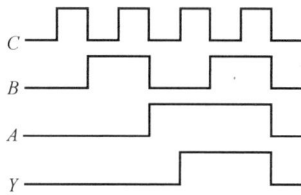

图 5-32 某会议小组的表决电路波形图

画波形图时要注意，横坐标是时间轴，纵坐标是变量取值。由于时间轴相同，变量又比较简单，只有 0（低）和 1（高）两种可能，所以在图中可不标出坐标轴。

5. 卡诺图

逻辑函数的卡诺图就是将此函数的最小项表达式的各最小项相应地填入一个特定的方格图内，此方格图称为卡诺图。因此，卡诺图是逻辑函数的一种图形表示。

图 5-33 分别为二变量、三变量和四变量卡诺图。在卡诺图的行和列分别标出变量及其

$A \backslash B$	0	1
0	$\bar{A}\bar{B}$	$\bar{A}B$
1	$A\bar{B}$	AB

a) 二变量

$A \backslash BC$	00	01	11	10
0	$\bar{A}\bar{B}\bar{C}$	$\bar{A}\bar{B}C$	$\bar{A}BC$	$\bar{A}B\bar{C}$
1	$A\bar{B}\bar{C}$	$A\bar{B}C$	ABC	$AB\bar{C}$

b) 三变量

$AB \backslash CD$	00	01	11	10
00	m_0	m_1	m_3	m_2
01	m_4	m_5	m_7	m_6
11	m_{12}	m_{13}	m_{15}	m_{14}
10	m_8	m_9	m_{11}	m_{10}

c) 四变量

图 5-33 卡诺图

状态。变量的状态次序是 00、01、11、10，而不是二进制递增的次序。每个小方格对应一个最小项，如图 5-33a、b 所示。最小项也可用其编号来表示，如图 5-33c 所示。

A \ BC	00	01	11	10
0	0	0	0	0
1	0	1	1	1

用卡诺图表示逻辑函数时，把逻辑表达式中的最小项分别用 1 填入相应的小方格，没有的最小项，则填写 0 或空着不填。例如，对上面提到的某会议小组的表决电路 $Y = \overline{A}BC + A\overline{B}C + ABC$，其卡诺图如图 5-34 所示。

图 5-34 某会议小组的表决电路卡诺图

5.5 逻辑代数的化简

5.5.1 代数法化简

教学视频 5-4：
代数法化简

由真值表写出的逻辑表达式，以及由此而画出的逻辑图，往往比较复杂。如果经过化简，就可以少用元器件，可靠性因而也会提高。代数法化简就是运用逻辑代数的基本定律和恒等式对逻辑函数进行化简，这种方法需要一些技巧，没有固定的步骤。下面介绍经常使用的方法。

1. 并项法

利用 $A + \overline{A} = 1$，将两项合并为一项，并削去一个变量。如：

$$Y = \overline{A}BC + \overline{A}B\overline{C} = \overline{A}B(C + \overline{C}) = \overline{A}B$$

2. 吸收法

利用 $A + AB = A$，消去多余项 AB。根据代入规则，A、B 可以是任何一个复杂的逻辑式。如：

$$Y = A\overline{B} + A\overline{B}CD = A\overline{B}$$

3. 消去法

利用 $A + \overline{A}B = A + B$，消去多余的因子。如：

$$Y = AB + \overline{A}C + \overline{B}C = AB + (\overline{A} + \overline{B})C = AB + \overline{AB}C = AB + C$$

4. 配项法

利用 $A = A(\overline{B} + B)$，增加必要的乘积项，再用并项或吸收的办法化简。如：

$$Y = AB + \overline{A}\,\overline{C} + B\overline{C} = AB + \overline{A}\,\overline{C} + B\overline{C}(\overline{A} + A)$$

$$= AB + \overline{A}\,\overline{C} + \overline{A}B\overline{C} + AB\overline{C}$$

$$= AB(1 + \overline{C}) + \overline{A}\,\overline{C}(1 + B) = AB + \overline{A}\,\overline{C}$$

5. 加项法

利用 $A + A = A$，在逻辑式中加相同的项，而后合并化简。如：

$$Y = ABC + \overline{A}BC + AB\overline{C}$$

$$= ABC + \overline{A}BC + AB\overline{C} + ABC$$

$$= BC(A+\bar{A})+AC(B+\bar{B})$$
$$= BC+AC$$

【例 5-7】 应用逻辑代数运算法则化简下列逻辑式：

$$Y=ABC+ABD+\bar{A}\bar{B}\bar{C}+CD+B\bar{D}$$

解： 简化得

$$Y=ABC+\bar{A}\bar{B}\bar{C}+CD+B(\bar{D}+AD)$$

由 $A+\bar{A}B=A+B$，得 $\bar{D}+AD=\bar{D}+A$，所以

$$Y=ABC+\bar{A}\bar{B}\bar{C}+CD+B(\bar{D}+A)$$
$$=ABC+\bar{A}\bar{B}\bar{C}+CD+B\bar{D}+AB$$
$$Y=AB(1+C)+\bar{A}\bar{B}\bar{C}+CD+B\bar{D}$$

由 $1+C=1$，所以

$$Y=AB+\bar{A}\bar{B}\bar{C}+CD+B\bar{D}$$
$$=B(A+\bar{A}\,\bar{C})+CD+B\bar{D}$$

由 $A+\bar{A}\,\bar{C}=A+\bar{C}$，所以

$$Y=AB+B\bar{C}+CD+B\bar{D}$$
$$Y=AB+B(\bar{C}+\bar{D})+CD$$

由 $\bar{C}+\bar{D}=\overline{CD}$，所以

$$Y=AB+B\overline{CD}+CD$$

由 $B\overline{CD}+CD=B+CD$，所以

$$Y=AB+B+CD$$
$$=B(1+A)+CD$$
$$=B+CD$$

【例 5-8】 用代数法化简下列逻辑函数。

（1） $Y_1=A\bar{B}C+\bar{A}\,\bar{C}D+A\bar{C}$

（2） $Y_2=\overline{\overline{AB+\bar{A}\,\bar{B}}\cdot\overline{BC+\bar{B}\,\bar{C}}}$

（3） $Y_3=\overline{\overline{AC+\bar{B}C}+B(A\bar{C}+\bar{A}C)}$

解：（1） $Y_1=A\bar{B}C+\bar{A}\,\bar{C}D+A\bar{C}$

$$=A\bar{B}C+A\bar{C}+\bar{A}\,\bar{C}D+A\bar{C}$$
$$=A(\bar{B}C+\bar{C})+\bar{C}(\bar{A}D+A)$$
$$=A(\bar{B}+\bar{C})+\bar{C}(D+A)$$
$$=A\bar{B}+A\bar{C}+\bar{C}D$$

（2）$Y_2 = AB + \overline{\overline{\overline{A}\ \overline{B}} \cdot \overline{BC}} + \overline{B}\ \overline{C}$

$= AB + \overline{A}\ \overline{B} + BC + \overline{B}\ \overline{C}$

$= AB(C + \overline{C}) + \overline{A}\ \overline{B} + BC + (A + \overline{A})\overline{B}\ \overline{C}$

$= (ABC + BC) + (AB\overline{C} + A\overline{B}\ \overline{C}) + (\overline{A}\ \overline{B} + \overline{A}\ \overline{B}\ \overline{C})$

$= BC + A\overline{C} + \overline{A}\ \overline{B}$

（3）$Y_3 = \overline{AC + \overline{B}C + B(A\overline{C} + \overline{A}C)}$

$= \overline{(AC + \overline{B}C)} \cdot \overline{B(A\overline{C} + \overline{A}C)}$

$= (\overline{AC} + \overline{\overline{B}C}) \cdot (\overline{B} + \overline{A\overline{C} + \overline{A}C})$

$= (\overline{A}C + \overline{\overline{B}}\,\overline{C}) \cdot (\overline{B} + \overline{A}\,\overline{C} + \overline{\overline{A}}\,\overline{C})$

$= \overline{A}C \cdot (\overline{A}C + \overline{B} + \overline{A}\ \overline{C}) + \overline{B}C \cdot (\overline{B}C + \overline{B}\ \overline{C} + \overline{A}C + \overline{A}\ \overline{C})$

$= \overline{A}C + \overline{B}C$

5.5.2　卡诺图法化简

卡诺图法化简逻辑函数的步骤如下：

1）将逻辑函数正确地用卡诺图表示出来。

2）将取值为 1 的相邻小方格圈成矩形或方形，相邻小方格包括左右上下相邻的小方格、同行及同列两端的小方格、最上行与最下行及最左列与最右列两端的小方格。所圈取值为 1 的相邻小方格的个数应为 2^n（$n = 0$，1，2，3，…），即 1，2，4，8，…，不允许为 3，6，10，12 等。

3）圈的个数应最少，圈内小方格个数应尽可能多。每圈一个圈时，必须包含至少一个在已圈过的圈中未出现过的最小项，否则得不到最简式。每一个取值为 1 的小方格可被圈多次，但不能遗漏。

4）相邻的两项可合并为一项，并消去一个因子；相邻的四项可合并为一项，并消去两个因子；依次类推，相邻的 2^n 项可合并为一项，并消去 n 个因子。

5）将合并的结果相加，即为所求的最简与或式。

【例 5-9】　将 $Y = ABC + AB\overline{C} + \overline{A}BC + A\overline{B}C$ 用卡诺图表示并化简。

解：卡诺图如图 5-35 所示，根据图中三个圈可得

$$Y = AB + AC + BC$$

【例 5-10】　将 $Y = \overline{A}\ \overline{B}\ \overline{C}\ \overline{D} + \overline{B}C + \overline{A}BC + \overline{C}\ \overline{D} + C\overline{D}$ 用卡诺图表示并化简。

解：卡诺图如图 5-36 所示，左右两列圈在一起，消去三个因子，为 $\overline{D}$，右上角四个方格圈在一起为 $\overline{A}C$，右上角两个和右下角两个圈在一起为 $\overline{B}C$，最后把这些项相加，得结果为

$$Y = \overline{A}C + \overline{B}C + \overline{D}$$

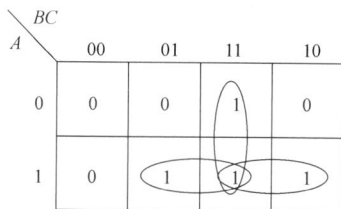

图 5-35　例 5-9 的卡诺图

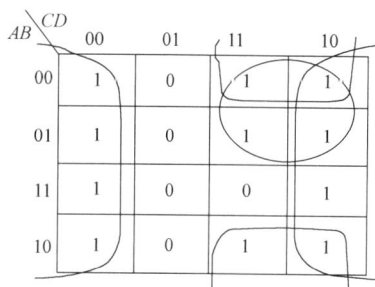

图 5-36　例 5-10 的卡诺图

5.6　组合逻辑电路

数字系统中常用的各种数字电路，就其结构和工作原理而言可分为两大类，即组合逻辑电路（Combinational Logic Circuit）和时序逻辑电路（Sequential Logic Circuit）。组合逻辑电路的特点是：电路在任意时刻的输出状态只取决于该时刻的输入状态，而与该时刻前的状态无关。

5.6.1　组合逻辑电路的分析

组合逻辑电路的分析步骤如下：

1）写出给定电路的逻辑表达式。

2）对逻辑表达式进行化简和变换，得到最简单的表达式。

3）根据简化后的逻辑表达式列出真值表。

4）根据真值表和逻辑表达式确定电路功能。

教学视频 5-7：
组合逻辑电路
的分析

【例 5-11】　分析图 5-37 所示电路的逻辑功能。

解：第一步：写出函数表达式。

$$Y = \overline{\overline{\overline{AB} \cdot \overline{AB}}}$$

第二步：化简。

$$Y = \overline{\overline{\overline{AB} \cdot \overline{AB}}}$$
$$= \overline{\overline{AB}} + \overline{\overline{AB}}$$
$$= \overline{A}B + A\overline{B}$$

图 5-37　例 5-11 的电路

第三步：列真值表，见表 5-11。

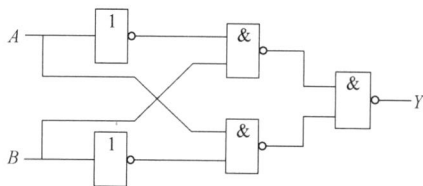

表 5-11　例 5-11 真值表

A	B	Y	A	B	Y
0	0	0	1	0	1
0	1	1	1	1	0

第四步：确定电路功能。

从真值表和表达式可以看出，该电路具有异或功能。

【例 5-12】 分析图 5-38 所示电路的逻辑功能。

解：第一步：写出函数表达式。

$$Y = \overline{\overline{AB} \cdot \overline{BC} \cdot \overline{AC}}$$

第二步：化简。

$$Y = AB + BC + AC$$

第三步：列真值表，见表 5-12。

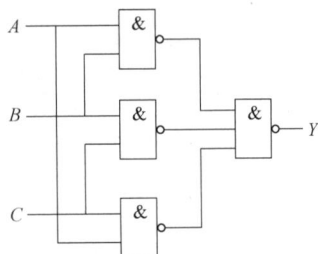

图 5-38　简单的组合逻辑电路

表 5-12　例 5-12 真值表

A	B	C	Y	A	B	C	Y
0	0	0	0	1	0	0	0
0	0	1	0	1	0	1	1
0	1	0	0	1	1	0	1
0	1	1	1	1	1	1	1

第四步：确定电路功能。

这是三人表决电路，即只要有 2 票或 3 票同意，表决就通过。

5.6.2　组合逻辑电路的设计

组合逻辑电路的设计与分析过程正好相反，它是根据给定的逻辑功能要求，找出用最少门电路来实现该逻辑功能的电路，步骤如下：

教学视频 5-8：
组合逻辑电路
的设计

1) 分析给定的实际逻辑问题，根据设计的逻辑要求列出真值表。

2) 根据真值表写出逻辑表达式。

3) 根据所用门电路类型化简和变换逻辑表达式。

4) 画出逻辑图。

【例 5-13】 交通信号灯有红、绿、黄三种，三种灯分别单独工作或黄、绿灯同时工作时属正常情况，其他情况均属故障，要求出现故障时输出报警信号。试设计该交通灯故障报警电路。

解：（1）根据逻辑要求列出真值表。设输入变量为 A、B、C，分别代表红、绿、黄三种灯，灯亮时其值为 1，灯灭时其值为 0；输出报警信号用 Y 表示，灯正常工作时为 0，灯出现故障时其值为 1，则真值表见表 5-13。

表 5-13　例 5-13 的真值表

A	B	C	Y	A	B	C	Y
0	0	0	1	1	0	0	0
0	0	1	0	1	0	1	1
0	1	0	0	1	1	0	1
0	1	1	0	1	1	1	1

（2）写出逻辑函数表达式。

$$Y = \overline{A}\,\overline{B}\,\overline{C} + \overline{A}BC + AB\overline{C} + ABC$$

（3）化简。

$$Y = \overline{A}\,\overline{B}\,\overline{C} + \overline{A}BC + AB\overline{C} + ABC$$

$$= \overline{A}\,\overline{B}\,\overline{C} + AB + AC$$

（4）画出逻辑图。逻辑图如图 5-39 所示。

与非门是常用的门电路，上述电路也可用非门和与非门来实现。

先对逻辑表达式进行变换

$$Y = \overline{A}\,\overline{B}\,\overline{C} + AB + AC$$

$$= \overline{\overline{\overline{A}\,\overline{B}\,\overline{C}} \cdot \overline{AB} \cdot \overline{AC}}$$

逻辑图如图 5-40 所示。

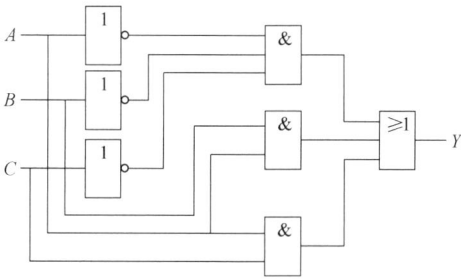

图 5-39　例 5-13 的逻辑图之一　　　　　图 5-40　例 5-13 的逻辑图之二

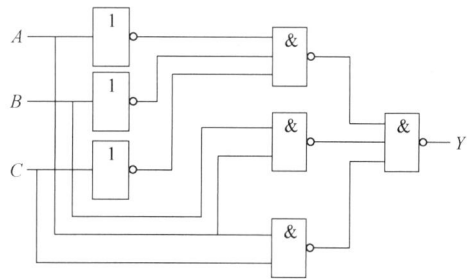

【**例 5-14**】　旅客列车按发车的优先级别依次为特快、直快和普快三种，若有多列列车同时发出发车的请求，则只允许优先级别最高的列车发车，试设计优先发车的逻辑电路。

解：（1）根据逻辑要求列出真值表。

设输入变量 A、B、C 分别代表特快、直快和普快三种列车，有发车请求时其值为 1，无发车请求时其值为 0。特快、直快和普快发车信号分别用 Y_1、Y_2、Y_3 表示，是 1 时表示允许，是 0 时表示不允许。根据题意列真值表，见表 5-14。

表 5-14　例 5-14 的真值表

A	B	C	Y_1	Y_2	Y_3
0	0	0	0	0	0
0	0	1	0	0	1
0	1	0	0	1	0
0	1	1	0	1	0
1	0	0	1	0	0
1	0	1	1	0	0
1	1	0	1	0	0
1	1	1	1	0	0

（2）写出逻辑函数表达式并化简。

$$Y_1 = A\overline{B}\,\overline{C} + A\overline{B}C + AB\overline{C} + ABC = A$$

$$Y_2 = \overline{A}\,\overline{B}\,\overline{C} + \overline{A}\overline{B}C = \overline{A}\overline{B}$$

$$Y_3 = \overline{A}\,\overline{B}\,\overline{C}$$

（3）画出逻辑图。逻辑图如图 5-41 所示。

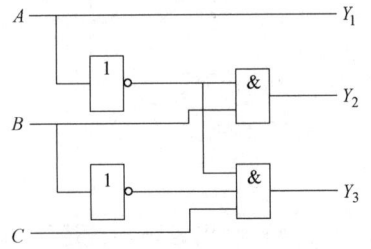

图 5-41　例 5-14 的逻辑图

【例 5-15】　某工厂有 A、B、C 三个车间和一个自备电站，站内有两台发电机 Y_1 和 Y_2。Y_1 的容量是 Y_2 的两倍。如果一个车间开工，只需 Y_2 运行即可满足要求；如果两个车间开工，只需 Y_1 运行；如果三个车间开工，Y_1 和 Y_2 均需运行。试用与非门和非门设计出控制 Y_1 和 Y_2 运行的逻辑图。

解：（1）根据逻辑要求列出真值表。

设 A、B、C 分别表示三个车间的开工状态：开工为 1，不开工为 0；Y_1 和 Y_2 运行为 1，停机为 0。列出真值表，见表 5-15。

表 5-15　例 5-15 的真值表

A	B	C	Y_1	Y_2	A	B	C	Y_1	Y_2
0	0	0	0	0	1	0	0	0	1
0	0	1	0	1	1	0	1	1	0
0	1	0	0	1	1	1	0	1	0
0	1	1	1	0	1	1	1	1	1

（2）写出逻辑函数表达式并化简。

$$
\begin{aligned}
Y_1 &= \overline{A}BC + A\overline{B}C + AB\overline{C} + ABC \\
&= AB + AC + BC \\
&= \overline{\overline{AB + AC + BC}} \\
&= \overline{\overline{AB} \cdot \overline{AC} \cdot \overline{BC}}
\end{aligned}
$$

$$
\begin{aligned}
Y_2 &= \overline{A}\,\overline{B}C + \overline{A}B\overline{C} + A\overline{B}\,\overline{C} + ABC \\
&= \overline{\overline{\overline{A}\,\overline{B}C} \cdot \overline{\overline{A}B\overline{C}} \cdot \overline{A\overline{B}\,\overline{C}} \cdot \overline{ABC}}
\end{aligned}
$$

（3）画出逻辑图。逻辑图如图 5-42 所示。

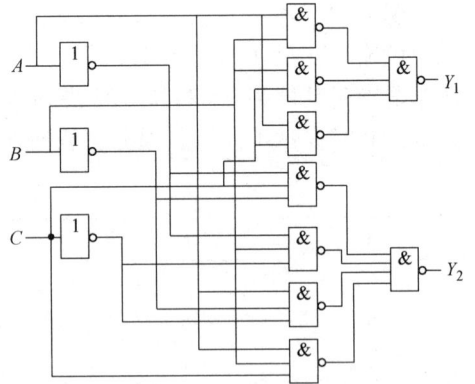

图 5-42　例 5-15 的逻辑图

【例 5-16】　试用门电路设计一个能对输入的 4 位二进制数进行求反加 1 的运算电路。

解：（1）根据逻辑要求列出真值表。

设 A、B、C、D 为 4 个输入变量，4 个输出变量为 Y_3、Y_2、Y_1、Y_0。根据题意可列出真值表，见表 5-16。

表 5-16　例 5-16 的真值表

A	B	C	D	Y_3	Y_2	Y_1	Y_0
0	0	0	0	0	0	0	0
0	0	0	1	1	1	1	1
0	0	1	0	1	1	1	0
0	0	1	1	1	1	0	1
0	1	0	0	1	1	0	0
0	1	0	1	1	0	1	1
0	1	1	0	1	0	1	0
0	1	1	1	1	0	0	1
1	0	0	0	1	0	0	0
1	0	0	1	1	1	1	1
1	0	1	0	0	1	1	0
1	0	1	1	0	1	0	1
1	1	0	0	0	1	0	0
1	1	0	1	0	0	1	1
1	1	1	0	0	0	1	0
1	1	1	1	0	0	0	1

（2）写出逻辑函数表达式。

由真值表画出卡诺图，如图 5-43 所示。

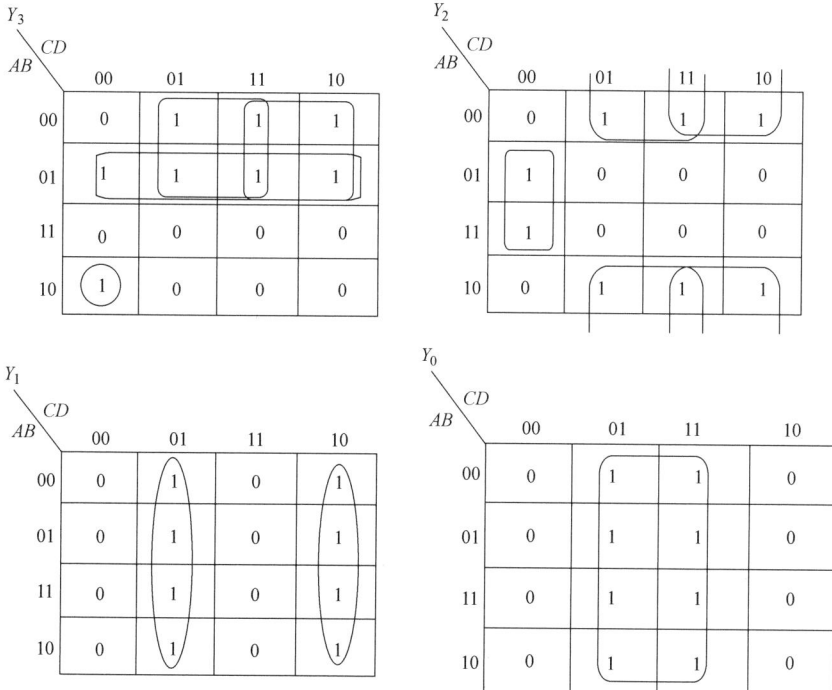

图 5-43　例 5-16 的卡诺图

由卡诺图可得各输出表达式：

$$Y_3 = \overline{A}B + \overline{A}C + \overline{A}D + A\overline{B}\ \overline{C}\ \overline{D} = A \oplus (B+C+D)$$

$$Y_2 = \overline{B}C + \overline{B}D + B\overline{C}\overline{D} = B \oplus (C+D)$$

$$Y_1 = \overline{C}D + C\overline{D} = C \oplus D$$

$$Y_0 = D$$

（3）画出逻辑图。逻辑图如图 5-44 所示。

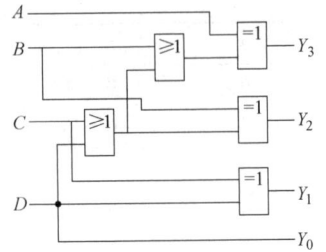

图 5-44　例 5-16 的逻辑图

5.7　加法器

能实现二进制加法运算的逻辑电路称为加法器（Adder）。在各种数字系统尤其是计算机中，二进制加法器是基本部件之一。

5.7.1　半加器

半加器（Half Adder）和全加器（Full Adder）都是算术运算电路的基本单元，它们是完成 1 位二进制数相加的一种组合逻辑电路。如果只考虑两个加数本身，而不考虑低位进位的加法运算，称为半加。实现半加运算的逻辑电路称为半加器。两个一位二进制的半加运算可用表 5-17 所示的真值表表示，其中 A、B 是两个加数，S 表示和数，C 表示进位数。

表 5-17　半加器真值表

输　　入		输　　出		输　　入		输　　出	
A	B	C	S	A	B	C	S
0	0	0	0	1	0	0	1
0	1	0	1	1	1	1	0

由真值表可得逻辑表达式为

$$S = \overline{A}B + A\overline{B}$$

$$C = AB$$

由上述表达式可以画出由异或门和与门构成的半加器，如图 5-45a 所示，图 5-45b 是半加器的逻辑符号。

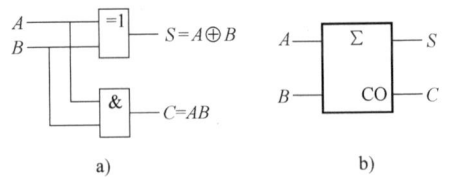

图 5-45　半加器电路及其逻辑符号

5.7.2　全加器

全加器能将加数、被加数和低位来的进位信号进行相加，并根据求和结果给出该位的进位信号。根据全加器的功能，可列出它的真值表，见表 5-18。其中 A 和 B 分别是被加数及加数，C_i 为低位进位数，S 为本位和数（称为全加和），C_o 为向高位的进位数。

表 5-18 全加器真值表

输 入			输 出		输 入			输 出	
A	B	C_i	C_o	S	A	B	C_i	C_o	S
0	0	0	0	0	1	0	0	0	1
0	0	1	0	1	1	0	1	1	0
0	1	0	0	1	1	1	0	1	0
0	1	1	1	0	1	1	1	1	1

由表 5-18 可写出全加和数 S 和进位数 C_o 的逻辑表达式：

$$S = \overline{A}\,\overline{B}C_i + \overline{A}B\overline{C_i} + A\overline{B}\,\overline{C_i} + ABC_i = \overline{A}(B \oplus C_i) + A\overline{(B \oplus C_i)}$$
$$= A \oplus B \oplus C_i$$

$$C_o = \overline{A}BC_i + A\overline{B}C_i + AB\overline{C_i} + ABC_i = AB + AC_i + BC_i$$

由上两式可画出一位全加器的逻辑图，如图 5-46a 所示。全加器电路的结构形式有多种，但都合乎表 5-18 的逻辑要求。图 5-46b 是全加器的逻辑符号。

【例 5-17】 试用两个一位半加器和基本逻辑门电路（与、或、非）实现一位全加器。

解： 由 $S = A \oplus B \oplus C_i$

$$C_o = \overline{A}BC_i + A\overline{B}C_i + AB\overline{C_i} + ABC_i = \overline{A}BC_i + A\overline{B}C_i + AB$$
$$= (A \oplus B)\,C_i + AB$$

根据以上两公式，可用两个一位半加器和一个或门来实现，如图 5-47 所示。

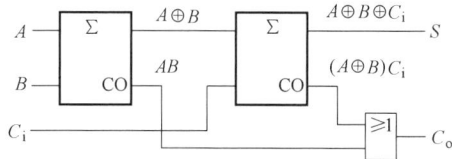

图 5-46 全加器电路及其逻辑符号

图 5-47 例 5-17 的电路图

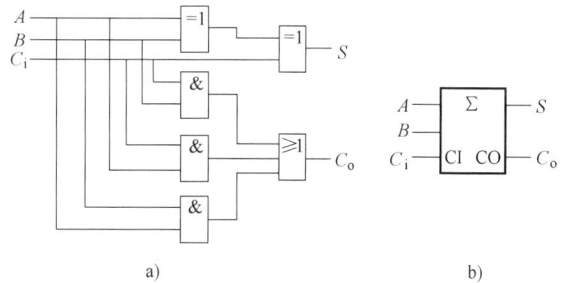

5.8 编码器和译码器

5.8.1 编码器

用文字、符号或者数码表示特定对象或信号的过程称为编码（Coding），能够实现编码功能的电路称为编码器（Encoder）。用十进制编码或用某种文字和符号编码，难以用电路来实现。在数字电路中，一般用二进制码 0 和 1 进行编码，把若干个 0 和 1 按一定规律编排起来组成不同的代码（二进制数）来表示特定的对象或信号。要表示的对象或信号越多，二进制代码的位数就越多。n 位二进制代码有 2^n 个状

教学视频 5-9：编码器

态，可以表示 2^n 个对象或信号。对 N 个信号进行编码时，应按公式 $2^n \geqslant N$ 来确定需要使用的二进制代码的位数 n。

1. 二进制编码器

用 n 位二进制代码来表示 $N=2^n$ 个信息的电路称为二进制编码器（Binary Encoder）。二进制编码器输入有 $N=2^n$ 个信号，输出为 n 位二进制代码。根据输出代码的位数，二进制编码器可分为 2 位二进制编码器、3 位二进制编码器、4 位二进制编码器等。

下面以 3 位二进制编码器为例进行说明。3 位二进制编码器输入有 8 个信号，所以输出是 3 位（$2^n=8$，$n=3$）二进制代码。这种编码器通常称为 8 线—3 线编码器。编码表是把待编码的 8 个信号和对应的二进制代码列成表格。方案有很多，表 5-19 分别用 000～111 表示 8 个输入信号 $I_0 \sim I_7$。

表 5-19　3 位二进制编码器编码表

输　　入	输　　出		
	Y_2	Y_1	Y_0
I_0	0	0	0
I_1	0	0	1
I_2	0	1	0
I_3	0	1	1
I_4	1	0	0
I_5	1	0	1
I_6	1	1	0
I_7	1	1	1

由表可得出逻辑表达式为

$$Y_2 = I_4 + I_5 + I_6 + I_7 = \overline{\overline{I_4 + I_5 + I_6 + I_7}} = \overline{\overline{I_4} \cdot \overline{I_5} \cdot \overline{I_6} \cdot \overline{I_7}}$$

$$Y_1 = I_2 + I_3 + I_6 + I_7 = \overline{\overline{I_2 + I_3 + I_6 + I_7}} = \overline{\overline{I_2} \cdot \overline{I_3} \cdot \overline{I_6} \cdot \overline{I_7}}$$

$$Y_0 = I_1 + I_3 + I_5 + I_7 = \overline{\overline{I_1 + I_3 + I_5 + I_7}} = \overline{\overline{I_1} \cdot \overline{I_3} \cdot \overline{I_5} \cdot \overline{I_7}}$$

由表达式可画出逻辑图，如图 5-48 所示。

输入信号一般不允许两个或两个以上同时输入。例如，当 $I_2=1$，其余为 0 时，输出为 010；当 $I_5=1$，其余为 0 时，输出为 101。010 和 101 分别表示输入信号 I_2 和 I_5。当 $I_1 \sim I_7$ 均为 0 时，输出为 000，即表示 I_0。

2. 二—十进制编码器

二—十进制编码器（Binary Coded Decimal Encoder）是将十进制数码编成二进制代码。输入是 10 个状态，输出需要 4 位（$2^n > 10$，取 $n=4$）二进制代码（又称二—十进制代码，简称 BCD 码），因此也称为 10 线—4 线编码器。4 位二进制代码共有 16 种状态，其中任何十种状态

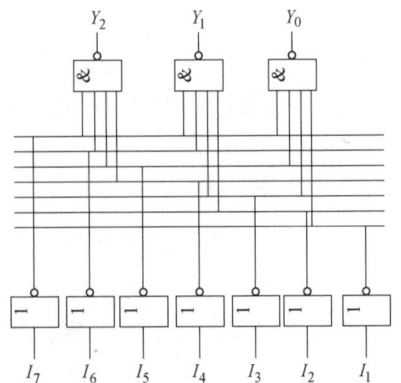

图 5-48　3 位二进制编码器逻辑图

都可以表示十进制的十个数码，方案很多。最常用的是 8421 编码方式，就是在 4 位二进制代码的 16 种状态中取前十种状态，见表 5-20。

表 5-20 二—十进制编码器 8421 编码表

输　入	输　出			
十进制数	Y_3	Y_2	Y_1	Y_0
0 (I_0)	0	0	0	0
1 (I_1)	0	0	0	1
2 (I_2)	0	0	1	0
3 (I_3)	0	0	1	1
4 (I_4)	0	1	0	0
5 (I_5)	0	1	0	1
6 (I_6)	0	1	1	0
7 (I_7)	0	1	1	1
8 (I_8)	1	0	0	0
9 (I_9)	1	0	0	1

由表 5-20 可写出表达式为

$$Y_3 = I_8 + I_9 = \overline{\overline{I_8 + I_9}} = \overline{\overline{I_8} \cdot \overline{I_9}}$$

$$Y_2 = I_4 + I_5 + I_6 + I_7 = \overline{\overline{I_4 + I_5 + I_6 + I_7}} = \overline{\overline{I_4} \cdot \overline{I_5} \cdot \overline{I_6} \cdot \overline{I_7}}$$

$$Y_1 = I_2 + I_3 + I_6 + I_7 = \overline{\overline{I_2 + I_3 + I_6 + I_7}} = \overline{\overline{I_2} \cdot \overline{I_3} \cdot \overline{I_6} \cdot \overline{I_7}}$$

$$Y_0 = I_1 + I_3 + I_5 + I_7 + I_9 = \overline{\overline{I_1 + I_3 + I_5 + I_7 + I_9}} = \overline{\overline{I_1} \cdot \overline{I_3} \cdot \overline{I_5} \cdot \overline{I_7} \cdot \overline{I_9}}$$

逻辑图如图 5-49 所示。当 $I_1 \sim I_9$ 均为 0 时，输出为 0000，表示 I_0，即 I_0 是隐含的。

3. 优先编码器（Priority Encoder）

前面介绍的编码器每次只允许一个输入端上有信号，而实际上常常出现多个输入端同时有信号的情况。这就要求电路能够按照输入信号的优先级别进行编码，这种编码器称为优先编码器。

3 位二进制优先编码器的输入是 8 个要进行优先编码的信号 $I_0 \sim I_7$，即设 I_7 的优先级别最高，I_6 次之，依次类推，I_0 最低，并分别用 000 ~ 111 表示 $I_0 \sim I_7$，从而得到优先编码表，见表 5-21。表中的×表示变量的取值可以任意，既可以是 0，也可以是 1。3 位二进制优先编码器有 8 个输入编码信号、3 个输出代码信号，所以又叫作 8 线—3 线优先编码器。

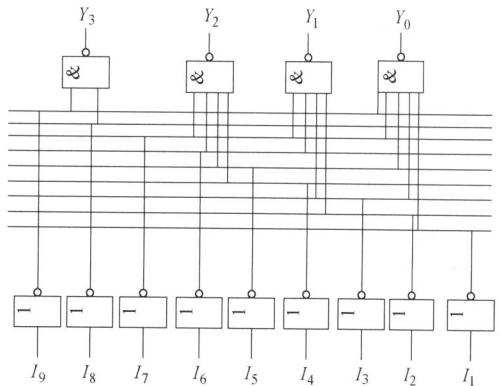

图 5-49 二—十进制编码器逻辑图

表 5-21 3 位二进制优先编码器编码表

输　　　入								输　　出		
I_7	I_6	I_5	I_4	I_3	I_2	I_1	I_0	Y_2	Y_1	Y_0
1	×	×	×	×	×	×	×	1	1	1
0	1	×	×	×	×	×	×	1	1	0
0	0	1	×	×	×	×	×	1	0	1
0	0	0	1	×	×	×	×	1	0	0
0	0	0	0	1	×	×	×	0	1	1
0	0	0	0	0	1	×	×	0	1	0
0	0	0	0	0	0	1	×	0	0	1
0	0	0	0	0	0	0	1	0	0	0

由表可写出逻辑表达式为

$$Y_2 = I_7 + \overline{I_7}I_6 + \overline{I_7}\,\overline{I_6}I_5 + \overline{I_7}\,\overline{I_6}\,\overline{I_5}I_4 = I_7 + I_6 + I_5 + I_4$$

$$Y_1 = I_7 + \overline{I_7}I_6 + \overline{I_7}\,\overline{I_6}\,\overline{I_5}\,\overline{I_4}I_3 + \overline{I_7}\,\overline{I_6}\,\overline{I_5}\,\overline{I_4}\,\overline{I_3}I_2 = I_7 + I_6 + \overline{I_5}\,\overline{I_4}I_3 + \overline{I_5}\,\overline{I_4}I_2$$

$$Y_0 = I_7 + \overline{I_7}\,\overline{I_6}I_5 + \overline{I_7}\,\overline{I_6}\,\overline{I_5}\,\overline{I_4}I_3 + \overline{I_7}\,\overline{I_6}\,\overline{I_5}\,\overline{I_4}\,\overline{I_3}\,\overline{I_2}I_1 = I_7 + \overline{I_6}I_5 + \overline{I_6}\,\overline{I_4}I_3 + \overline{I_6}\,\overline{I_4}\,\overline{I_2}I_1$$

根据上述表达式可画出图 5-50 所示的逻辑图。

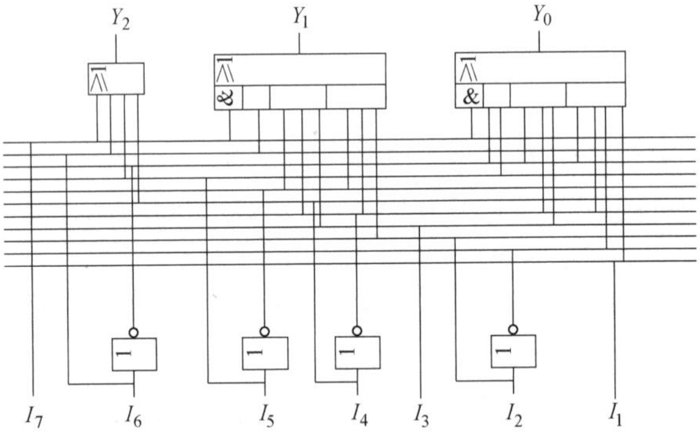

图 5-50 3 位二进制优先编码器逻辑图

74LS148 型编码器是 8 线—3 线优先编码器，输入端低电平有效，输出端低电平有效（反码编码，$\overline{I_7}$ 有效编码为 000，$\overline{I_0}$ 有效编码为 111）。74LS148 的逻辑符号如图 5-51 所示，$\overline{ST}$ 为使能端，低电平有效；$\overline{I_0} \sim \overline{I_7}$ 为 8 个输入变量，$\overline{Y_0} \sim \overline{Y_2}$ 为 3 个输出变量，$\overline{Y_{EX}}$ 为优先扩展输出端，Y_S 为选通输出端，用于级联和扩展时使用。74LS148 逻辑功能表

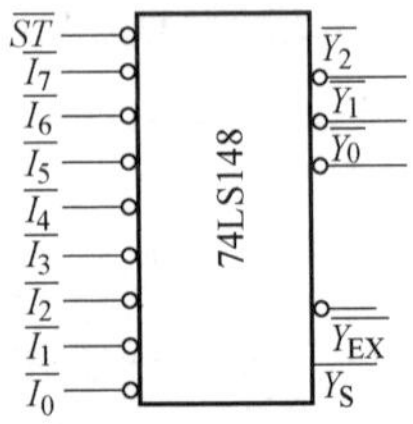

图 5-51 74LS148 的逻辑符号

见表 5-22。

表 5-22　74LS148 的逻辑功能表

	输　　　入								输　　　出				
$\overline{ST}$	$\overline{I_7}$	$\overline{I_6}$	$\overline{I_5}$	$\overline{I_4}$	$\overline{I_3}$	$\overline{I_2}$	$\overline{I_1}$	$\overline{I_0}$	$\overline{Y_2}$	$\overline{Y_1}$	$\overline{Y_0}$	$\overline{Y_{EX}}$	Y_S
1	×	×	×	×	×	×	×	×	1	1	1	1	1
0	1	1	1	1	1	1	1	1	1	1	1	1	0
0	0	×	×	×	×	×	×	×	0	0	0	0	1
0	1	0	×	×	×	×	×	×	0	0	1	0	1
0	1	1	0	×	×	×	×	×	0	1	0	0	1
0	1	1	1	0	×	×	×	×	0	1	1	0	1
0	1	1	1	1	0	×	×	×	1	0	0	0	1
0	1	1	1	1	1	0	×	×	1	0	1	0	1
0	1	1	1	1	1	1	0	×	1	1	0	0	1
0	1	1	1	1	1	1	1	0	1	1	1	0	1

【例 5-18】　试用两片 74LS148 构成 16 线—4 线优先编码器。

解：设 $\overline{A_0}$ ~ $\overline{A_{15}}$ 为 16 个输入变量，低电平有效，$\overline{A_{15}}$ 优先权最高，其余依次类推；$\overline{Z_0}$ ~ $\overline{Z_3}$ 为 4 个输出变量，输出低电平有效（即输出为 4 位二进制反码）。电路图如图 5-52 所示。片（1）使能端接地，一直有效，当 $\overline{A_{15}}$ ~ $\overline{A_8}$ 有电平有效信号输入时，片（1）Y_S 为 1，导致片（0）使能端无效，所以片（0）所有输出端为 1。这时片（1）工作，$\overline{A_{15}}$ 优先权最高，$\overline{A_8}$ 优先权最低，输出 $Z_3Z_2Z_1Z_0$ 范围

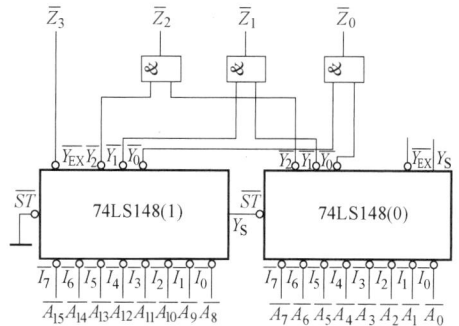

图 5-52　两片 74LS148 构成 16 线—4 线优先编码器

为 0000~0111。当 $\overline{A_{15}}$ ~ $\overline{A_8}$ 全为高电平时，片（1）Y_S 为 0，其他输出端均为 1，片（0）使能端有效，片（0）开始工作，$\overline{A_7}$ 优先权最高，$\overline{A_0}$ 优先权最低，输出 $Z_3Z_2Z_1Z_0$ 范围为 1000 ~1111。

74LS147 型编码器是二—十进制优先编码器，也称为 10 线—4 线优先编码器，表 5-23 是其功能表。由表可见，74LS147 有 9 个输入变量 $\overline{I_1}$ ~ $\overline{I_9}$、4 个输出变量 $\overline{Y_0}$ ~ $\overline{Y_3}$。输入的反变量对低电平有效，即有有效信号时，输入为 0。输出为反码编码，对应于 0~9 十个十进制数码。例如表中第一行，所有输入端无信号，输出的不是与十进制数码 0 对应的二进制数 0000，而是其反码 1111。输入信号的优先次序为 $\overline{I_9}$ ~ $\overline{I_1}$。当 $\overline{I_9}$ = 0 时，无论其他输入端是 0 或 1，输出端只对 $\overline{I_9}$ 编码，输出为 0110（原码为 1001）；当 $\overline{I_9}$ = 1，$\overline{I_8}$ = 0 时，无论其他输入端为何值，输出端只对 $\overline{I_8}$ 编码，输出为 0111（原码为 1000），依次类推。

表 5-23　74LS147 型编码器功能表

输　　入									输　　出			
$\overline{I_9}$	$\overline{I_8}$	$\overline{I_7}$	$\overline{I_6}$	$\overline{I_5}$	$\overline{I_4}$	$\overline{I_3}$	$\overline{I_2}$	$\overline{I_1}$	$\overline{Y_3}$	$\overline{Y_2}$	$\overline{Y_1}$	$\overline{Y_0}$
1	1	1	1	1	1	1	1	1	1	1	1	1
0	×	×	×	×	×	×	×	×	0	1	1	0
1	0	×	×	×	×	×	×	×	0	1	1	1
1	1	0	×	×	×	×	×	×	1	0	0	0
1	1	1	0	×	×	×	×	×	1	0	0	1
1	1	1	1	0	×	×	×	×	1	0	1	0
1	1	1	1	1	0	×	×	×	1	0	1	1
1	1	1	1	1	1	0	×	×	1	1	0	0
1	1	1	1	1	1	1	0	×	1	1	0	1
1	1	1	1	1	1	1	1	0	1	1	1	0

5.8.2　译码器

译码是编码的逆过程，它的功能是将具有特定含义的二进制码转换成对应的输出信号，具有译码功能的逻辑电路称为译码器（Decoder）。

教学视频 5-10：译码器

译码器的种类很多，有二进制译码器（Binary Decoder）、二—十进制译码器（Binary Coded Decimal Decoder）和显示译码器等（Display Decoder）。各种译码器工作原理类似，设计方法也相同。

1. 二进制译码器

二进制译码器具有 n 个输入端、2^n 个输出端和使能输入端。在使能输入端为有效电平时，对应每一组输入代码，只有其中一个输出端为有效电平，其余输出端则为非有效电平。

2 输入变量的二进制译码器（2 线—4 线译码器）74LS139 的逻辑图和逻辑符号如图 5-53所示。

a) 逻辑图　　b) 逻辑符号

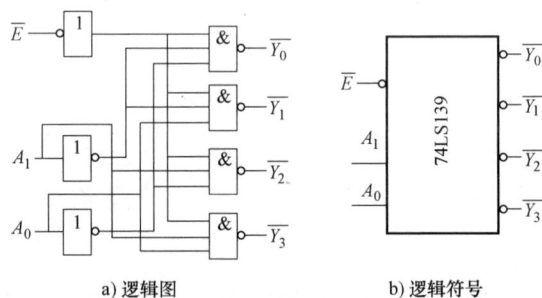

图 5-53　2 线—4 线译码器 74LS139 的逻辑图和逻辑符号

由逻辑图可写出输出端的逻辑表达式为

$$\overline{Y_0} = \overline{\overline{E}\,\overline{A_1}\,\overline{A_0}}, \quad \overline{Y_1} = \overline{\overline{E}\,\overline{A_1}\,A_0}, \quad \overline{Y_2} = \overline{\overline{E}A_1\,\overline{A_0}}, \quad \overline{Y_3} = \overline{\overline{E}A_1A_0}$$

根据逻辑表达式可列出功能表，见表 5-24。由表可知，当 $\overline{E}$ 为 1 时，无论 A_1、A_0 为何种状态，输出全为 1，译码器处于非工作状态。而当 $\overline{E}$ 为 0 时，对于 A_1、A_0 的某种状态组合，其中只有一个输出量为 0，其余各输出量均为 1。所以该译码器使能端为输入低电平有效。由此可见，译码器是通过输出端的逻辑电平以识别不同的代码。

表 5-24 2 输入变量二进制译码器功能表

输　　入			输　　出			
$\overline{E}$	A_1	A_0	$\overline{Y_0}$	$\overline{Y_1}$	$\overline{Y_2}$	$\overline{Y_3}$
1	×	×	1	1	1	1
0	0	0	0	1	1	1
0	0	1	1	0	1	1
0	1	0	1	1	0	1
0	1	1	1	1	1	0

图 5-54a 是常用的集成译码器 74LS138 的逻辑图，其逻辑符号如图 5-54b 所示，功能表见表 5-25。由图可知，该译码器有 3 个输入 A_2、A_1、A_0，它们共有 8 种状态的组合，即可译出 8 个输出信号 $\overline{Y_0} \sim \overline{Y_7}$，所以该译码器也称为 3 线—8 线译码器。该译码器设置三个使能输入端 S_1、$\overline{S_2}$、$\overline{S_3}$。由功能表可知，当 S_1 为 1，且 $\overline{S_2}$ 和 $\overline{S_3}$ 均为 0 时，译码器处于工作状态，输出为低电平有效。

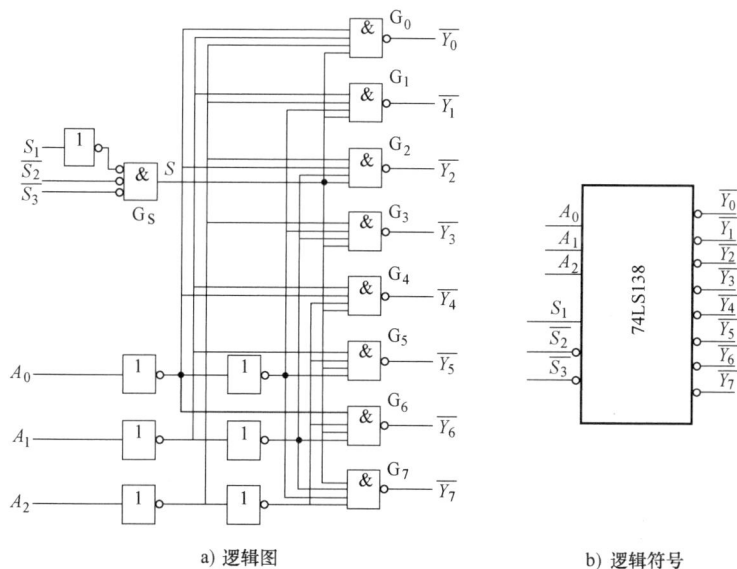

a) 逻辑图　　　　　　　　　　　　　　b) 逻辑符号

图 5-54 74LS138 的逻辑图及其逻辑符号

表 5-25 74LS138 功能表

输　　入						输　　出							
S_1	$\overline{S_2}$	$\overline{S_3}$	A_2	A_1	A_0	$\overline{Y_0}$	$\overline{Y_1}$	$\overline{Y_2}$	$\overline{Y_3}$	$\overline{Y_4}$	$\overline{Y_5}$	$\overline{Y_6}$	$\overline{Y_7}$
×	1	×	×	×	×	1	1	1	1	1	1	1	1
×	×	1	×	×	×	1	1	1	1	1	1	1	1
0	×	×	×	×	×	1	1	1	1	1	1	1	1
1	0	0	0	0	0	0	1	1	1	1	1	1	1
1	0	0	0	0	1	1	0	1	1	1	1	1	1
1	0	0	0	1	0	1	1	0	1	1	1	1	1
1	0	0	0	1	1	1	1	1	0	1	1	1	1

（续）

输　　入						输　　出							
S_1	$\overline{S_2}$	$\overline{S_3}$	A_2	A_1	A_0	$\overline{Y_0}$	$\overline{Y_1}$	$\overline{Y_2}$	$\overline{Y_3}$	$\overline{Y_4}$	$\overline{Y_5}$	$\overline{Y_6}$	$\overline{Y_7}$
1	0	0	1	0	0	1	1	1	1	0	1	1	1
1	0	0	1	0	1	1	1	1	1	1	0	1	1
1	0	0	1	1	0	1	1	1	1	1	1	0	1
1	0	0	1	1	1	1	1	1	1	1	1	1	0

由功能表可得，当 S_1 为 1，且 $\overline{S_2}$ 和 $\overline{S_3}$ 均为 0 时，有以下表达式：

$$\overline{Y_0}=\overline{\overline{A_2}\,\overline{A_1}\,\overline{A_0}},\quad \overline{Y_1}=\overline{\overline{A_2}\,\overline{A_1}\,A_0},\quad \overline{Y_2}=\overline{\overline{A_2}A_1\,\overline{A_0}},\quad \overline{Y_3}=\overline{\overline{A_2}A_1A_0}$$

$$\overline{Y_4}=\overline{A_2\,\overline{A_1}\,\overline{A_0}},\quad \overline{Y_5}=\overline{A_2\,\overline{A_1}A_0},\quad \overline{Y_6}=\overline{A_2A_1\,\overline{A_0}},\quad \overline{Y_7}=\overline{A_2A_1A_0}$$

从表达式可以看出，一个 3 线—8 线译码器能产生 3 变量函数的全部最小项，利用这一点可以方便地实现 3 变量的逻辑函数。

【例 5-19】　用一个 3 线—8 线译码器 74LS138 实现下列逻辑函数。

（1）$Y_1=\overline{A}\,\overline{B}\,\overline{C}+AB+AC$

（2）$Y_2=A\overline{B}\,\overline{C}+AC\overline{D}$

解：（1）将逻辑式用最小项表示。

$$Y_1=\overline{A}\,\overline{B}\,\overline{C}+AB+AC=\overline{A}\,\overline{B}\,\overline{C}+AB\,(C+\overline{C})\,+AC\,(B+\overline{B})$$

$$=\overline{A}\,\overline{B}\,\overline{C}+ABC+AB\overline{C}+ABC+A\overline{B}C$$

$$=\overline{A}\,\overline{B}\,\overline{C}+ABC+AB\overline{C}+A\overline{B}C$$

将输入变量 A、B、C 分别对应地接到 3 线—8 线译码器的输入端 A_2、A_1、A_0，在使能端有效的情况下，3 线—8 线译码器输出端为

$$\overline{Y_0}=\overline{\overline{A}\,\overline{B}\,\overline{C}},\quad \overline{Y_5}=\overline{A\overline{B}C},\quad \overline{Y_6}=\overline{AB\overline{C}},\quad \overline{Y_7}=\overline{ABC}$$

因此可得出 $Y=Y_0+Y_5+Y_6+Y_7=\overline{\overline{Y_0}\,\overline{Y_5}\,\overline{Y_6}\,\overline{Y_7}}$

在 3 线—8 线译码器上，使使能端有效，输出按上式选用与非门实现即可，逻辑图如图 5-55a 所示。

（2）该逻辑函数有 4 个输入变量，而 74LS138 只有 3 个地址输入端，因此选 3 个变量从地址端输入，一个变量从使能端输入。这里选 B、C、D 从地址端输入，A 从使能端 S_1 输入。把逻辑函数变换为 BCD 最小项的形式为

$$Y_2=A\overline{B}\,\overline{C}+AC\overline{D}=A\overline{B}\,\overline{C}(\overline{D}+D)+A(\overline{B}+B)C\overline{D}$$

$$=A\overline{B}\,\overline{C}\,\overline{D}+A\overline{B}\,\overline{C}D+A\overline{B}C\overline{D}+ABC\overline{D}$$

$$=A(\overline{B}\,\overline{C}\,\overline{D}+\overline{B}\,\overline{C}D+\overline{B}C\overline{D}+BC\overline{D})$$

$$=A(m_0+m_1+m_2+m_6)$$

$$=\overline{\overline{Am_0}\cdot \overline{Am_1}\cdot \overline{Am_2}\cdot \overline{Am_6}}$$

$$=\overline{\overline{Y_0}\cdot \overline{Y_1}\cdot \overline{Y_2}\cdot \overline{Y_6}}$$

按表达式连接电路，如图 5-55b 所示。

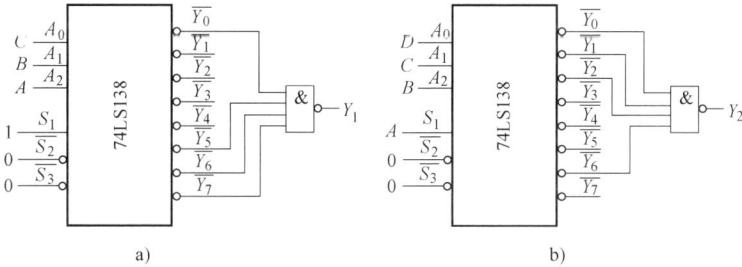

图 5-55　例 5-19 的逻辑图

【例 5-20】　试用两片 74LS138 扩展成 4
线—16 线译码器。

解：利用 74LS138 的使能端可以实现扩
展，电路如图 5-56 所示。$\overline{S}$ 为扩展后电路的使
能端，低电平有效。当 $\overline{S}$ 为低电平，A_3 也为低
电平时，片（0）工作，片（1）被禁止，按
照地址 $A_2A_1A_0$ 从 000~111 变化，分别从 $\overline{Y'_0}$~$\overline{Y'_7}$
输出低电平译码信号；A_3 为高电平时，片（1）
工作，片（0）被禁止，按照地址 $A_2A_1A_0$ 从
000~111 变化，分别从 $\overline{Y'_8}$~$\overline{Y'_{15}}$输出低电平译码
信号。

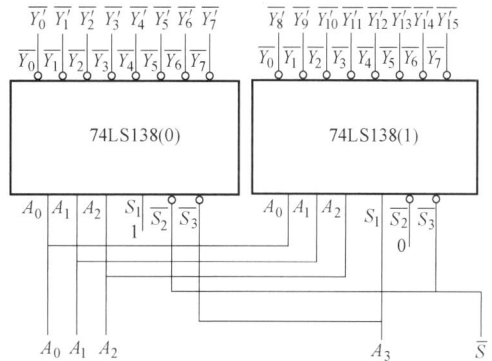

图 5-56　两片 74LS138 扩展成 4 线—16 线译码器

2. 显示译码器

在数字测量仪表和各种数字系统中，经常需要将数字、文字和符号直观地显示出来，用
来驱动各种显示器。将用二进制代码表示的数字、文字、符号翻译成人们习惯的形式直观地
显示出来的电路，称为显示译码器。显示译码器的种类很多，在数字电路中最常用的显示器
是半导体显示器（又称为发光二极管显示器，Light Emitting Diode，LED）和液晶显示器
（Liquid Crystal Display，LCD）。LED 主要用于显示数字和字母，LCD 可以显示数字、字母、
文字和图形等。七段 LED 数码显示器俗称数码管，其工作原理是将要显示的十进制数码分
成 7 段，每段为一个发光二极管，利用不同发光段的组合来显示不同的数字。图 5-57 是数
码管的外形结构。

数码管中的 7 个发光二极管有共阴极和共阳极两种接法，如
图 5-58 所示。共阴极电路中，7 个发光二极管的阴极连在一起接低
电平，需要某一段发光，就将相应二极管的阳极接高电平；共阳
极电路正好相反。

为了使数码管能显示十进制数，必须将其代码经译码器译出，
然后经驱动器点亮对应的段。例如，对于 8421BCD 码的 0011 状
态，对应的十进制数为 3，则译码驱动器应使 a、b、c、d、g 各段
点亮。显示译码器的功能就是，对应于某一组数码输入，相应的

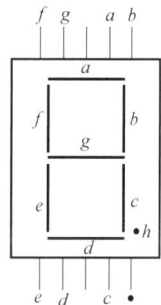

图 5-57　数码管的外形结构

几个输出端有有效信号输出。

74HC4511 七段显示译码器的逻辑符号如图 5-59 所示，功能表见表 5-26。

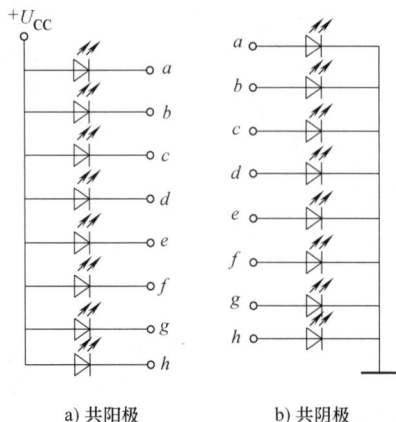

a) 共阳极　　　　b) 共阴极

图 5-58　数码管的两种接法

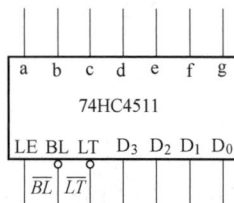

图 5-59　74HC4511 逻辑符号

当输入 8421BCD 码时，输出高电平有效，用以驱动共阴极数码管。当输入为 1010 ~ 1111 六个状态时，输出全为低电平，数码管无显示。该集成显示译码器设有三个辅助控制端 LE、$\overline{BL}$、$\overline{LT}$，以增加器件的功能，先分别介绍如下：

（1）灯测试输入 $\overline{LT}$

当 $\overline{LT}=0$ 时，无论其他输入端是什么状态，所有各段输出 $a \sim g$ 均为 1，显示字形 目。该输入端常用于检查译码器本身及数码管的好坏。

（2）灭灯输入 $\overline{BL}$

当 $\overline{BL}=0$，且 $\overline{LT}=1$ 时，无论其他输入端是什么电平，所有各段输出 $a \sim g$ 均为 0，所以字形熄灭。该输入端用于将不必要显示的零熄灭，例如，一个 6 位数字 023.050，将首、尾多余的 0 熄灭，则显示为 23.05，使显示结果更加清楚。

（3）锁存使能输入 LE

在 $\overline{BL}=\overline{LT}=1$ 的条件下，当 $LE=0$ 时，锁存器不工作，译码器的输出随输入码的变化而变化；当 LE 由 0 跳变为 1 时，输入码被锁存，输出只取决于锁存器的内容，不再随输入的变化而变化。

表 5-26　74HC4511 七段显示译码器功能表

十进制数或功能	输　入							输　　出							字　形
	LE	$\overline{BL}$	$\overline{LT}$	D_3	D_2	D_1	D_0	a	b	c	d	e	f	g	
0	0	1	1	0000				1111110							0
1	0	1	1	0001				0110000							1
2	0	1	1	0010				1101101							2
3	0	1	1	0011				1111001							3
4	0	1	1	0100				0110011							4
5	0	1	1	0101				1011011							5

（续）

十进制数或功能	输入				输出	字 形
	LE	$\overline{BL}$	$\overline{LT}$	$D_3\ D_2\ D_1\ D_0$	$a\quad b\quad c\quad d\quad e\quad f\quad g$	
6	0	1	1	0110	0011111	**6**
7	0	1	1	0111	1110000	**7**
8	0	1	1	1000	1111111	**8**
9	0	1	1	1001	1111011	**9**
10	0	1	1	1010	0000000	熄灭
11	0	1	1	1011	0000000	熄灭
12	0	1	1	1100	0000000	熄灭
13	0	1	1	1101	0000000	熄灭
14	0	1	1	1110	0000000	熄灭
15	0	1	1	1111	0000000	熄灭
灯测试	×	×	0	××××	1111111	**8**
灭灯	×	0	1	××××	0000000	熄灭
锁存	1	1	1	××××	*	*

【例 5-21】 由 74HC4511 构成 24 小时及分钟的译码电路如图 5-60 所示，试分析小时高位是否具有零熄灭功能。

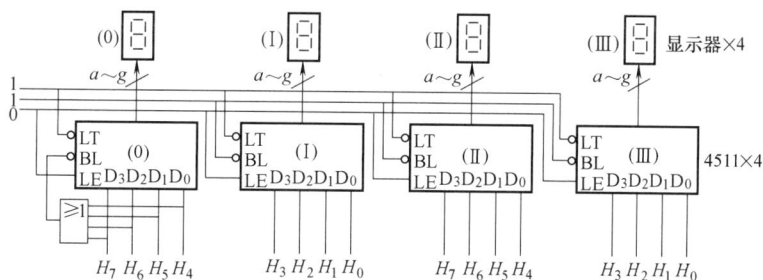

图 5-60　例 5-21 的译码显示电路

解：根据 74HC4511 的功能表可知，译码器正常工作时，LE 接低电平，$\overline{BL}$ 和 $\overline{LT}$ 均接高电平。如果输入的 8421BCD 码为 0000 时，数码管不显示，要求 $\overline{BL}$ 接低电平，$\overline{LT}$ 仍为高电平，而 LE 可以是任意值。图中，小时高位的 BCD 码经或门连接到 $\overline{BL}$ 端，当输入为 0000 时，或门的输出为 0，使 $\overline{BL}$ 为 0，高位零被熄灭。

5.9　数据分配器和数据选择器

数据分配器和数据选择器都是数字电路中的多路开关。数据分配器（Demultiplexer）的功能是将一路数据根据需要送到不同的通道上。数据选择器（Multiplexer）的功能是选择多路数据中的某一路数据作为输出。

5.9.1 数据分配器

数据分配器可以用译码器来实现。例如，用 74LS138 译码器可以把一个数据信号分配到 8 个不同的通道上，实现电路如图 5-61 所示。将译码器的使能端 S_1 接高电平，$\overline{S_2}$ 接低电平，$\overline{S_3}$ 接数据输入 D，译码器的输入端 A_2、A_1、A_0 作为分配器的地址输入端，根据地址的不同，数据 D 从 8 个不同的输出端输出。例如，当 $A_2A_1A_0 = 000$ 时，数据 D 从 $\overline{Y_0}$ 端输出，当 $A_2A_1A_0 = 001$ 时，数据 D 从 $\overline{Y_1}$ 端输出，依次类推。

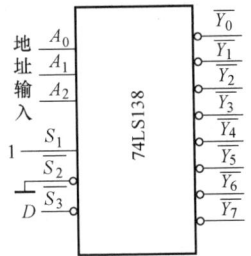

图 5-61 74LS138 构成的数据分配器

如果 D 端输入的是时钟脉冲，则可将时钟脉冲分配到 $\overline{Y_0} \sim \overline{Y_7}$ 的某一个输出端，从而构成时钟脉冲分配器。

数据分配器的用途比较多，比如用它将一台 PC 与多台外部设备连接，将计算机的数据分送到外部设备中。它还可以与计数器结合组成脉冲分配器，与数据选择器连接组成分时数据传送系统。

教学视频 5-11：数据选择器

5.9.2 数据选择器

数据选择器的功能是选择多路数据中的某一路数据作为输出。下面以 74LS153 型双 4 选 1 数据选择器为例，说明工作原理及基本功能。其逻辑图如图 5-62 所示，$D_3 \sim D_0$ 是四个数据输入端；A_1 和 A_0 是地址输入端；$\overline{S}$ 是使能端，低电平有效，Y 是输出端。由逻辑图可写出逻辑表达式：

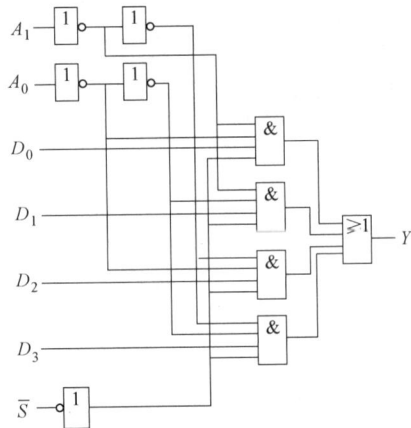

$$Y = D_0 \overline{A_1}\,\overline{A_0}S + D_1 \overline{A_1}A_0S + D_2 A_1 \overline{A_0}S + D_3 A_1 A_0 S$$

$$(5\text{-}12)$$

由逻辑表达式写出功能表，见表 5-27。

图 5-62 74LS153 型双 4 选 1 数据选择器逻辑图

表 5-27 74LS153 型双 4 选 1 数据选择器功能表

输 入			输 出
$\overline{S}$	A_1	A_0	Y
1	×	×	0
0	0	0	D_0
0	0	1	D_1
0	1	0	D_2
0	1	1	D_2

当 $\overline{S} = 1$ 时，$Y = 0$，选择器不工作；当 $\overline{S} = 0$ 时，选择器按照地址的不同选择一路数据。8 选 1 数据选择器 74HC151 的逻辑图如图 5-63 所示，它有 3 个地址输入端 A_2、A_1 和 A_0，

可选择 $D_0 \sim D_7$ 共 8 个数据；$\overline{S}$ 是使能端，低电平有效；具有两个互补输出端，同相输出端 Y 和反相输出端 $\overline{Y}$。功能表见表 5-28。

表 5-28　8 选 1 数据选择器 74HC151 功能表

输　　入				输　　出	
$\overline{S}$	A_2	A_1	A_0	Y	$\overline{Y}$
1	×	×	×	0	1
0	0	0	0	D_0	$\overline{D_0}$
0	0	0	1	D_1	$\overline{D_1}$
0	0	1	0	D_2	$\overline{D_2}$
0	0	1	1	D_3	$\overline{D_3}$
0	1	0	0	D_4	$\overline{D_4}$
0	1	0	1	D_5	$\overline{D_5}$
0	1	1	0	D_6	$\overline{D_6}$
0	1	1	1	D_7	$\overline{D_7}$

　　两片数据选择器连接可以实现扩展，图 5-64 是两片 74HC151 型 8 选 1 数据选择器构成的 16 选 1 数据选择器的逻辑图。当 $D=0$ 时，片（1）工作；当 $D=1$ 时，片（2）工作。

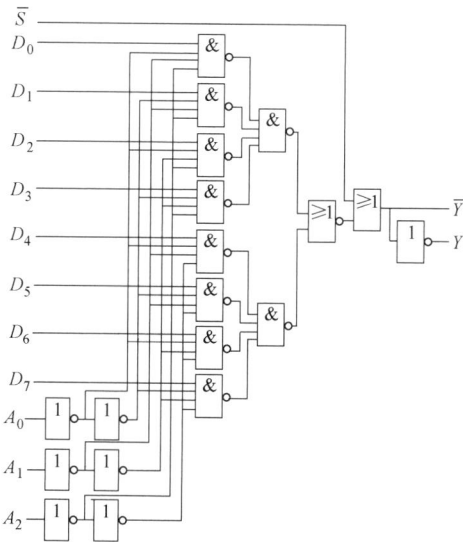

图 5-63　8 选 1 数据选择器 74HC151 的逻辑图

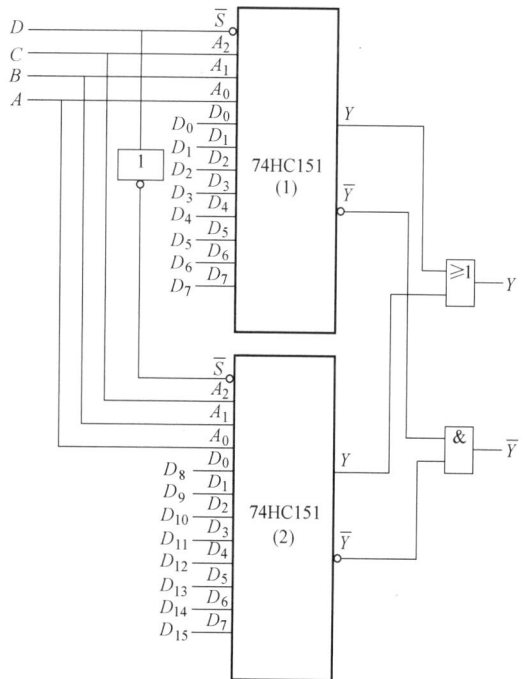

图 5-64　利用数据选择器实现扩展

　　数据选择器能够实现并行数据到串行数据的转换，图 5-65a 中数据选择器的数据输入端并行输入数据 10010110，数据选择器地址端的波形按图 5-65b 变换，则在数据选择器输出端可依次得到串行输出的数据 10010110。

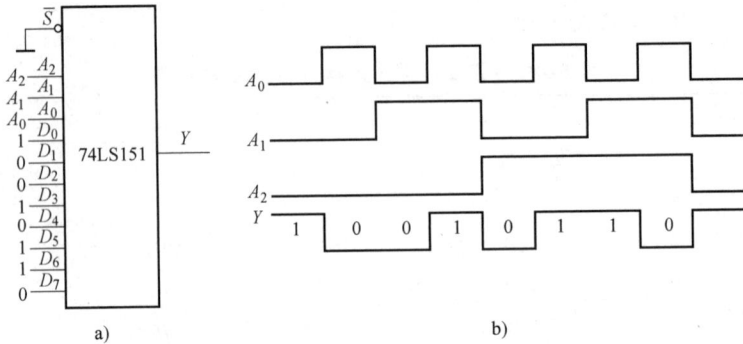

图 5-65　并行数据到串行数据的转换

数据选择器还可以实现组合逻辑函数，举例如下。

【**例 5-22**】　试用 74LS153（4 选 1 数据选择器）实现 $Y=\overline{A}\,\overline{B}+AB$。

解：将 A、B 分别对应接到数据选择器的地址输入端 A_1、A_0。则选择器的输出函数为

$$Y=D_0\overline{A}\,\overline{B}+D_1\overline{A}B+D_2A\overline{B}+D_3AB$$

要实现的函数：$Y=\overline{A}\,\overline{B}+AB$

两者比较，可得：$D_0=D_3=1$，$D_2=D_4=0$

电路图如图 5-66 所示。

【**例 5-23**】　用 74HC151（8 选 1）实现 $Y=\overline{A}BC+A\overline{B}C+AB$。

解：将 A、B、C 分别对应接到数据选择器的地址输入端 A_2、A_1、A_0。则选择器的输出函数为

$$Y=D_0\overline{A}\,\overline{B}\,\overline{C}+D_1\overline{A}\,\overline{B}C+D_2\overline{A}B\overline{C}+D_3\overline{A}BC+D_4A\overline{B}\,\overline{C}+D_5A\overline{B}C+D_6AB\overline{C}+D_7ABC$$

要实现的函数：$Y=\overline{A}BC+A\overline{B}C+AB\overline{C}+ABC$

两者比较，可得：$D_0=D_1=D_2=D_4=0$，$D_3=D_5=D_6=D_7=1$

电路图如图 5-67 所示。

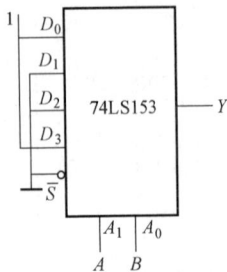

图 5-66　例 5-22 的电路图

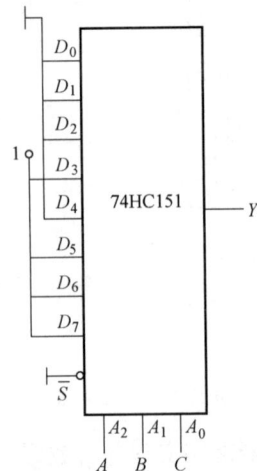

图 5-67　例 5-23 的电路图

5.10 应用举例

5.10.1 足球评委会判罚电路

某足球评委会由一位教练和三位球迷组成，对裁判员的判罚进行表决。当满足以下条件时表示同意：有三人或三人以上同意，或者有两人同意，但其中一人是教练。

设输入 A、B、C、D 分别代表教练和三位球迷，1 表示同意，0 表示不同意。输出 Y 为 1 表示同意判罚，为 0 表示不同意。由此，可列出真值表，见表 5-29。

表 5-29　足球评委会判罚电路真值表

A B C D	Y	A B C D	Y
0 0 0 0	0	1 0 0 0	0
0 0 0 1	0	1 0 0 1	1
0 0 1 0	0	1 0 1 0	1
0 0 1 1	0	1 0 1 1	1
0 1 0 0	0	1 1 0 0	1
0 1 0 1	0	1 1 0 1	1
0 1 1 0	0	1 1 1 0	1
0 1 1 1	1	1 1 1 1	1

根据真值表可写出表达式为

$$Y = AB + AD + AC + BCD$$

电路图如图 5-68 所示。对判罚同意，输出 Y 为 1，晶体管 VT 导通，继电器 KA 通电，其动合触点闭合，指示灯亮；当 Y 为低电平时，晶体管截止，继电器复位，指示灯灭。

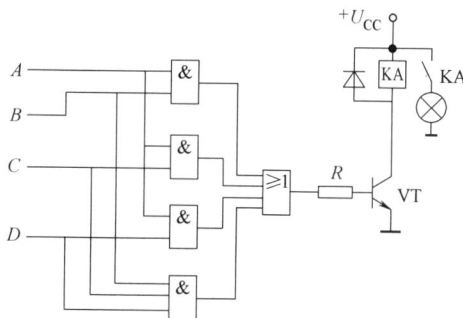

图 5-68　足球评委会判罚电路

5.10.2 智力竞赛抢答电路

图 5-69 是一智力竞赛抢答电路，供四组使用。每一路由 TTL 四输入与非门、指示灯（发光二极管）、抢答开关 S 组成。与非门 G_5 以及由其输出端接出的晶体管电路和蜂鸣器电路是共用的。当没有参赛者按下开关时，开关均处于低电平，$G_1 \sim G_4$ 均输出高电平，指示灯

不亮。G_5输出低电平，蜂鸣器不响。假如某一参赛者首先按下开关 S_1，则 S_1 变为高电平，与 $G_2 \sim G_4$ 输出的高电平共同输入到 G_1，使 G_1 输出低电平，对应的指示灯亮。G_5 输出高电平，使蜂鸣器响。同时，G_1 输出的低电平又同时输入到 $G_2 \sim G_4$，使 $G_2 \sim G_4$ 输出为高电平，即使再有参赛者按下开关 $S_2 \sim S_4$，也不起作用，这样便完成一次抢答。再次抢答前，需把抢答开关复位。

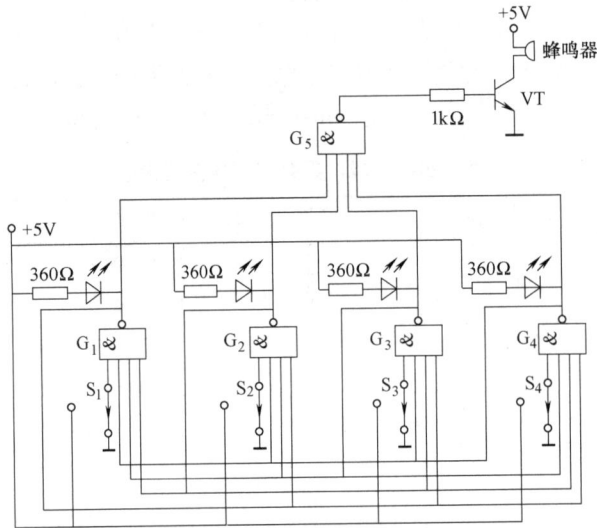

图 5-69　智力竞赛抢答电路

5.10.3　水位检测电路

图 5-70 是用 CMOS 非门组成的水位检测电路。工作时，开关 S 闭合。当水箱无水时，检测杆上的铜箍 A~D 与 U 端（电源正极）之间断开，非门 $G_1 \sim G_4$ 的输入状态端均为低电平，输出端均为高电平。调整 3.3kΩ 电阻的阻值，使发光二极管处于微导通状态，亮度适中。

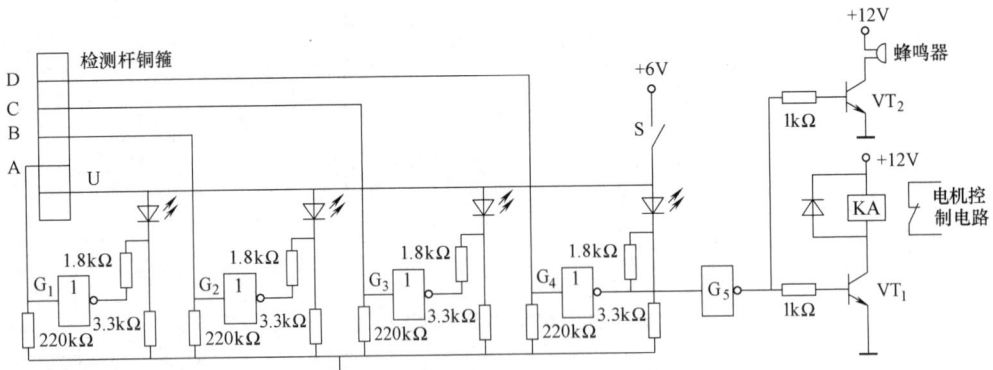

图 5-70　CMOS 非门组成的水位检测电路

当水箱注水时，先注到高度 A，U 与 A 之间通过水连接，这时 G_1 的输入为高电平，输出为低电平，将相应的发光二极管点亮，随着水位的升高，发光二极管逐个依次点亮，当最后一个点亮时，说明水已注满。这时 G_4 输出为低电平，而使 G_5 输出为高电平，晶体管 VT_1 和 VT_2 因而导通，VT$_1$导通，断开电机的控制电路，停止注水；VT$_2$导通，使蜂鸣器发出报警声响。

5.10.4　汽车尾灯控制器电路

图 5-71 是用 74LS138 译码器、74LS160 十进制计数器和门电路构成的汽车尾灯控制器电路。电路的工作原理是：汽车正常行驶时，S$_1$ = 0，S$_0$ = 0，经异或门使 S$_1$ 为 0，译码器 74LS138 使能端无效，输出 $\overline{Y}_0$、$\overline{Y}_1$、$\overline{Y}_2$、$\overline{Y}_4$、$\overline{Y}_5$、$\overline{Y}_6$ 均为高电平，A 端为三输入与非门的输出，也为高电平，G$_1$~G$_6$ 输出都为低电平，经非门均输出高电平，所有发光二极管均熄灭。汽车右转弯时，S$_1$ = 0，S$_0$ = 1，经异或门使 S$_1$ 为 1，译码器 74LS138 使能端有效，74LS138 的三个地址端 A_2~A_0 接 S$_1$ 和计数器 Q$_1$、Q$_0$，所以 A_2~A_0 在状态 000、001、010 三个状态之间循环，分别对应 74LS138 的 $\overline{Y}_0$、$\overline{Y}_1$、$\overline{Y}_2$ 输出低电平，此时 A 端仍为高电平，所以会使 VD$_{R1}$、VD$_{R2}$、VD$_{R3}$ 的阴极分别输出低电平，对应灯循环点亮。而 $\overline{Y}_4$、$\overline{Y}_5$、$\overline{Y}_6$ 均输出高电平，对应的 VD$_{L1}$、VD$_{L2}$、VD$_{L3}$ 的阴极都输出高电平，对应灯均熄灭。当汽车左转弯时，S$_1$ = 1，S$_0$ = 0，经异或门使 S$_1$ 为 1，译码器 74LS138 使能端有效，74LS138 的三个地址端 A_2~

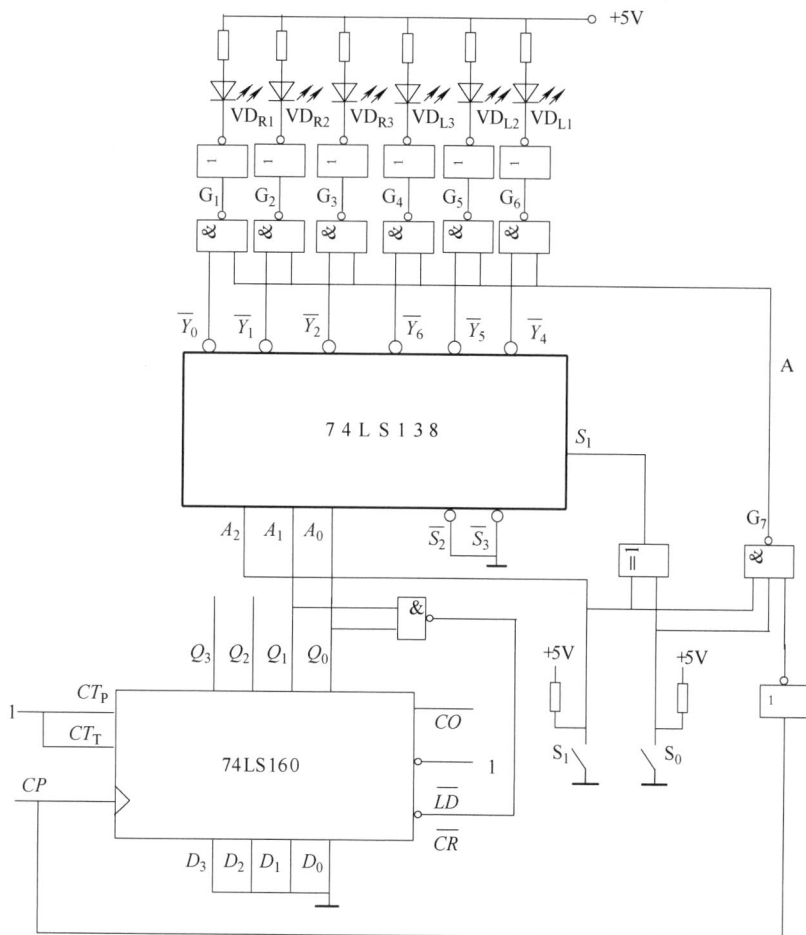

图 5-71　汽车尾灯控制器电路

A_0在 100、101、110 三个状态之间循环，分别对应 74LS138 的 $\overline{Y}_4$、$\overline{Y}_5$、$\overline{Y}_6$ 输出低电平，此时 A 端仍为高电平，所以会使 VD$_{L1}$、VD$_{L2}$、VD$_{L3}$ 的阴极分别输出低电平，对应灯循环点亮。而 $\overline{Y}_0$、$\overline{Y}_1$、$\overline{Y}_2$ 均输出高电平，对应的 VD$_{R1}$、VD$_{R2}$、VD$_{R3}$ 阴极都输出高电平，对应灯均熄灭。当汽车临时制动时，$S_1 = 1$，$S_0 = 1$，经异或门使 S_1 为 0，译码器 74LS138 使能端无效，输出 $\overline{Y}_0$、$\overline{Y}_1$、$\overline{Y}_2$、$\overline{Y}_4$、$\overline{Y}_5$、$\overline{Y}_6$ 均为高电平，三输入与非门 G$_7$ 的两个输入端为高电平，另一个输入端为脉冲 $\overline{CP}$，则 A 端输出为脉冲 CP，CP 脉冲经 G$_1$ ~ G$_6$ 以及对应非门输出，使所有发光二极管均处于闪烁状态。

5.11 Multisim14 软件仿真举例

1. 8 线—3 线优先编码器 74148N

为仿真验证 74148N 的逻辑功能，构建了一个仿真实验电路，如图 5-72 所示。74148N 输入、输出端皆为低电平有效。打开电源开关，在所有输入全为低电平时，输出端只有 EO 端点亮，说明输入端 D7 有效，3 个输出端 A2、A1、A0 表示三位二进制数 000，这时按 0 ~ 6 中的任何数字键，输出都不发生变化，说明 7 具有最高的优先权；按数字键 7，对应的指示灯点亮，输入端 D7 失效，3 个输出端中 A0 点亮，表示三位二进制 001，这时按 0 ~ 5 中的任何数字键，输出都不发生变化，说明 6 具有继 7 之后第二位优先权；依次类推，在 7 ~ 1 都点亮以后，3 个输出灯都点亮，表示三位二进制数 111；按数字键 0（无输入信号），输出端 EO 熄灭，GS 点亮，表示电路可以工作，但没有输入信号；按 Space 键（EI 输入为 1），此时 EO、GS 都点亮，表明芯片不可以工作，无法接收输入信号。

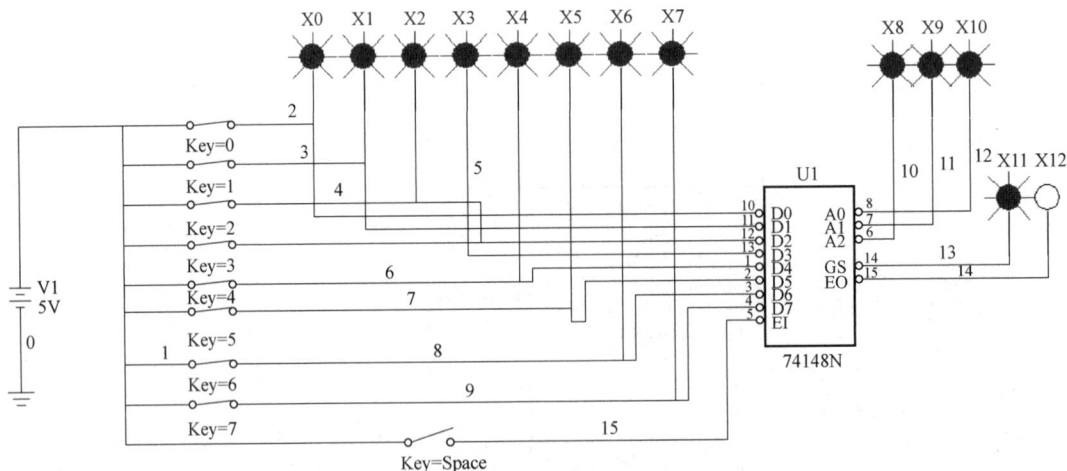

图 5-72　8 线—3 线优先编码器 74148N 电路

2. 3 线—8 线译码器 74ALS138M

3 线—8 线译码器 74ALS138M 构成的仿真实验电路如图 5-73 所示，译码器的使能端接成有效电平，输入端 C、B、A 对应 000 ~ 111 不同输入时，芯片输出端分别从引脚 15 ~ 7 输

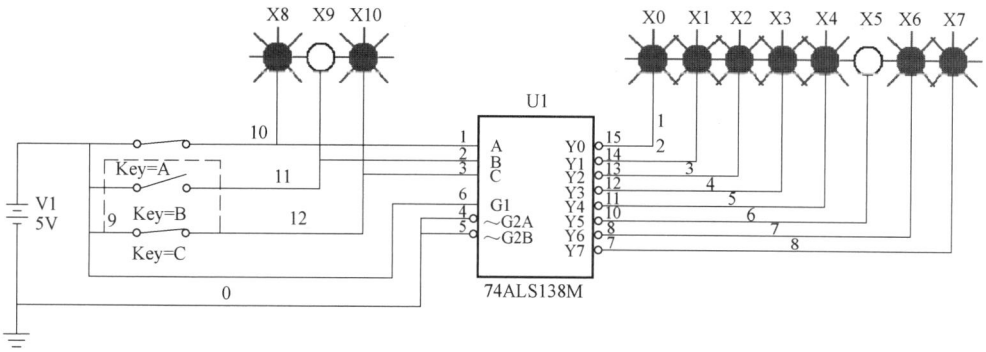

图 5-73　3 线—8 线译码器 74ALS138M 电路

出低电平，对应小灯灭，例如，图中 C、B、A 输入为 101 时，引脚 10 输出低电平，小灯 X5 灭。

3. 显示译码器

图 5-74 是七段显示译码器 74LS48D 电路。三个使能控制端接高电平，A、B、C、D 为四位二进制输入端，如果四个输入端皆为低电平（如图中所示），则输出端数码管显示 为 0；在输入端分别输入 0001~1001 时，输出分别是 1~9；对应 1010~1110，分别显示 相应的符号；而输入为 1111 时，数码管不显示，一般把 1010~1111 这 6 种输入当作伪码 处理。

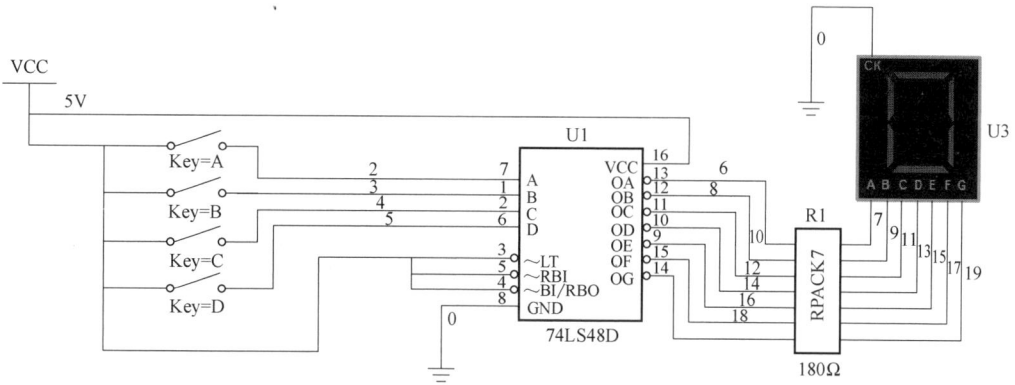

图 5-74　七段显示译码器 74LS48D 电路

4. 数据选择器

在数字逻辑设计中，有时需要从一组输入数据中选出某一数据，选择哪个数据是通过数 据选择端来进行控制，这种控制芯片就是数据选择器。

数据选择器 74151N 电路如图 5-75 所示。输入信号采用信号发生器，给出 1kHz、5V 的 方波信号，由 D0 输入，则选择器地址输入端 CBA 必须处于 000 状态时，才可以把信号送到 输入端，得到图 5-76 所示的输入与输出波形。同理，如果方波送到 D1 输入端，则 CBA 必 须处于 001 状态，才可以把信号送到输出端。

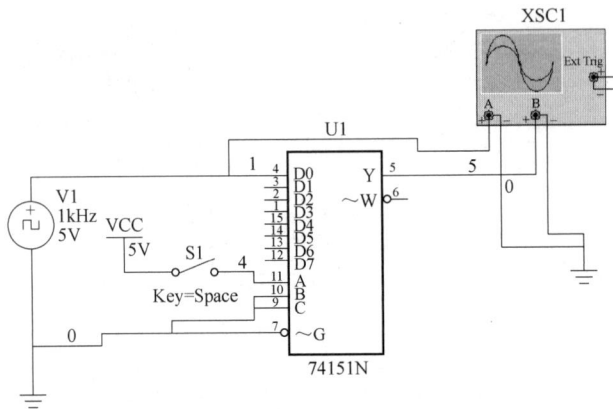

图 5-75 数据选择器 74151N 电路

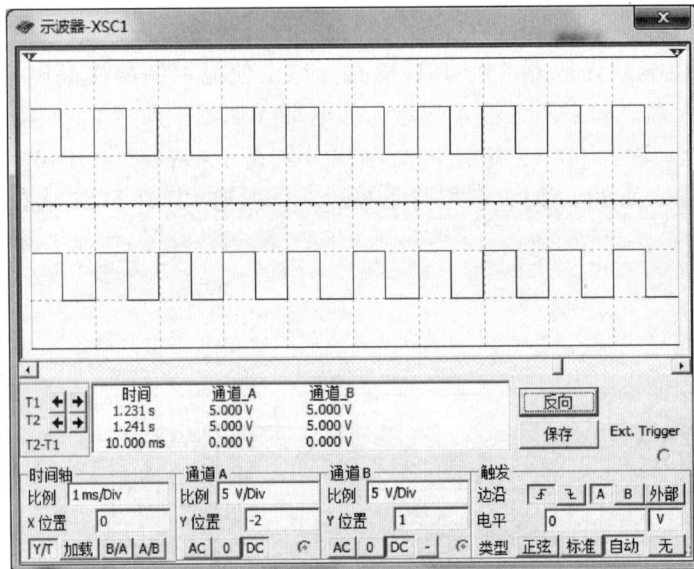

图 5-76 输入与输出波形

本 章 小 结

1. 数字电路中主要使用二进制数 1 和 0，这里的 1 和 0 主要表示两个对立的逻辑状态，例如，相当于电流的有和无、电压的高和低、开关的连接和断开等。与模拟电路相比，数字电路具有以下特点：稳定性高、可靠性强、保密性好、价格低廉、通用性强、具有可编程性、高速度、低功耗。

2. 数字集成电路按照集成度的不同可分为小规模集成电路（SSI）、中规模集成电路、大规模集成电路（LSI）、超大规模集成电路（VLSI）和甚大规模集成电路（ULSI）。

3. 数字电路中常用二进制数制，二进制是以二为基数的计数体制，它的进位规则是逢二进一。

4. 逻辑代数是分析和设计数字逻辑电路的主要数学工具。在逻辑代数中，逻辑变量只有 1 和 0 两种情况，这里的 1 和 0 不代表数值的大小，而是表示对立的两个逻辑状态，如电平的高与低、信号的有和无、开关的连接与断开、晶体管的饱和和截止等。

5. 逻辑代数的基本运算包含与逻辑（有 0 出 0，全 1 出 1）、或逻辑（有 1 出 1，全 0 出 0）、非逻辑（有 0 出 1，有 1 出 0）、与非（有 0 出 1，全 1 出 0）、或非（有 1 出 0，全 0 出 1）、同或（相同出 1，相异出 0）和异或（相异出 1，相同出 0）。

6. 利用逻辑代数的反演规则和对偶规则可以方便地求出逻辑函数的反函数和对偶式。在运用反演规则和对偶规则时，要注意运算的优先顺序：先算括号内的，再进行与运算，最后进行或运算，并注意对于反变量以外的非号应保留不变。

7. 逻辑函数反映了数字电路的输出信号与输入信号之间的逻辑关系。逻辑函数的表示方法有真值表、逻辑表达式、逻辑图、波形图和卡诺图。只要知道其中一种表示形式，就可以转为其他几种表示形式。

8. 集成逻辑门电路主要有 TTL 门电路和 CMOS 门电路，TTL 门电路由双极型晶体管组成，工作速度快，但功耗比较大，集成度不高；CMOS 门电路由单极型 MOS 管组成，功耗小，集成度高，但工作速度不及 TTL 门电路。

9. 数字系统中常用的各种数字部件，就其结构和工作原理而言可分为两大类，即组合逻辑电路和时序逻辑电路。组合逻辑电路在功能上的特点是：电路在任意时刻的输出状态只取决于该时刻的输入状态，而与该时刻前的状态无关，即没有记忆功能。组合电路之所以没有记忆功能，归根结底是由于结构上没有记忆（存储）元件，也不存在输出到输入的反馈回路。

10. 常用的组合逻辑电路有编码器、译码器、加法器、比较器、数据选择器和数据分配器，为使用方便，它们通常被做成中规模集成电路。这些中规模组合逻辑电路器件除具有基本逻辑功能外，通常还有使能端、扩展端等，使逻辑电路的使用更加灵活，便于扩展功能和构成较复杂的系统。

练习与思考

1. 什么是模拟信号？什么是数字信号？说说两者的区别。

2. 什么是编码？什么是二—十进制码？常见的二—十进制码都有哪些？

3. 哪些二—十进制码是有权码？哪些是无权码？

4. 脉冲信号为什么抗干扰能力强？

5. 试述数字电路的特点和分类。

6. 逻辑运算中的 1 和 0 是否表示两个数字？逻辑加法运算和算术加法运算有何不同？

7. 在图 5-4 中，二极管的正向电压降为 0.7V，试问：（1）A 端接 3V，B 端接 0.3V 时；（2）A、B 端均接 3V 时，输出端的电压为几伏？

8. 在图 5-5 中，二极管的正向电压降为 0.7V，试问：（1）A 端接 3V，B 端接 0.3V 时；（2）A、B 端均接 3V 时，输出端的电压为几伏？

9. 什么是线与？

10. 当 TTL 门电路驱动 CMOS 门电路时，是否需要加接口电路？为什么？

11. 逻辑代数与初等代数有什么区别？

12. 逻辑代数都有哪些定理和公式？

13. 逻辑代数有哪些基本规则？

14. 逻辑函数有哪些表示方法？

15. 如何由波形图写出真值表？

16. 什么是卡诺图？如何用卡诺图表示逻辑函数？

17. 代数法化简有哪些方法？

18. 卡诺图化简的步骤是什么？

19. 卡诺图画包围圈时，为什么圈的个数应最少，圈内小方格个数应尽可能多？

20. 由逻辑表达式 $Y = \overline{AB}C + \overline{AB}\overline{C}$ 列出真值表，画出逻辑图，并说明功能。

21. 试设计一个码转换电路, 将 4 位格雷码转换为自然二进制码。可以采用任何逻辑门电路实现。

22. 什么是编码? 什么是译码?

23. 什么是二进制编码器? 什么是二—十进制编码器? 什么是优先编码器?

24. 什么是二进制译码器? 什么是显示译码器?

25. 74HC4511 七段显示译码器的三个辅助控制端 LE、$\overline{BL}$、$\overline{LT}$ 都有什么功能?

26. 什么是数据分配器? 什么是数据选择器?

27. 试用 2 线—4 线译码器构成一个数据分配器, 可以把一个数据从 4 个不同的输出端输出。

28. 试用 2 片 4 选 1 数据选择器连接实现 8 选 1 数据选择器。

29. 用 74HC151 (8 选 1) 数据选择器实现 $Y = BC + AC + AB$。

习　题

5-1　两个输入信号 A、B 如图 5-77 所示, 分别加入与门、或门、与非门和或非门电路中, 画出对应的输出波形。

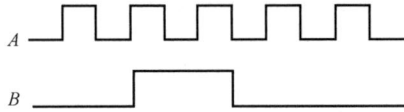

图 5-77　习题 5-1 的图

5-2　在图 5-78 所示的电路中, 当控制端 $C = 1$ 和 $C = 0$ 两种情况时, 求输出 Y 的逻辑式, 并画出其波形。输入 A 和 B 的波形如图中所示。

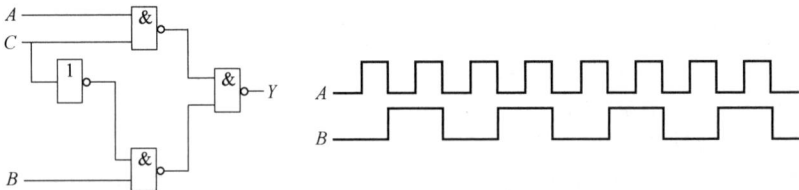

图 5-78　习题 5-2 的图

5-3　在图 5-79 所示的电路中, 当控制端 $\overline{E} = 1$ 和 $\overline{E} = 0$ 两种情况时, 求输出 Y 的波形。输入 A 和 B 的波形如图中所示。

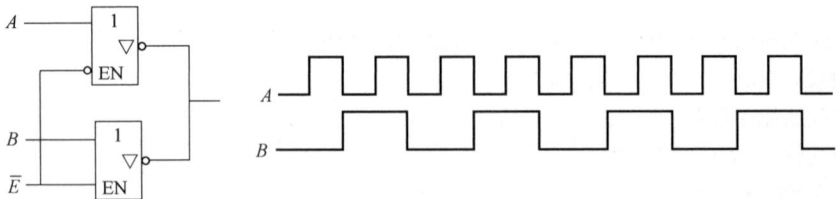

图 5-79　习题 5-3 的图

5-4　在图 5-80 所示的电路中, 当控制端 $C = 1$ 和 $C = 0$ 两种情况时, 求输出 Y 的逻辑式, 并画出其波形。输入 A 和 B 的波形如图中所示。

5-5　试说明下列各种门电路中哪些可以将输出端并联使用 (输入端的状态不一定相同)。

(1) 具有推拉式输出级的 TTL 电路。

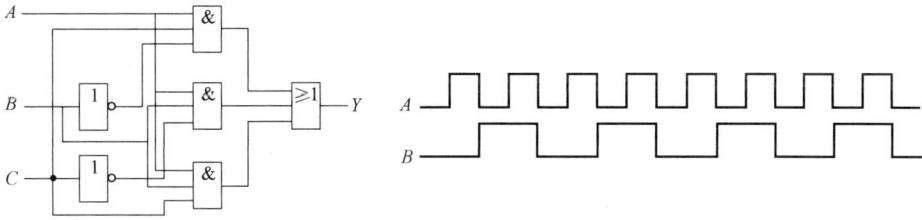

图 5-80　习题 5-4 的图

（2）TTL 电路的 OC 门。

（3）TTL 电路的三态输出门。

（4）普通的 CMOS 门。

（5）漏极开路输出的 CMOS 门。

（6）CMOS 电路的三态输出门。

5-6　用与非门和非门实现下列逻辑关系，画出逻辑图。

（1）$Y=AB+C$；（2）$Y=(A+B)C$

（3）$Y=\overline{AB}C+A\overline{B}C+AB\overline{C}$；（4）$Y=\overline{ABC}+(\overline{A\overline{B}+\overline{A}B+BC})$

5-7　试写出图 5-81 所示组合逻辑电路的逻辑表达式。

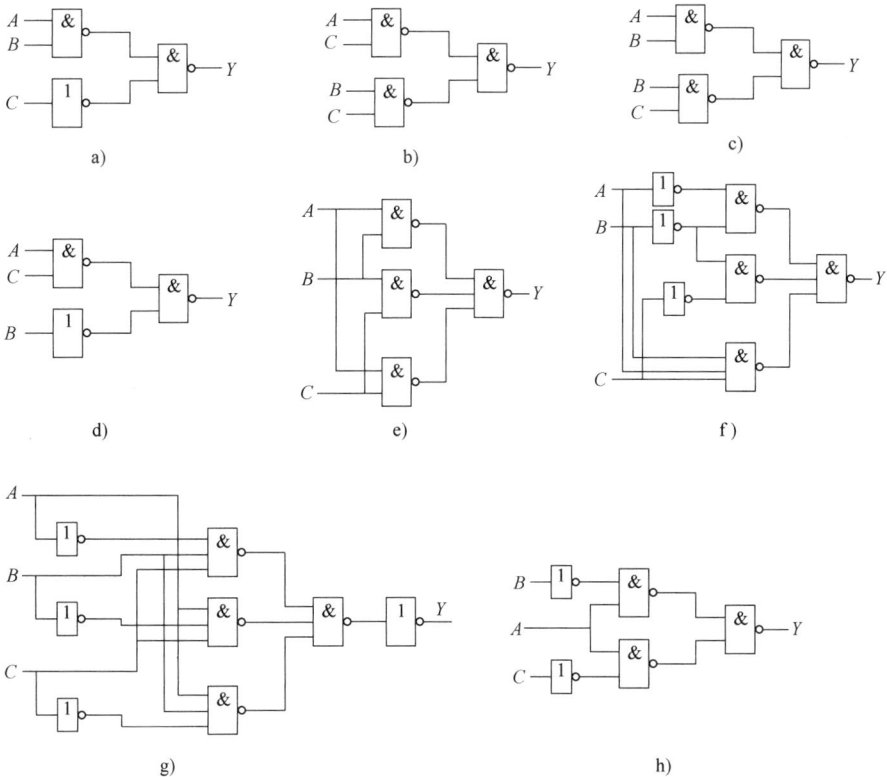

图 5-81　习题 5-7 的图

5-8　求下列函数的反函数并化为最简与或形式。

（1）$Y=AB+C$

（2）$Y=(A+BC)\overline{CD}$

（3）$Y=\overline{\overline{A\overline{B}C}+\overline{CD}}\ (AC+BD)$

（4）$Y=\overline{E}\overline{F}\overline{G}+\overline{E}F\overline{G}+\overline{E}F\overline{G}+\overline{E}F\overline{G}+E\overline{F}G+E\overline{F}\overline{G}+EF\overline{G}+EF\overline{G}$

5-9　分别根据反演规则和对偶规则求下列逻辑函数的反函数和对偶式。

（1）$Y=AB+(\overline{A\overline{B}C}+A)$

（2）$Y=AC+\overline{\overline{A}(B+\overline{AC})}$

（3）$Y=\overline{AB+CD}+\overline{\overline{C}+\overline{D}+ABC}$

5-10　用卡诺图化简法将下列函数化为最简与或形式。

（1）$Y=\overline{A}\overline{B}\overline{C}+A\overline{B}C+A\overline{B}\overline{C}+AB\overline{C}+ABC$

（2）$Y=AC+\overline{A}\ \overline{(BD+\overline{AC})}$

（3）$Y(A,B,C,D)=\sum m(0,2,3,6,7,8,9,10,11,12,13)$

（4）$Y(A,B,C)=\sum m(m_1,m_3,m_5,m_7)$

（5）$Y(A,B,C,D)=\sum m(m_0,m_1,m_2,m_5,m_8,m_9,m_{10},m_{12},m_{14})$

5-11　分析图 5-82 电路的逻辑功能，写出 Y_1、Y_2 的逻辑函数式，列出真值表，指出电路完成什么逻辑功能。

5-12　某一组合逻辑电路如图 5-83 所示，分析其逻辑功能。

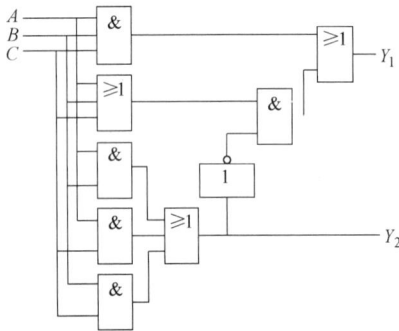

图 5-82　习题 5-11 的图

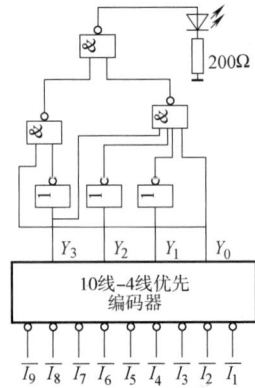

图 5-83　习题 5-12 的图

5-13　74LS148 为 8 线—3 线优先编码器，输入端和输出端均为低电平有效，使能端低电平有效，图 5-84 是 74LS148 的扩展应用电路，试分析其功能。

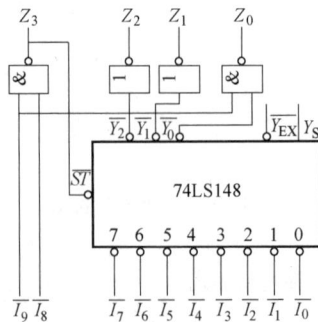

图 5-84　习题 5-13 的图

5-14 试分析图 5-85 所示电路的逻辑功能。

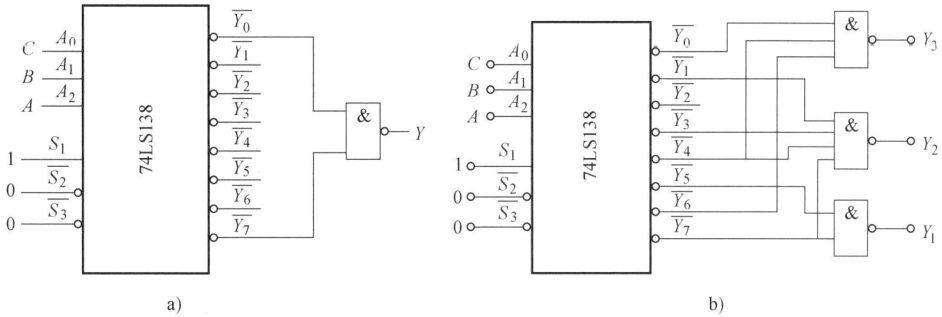

图 5-85 习题 5-14 的图

5-15 图 5-86 是一密码锁控制电路。开锁条件是：拨对密码；钥匙插入锁眼将开关 S 闭合。当两个条件同时满足时，开锁信号为 1，将锁打开。否则，报警信号为 1，接通警铃。试分析密码 $ABCD$ 是多少?

5-16 用 8 选 1 数据选择器 74LS151 设计以下逻辑函数。

$$Y_1 = \overline{A}\,\overline{B}\,\overline{C} + \overline{B}C + AC$$

$$Y_2 = A + B\overline{D} + C$$

5-17 旅客列车分特快、直快和普快，并依此为优先通行次序。某站在同一时间只能有一趟列车从车站开出，即只能给出一个开车信号，试画出满足上述要求的逻辑电路。设 A、B、C 分别代表特快、直快、普快，开车信号分别为 Y_A、Y_B、Y_C。

5-18 图 5-87 为一个电加热水容器的示意图，图中 A、B、C 为水位传感器，当水位在 B、C 之间时为正常状态；当水位在 C 以上或 A、B 之间时为异常状态；当水位在 A 点以下时为危险状态，试用译码器和门电路设计一个水位监视电路。

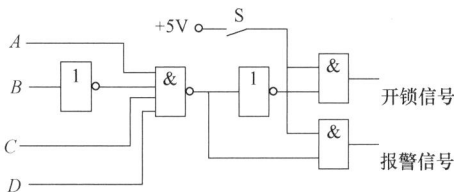

图 5-86 习题 5-15 的图 图 5-87 习题 5-18 的图

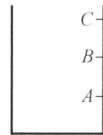

5-19 仿照半加器和全加器的设计方法，设计一个半减器和一个全减器的电路图。

5-20 设计一个代码转换电路，输入为 4 位二进制代码，输出为 4 位循环码。可以采用各种逻辑功能的门电路来实现。

5-21 试画出用 3 线—8 线译码器 74LS138 和门电路产生多输出逻辑函数的逻辑图（74LS138 的逻辑图及其逻辑符号见图 5-54，功能表见表 5-25）。

$$\begin{cases} Y_1 = AC \\ Y_2 = \overline{A}\,\overline{B}C + A\overline{B}\,\overline{C} + BC \\ Y_3 = \overline{B}\,\overline{C} + AB\overline{C} \end{cases}$$

5-22 用 3 线—8 线译码器 74LS138 和门电路设计 1 位二进制全减器电路。输入为被减数、减数和来自低位的借位信号；输出为两数之差及向高位的借位信号。

5-23 在图 5-88 中，若 u 为正弦电压，其频率 f 为 1Hz，试问七段 LED 数码管显示什么字母?

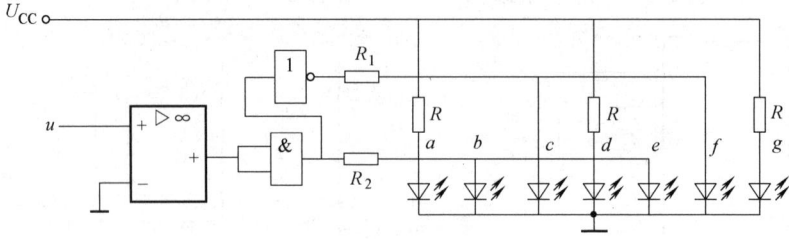

图 5-88　习题 5-23 的图

5-24　试用 4 选 1 数据选择器 74LS153 实现逻辑函数 $Y=\overline{AB}C+\overline{A}\overline{C}+BC$。

第6章　双稳态触发器和时序逻辑电路

第 5 章介绍的由各种门电路构成的组合逻辑电路，其输出状态完全取决于输入的当前状态，与电路原来的状态无关，若输入改变，则输出依据逻辑关系马上随着改变，也就是说，组合逻辑电路没有记忆功能。本章要介绍时序逻辑电路（Sequential Logic Circuit），它的输出状态不仅取决于当前的输入状态，而且还与电路原来的状态有关，即时序逻辑电路具有记忆功能。在数字系统中，为了实现按一定程序进行运算，这种记忆功能具有重要意义。

组合逻辑电路的基本单元是门电路，而组成时序逻辑电路的基本单元则是触发器（Flip-flop），本章先讨论双稳态触发器，然后介绍由触发器构成的寄存器、计数器等集成时序逻辑电路，最后介绍由 555 集成定时器组成的单稳态触发器和多谐振荡器。

6.1　双稳态触发器

双稳态触发器能够存储一位二进制信息，它有一个或多个输入端和两个互补输出端 Q 和 $\overline{Q}$，触发器具有以下两个特点：

1）具有两个能够自保持的稳定状态。通常用输出 Q 的状态表示触发器的状态。即 $Q=0$，$\overline{Q}=1$，称触发器为复位（Reset）状态（0 态）；$Q=1$，$\overline{Q}=0$，称触发器为置位（Set）状态（1 态），因为触发器输出有两种状态，故称为双稳态触发器。

2）在输入信号的作用下，可从一个稳定状态转换到另一个稳定状态。通常将输入信号以前的状态称为现态，用 Q^n 表示；输入信号以后的状态称为次态，用 Q^{n+1} 表示。

触发器的分类有以下三种：

按照触发方式来分，有电平触发和脉冲边沿触发。

按照电路的结构来分，有基本触发器、同步触发器和边沿触发器。

按照逻辑功能来分，有 RS 触发器、D 触发器、JK 触发器、T 触发器和 T′触发器。触发器的逻辑功能可用特性表、特性方程、状态图和波形图（时序图）来描述。

6.1.1　RS 触发器

1. 基本 RS 触发器

把两个与非门 G_1 和 G_2 的输入、输出端交叉连接，即可构成基本 RS 触发器（或称为复位置位触发器），其逻辑电路如图 6-1a 所示，图 6-1b 是它的逻辑符号。图中，$\overline{R}_D$（直接复位端或直接置 0 端）和 $\overline{S}_D$（直接置位端或直接置 1 端）是信号输入端，低电平有效，即 $\overline{R}_D$ 和 $\overline{S}_D$ 端为低

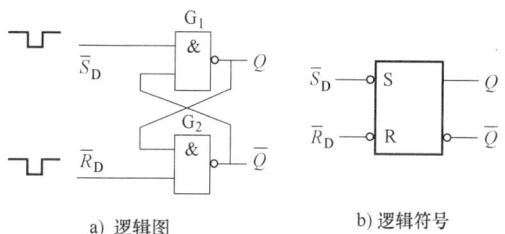

a) 逻辑图　　　　b) 逻辑符号

图 6-1　由与非门组成的基本 RS 触发器

电平时表示有信号，高电平时表示无信号。Q 和 $\bar{Q}$ 是输出端，两者的逻辑状态相反。Q 的状态规定为触发器的状态，即 $Q=0$，$\bar{Q}=1$，称触发器为复位（Reset）状态（0态）；$Q=1$，$\bar{Q}=0$，称触发器为置位（Set）状态（1态），因这种触发器输出有两种状态，故又称为双稳态触发器（Bitable Flip-flop）。

下面分四种情况分析基本 RS 触发器输出与输入之间的逻辑关系：

1）$\bar{R}_D=0$，$\bar{S}_D=1$。由于 $\bar{R}_D=0$，不论 Q 原来是 0 还是 1，都有 $\bar{Q}=1$，再由 $\bar{S}_D=1$、$\bar{Q}=1$ 可得 $Q=0$。即不论触发器原来处于什么状态都将变成 0 状态，这种情况称将触发器置 0 或复位。由于是在 $\bar{R}_D$ 端加输入信号（负脉冲）将触发器置 0，所以把 $\bar{R}_D$ 端称为触发器的直接置 0 端或直接复位端。

2）$\bar{R}_D=1$，$\bar{S}_D=0$。由于 $\bar{S}_D=0$，不论 Q 原来是 0 还是 1，都有 $Q=1$，再由 $\bar{R}_D=1$、$Q=1$ 可得 $\bar{Q}=0$。即不论触发器原来处于什么状态都将变成 1 状态，这种情况称将触发器置 1 或置位。由于是在 $\bar{S}_D$ 端加输入信号（负脉冲）将触发器置 1，所以把 $\bar{S}_D$ 端称为触发器的直接置 1 端或直接置位端。

3）$\bar{R}_D=1$，$\bar{S}_D=1$。若触发器的初始状态为 0，即 $Q=0$，$\bar{Q}=1$，则由 $\bar{R}_D=1$、$Q=0$ 可得 $\bar{Q}=1$，再由 $\bar{S}_D=1$、$\bar{Q}=1$ 可得 $Q=0$，即触发器保持 0 状态不变。若触发器的初始状态为 1，即 $Q=1$，$\bar{Q}=0$，则由 $\bar{R}_D=1$、$Q=1$ 可得 $\bar{Q}=0$，再由 $\bar{S}_D=1$、$\bar{Q}=0$ 可得 $Q=1$，即触发器保持 1 状态不变。可见，当 $\bar{R}_D=1$，$\bar{S}_D=1$ 时，触发器保持原有状态不变，即原来的状态被触发器存储起来，这体现了触发器具有记忆功能。

4）$\bar{R}_D=0$，$\bar{S}_D=0$。这种情况两个与非门的输出端 Q 和 $\bar{Q}$ 全为 1，不符合触发器输出端互为逻辑反的关系。又由于与非门的延迟时间不可能完全相等，在两输入端的 0 信号同时撤除后，将不能确定触发器是处于 1 状态还是 0 状态。所以触发器不允许出现这种情况，这是基本 RS 触发器的约束条件。

根据以上分析，可列出基本 RS 触发器的逻辑功能表（也称为逻辑状态表），见表 6-1。

表 6-1　由与非门组成的基本 RS 触发器的逻辑功能表

$\bar{S}_D$	$\bar{R}_D$	Q^n	Q^{n+1}	功　能
1	1	0 1	0 1	保持
1	0	0 1	0 0	置0
0	1	0 1	1 1	置1
0	0	0 1	× ×	禁用

表 6-1 中，Q^n 表示触发器原来的状态，称为现态；Q^{n+1} 表示触发器后来的状态，称为次态。

基本 RS 触发器也可用或非门组成，如图 6-2 所示为其逻辑图和逻辑符号。

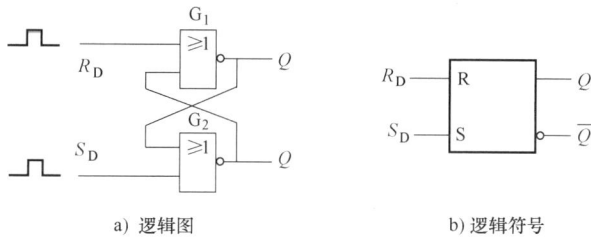

a) 逻辑图　　　　　　　　　b) 逻辑符号

图 6-2　由或非门组成的基本 RS 触发器

与与非门构成的基本 RS 触发器不同，它用正脉冲置 0 和置 1，即高电平有效。逻辑功能表见表 6-2。

表 6-2　由或非门组成的基本 RS 触发器的逻辑功能表

S_D	R_D	Q^n	Q^{n+1}	功　能
0	0	0 1	0 1	保持
0	1	0 1	0 0	置0
1	0	0 1	1 1	置1
1	1	0 1	× ×	禁用

2. 可控 RS 触发器

基本 RS 触发器直接由输入信号控制着输出端 Q 和 $\overline{Q}$ 的状态，这不仅使电路的抗干扰能力下降，而且也不便于多个触发器同步工作，可控 RS 触发器可以克服上述缺点。可控 RS 触发器在基本 RS 触发器的基础上增加了两个控制门 G_3、G_4 和一个输入控制信号 CP（称为时钟脉冲）。输入信号 R、S 通过控制门进行传送，如图 6-3a 所示。图 6-3b 为可控 RS 触发器的逻辑符号，$\overline{R}_D$ 和 $\overline{S}_D$ 是直接复位和直接置位端（低电平有效），即不经过时钟脉冲 CP 的控制就可以对基本触发器置 0 或置 1。一般用在工作之初，预先使触发器处于某一给定状态。在工作过程中一般使它们处于高电平（逻辑 1 状态）。

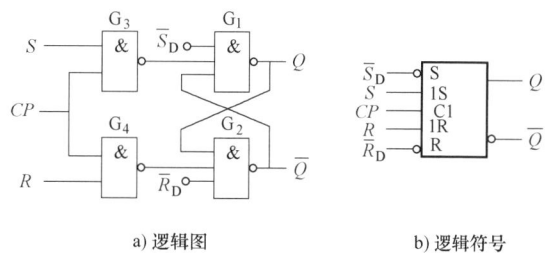

a) 逻辑图　　　　　　　b) 逻辑符号

图 6-3　可控 RS 触发器

当 $\overline{R}_D = \overline{S}_D = 1$ 时，从图 6-3a 所示的电路可知，$CP = 0$ 时控制门 G_3、G_4 被封锁，基本 RS 触发器保持原来状态不变。只有当 $CP = 1$ 时，控制门被打开，电路才会接收输入信号。且当 $R = 0$、$S = 1$ 时，触发器置 1；$R = 1$、$S = 0$ 时，触发器置 0；$R = 0$、$S = 0$ 时，触发器保持原来状态不变；$R = 1$、$S = 1$ 时，触发器的两个输出全为 1，是不允许的。可见，当 $CP = 1$ 时可控

RS 触发器与高电平有效的基本 RS 触发器功能相同。根据上述分析，可得可控 RS 触发器的逻辑功能表，见表6-3。

表 6-3 可控 RS 触发器的逻辑功能表

S	R	Q^n	Q^{n+1}	功　　能
0	0	0	0	保持
		1	1	
0	1	0	0	置0
		1	0	
1	0	0	1	置1
		1	1	
1	1	0	×	禁用
		1	×	

6.1.2　JK 触发器

图 6-4a 是主从 JK 触发器（JK Flip-flop）的逻辑图，它是由两个可控 RS 触发器级联起来构成的。主触发器的控制信号是 CP，从触发器的控制信号是 $\overline{CP}$。$\overline{R}_D$ 和 $\overline{S}_D$ 为直接置 0 端和直接置 1 端，低电平有效。图 6-4b 为主从 JK 触发器的逻辑符号，图中 CP 端的三角号加小圆圈表示触发器在时钟 CP 的下降沿（Fall Edge）（即 CP 由 1 变为 0 时刻）触发翻转。在主从 JK 触发器中，接收信号和输出信号是分两步进行的。$CP=1$ 时，主触发器被打开，可以接收输入信号 J、K。但由于 $\overline{CP}=0$，从触发器被封锁，触发器的输出状态保持不变。当 CP 下降沿到来时，即 CP 由 1 变为 0 时刻，主触发器被封锁，

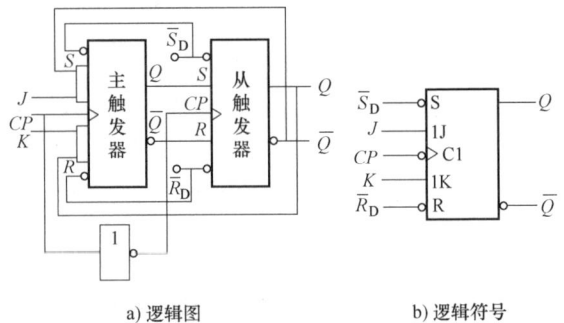

a) 逻辑图　　　　b) 逻辑符号

图 6-4　主从 JK 触发器

无论输入信号如何变化，对主触发器均无影响，即在 $CP=1$ 期间接收的内容被存储起来。由于此时 $\overline{CP}$ 由 0 变为 1，从触发器被打开，可以接收由主触发器送来的信号。

下面分四种情况分析主从 JK 触发器的逻辑功能（设 $\overline{R}_D=\overline{S}_D=1$）。

1）$J=0$，$K=0$。设触发器的初始状态为 0。当 $CP=1$ 时，由于主触发器的 $S=0$，$R=0$，它的状态保持不变。当 CP 下降沿到来时，由于从触发器的 $S=0$，$R=1$，也保持原态不变。如果初始状态为 1，也如此。

2）$J=1$，$K=1$。设触发器的初始状态为 0。当 $CP=1$ 时，由于主触发器的 $S=J\overline{Q}=1$，$R=KQ=0$，它翻转为 1 态。当 CP 下降沿到来时，由于从触发器的 $S=1$，$R=0$，使从触发器也翻转为 1 态。反之，设触发器的初始状态为 1，当 CP 下降沿到来时，使从触发器翻转为 0 态。可见 JK 触发器在 $J=K=1$ 时，来一个脉冲的下降沿，就使它翻转一次，即 $Q^{n+1}=\overline{Q^n}$。这种情况下，触发器具有计数功能。

3）$J=1$，$K=0$。设触发器的初始状态为 0。当 $CP=1$ 时，由于主触发器的 $S=1$，$R=0$，

它翻转为 1 态。当 CP 下降沿到来时，由于从触发器的 $S=1$，$R=0$，使从触发器也翻转为 1 态。反之，设触发器的初始状态为 1，当 $CP=1$ 时，由于主触发器的 $S=0$，$R=0$，它的状态保持不变。当 CP 下跳沿到来时，由于从触发器的 $S=1$，$R=0$，也保持原态 1 不变。可见，不论触发器原来的状态如何，当 $J=1$，$K=0$ 时，来一个脉冲的下降沿后，触发器的状态均为 1 状态，即 $Q^{n+1}=1$。

4）$J=0$，$K=1$。设触发器的初始状态为 0。当 $CP=1$ 时，由于主触发器的 $S=0$，$R=0$，它的状态保持不变。当 CP 下降沿到来时，由于从触发器的 $S=0$，$R=1$，使从触发器保持原状态 0 态。反之，设触发器的初始状态为 1，当 $CP=1$ 时，由于主触发器的 $S=0$，$R=1$，使从触发器置 0。当 CP 下跳沿到来时，由于从触发器的 $S=0$，$R=1$，使主触发器置 0。可见，不论触发器原来的状态如何，当 $J=0$，$K=1$ 时，来一个脉冲的下降沿后，触发器的状态均为 0 状态，即 $Q^{n+1}=0$。表 6-4 为主从 JK 触发器的逻辑功能表。

表 6-4　主从 **JK** 触发器的逻辑功能表

J	K	Q^n	Q^{n+1}	功　能
0	0	0	0	保持
		1	1	
0	1	0	0	置 0
		1	0	
1	0	0	1	置 1
		1	1	
1	1	0	1	计数
		1	0	

该表可总结为，在 CP 下降沿到来时刻，触发器按照 $JK00$ 保持、11 翻转、相异随 J 的特点进行状态刷新。

根据逻辑功能表可写出主从 JK 触发器的特性方程（逻辑表达式）为

$$Q^{n+1}=J\,\overline{Q^n}+\overline{K}Q^n \tag{6-1}$$

从以上分析可以看出，主从 JK 触发器具有在 CP 从 1 下跳为 0 时翻转的特点，也就是具有在时钟下降沿触发的特点。在时钟的其他时刻，触发器的状态都保持不变。

【例 6-1】　图 6-4 给出的主从 JK 触发器的输入波形如图 6-5a 所示，试画出输出端 Q、$\overline{Q}$ 的电压波形，设 $\overline{R}_{\mathrm{D}}=\overline{S}_{\mathrm{D}}=1$，触发器的初始状态 $Q=0$。

解： 该 JK 触发器下降沿触发，其他时刻保持；当下降沿到达时刻按照 $JK00$ 保持、11 翻转、相异随 J 刷新状态（按照功能表也可得到新

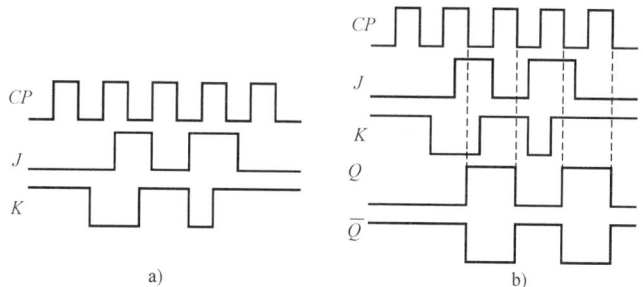

a)　　　　　　b)

图 6-5　例 6-1 的图

的状态），可画出触发器输出端 Q、$\overline{Q}$ 的电压波形，如图 6-5b 所示。

6.1.3　D 触发器

D 触发器（D Flip-flop）的种类很多，除了有主从结构的，还有边沿结构的。边沿触

174

器的次态仅取决于 CP 边沿（上升沿或下降沿）到达时刻输入信号的状态，而与此边沿时刻以前或以后的输入状态无关，因而可以提高它的可靠性和抗干扰能力。边沿 D 触发器有利用 CMOS 传输门的边沿 D 触发器、TTL 维持阻塞型边沿 D 触发器、利用传输延迟时间的边沿 D 触发器等。下面只介绍一种维持阻塞型边沿 D 触发器，其逻辑图和逻辑符号如图 6-6 所示。它由 6 个与非门组成，其中 G_1、G_2 组成基本 RS 触发器，G_3、G_4 组成时钟控制电路，G_5、G_6 组成数据输入电路。$\overline{R}_D$ 和 $\overline{S}_D$ 为直接置 0 端和直接置 1 端，低电平有效。

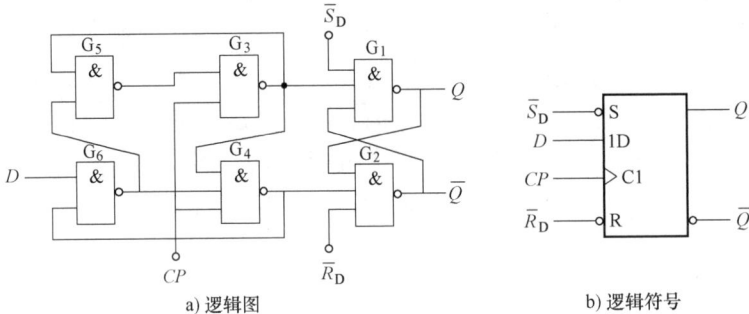

图 6-6　维持阻塞型边沿 D 触发器

下面分两种情况分析其功能（$\overline{R}_D = \overline{S}_D = 1$）。

1）$D=0$。当时钟脉冲来到之前，即 $CP=0$ 时，G_3、G_4 和 G_6 的输出均为 1，G_5 因输入端全 1 而输出为 0。这时触发器的状态不变。

当时钟脉冲从 0 上跳为 1，即 $CP=1$ 时，G_6、G_5 和 G_3 的输出保持原状态未变，而 G_4 因输入端全 1，输出由 1 变为 0。这个负脉冲一方面使基本触发器置 0，同时反馈到 G_6 的输入端，使在 $CP=1$ 期间不论 D 作何变化，触发器保持 0 态不变。

2）$D=1$。当 $CP=0$ 时，G_3 和 G_4 的输出为 1，G_6 的输出为 0，G_5 的输出为 1。这时，触发器的状态不变。

当 $CP=1$ 时，G_3 的输出由 1 变为 0。这个负脉冲一方面使基本触发器置 1，同时反馈到 G_4 和 G_5 的输入端，使在 $CP=1$ 期间不论 D 如何变化，只能改变 G_6 的输出状态，而其他门均保持不变，即触发器保持 1 态不变。

由以上分析可知，维持阻塞型边沿 D 触发器具有在时钟脉冲上升沿触发的特点，其逻辑功能为：输出端 Q 的状态随着输入端 D 的状态而变化，但总比输入端状态的变化晚一步，即某个时钟脉冲来到之后 Q 的状态和该脉冲来到之前 D 的状态一样。其特性方程为

$$Q^{n+1} = D \tag{6-2}$$

表 6-5 为维持阻塞型边沿 D 触发器的逻辑功能表。

表 6-5　维持阻塞型边沿 D 触发器的逻辑功能表

D	Q^n	Q^{n+1}	功　能
0	0 1	0 0	置 0
1	0 1	1 1	置 1

【例6-2】 图6-6给出的维持阻塞型边沿D触发器的输入波形如图6-7a所示，试画出输出端Q、$\overline{Q}$的电压波形，设$\overline{R}_D = \overline{S}_D = 1$。

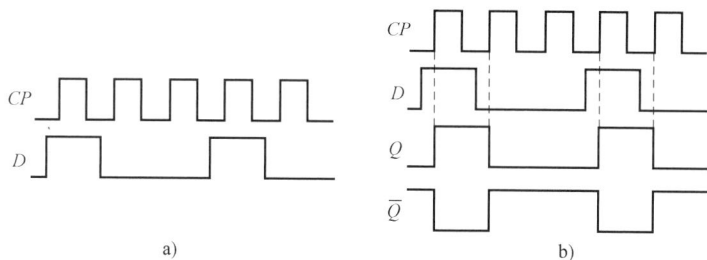

图6-7 例6-2的图

解：维持阻塞型边沿D触发器对CP上升沿有效，其输出状态等于D的值，其他时刻保持。根据该功能可画出输出端Q、$\overline{Q}$的电压波形，如图6-7b所示。

6.1.4 触发器逻辑功能的转换

触发器按逻辑功能可分为RS触发器、JK触发器、D触发器、T触发器和T′触发器。根据实际需要，可将某种逻辑功能的触发器通过改接或附加一些门电路之后，转换为另一种逻辑功能的触发器。

1. 将JK触发器转换为D触发器

D触发器的特性方程为$Q^{n+1} = D$。JK触发器的特性方程为$Q^{n+1} = J\overline{Q^n} + \overline{K}Q^n$。为了将JK触发器转换为D触发器，可令$J = D$，$K = \overline{D}$，这样把其代入JK触发器的特性方程，可得$Q^{n+1} = D\overline{Q^n} + \overline{\overline{D}}Q^n = D$，则与D触发器的特性方程相同。电路如图6-8所示。

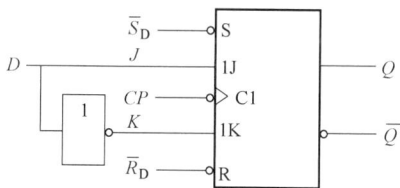

图6-8 将JK触发器转换为D触发器

2. 将JK触发器转换为T触发器

T触发器的特性方程为$Q^{n+1} = T\overline{Q^n} + \overline{T}Q^n$，逻辑功能表见表6-6。

表6-6 T触发器逻辑功能表

T	Q^n	Q^{n+1}	功 能
0	0	0	保持
	1	1	
1	0	1	翻转
	1	0	

为了将JK触发器转换为T触发器，可令$J = T$，$K = T$，把其代入JK触发器的特性方程，可得$Q^{n+1} = T\overline{Q^n} + \overline{T}Q^n$，则与T触发器的特性方程相同。电路如图6-9所示。

3. 将D触发器转换为JK触发器

D触发器的特性方程为$Q^{n+1} = D$。JK触发器的特性方程为$Q^{n+1} =$

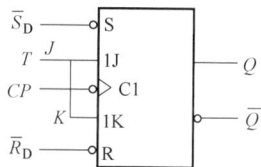

图6-9 将JK触发器转换为T触发器

$J\overline{Q^n}+\overline{K}Q^n$。令 $D=J\overline{Q^n}+\overline{K}Q^n$，即可将 D 触发器转换为 JK 触发电路如图 6-10 所示。

4. 将 D 触发器转换为 T 触发器

D 触发器的特性方程为 $Q^{n+1}=D$，T 触发器的特性方程为 $Q^{n+1}=T\overline{Q^n}+\overline{T}Q^n$。要把 D 触发器转换为 T 触发器，则令 $D=T\overline{Q^n}+\overline{T}Q^n=T\oplus Q^n=T\odot\overline{Q^n}$ 即可。两种接法的电路如图 6-11 所示。

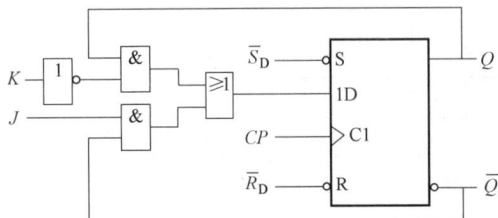

图 6-10　将 D 触发器转换为 JK 触发器

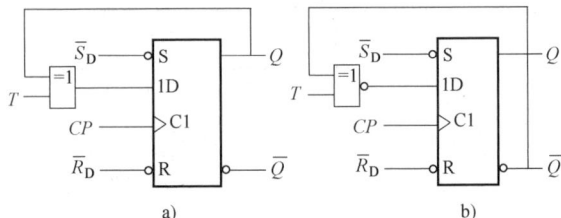

图 6-11　将 D 触发器转换为 T 触发器

5. 将 JK 触发器转换为 T′触发器

T′触发器的特性方程为 $Q^{n+1}=\overline{Q^n}$。要把 JK 触发器转换为 T′触发器，令 $J=K=1$ 即可。电路如图 6-12 所示。

6. 将 D 触发器转换为 T′触发器

要把 D 触发器转换为 T′触发器，令 $D=\overline{Q^n}$ 即可。电路图如图 6-13 所示。

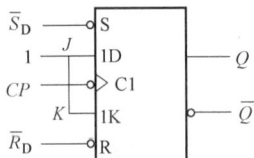

图 6-12　将 JK 触发器转换为 T′触发器

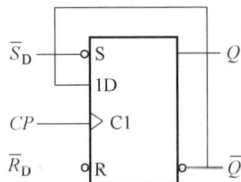

图 6-13　将 D 触发器转换为 T′触发器

6.2　时序逻辑电路的分析

前已述及，时序逻辑电路具有记忆功能，其基本单元是触发器，将触发器与门电路按一定规律组合，就构成了时序逻辑电路，可以实现对数据的寄存、计数等功能。对时序逻辑电路的功能进行分析的步骤如下：

教学视频 6-2：
时序逻辑电路
的分析

1）根据给定的时序逻辑电路，写出下列各逻辑表达式。

① 每个触发器的时钟方程。

② 每个触发器的驱动方程，也叫激励方程。

③ 时序电路的输出方程。

2）把触发器的驱动方程代入触发器的特性方程，得到状态方程。

3）根据状态方程列出逻辑状态表（也叫逻辑功能表）。

4）画出逻辑状态图和时序图。

5）确定时序逻辑电路的功能。

【例6-3】 分析图6-14所示的时序逻辑电路。

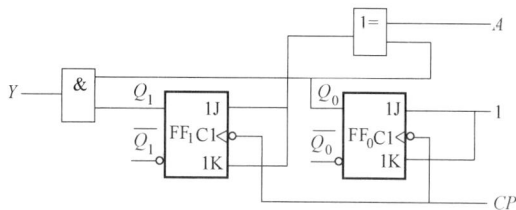

图6-14 例6-3的图

解：该电路的时钟脉冲 CP 同时接到每个触发器的脉冲输入端，这种时序电路称为同步时序逻辑电路。从该电路可以看出，这是一个由两个下降沿触发的JK触发器构成的同步时序逻辑电路，A 为外加信号。

1. （1）时钟方程

$$CP_0 = CP_1 = CP$$

（2）驱动方程

$$J_0 = K_0 = 1$$
$$J_1 = K_1 = A \oplus Q_0$$

（3）输出方程

$$Y = Q_1 Q_0$$

2. 状态方程

把两个驱动方程分别代入触发器的特性方程，得到状态方程为

$$Q_0^{n+1} = J_0 \overline{Q_0^n} + \overline{K_0} Q_0^n = \overline{Q_0^n}$$

$$Q_1^{n+1} = J_1 \overline{Q_1^n} + \overline{K_1} Q_1^n$$

$$= (A \oplus Q_0^n) \overline{Q_1^n} + \overline{A \oplus Q_0^n} Q_1^n$$

$$= A \oplus Q_0^n \oplus Q_1^n$$

3. 列出逻辑状态表

逻辑状态表见表6-7。

表6-7 例6-3逻辑状态表

$Q_1^n \quad Q_0^n$	Q_1^{n+1}	Q_0^{n+1}	Y
	$A = 0$	$A = 1$	
00	01	11	0
01	10	00	0
10	11	01	0
11	00	10	1

4. 画出逻辑状态图和时序图

逻辑状态图如图6-15所示。时序图如图6-16所示。

5. 确定时序逻辑电路的功能

根据逻辑状态表或逻辑状态图可知，该电路是一个可逆的2位二进制（也叫四进制）

计数器，当 $A=0$ 时，进行加计数；当 $A=1$ 时，进行减计数。

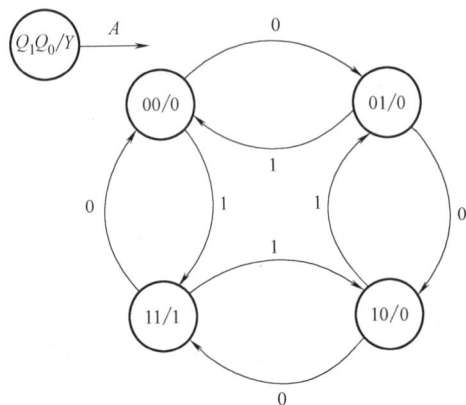

图 6-15　例 6-3 逻辑状态图

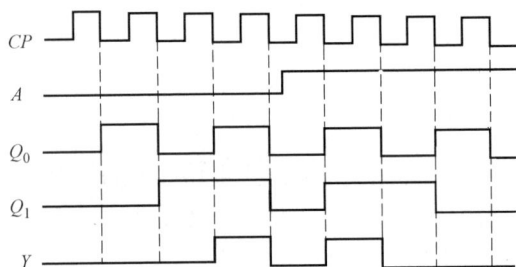

图 6-16　例 6-3 时序图

【例 6- 4】　分析图 6-17 所示的时序逻辑电路。

解： 该电路的两个触发器未共用时钟脉冲信号，因此是异步时序逻辑电路。

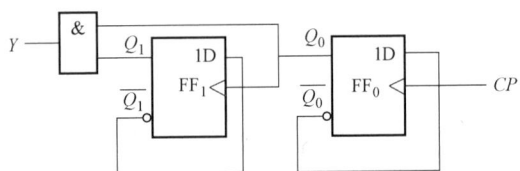

图 6-17　例 6-4 的图

1. （1）时钟方程

$$CP_0 = CP; \quad CP_1 = Q_0$$

（2）驱动方程

$$D_0 = \overline{Q_0}$$

$$D_1 = \overline{Q_1}$$

（3）输出方程

$$Y = Q_1 Q_0$$

2. 状态方程

$$Q_0^{n+1} = D_0 = \overline{Q_0^n} \ （CP \uparrow）$$

$$Q_1^{n+1} = D_1 = \overline{Q_1^n} \ （Q_0 \uparrow）$$

3. 列出逻辑状态表

根据状态方程，对于 FF_0 触发器，每来一个脉冲都会有一个上升沿，触发器翻转，与原状态相反。而对于 FF_1 触发器，只有 Q_0 出现上升沿时，触发器才翻转，其他情况下保持。可得状态表，见表 6-8。

表 6-8　例 6-4 逻辑状态表

CP 顺序	Q_1	Q_0	Y	CP 顺序	Q_1	Q_0	Y
0	0	0	0	3	0	1	0
1	1	1	1	4	0	0	0
2	1	0	0				

4. 画出逻辑状态图和时序图

逻辑状态图如图 6-18 所示。时序图如图 6-19 所示。

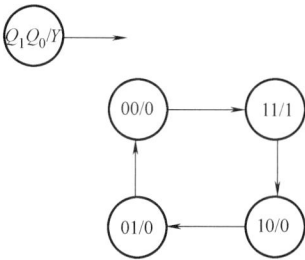

图 6-18 例 6-4 逻辑状态图

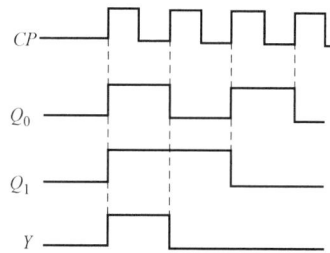

图 6-19 例 6-4 时序图

5. 确定时序逻辑电路的功能

该电路为异步 2 位二进制（四进制）减法计数器。

6.3 寄存器

寄存器（Register）是计算机和其他数字系统中用来存储数码或数据的逻辑器件。它的主要组成部分是触发器。一个触发器能存储 1 位二进制数码，所以要存储 n 位二进制数码的寄存器就需要用 n 个触发器组成。

寄存器存放数码的方式有并行和串行两种。并行方式就是数码从各对应位输入端同时输入寄存器中；串行方式就是数码从一个输入端逐位输入寄存器中。

从寄存器取出数码的方式也有并行和串行两种。在并行方式中，被取出的数码在对应于各位的输出端上同时出现；而在串行方式中，被取出的数码在一个输出端逐位出现。

按照有无移位的功能，寄存器常分为数码寄存器和移位寄存器两种。

6.3.1 数码寄存器

图 6-20 是一种 4 位数码寄存器（Digital Register）。工作之初，先用触发器的清零端把触

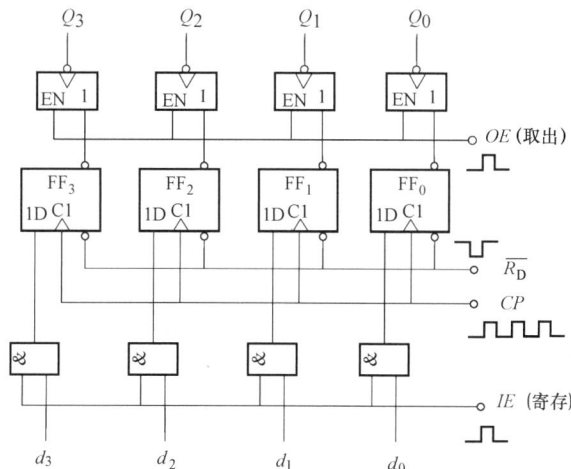

图 6-20 4 位数码寄存器

发器清零。输入端是四个与门，如果要寄存 4 位二进制数码 $d_3 \sim d_0$，可使与门的输入控制信号 $IE = 1$，把它们打开，$d_3 \sim d_0$ 便输入。当时钟脉冲 CP 的上升沿到达时，$d_3 \sim d_0$ 以反变量的形式寄存在四个触发器的 $\overline{Q}$ 端。输出端是四个三态非门，当要取出 $d_3 \sim d_0$ 时，可使三态门的输出控制信号 $OE = 1$，$d_3 \sim d_0$ 便可以从三态门的 $Q_3 \sim Q_0$ 端输出。

6.3.2 移位寄存器

移位寄存器（Shift Register）不仅可以存放数码，而且具有移位的功能。所谓移位，就是指寄存器的数码在移位脉冲的控制下依次移位，用来实现数据的串行/并行或并行/串行的转换、数值运算以及其他数据处理功能。移位寄存器在计算机中应用广泛，属于同步时序电路。

按照移位情况的不同，移位寄存器又分为单向移位寄存器和双向移位寄存器。

1. 单向移位寄存器

图 6-21 所示为 4 位右移移位寄存器，由 4 个上升沿触发的 D 触发器组成。串行二进制数据从输入端 D_{SI} 输入，左端触发器的输出作为右端触发器的数据输入。若将串行数码 $d_3 \sim d_0$ 从高位至低位按时钟序列依次送到 D_{SI} 端，经过第一个脉冲后，$Q_0 = d_3$。由于跟随数码 d_3 后面的数码是 d_2，则经过第二个时钟脉冲后，触发器 FF_0 的状态移入触发器 FF_1，而 FF_0 变为新的状态，即 $Q_1 = d_3$，$Q_0 = d_2$。依次类推，可得到该移位寄存器的状态，见表 6-9（×表示不确定状态）。由表 6-9 可知，输入数码依次由低位触发器移到高位触发器，经过 4 个时钟脉冲后，4 个触发器的输出状态 $Q_3 \sim Q_0$ 与输入数码 $d_3 \sim d_0$ 相对应。这样就将串行输入数据转换为并行输出数据。

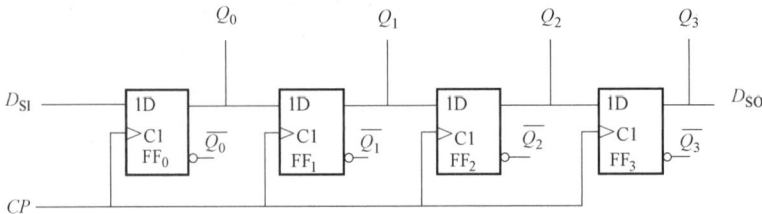

图 6-21　4 位右移移位寄存器

表 6-9　4 位右移移位寄存器状态表

CP	Q_0	Q_1	Q_2	Q_3
第一个 CP 脉冲之前	×	×	×	×
1	d_3	×	×	×
2	d_2	d_3	×	×
3	d_1	d_2	d_3	×
4	d_0	d_1	d_2	d_3

2. 双向移位寄存器

有时需要对移位寄存器的数据流向加以控制，实现数据的双向移动，其中一个方向称为右移，另一个方向称为左移，这种移位寄存器称为双向移位寄存器。通常定义移位寄存器中的数据从低位触发器移向高位为右移，从高位移向低位为左移。

TTL 4 位双向移位寄存器 74LS194 的逻辑符号如图 6-22 所示，具有数据保持、右移、左移、并行输入和并行输出等功能。D_{SR} 是右移串行数据输入端，D_{SL} 是左移串行数据输入端，CR 为异步清零输入端。表 6-10 是74LS194 的逻辑功能表。表中第 1 行表示寄存器异步清零操作；第 2 行为保持状态；第 3、4 行为串行数据右移操作；第 5、6 行为串行数据左移操作；第 7 行为并行输入数据的同步置入操作。

有时要求在移位过程中，数据仍保持在寄存器中不丢失。这时可将移位寄存器最高位的输出接至最低位的输入，或将最低位的输出接至最高位的输入，即可实现这个功能，这种移位寄存器称为环形移位寄存器。

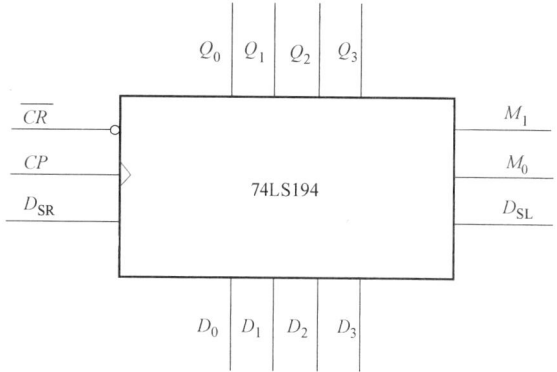

图 6-22　74LS194 的逻辑符号

表 6-10　74LS194 的逻辑功能表

| 输 入 | | | | | | | | | | 输 出 | | | | 行 |
| 清 零 | 控 制 信 号 | | 串 行 输 入 | | 时钟 | 并 行 输 入 | | | | | | | | |
$\overline{CR}$	M_1	M_0	右移 D_{SR}	左移 D_{SL}	CP	D_0	D_1	D_2	D_3	Q_0^n	Q_1^n	Q_2^n	Q_3^n	
0	×	×	×	×	×	×	×	×	×	0	0	0	0	1
1	0	0	×	×	×	×	×	×	×	Q_0^n	Q_1^n	Q_2^n	Q_3^n	2
1	0	1	0	×	↑	×	×	×	×	0	Q_0^n	Q_1^n	Q_2^n	3
1	0	1	1	×	↑	×	×	×	×	1	Q_0^n	Q_1^n	Q_2^n	4
1	1	0	×	0	↑	×	×	×	×	Q_1^n	Q_2^n	Q_3^n	0	5
1	1	0	×	1	↑	×	×	×	×	Q_1^n	Q_2^n	Q_3^n	1	6
1	1	1	×	×	↑	D_0	D_1	D_2	D_3	D_0	D_1	D_2	D_3	7

图 6-23 是用两片 74LS194 型 4 位移位寄存器构成的 8 位双向移位寄存器的电路图。$G=0$，数据右移；$G=1$，数据左移。

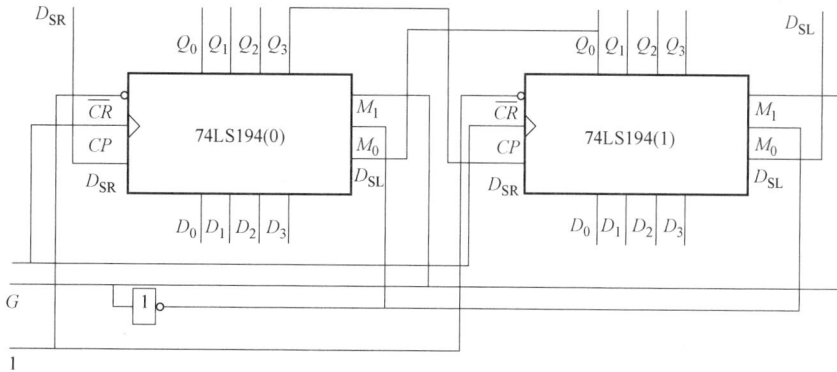

图 6-23　用两片 74LS194 构成 8 位双向移位寄存器

【例6-5】 由74LS194构成的顺序脉冲发生器如图6-24所示，试分析其功能，画出状态图和波形图。

解： 该电路给出启动信号负脉冲后，$M_1M_0 = 11$，在CP上升沿到来时刻，实现置数，$Q_0Q_1Q_2Q_3 = 0001$，之后G_1门输出高电平，启动信号也已变成高电平，G_2输出低电平，此时$M_1M_0 = 01$，在CP上升沿到来时刻，实现右移。状态图和波形图如图6-25所示。

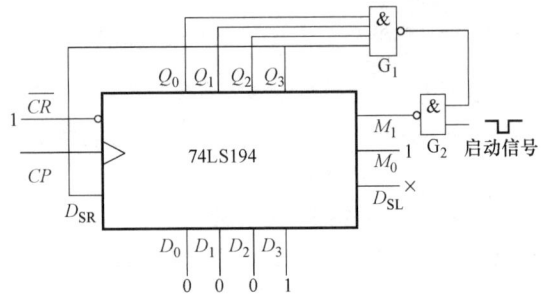

图6-24 例6-5的图

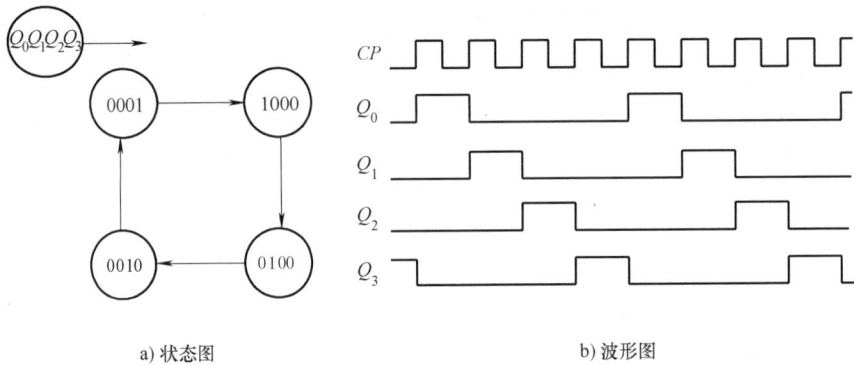

图6-25 例6-5的状态图和波形图

a) 状态图　　　　　b) 波形图

由波形图可以看出，该电路构成顺序脉冲发生器，正脉冲依次从$Q_0Q_1Q_2Q_3$输出。在数字系统中，常用顺序脉冲发生器控制某些设备按照事先规定的顺序进行运算或操作。

6.4 计数器

在数字电路中，能够记忆输入脉冲个数的电路称为计数器（Counter）。计数器是一种应用十分广泛的时序逻辑电路，除了用于计数，还可用于分频、定时、产生节拍脉冲以及其他时序信号。计数器的种类很多，按触发器动作分类，可分为同步计数器和异步计数器；按计数数值增减分类，可分为加法计数器、减法计数器和可逆计数器；按编码分类，可分为二进制计数器、十进制计数器（也称为二—十进制计数器）和循环码计数器。此外，有时也按计数器的计数容量来区分，例如五进制、六十进制等，计数器的容量也称为模，一个计数器的模等于其状态数。

6.4.1 二进制计数器

二进制计数器按照其位数可分为2位二进制计数器、3位二进制计数器、4位二进制计数器等。其中4位二进制计数器应用较多。

1. 异步二进制计数器（Asynchronous Binary Counter）

计数脉冲不同时加到各位触发器的CP端，致使触发器状态的变化有先有后，这种计数器称为异步计数器。图6-26是一个异步4位二进制加法计数器的逻辑图，它由4个主从型

JK 触发器组成，每个触发器的 J、K 端悬空，相当于 1，具有计数功能，即每输入一个计数脉冲，触发器翻转一次。脉冲 CP 加到最低位触发器的脉冲输入端，低位触发器的 Q 端送到相邻高位触发器的 CP 端，触发器的脉冲输入端出现下降沿时，触发器翻转，没有卜降沿时，触发器保持。例如，从状态 0001 变到状态 0010，对 FF_0 触发器，到来一个新的脉冲，因此，状态从 1 翻到 0；对 FF_1 触发器，Q_0 接到其脉冲输入端上，正好是从 1 翻到 0，是下降沿，因此 FF_1 状态从 0 翻到 1；而 FF_2、FF_3 触发器的脉冲输入端没有下降沿，因此保持原状态不变。其他情况依次类推。

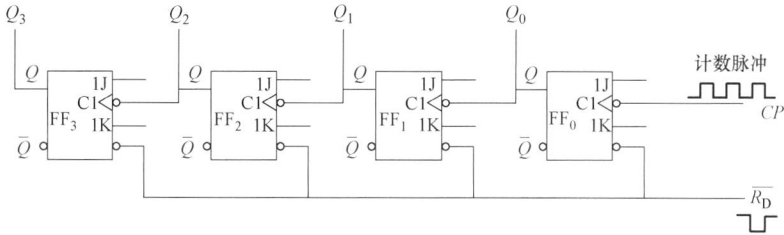

图 6-26　异步 4 位二进制加法计数器的逻辑图

表 6-11 是该计数器的逻辑状态表。

表 6-11　4 位二进制加法计数器的逻辑状态表

计数脉冲数	二 进 制 数				十 进 制 数
	Q_3	Q_2	Q_1	Q_0	
0	0	0	0	0	0
1	0	0	0	1	1
2	0	0	1	0	2
3	0	0	1	1	3
4	0	1	0	0	4
5	0	1	0	1	5
6	0	1	1	0	6
7	0	1	1	1	7
8	1	0	0	0	8
9	1	0	0	1	9
10	1	0	1	0	10
11	1	0	1	1	11
12	1	1	0	0	12
13	1	1	0	1	13
14	1	1	1	0	14
15	1	1	1	1	15
16	0	0	0	0	0

只要把图 6-26 稍作修改，即把低位触发器的 $\bar{Q}$ 端送到相邻高位触发器的 CP 端，就可构成 4 位二进制减法计数器，如图 6-27 所示。逻辑状态表见表 6-12，请自行分析。

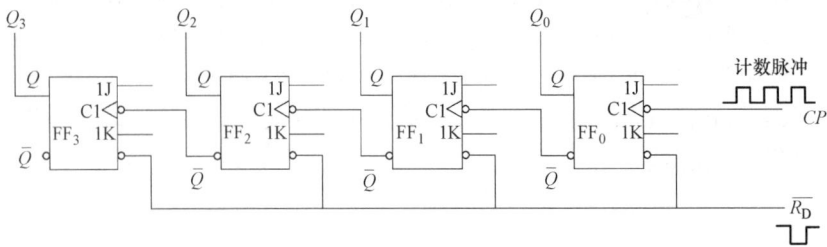

图 6-27 4 位二进制减法计数器

表 6-12 4 位二进制减法计数器的逻辑状态表

计数脉冲数	二 进 制 数				十 进 制 数
	Q_3	Q_2	Q_1	Q_0	
0	1	1	1	1	15
1	1	1	1	0	14
2	1	1	0	1	13
3	1	1	0	0	12
4	1	0	1	1	11
5	1	0	1	0	10
6	1	0	0	1	9
7	1	0	0	0	8
8	0	1	1	1	7
9	0	1	1	0	6
10	0	1	0	1	5
11	0	1	0	0	4
12	0	0	1	1	3
13	0	0	1	0	2
14	0	0	0	1	1
15	0	0	0	0	0
16	1	1	1	1	15

异步计数器的优点是结构简单，缺点是工作速度低。

2. 同步二进制计数器（Synchronous Binary Counter）

为了提高工作速度，可采用同步计数器，其特点是计数脉冲作为时钟信号同时接在各位触发器的 CP 端。以 4 位二进制加法计数器为例，根据表 6-11 可知，Q_0 在每个计数脉冲到来时都要翻转一次；Q_1 需要在 $Q_0 = 1$ 时准备好翻转条件，下一个计数脉冲沿到达时立即翻转；Q_2 需要在 $Q_1 = Q_0 = 1$ 时准备好翻转条件，在其次态翻转；Q_3 需要在 $Q_2 = Q_1 = Q_0 = 1$ 时准备好翻转条件，在其次态翻转。用主从 JK 触发器构成的同步 4 位二进制加法计数器如图 6-28 所示。每个触发器的 J、K 端都相连，构成 T 触发器，T 触发器的特点是 $T = 1$ 时，来一个脉冲触发器翻转一次；$T = 0$ 时，触发器保持。这样，Q_0 在每个计数脉冲到来时都要翻转一次；Q_1 在 $Q_0 = 1$ 时下一个计数脉冲沿到达时立即翻转；Q_2 在 $Q_1 = Q_0 = 1$ 时，在其次态翻转；Q_3 在 $Q_2 = Q_1 = Q_0 = 1$ 时，在其次态翻转。

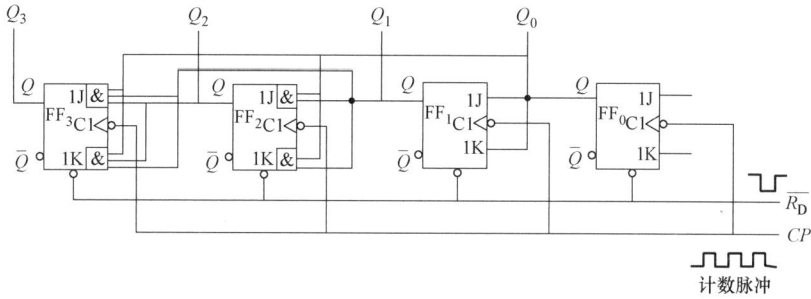

图 6-28   同步 4 位二进制加法计数器

在上述的 4 位二进制加法计数器中，当输入第 16 个计数脉冲时，又会返回起始状态 0000，如果还有第五个触发器，则应是 10000，即十进制数 16。但现在只有 4 位，只能显示 0000，这称为计数器的溢出。因此，4 位二进制加法计数器，能记录的最大十进制数为 $2^4-1=15$。n 位二进制加法计数器能记录的最大十进制数为 2^n-1。

图 6-29 是同步 4 位二进制加法计数器 74LS161 的外引脚图和逻辑符号。

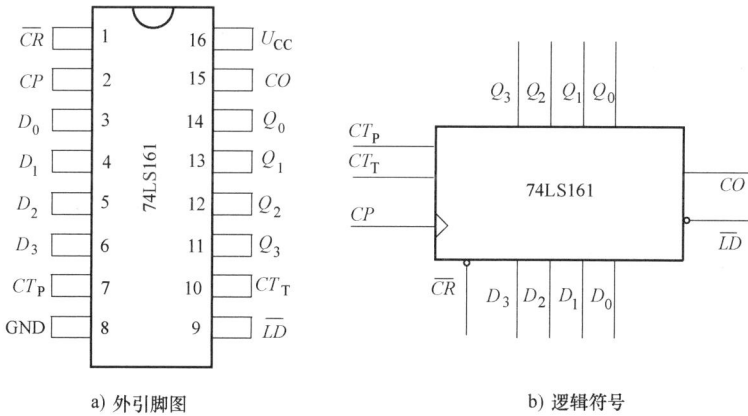

a) 外引脚图

b) 逻辑符号

图 6-29   74LS161 的外引脚图和逻辑符号

表 6-13 为 4 位二进制加法计数器 74LS161 的功能表。

表 6-13   4 位二进制加法计数器 74LS161 功能表

输　　　入									输　　出				
$\overline{CR}$	CP	$\overline{LD}$	CT_P	CT_T	D_3	D_2	D_1	D_0	Q_3^{n+1}	Q_2^{n+1}	Q_1^{n+1}	Q_0^{n+1}	CO
0	×	×	×	×		×			0	0	0	0	0
1	↑	0	×	×	d_3	d_2	d_1	d_0	d_3	d_2	d_1	d_0	$CO=CT_T \cdot Q_3^n Q_2^n Q_1^n Q_0^n$
1	↑	1	1	1		×			计数				$CO=Q_3^n Q_2^n Q_1^n Q_0^n$
1	×	1	0	×		×			保持				$CO=CT_T \cdot Q_3^n Q_2^n Q_1^n Q_0^n$
1	×	1	×	0		×			保持				0

186

74LS161 的功能有：

1）清零功能。当 $\overline{CR}=0$ 时，计数器异步清零。

2）同步并行置数功能。当 $\overline{CR}=1$，$\overline{LD}=0$，且有 CP 上升沿到来时，计数器同步并行置数，$Q_3^{n+1}Q_2^{n+1}Q_1^{n+1}Q_0^{n+1}=d_3d_2d_1d_0$。

3）计数功能。当 $\overline{CR}=\overline{LD}=CT_P=CT_T=1$ 时，计数器在 CP 上升沿到达时刻实现加法计数，计数状态为 0000~1111。

4）保持功能。当 $\overline{CR}=\overline{LD}=1$ 时，若 $CT_P \cdot CT_T=0$，计数器处于保持状态。

5）进位输出功能。当 $CT_T=1$，且 $Q_3Q_2Q_1Q_0=1111$ 时，进位输出端 $CO=1$。

6.4.2 十进制计数器

二进制计数器结构简单，但是读数不方便，所以在很多场合都使用十进制计数器（Decade Counter）。使用最多的十进制计数器是按照 8421 码编码的，即用 0000~1001 表示十进制的 0~9 十个数码。

1. 同步十进制计数器

同步十进制计数器可分为同步十进制加计数器、同步十进制减计数器和同步十进制可逆计数器。图 6-30 为同步十进制加计数器逻辑图。

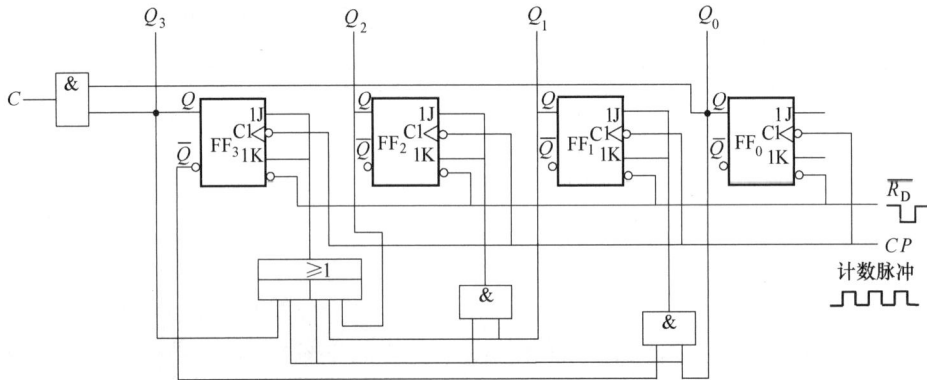

图 6-30 同步十进制加计数器逻辑图

下面按照时序电路分析的步骤进行分析。

时钟方程：

$$CP_0=CP_1=CP_2=CP_3=CP$$

驱动方程：

$$J_0=K_0=1$$

$$J_1=K_1=\overline{Q_3^n}Q_0^n$$

$$J_2=K_2=Q_0^nQ_1^n$$

$$J_3=K_3=Q_0^nQ_1^nQ_2^n+Q_3^nQ_0^n$$

输出方程：

$$C = Q_0^n Q_3^n$$

把驱动方程分别代入触发器的特性方程，得到状态方程

$$Q_0^{n+1} = \overline{Q_0^n}$$

$$Q_1^{n+1} = \overline{Q_3^n} Q_0^n \oplus Q_1^n$$

$$Q_2^{n+1} = Q_1^n Q_0^n \oplus Q_2^n$$

$$Q_3^{n+1} = (Q_0^n Q_1^n Q_2^n + Q_3^n Q_0^n) \oplus Q_3^n$$

根据状态方程可得状态表，见表 6-14。

表 6-14 同步十进制加计数器状态表

CP 脉冲顺序	Q_3	Q_2	Q_1	Q_0	等效十进制数	输出 C
0	0	0	0	0	0	0
1	0	0	0	1	1	0
2	0	0	1	0	2	0
3	0	0	1	1	3	0
4	0	1	0	0	4	0
5	0	1	0	1	5	0
6	0	1	1	0	6	0
7	0	1	1	1	7	0
8	1	0	0	0	8	0
9	1	0	0	1	9	1
10	0	0	0	0	0	0
0	1	0	1	0	10	0
1	1	0	1	1	11	1
2	0	1	1	0	6	0
0	1	1	0	0	12	0
1	1	1	0	1	13	1
2	0	1	0	0	4	0
0	1	1	1	0	14	0
1	1	1	1	1	15	0
2	0	0	1	0	2	0

根据状态方程画出状态图和时序图，如图 6-31 所示。

凡决定使用了的状态，称为有效状态，如表 6-14 中的 0000~1001 可视为有效状态，即构成十进制计数器。不使用的状态称为无效状态，如表中的 1010~1111。由于电源或干扰信号的干扰，电路一旦进入无效状态后，在 CP 脉冲作用下能够自动返回有效循环的电路叫作自启动电路。该电路当进入无效状态时就能在脉冲的作用下进入有效状态，因此该电路是自启动电路。74LS160 为同步十进制加计数器，除了模为十外，其功能和逻辑符号均与 74LS161 相同。

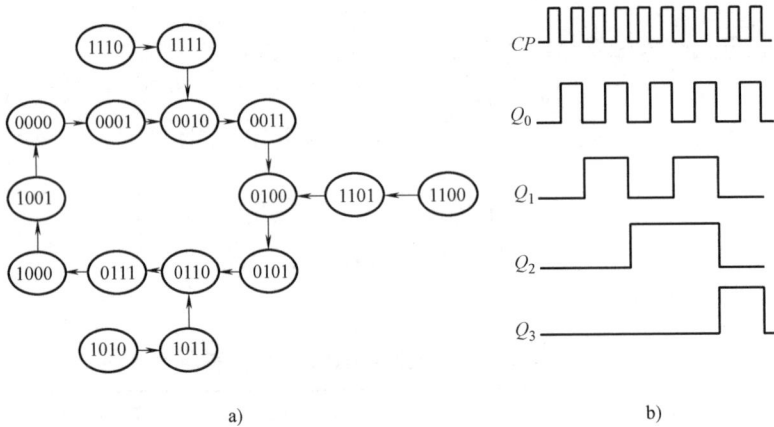

图6-31 同步十进制加计数器的状态图和时序图

2. 异步十进制计数器

图6-32是74LS290型异步二—五—十进制计数器的逻辑图，其功能表见表6-15。$S_{9(1)}$ 和 $S_{9(2)}$ 是置"9"输入端，当两者全为1时，$Q_3Q_2Q_1Q_0 = 1001$，即十进制数9；$R_{0(1)}$ 和 $R_{0(2)}$ 是清零输入端，当两者全为1，且 $S_{9(1)}$ 和 $S_{9(2)}$ 中至少有一个为0时，四个触发器全部清零。它有两个时钟脉冲输入端 CP_0 和 CP_1，脉冲从不同的输入端输入，输出从不同的输出端输出，可分别构成二、五、十进制计数器。

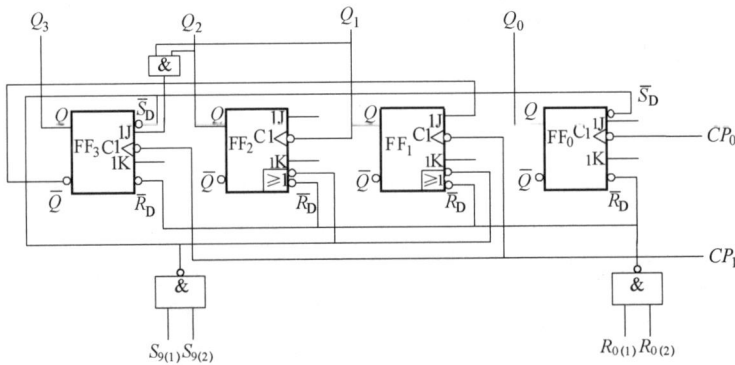

图6-32 74LS290型异步二—五—十进制计数器的逻辑图

表6-15 74LS290的逻辑功能表

$R_{0(1)}$	$R_{0(2)}$	$S_{9(1)}$	$S_{9(2)}$	Q_3	Q_2	Q_1	Q_0
1	1	0	×	0	0	0	0
		×	0				
×	×	1	1	1	0	0	1
×	0	×	0	计数			
0	×	0	×	计数			
0	×	×	0	计数			
×	0	0	×	计数			

1）脉冲由 CP_0 输入，由 Q_0 输出，$FF_1 \sim FF_3$ 三个触发器不用，构成二进制计数器。

2）脉冲由 CP_1 输入，由 $Q_3Q_2Q_1$ 输出，构成五进制计数器。分析如下。

时钟方程：

$$CP_1 = CP_1 \,; \quad CP_2 = Q_1 \,; \quad CP_3 = CP_1$$

驱动方程：

$$J_1 = \overline{Q_3^n} \qquad K_1 = 1$$
$$J_2 = 1 \qquad K_2 = 1$$
$$J_3 = Q_1^n Q_2^n \qquad K_3 = 1$$

把驱动方程分别代入触发器的特性方程，得到状态方程：

$$Q_1^{n+1} = \overline{Q_3^n}\,\overline{Q_1^n}(CP_1 \downarrow) \quad Q_2^{n+1} = \overline{Q_2^n}(Q_1 \downarrow) \quad Q_3^{n+1} = Q_1^n Q_2^n \overline{Q_3^n}(CP_1 \downarrow)$$

根据状态方程，得出逻辑状态表，见表 6-16。

表 6-16 五进制逻辑状态表

CP 脉冲顺序	Q_3 Q_2 Q_1	CP 脉冲顺序	Q_3 Q_2 Q_1
0	0 0 0	0	1 0 1
1	0 0 1	1	0 1 0
2	0 1 0	0	1 1 0
3	0 1 1	1	0 1 0
4	1 0 0	0	1 1 1
5	0 0 0	1	0 0 0

由状态表可知，此时构成具有自启动能力的五进制计数器。

3）将 Q_0 端与 FF_1 的 CP_1 端连接，脉冲由 CP_0 输入，由 $Q_3Q_2Q_1Q_0$ 输出，此时构成 8421 码异步十进制计数器。工作原理请读者自行分析。

6.4.3 任意进制计数器的设计

利用集成二进制或集成十进制计数器芯片可以方便地构成任意进制计数器，采用的方法有两种，一种是反馈清零法，另一种是反馈置数法。下面分别加以介绍。

1. 反馈清零法

利用计数器清零端的清零作用，截取计数过程中的某一个中间状态控制清零端，使计数器由此状态返回零重新开始计数，这样就把模较大的计数器改成了模较小的计数器。

清零信号的选择与芯片的清零方式有关，前面介绍的计数器芯片 74LS160 和 74LS161 均为异步清零方式，其特点是，只要清零端有效，输出就清零。同步清零方式的特点是，输出清零除了要求清零端有效，还必须有有效脉冲 CP 到来。74LS162（除了同步清零，其他与 74LS160 完全相同）和 74LS163（除了同步清零，其他与 74LS161 完全相同）均为同步清零方式。设产生清零信号的状态称为反馈识别码，要构成 N 进制计数器，①当芯片为异步清

教学视频 6-4：
任意进制计数器的设计

零方式时，可用状态 N 作为反馈识别码，通过门电路组合输出清零信号，使芯片瞬间清零，即 N 状态几乎不持续，故其有效循环状态为 $0 \sim N-1$ 共 N 个，构成了 N 进制计数器；②当芯片为同步清零方式时，可用 $N-1$ 作识别码，通过门电路组合输出清零信号，使芯片在下一个 CP 到来时清零，所保留的有效状态仍是 $0 \sim N-1$ 共 N 个，构成了 N 进制计数器。

【例 6-6】 试分别用十六进制计数器 74LS161 和 74LS163 构成十二进制计数器。

解： 由于 74LS161 是异步清零方式，要构成十二进制计数器，反馈识别码应选择 12，对应的二进制数为 1100，当此状态出现时，要得到清零信号，可通过与非门来实现，把反馈识别码 1 所对应的输出端引出接到与非门的输入端，与非门的输出接清零端 $\overline{CR}$。置数控制端 $\overline{LD}$ 和使能控制端均接高电平，数据输入端 $D_0 \sim D_3$ 均接地。电路图如图 6-33a 所示。这样当计数到 1100 时，就马上返回 0000，1100 不会持续，在脉冲的作用下，继续计数，有效状态为 $0000 \sim 1011$，构成十二进制计数器。

74LS163 是同步清零方式，要构成十二进制计数器，反馈识别码应选择 11，对应的二进制数为 1011，当计数到 1011 时，使清零端出现清零信号（可把 1 所对应的输出端接到与非门上），但由于是同步清零方式，要等下一个脉冲到来，才能够清零，因此 1011 这个状态可以保持一个脉冲周期的时间，同样构成十二进制计数器。电路图如图 6-33b 所示。

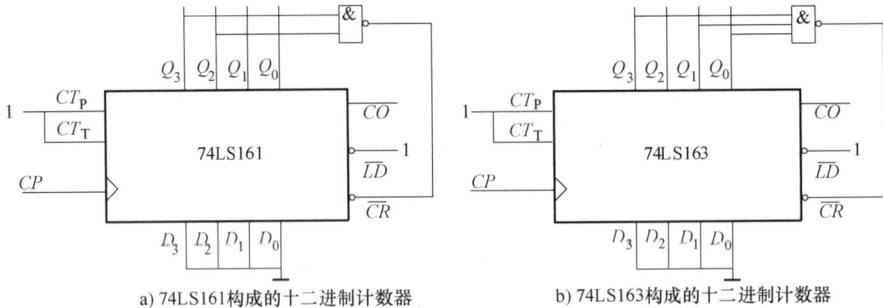

a) 74LS161构成的十二进制计数器 b) 74LS163构成的十二进制计数器

图 6-33 用 74LS161 和 74LS163 构成的十二进制计数器

【例 6-7】 试用两片十进制计数器 74LS160 构成二十四进制计数器。

解： 构成二十四进制计数器，需要两片 74LS160 芯片。首先把低位芯片的进位端 CO 通过非门接到高位芯片的脉冲输入端上，这样当低位芯片从 1001 返回 0000 时，高位芯片有一个有效脉冲到达，往上计一次数，构成一百进制计数器。74LS160 是异步清零方式，要构成二十四进制计数器，反馈识别码应选择 24，对应的二进制数为 00100100，把 1 对应的输出端通过与非门接到清零端 $\overline{CR}$ 即可，其他各端接法如图 6-34 所示。

【例 6-8】 试用两片十进制计数器 74LS290 构成六十四进制计数器。

解： 74LS290 为二—五—十进制计数器，首先把每片接成十进制情况。74LS290 为下降沿触发，因此把低位的 Q_3 端直接接到高位的 CP 端即可构成一百进制计数器。另外，在置 9 端无效的情况下，它为高电平异步清零方式，因此要把反馈识别码 64（01100100）中 1 所对应的输出端通过与门接到清零端，电路如图 6-35 所示。

2. 反馈置数法

利用具有置数功能的计数器，截取从 N_a 到 N_b 之间的 N 个有效状态，构成 N 进制计数

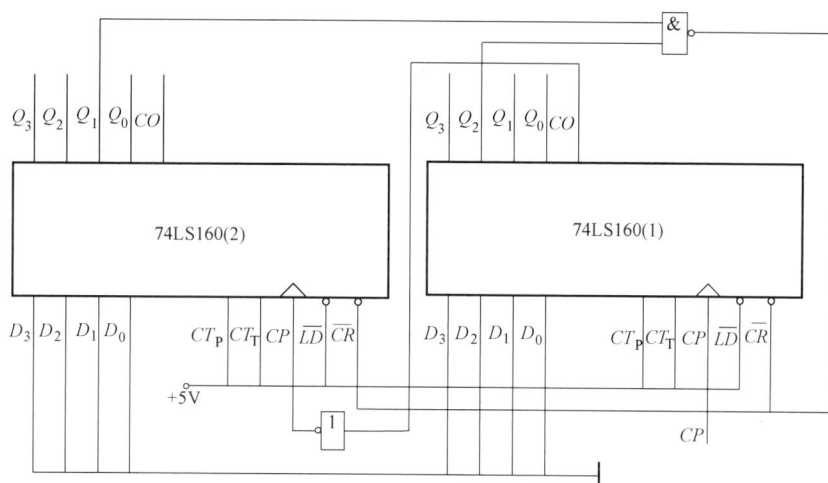

图 6-34 两片 74LS160 构成的二十四进制计数器

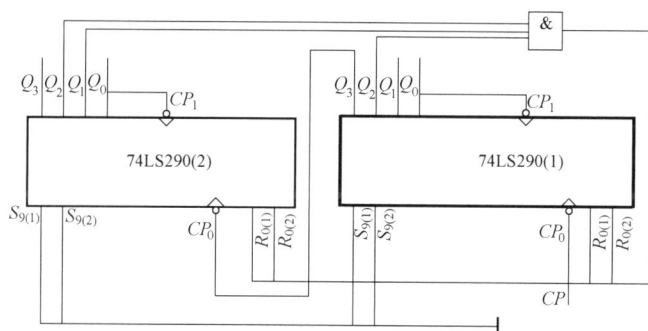

图 6-35 74LS290 构成的六十四进制计数器

器。其方法是当计数器状态计数到 N_b 时，由 N_b 构成的反馈信号提供置数指令，把状态 N_a 通过数据输入端输入进来，再来计数脉冲，计数器将在 N_a 的基础上继续计数，直到循环到 N_b，又进行新一轮置数、计数。

【**例 6-9**】 试用十六进制计数器 74LS161 构成十三进制计数器。

解：用 74LS161 构成十三进制计数器的方法有多种，例如，取 0000～1100 为有效状态，可把 1100 中 1 对应的输出端通过与非门接到置数端 $\overline{LD}$ 上，数据输入端 $D_3 \sim D_0$ 接 0000，清零端和使能控制端均接高电平。这样当计数到 1100 时，置数端 $\overline{LD} = 0$，在下一个脉冲到来时，实现置数，即把计数器置成 0000，此时，$\overline{LD} = 1$，在脉冲的作用下计数，有效状态为 0000～1100，电路如图 6-36

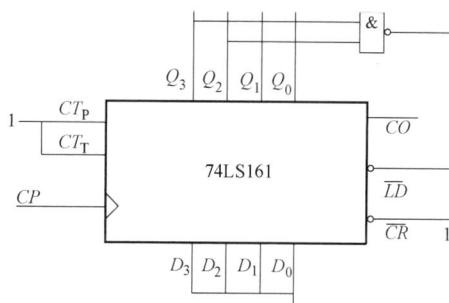

图 6-36 74LS161 构成十三进制计数器

所示。取 0011～1111、0101～0001 为有效状态的电路接法如图 6-37 所示。

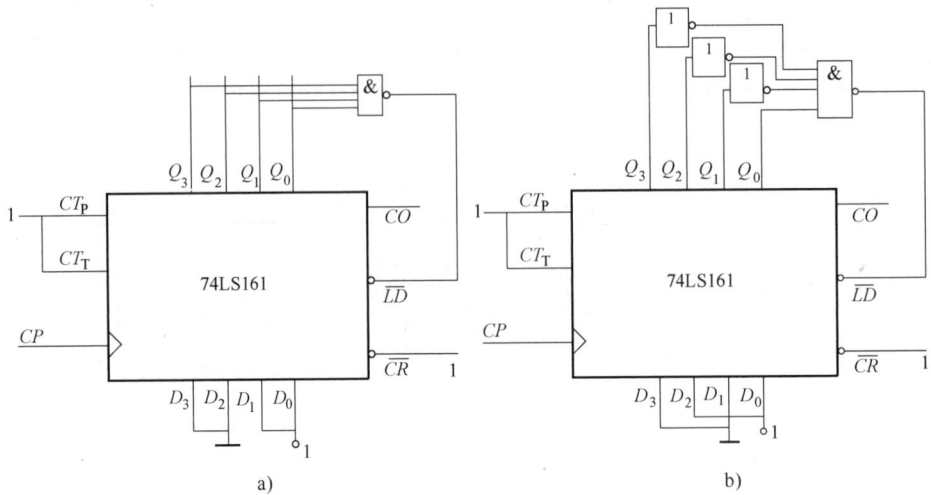

图 6-37 74LS161 构成十三进制计数器

6.5 集成 555 定时器和单稳态触发器

在数字电路中，常常需要各种脉冲波形，例如，时序电路中的时钟脉冲、控制过程中的定时信号等。这些脉冲波形的获取，通常有两种方法：一种是将已有的非脉冲波形通过波形变换电路获得；另一种则是采用脉冲信号产生电路直接得到。本节主要介绍集成 555 定时器的工作原理以及由 555 定时器构成的脉冲波形变换电路——单稳态触发器（Monostable Flip-flop）。

6.5.1 集成 555 定时器

555 定时器是一种模拟、数字混合的中规模集成电路，只要添加有限的外围元器件，就可以方便地构成实用的电子电路，如单稳态触发器、施密特触发器和多谐振荡器等。由于使用灵活方便，性能优良，因而其在波形的产生和变换、信号的测量与控制、家用电器和电子玩具等许多领域都得到了广泛的应用。

教学视频 6-5：集成 555 定时器

555 定时器有 TTL 和 CMOS 两种类型的产品，它们的结构及工作原理基本相同，没有本质区别。一般来说，TTL 型 555 定时器的驱动能力较强，电源电压范围为 5～16V，最大负载电流可达 200mA；而 CMOS 555 定时器的电源电压范围为 3～18V，最大负载电流在 4mA 以下，具有功耗低、输入阻抗高等优点。

TTL 型 555 定时器 CB555 的电路和引脚排列如图 6-38 所示。它由电阻分压器、电压比较器 C_1 和 C_2、基本 RS 触发器、放电晶体管 VT、一个与非门和一个非门组成。

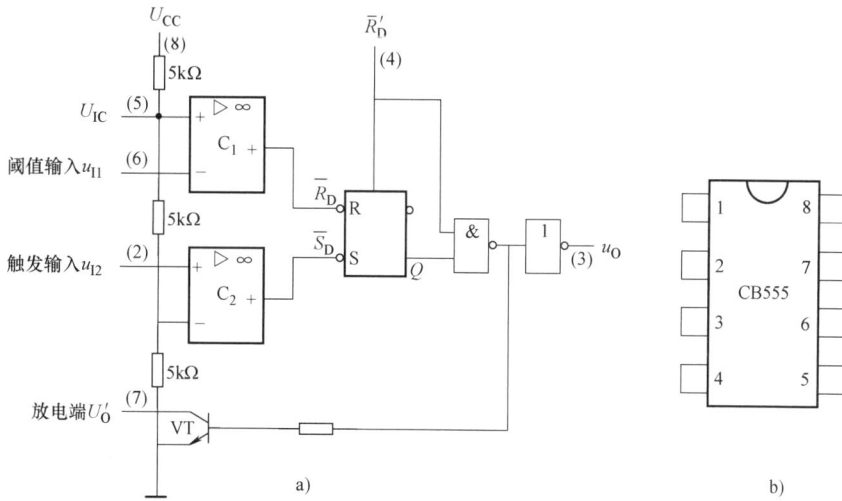

图 6-38　CB555 的电路和引脚排列

6.5.2　集成 555 定时器的工作原理

在图 6-38 中，三个 $5k\Omega$ 的电阻串联组成分压器，为比较器 C_1 和 C_2 提供参考电压。当控制电压端 $U_{IC}(5)$ 悬空时（可对地接上 $0.01\mu F$ 左右的滤波电容，以防干扰引入），比较器 C_1 和 C_2 的基准电压分别为 $\frac{2}{3}U_{CC}$ 和 $\frac{1}{3}U_{CC}$。u_{I1} 是比较器 C_1 的信号输入端，称为阈值输入端；u_{I2} 是比较器 C_2 的信号输入端，称为触发输入端。如果控制电压端（5）外接电压 U_{IC}，则比较器 C_1 和 C_2 的基准电压就变为 U_{IC} 和 $\frac{1}{2}U_{IC}$。比较器 C_1 和 C_2 的输出控制基本 RS 触发器的输出和放电晶体管 VT 的状态。放电晶体管 VT 为外接电路提供放电通路，在使用定时器时，该晶体管的集电极（7）一般都要外接上拉电阻。

$\overline{R'_D}$ 为直接复位输入端，为低电平时，不管其他输入端的状态如何，输出端 u_O 都为低电平。

当 $u_{I1}>\frac{2}{3}U_{CC}$，$u_{I2}>\frac{1}{3}U_{CC}$ 时，比较器 C_1 输出低电平，比较器 C_2 输出高电平，基本 RS 触发器 Q 端置 0，放电晶体管 VT 导通，输出端 u_O 为低电平。

当 $u_{I1}<\frac{2}{3}U_{CC}$，$u_{I2}<\frac{1}{3}U_{CC}$ 时，比较器 C_1 输出高电平，C_2 输出低电平，基本 RS 触发器 Q 端置 1，放电晶体管截止，输出端 u_O 为高电平。

当 $u_{I1}<\frac{2}{3}U_{CC}$，$u_{I2}>\frac{1}{3}U_{CC}$ 时，比较器 C_1 输出高电平，C_2 输出高电平，基本 RS 触发器保持原状态不变，输出端及放电晶体管都保持不变。根据以上分析，得 555 定时器的功能表，见表 6-17。

表 6-17　555 定时器的功能表

输　　入			输　　出	
阈值输入（u_{I1}）	触发输入（u_{I2}）	复位（$\overline{R'_D}$）	输出（u_O）	放电管 VT
×	×	0	0	导通
$<\dfrac{2}{3}U_{CC}$	$<\dfrac{1}{3}U_{CC}$	1	1	截止
$>\dfrac{2}{3}U_{CC}$	$>\dfrac{1}{3}U_{CC}$	1	0	导通
$<\dfrac{2}{3}U_{CC}$	$>\dfrac{1}{3}U_{CC}$	1	不变	不变

6.5.3　单稳态触发器

前面讲过的触发器有两个稳定状态，从一个稳定状态翻转为另一个稳定状态必须靠信号脉冲触发，脉冲消失后，稳定状态能一直保持下去。单稳态触发器与此不同，在没有触发脉冲作用时，电路处于一种稳定状态，经脉冲触发后，电路由稳态翻转为暂稳态，由于电路中 RC 延时环节的作用，电路的暂稳态在维持一段时间后，会自动返回到稳态。暂稳态的持续时间决定于电路中的 RC 参数值。单稳态触发器的这些特性被广泛地应用于脉冲的整形、延时和定时等。

1. 555 定时器构成的单稳态触发器

由 CB555 定时器构成的单稳态触发器如图 6-39 所示。触发脉冲 u_1 由 2 端输入，下降沿触发；清零端 $\overline{R'_D}$（4）接高电平 U_{CC}；放电晶体管 VT 的集电极输出 U'_O(7)端上端通过电阻 R 接 U_{CC}，下端通过电容 C 接地；U'_O(7) 和 u_{I1}(6) 端连在一起；U_{IC}(5) 端对地接 0.01μF 电容以防干扰。

单稳态触发器的工作波形如图 6-40 所示。其工作过程如下。

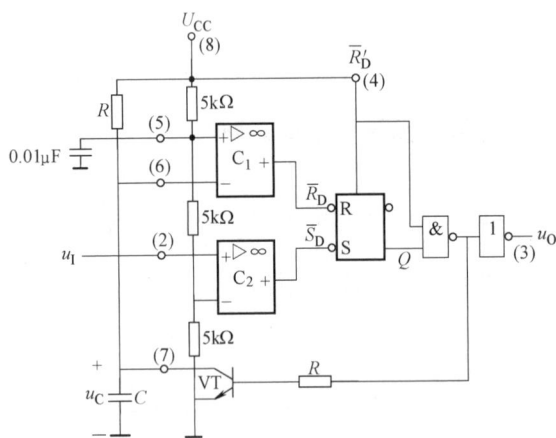

图 6-39　单稳态触发器电路图

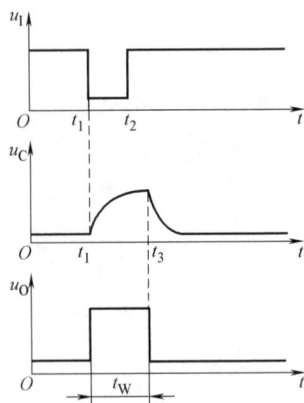

图 6-40　单稳态触发器波形图

在 t_1 以前，触发脉冲未输入，u_1 为 1，其值大于 $\dfrac{1}{3}U_{CC}$，故比较器 C_2 的输出为 1。如果触发器的原状态 $Q=0$，$\overline{Q}=1$，则放电晶体管 VT 饱和导通，$u_C \approx 0.3\text{V}$，故 C_1 的输出也为 1，触发器的状态保持不变。如果 $Q=1$，$\overline{Q}=0$，则 VT 截止，U_{CC} 通过 R 对电容 C 充电，当 u_C 上升

略高于$\frac{2}{3}U_{CC}$时，比较器的C_1输出为0，使触发器翻转为$Q=0$，$\overline{Q}=1$。可见，在稳定状态时，$Q=0$，即输出电压u_O为0。

在t_1时刻，输入触发负脉冲，小于$\frac{1}{3}U_{CC}$，故C_2的输出为0，将触发器置1，u_O由0变为1，电路进入暂稳态。放电管VT截止，电源对电容充电。当u_c上升到略高于$\frac{2}{3}U_{CC}$时（t_3时刻），比较器C_1的输出为0，从而使触发器自动翻转到$Q=0$的稳定状态。此后电容C迅速放电到0，输出的是矩形脉冲，其宽度（暂稳态持续时间）为电容C的电压从0上升到$\frac{2}{3}U_{CC}$所需的时间。

根据电路三要素公式$u_c(t)=u_c(\infty)-[u_c(\infty)-u_c(0)]e^{-\frac{t}{\tau}}$可导出

$$t=\tau\ln\frac{u_c(\infty)-u_c(0)}{u_c(\infty)-u_c(t)} \tag{6-3}$$

将$\tau=RC$，$u_c(\infty)=U_{CC}$，$u_c(0)=0$，$u_c(t)=\frac{2}{3}U_{CC}$代入式（6-3），可得

$$t_W=RC\ln\frac{U_{CC}-0}{U_{CC}-\frac{2}{3}U_{CC}}=RC\ln3=1.1RC \tag{6-4}$$

可以看出，暂稳态的持续时间取决于电路本身的参数，即外接定时元件R和C，而与外界触发脉冲无关。通常，电阻R取值在几百欧至几兆欧范围内，电容C取值在几百皮法至几百微法，所以t_W对应的取值范围在几微秒到几分钟。t_W越大，电路的精度和稳定度会相对下降。另外，输入触发脉冲的宽度必须小于t_W，否则，应在u_{12}（2）端加RC微分电路，请读者自行分析。

2. 单稳态触发器的应用

（1）定时

在图6-41a所示的电路中，只有在单稳态触发器输出脉冲的t_W时间内，脉冲信号才能通

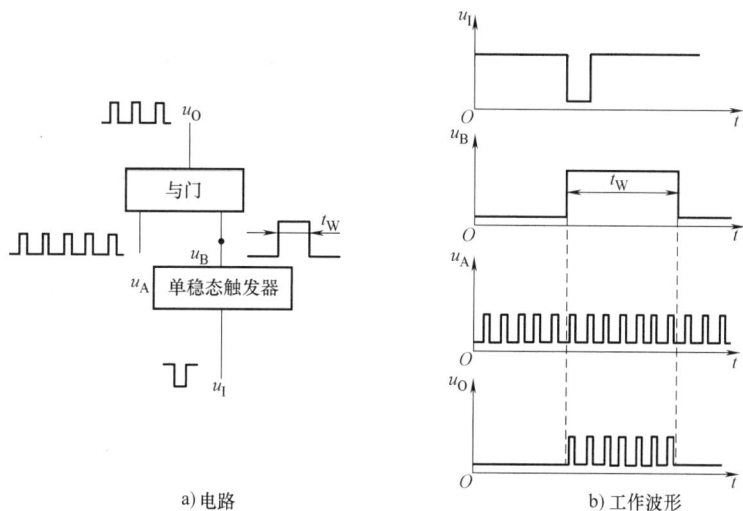

a)电路   b)工作波形

图6-41 单稳态触发器定时电路

过与门，工作波形如图 6-41b 所示。单稳态触发器的 RC 取值不同，与门的开启时间不同，通过与门的脉冲个数也随之改变。

（2）延时

单稳态触发器的另一用途是实现脉冲的延时。图 6-42a 所示为用两片 74121 单稳态触发器构成的脉冲延时电路。74121 的功能表见表 6-18。

表 6-18　74121 的功能表

输　入			输　出		输　入			输　出	
A_1	A_2	B	Q	$\overline{Q}$	A_1	A_2	B	Q	$\overline{Q}$
0	×	1	0	1	↓	1	1	⊓	⊔
×	0	1	0	1	↓	↓	1	⊓	⊔
×	×	0	0	1	0	×	↑	⊓	⊔
1	1	×	0	1	×	0	↑	⊓	⊔
1	↓	1	⊓	⊔					

该脉冲延时电路的工作波形如图 6-42b 所示，从波形图可以看出，u_O 脉冲的上升沿相对输入信号 u_I 的上升沿延迟了 t_{W1} 时间。

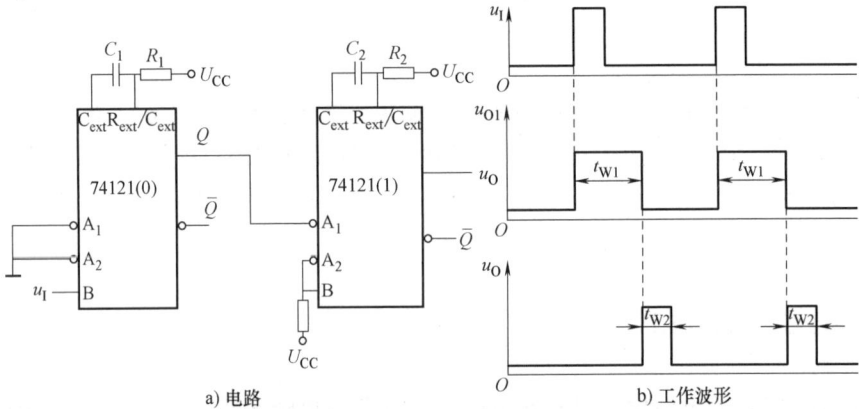

a) 电路　　　　　　　　　　　b) 工作波形

图 6-42　单稳态触发器延时电路

（3）噪声消除电路

由单稳态触发器组成的噪声消除电路如图 6-43a 所示。有用的信号一般都有一定的脉冲

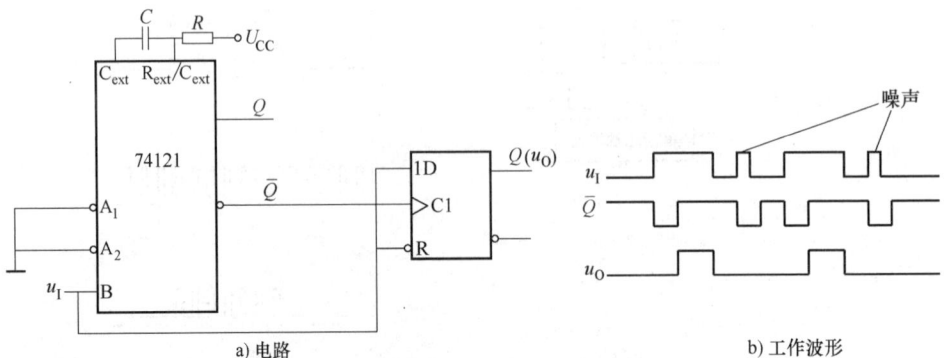

a) 电路　　　　　　　　　　　b) 工作波形

图 6-43　单稳态触发器组成的噪声消除电路

宽度，而噪声多表现为尖脉冲形式。合理选择 R、C 的值，使单稳态触发器电路的输出脉宽大于噪声脉宽并且小于信号脉宽，即可消除噪声，工作波形如图 6-43b 所示。

6.6 施密特触发器和多谐振荡器

6.6.1 施密特触发器

施密特触发器（Schmidt Trigger）是脉冲波形变换中经常使用的一种电路，具有下面两个特点：

1）输入信号从低电平上升的过程中，电路状态转换时对应的输入电平与输入信号从高电平下降过程中电路状态转换对应的输入电平不同，分别称为正向阈值电压 U_{T+} 和负向阈值电压 U_{T-}，正向阈值电压与负向阈值电压之差称为回差电压，用 ΔU_T 表示（$\Delta U_T = U_{T+} - U_{T-}$）。

2）在电路状态转换时，通过电路内部的正反馈过程使输出电压波形的边沿变得很陡。根据输入相位、输出相位关系的不同，施密特触发器有同相输出和反相输出两种电路形式。其电压传输特性曲线及逻辑符号分别如图 6-44 所示。

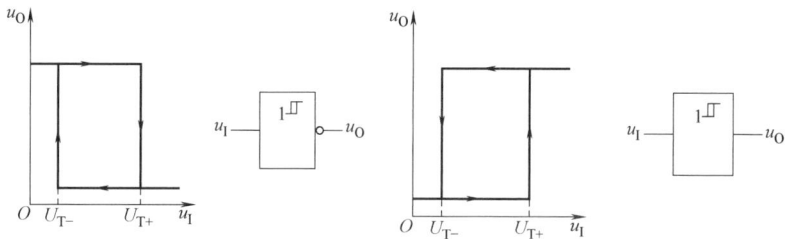

a) 反相输出施密特触发器的传输特性及逻辑符号 b) 同相输出施密特触发器的传输特性及逻辑符号

图 6-44　施密特触发器的传输特性及逻辑符号

1. 555 定时器构成的施密特触发器

将 555 定时器的 u_{I1} 和 u_{I2} 两个输入端连在一起作为信号输入端，如图 6-45 所示，即可得到施密特触发器。

由于比较器 C_1 和 C_2 的参考电压不同，因而基本 RS 触发器的置 0 信号和置 1 信号必然发生在输入信号 u_I 的不同电平。因此，输出电压由高电平变为低电平和由低电平变为高电平所对应的 u_I 值也不同。

首先分析 u_I 从 0 逐渐升高的过程：

当 $u_I < \frac{1}{3}U_{CC}$ 时，C_1 输出 1，C_2 输出 0，基本 RS 触发器置 1，u_0 输出为 1；

当 $\frac{1}{3}U_{CC} < u_I < \frac{2}{3}U_{CC}$ 时，C_1 和 C_2 输出全为 1，基本 RS 触发器保持不变，u_0 保持

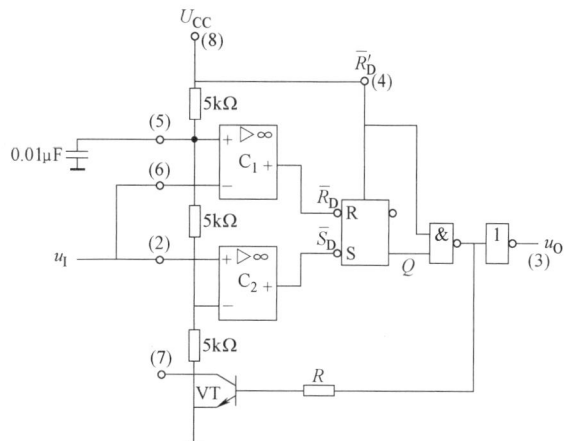

图 6-45　555 定时器构成的施密特触发器

不变；

当 $u_I > \dfrac{2}{3}U_{CC}$ 以后，C_1 输出 0，C_2 输出 1，基本 RS 触发器置 0，u_O 输出为 0，输出发生跳变。因此 $U_{T+} = \dfrac{2}{3}U_{CC}$。

其次，再看 u_I 从高于 $\dfrac{2}{3}U_{CC}$ 逐渐下降的过程：

当 $u_I > \dfrac{2}{3}U_{CC}$ 时，C_1 输出 0，C_2 输出 1，基本 RS 触发器置 0，u_O 输出为 0；

当 $\dfrac{1}{3}U_{CC} < u_I < \dfrac{2}{3}U_{CC}$ 时，C_1 和 C_2 输出全为 1，基本 RS 触发器保持不变，u_O 保持不变，仍为 0；

当 $u_I < \dfrac{1}{3}U_{CC}$ 以后，C_1 输出 1，C_2 输出 0，基本 RS 触发器置 1，u_O 输出为 1，输出发生跳变。因此 $U_{T-} = \dfrac{1}{3}U_{CC}$。

由此可以得到电路的回差电压为 $\Delta U_T = U_{T+}' - U_{T-} = \dfrac{1}{3}U_{CC}$。这是一个典型的反相输出的施密特触发器。

如果参考电压由外接的电压 U_{IC} 提供，则 $U_{T+} = U_{IC}$，$U_{T-} = \dfrac{1}{2}U_{IC}$，$\Delta U_T = \dfrac{1}{2}U_{IC}$。通过改变 U_{IC} 值可以调节回差电压的大小。

2. 施密特触发器的应用

在脉冲与数字技术中，施密特触发器的应用非常广泛，下面举例说明。

（1）波形变换

利用施密特触发器的回差特性，可以将输入三角波、正弦波、锯齿波等缓慢变化的周期信号变换成矩形脉冲信号。图 6-46 是把三角波变成矩形波的例子。

（2）脉冲整形

在数字系统中，当矩形脉冲在传输过程中发生畸变或受到干扰而变得不规则时，可利用施密特触发器的回差特性将其整形，进而获得比较满意的矩形脉冲波，如图 6-47 所示。整形时，若适当增大回差电压，可提高电路的抗干扰能力。

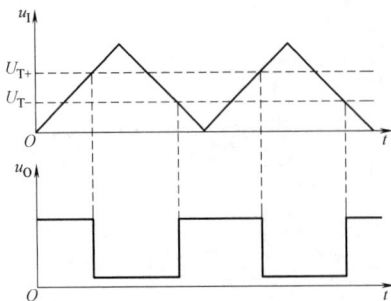

图 6-46　用施密特触发器实现波形变换　　　　图 6-47　用施密特触发器实现脉冲波形的整形

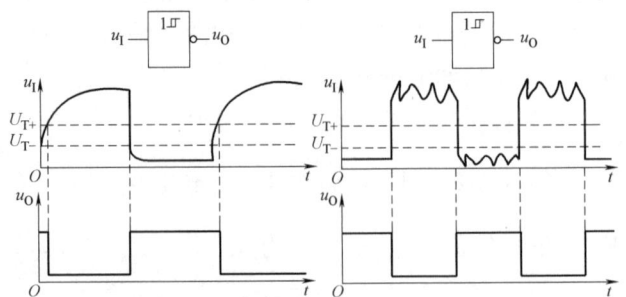

（3）脉冲鉴幅

由于施密特触发器的输出状态取决于输入信号电平的高低，因此可通过调整电路的 U_{T+} 和 U_{T-} 来甄别输入脉冲的幅度。在图 6-48 中，施密特触发器被用作幅度鉴别器，电路的输入信号是一系列幅度各异的脉冲信号，只有那些幅度大于 U_{T+} 的脉冲才在输出端产生输出信号。因此可将幅度大于 U_{T+} 的脉冲选出，而将幅度小于 U_{T-} 的脉冲消除。

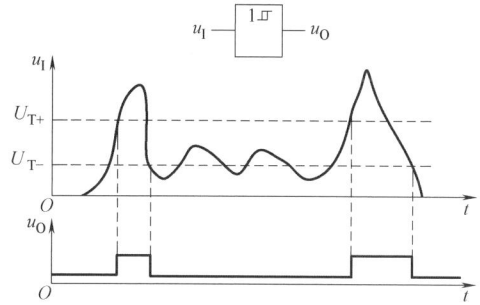

图 6-48　用施密特触发器进行幅度鉴别

6.6.2　多谐振荡器

多谐振荡器（Astable Multivibrator）是常用的矩形脉冲产生电路。它是一种自激振荡器，在接通电源后，不需要外加触发信号，就能自动地产生矩形脉冲或方波。由于矩形波中除基波外还包含了丰富的高次谐波，因此习惯称之为多谐振荡器。

多谐振荡器工作时没有一个稳定状态，属于无稳态电路。电路的输出高电平和低电平的切换是自动进行的。

由 555 定时器构成的多谐振荡器如图 6-49a 所示，R_1、R_2 和 C 是外接元件。接通电源后，它经 R_1 和 R_2 对电容 C 充电，当 u_C 上升到略高于 $\frac{2}{3}U_{CC}$ 时，比较器 C_1 输出为 0，将触发器置 0，u_0 为 0。这时放电管 VT 导通，电容 C 通过 R_2 和 VT 放电，u_C 下降。当 u_C 下降到略低于 $\frac{1}{3}U_{CC}$ 时，比较器 C_2 输出为 0，将触发器置 1，u_0 由 0 变为 1，这时放电管 VT 截止，U_{CC} 又经 R_1 和 R_2 对电容 C 充电。如此反复，输出 u_0 为连续的矩形波，如图 6-49b 所示。

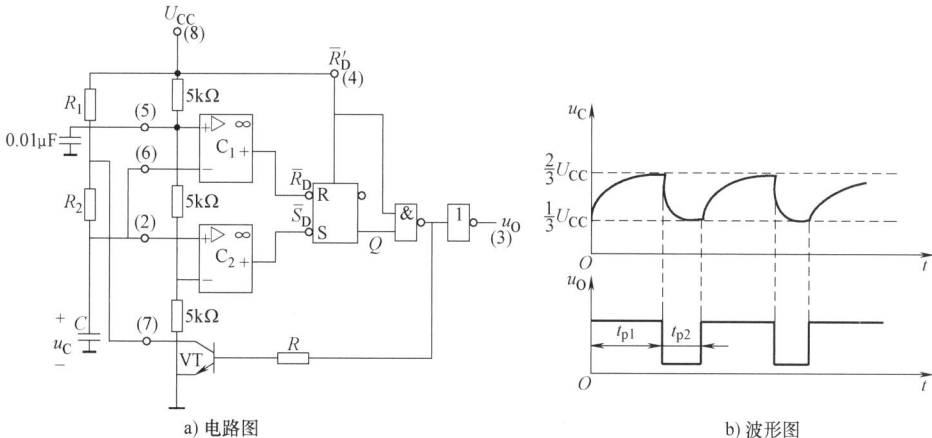

a) 电路图　　　　　　b) 波形图

图 6-49　多谐振荡器

电容 C 的充电时间，即 t_{p1} 为

$$t_{p1} \approx (R_1 + R_2)C\ln 2 = 0.7(R_1 + R_2)C \tag{6-5}$$

电容 C 的放电时间，即 t_{p2} 为

$$t_{p2} \approx R_2 C \ln 2 = 0.7 R_2 C \qquad (6\text{-}6)$$

振荡周期为

$$T = t_{p1} + t_{p2} \approx 0.7(R_1 + 2R_2)C \qquad (6\text{-}7)$$

振荡频率为

$$f = \frac{1}{T} = \frac{1.43}{(R_1 + 2R_2)C} \qquad (6\text{-}8)$$

输出波形的占空比（Duty Ratio）为

$$q(\%) = \frac{t_{p1}}{t_{p1} + t_{p2}} = \frac{R_1 + R_2}{R_1 + 2R_2} \qquad (6\text{-}9)$$

图 6-50 是占空比可调的多谐振荡器。由于电路中二极管 VD$_1$、VD$_2$ 的单向导电特性，使电容 C 的充、放电回路分开，调节电位器，就可以调节多谐振荡器的占空比。

图 6-50 中，U_{CC} 通过 R_A 和 VD$_1$ 对电容 C 充电，充电时间为

$$t_{p1} \approx 0.7 R_A C \qquad (6\text{-}10)$$

电容 C 通过 VD$_2$、R_B 及 555 定时器中的晶体管 VT 放电，放电时间为

$$t_{p2} \approx 0.7 R_B C \qquad (6\text{-}11)$$

因而，振荡频率为

$$f = \frac{1}{t_{p1} + t_{p2}} \approx \frac{1.43}{(R_A + R_B)C} \qquad (6\text{-}12)$$

输出波形的占空比为

$$q(\%) = \frac{R_A}{R_A + R_B} \times 100\% \qquad (6\text{-}13)$$

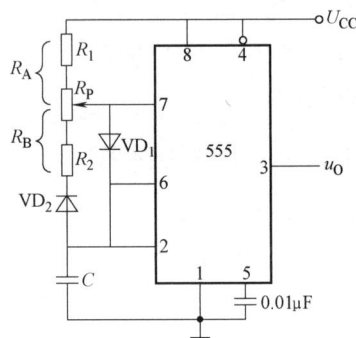

图 6-50 占空比可调的多谐振荡器

由于 555 定时器内部的比较器灵敏度高，而且采用差分电路形式，用 555 定时器构成的多谐振荡器的振荡频率受电源电压和温度变化的影响很小。

6.7 应用举例

6.7.1 防抖开关

基本 RS 触发器可用于防抖开关，工作电路如图 6-51a 所示。开关 S 在不加触发器时，

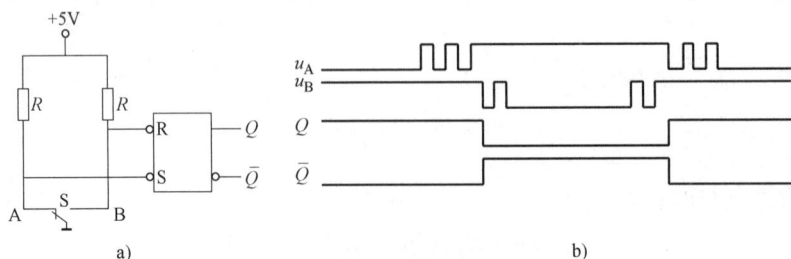

图 6-51 基本 RS 触发器构成的防抖开关

在开关由 A 扳到 B，再由 B 扳到 A 的过程中会产生多次抖动，如图中 A、B 两点电位 u_A 和 u_B 发生多次跳变，如图 6-51b 所示。这在电路中一般是不允许的，否则会引起电路的误动作。接入基本 RS 触发器后，将触发器的 Q 和 $\bar{Q}$ 作为开关状态输出，由于触发器具有保持功能，就可以避免抖动现象。

6.7.2 多路控制公共照明灯电路

图 6-52 为多路控制公共照明灯电路，由下降沿触发的 JK 触发器 74LS112、晶体管 VT、继电器 KA、灯 HL 以及一些开关、电阻构成。开关 $S_0 \sim S_n$ 安装在不同地方，用以控制公共照明灯 HL 的亮和灭。触发器输出为 0 时，晶体管 VT 截止，继电器 KA 的动合触点断开，灯 HL 熄灭。当按下某一个开关时，给触发器一个下降沿脉冲，触发器翻转到 1，晶体管 VT 饱和导通，继电器 KA 的动合触点闭合，灯 HL 点亮。如果再按下另一个开关，则触发器又翻到 0，灯熄灭。

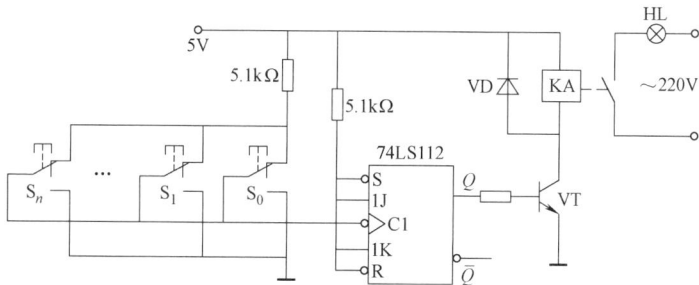

图 6-52 多路控制公共照明灯电路

6.7.3 智力竞赛抢答器

在智力竞赛中，参赛者通过抢先按动按钮，取得答题权。图 6-53 是用 4 个 D 触发器和 2 个与非门、1 个非门等组成的 4 人抢答电路。

抢答前，主持人按下复位按钮 SB，4 个 D 触发器全部清零，4 个发光二极管均不亮，与非门 G_1 输出为 0，晶体管 VT 截止，扬声器不发声。同时，G_2 输出为 1，时钟信号 CP 经 G_3 送入触发器的时钟控制端。此时，抢答按钮 $SB_1 \sim SB_4$ 未被按下，均为

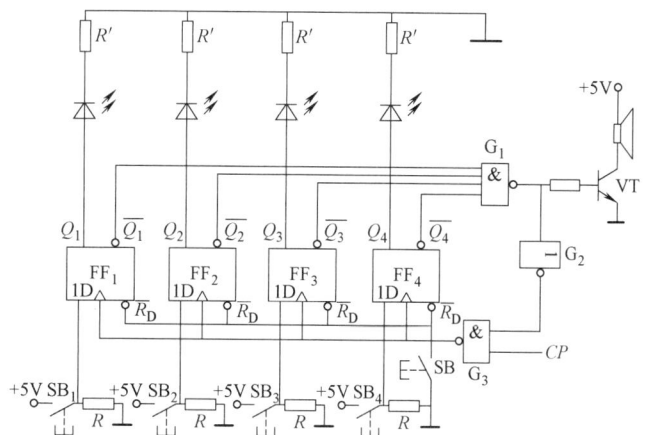

图 6-53 智力竞赛抢答器电路

低电平，4 个 D 触发器输入的全是 0，触发器保持 0 状态不变。时钟信号 CP 可用 555 定时器组成的多谐振荡器提供。

当抢答按钮 $SB_1 \sim SB_4$ 中有一个被按下时，相应的 D 触发器输出为 1，相应的发光二极管亮，同时 G_1 输出为 1，扬声器发声，表示抢答成功。另外，G_2 输出为 0，封锁 G_3，时钟信号

CP 不能通过，其他按钮再按下，就不会起作用了，相应的触发器状态不会改变。

6.7.4　8 路彩灯控制器

8 路彩灯控制器由编码器、驱动器和显示器（彩灯）组成，编码器根据彩灯显示的花形按节拍送出 8 位状态编码信号，通过驱动器使彩灯点亮、熄灭。图 6-54 给出的 8 路彩灯控制器电路中，编码器用两片双向移位寄存器 74LS194 实现，接成自启动脉冲分配器（扭环形计数器），其中 74LS194（1）为左移方式，74LS194（2）为右移方式。驱动器电路如图 6-55 所示，当寄存器输出 Q 为高电平时，晶体管 VT 导通，继电器 KA 通电，其动合触点闭合，彩灯亮；当 Q 为低电平时，晶体管截止，继电器复位，彩灯灭。

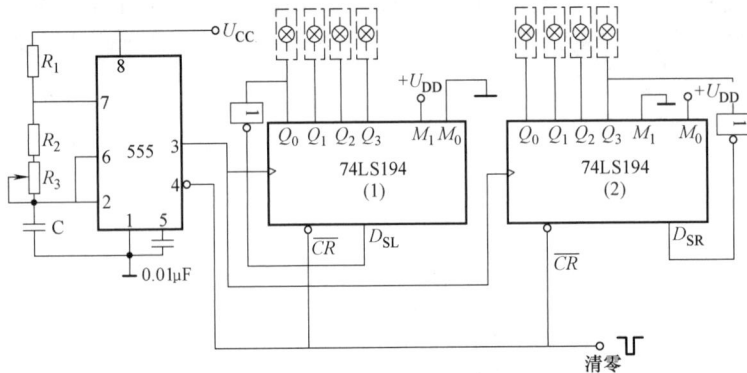

图 6-54　8 路彩灯控制器电路　　　　　　图 6-55　驱动器电路

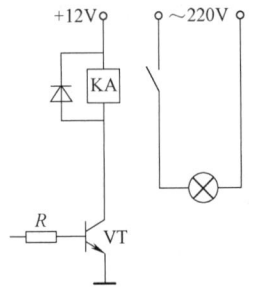

工作时，先用负脉冲使寄存器清零，然后在节拍脉冲（可用 555 定时器构成的多谐振荡器提供）的控制下，寄存器的各个输出 Q 按表 6-19 所示的状态变化，每 8 个节拍用脉冲控制一次。这里 8 路彩灯的花形是：由中间向两边对称地逐次点亮，全亮后，再由中间向两边逐次熄灭。

表 6-19　8 路彩灯控制器状态表

节拍脉冲（CP）	74HC194（1）				74HC194（2）			
	Q_0	Q_1	Q_2	Q_3	Q_0	Q_1	Q_2	Q_3
0	0	0	0	0	0	0	0	0
1	0	0	0	1	1	0	0	0
2	0	0	1	1	1	1	0	0
3	0	1	1	1	1	1	1	0
4	1	1	1	1	1	1	1	1
5	1	1	1	0	0	1	1	1
6	1	1	0	0	0	0	1	1
7	1	0	0	0	0	0	0	1
8	0	0	0	0	0	0	0	0

6.7.5　汽车尾灯控制器电路

用移位寄存器 74LS194 和门电路实现的汽车尾灯控制器电路如图 6-56 所示。

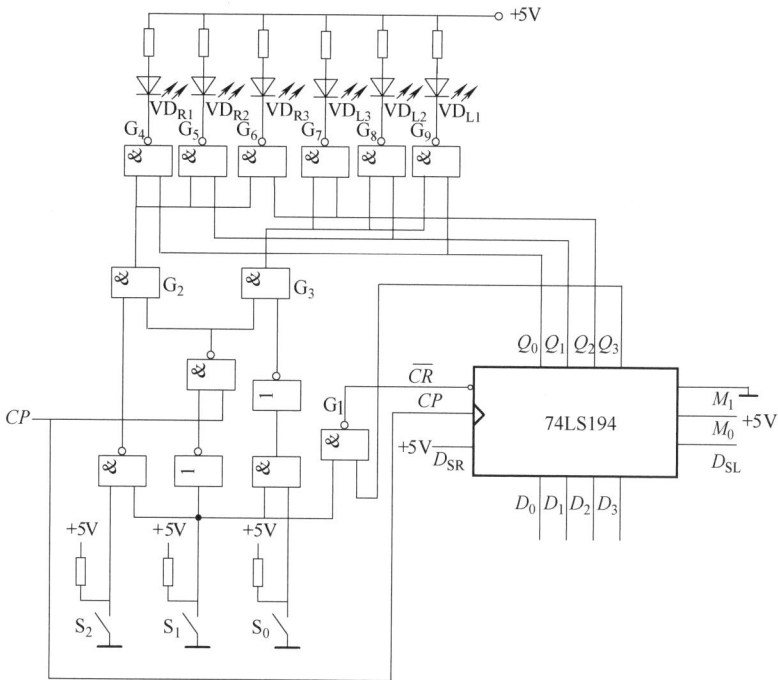

图 6-56 汽车尾灯整体电路图

电路的工作原理是：当 $S_2 = 1$、$S_1 = 1$、$S_0 = 1$ 时，表示汽车正常行驶。此时 G_2 和 G_3 输出均为 0，$G_4 \sim G_9$ 输出均为 1，所有灯都不亮；当 $S_2 = 0$、$S_1 = 1$、$S_0 = 1$ 时，表示汽车右转弯。此时 G_3 输出为 0，$G_7 \sim G_9$ 输出均为 1，灯 VD_{L1}、VD_{L2}、VD_{L3} 都不亮，G_2 输出为 1，$G_4 \sim G_6$ 变成非门，对应的输入为 74LS194 的 $Q_0 \sim Q_2$，74LS194 此时处于右移状态，假设 $Q_0 \sim Q_3$ 的初态是 0000，则下一个脉冲后变为 1000，再一个脉冲后变为 1100，然后是 1110，当变到 1111 时，由于 Q_3 为 1，使门 G_1 输出为 0，瞬间 74LS194 清零，变为 0000，则 74LS194 的 $Q_0 \sim Q_2$ 在 100、110、111、000 四个状态中循环，对应 $G_4 \sim G_6$ 的输出为 011、001、000、111，则 VD_{R1}、VD_{R2}、VD_{R3} 从 VD_{R1} 开始依次点亮到全亮，再全熄灭，重新依次点亮到全亮，往复循环；当 $S_2 = 1$、$S_1 = 1$、$S_0 = 0$ 时，表示汽车左转弯。此时 G_2 输出为 0，$G_4 \sim G_6$ 输出均为 1，灯 VD_{R1}、VD_{R2}、VD_{R3} 都不亮，G_3 输出为 1，$G_7 \sim G_9$ 变成非门，对应的输入为 74LS194 的 $Q_0 \sim Q_2$，74LS194 仍处于右移状态，74LS194 的 $Q_0 \sim Q_2$ 在 100、110、111、000 四个状态中循环，对应 $G_9 \sim G_7$ 的输出为 011、001、000、111，则 VD_{L1}、VD_{L2}、VD_{L3} 从 VD_{L1} 开始依次点亮到全亮，再全熄灭，重新依次点亮到全亮，往复循环；当 $S_2 = \times$、$S_1 = 0$、$S_0 = \times$ 时，表示汽车临时制动。此时 G_2 和 G_3 输出为脉冲 $\overline{CP}$，由于 $S_1 = 0$，门 G_1 输出为 1，74LS194 不会清零，又由于 74LS194 处于右移状态，经过几个脉冲就会变为 1111，之后一直停留在这个状态，则与非门 $G_4 \sim G_9$ 被 74LS194 的 $Q_0 \sim Q_2$ 打开，G_2 和 G_3 输出的脉冲 $\overline{CP}$ 可通过 $G_4 \sim G_9$ 以反变量 CP 的形式输出，则对应六个小灯均处于闪烁状态。

6.7.6 数字钟

图 6-57 是数字钟的原理电路，它由以下三部分构成。

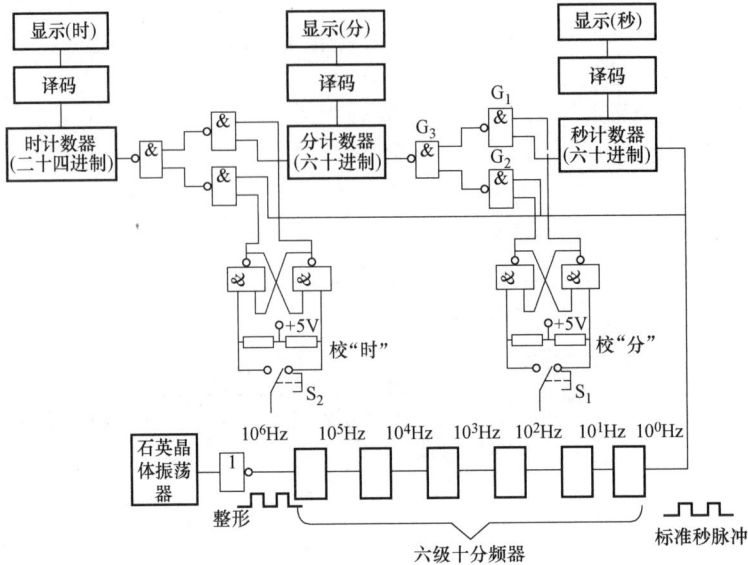

图 6-57　数字钟的原理电路

（1）标准秒脉冲发生电路

这部分电路由石英晶体振荡器和六级十分频器组成。

石英晶体的振荡频率极为稳定，因而用它构成的多谐振荡器产生的矩形波脉冲的稳定性很高。为了进一步改善输出波形，在其输出端再接一非门，做整形用。

所谓分频，就是脉冲频率每经一级触发器就减低一半，即周期增加一倍。由 4 位二进制计数器可知，第一级触发器输出端 Q_0 的波形的频率是计数脉冲的 1/2。因此一位二进制计数器是一个二分频器。同理，第二级触发器输出端 Q_1 的波形的频率是计数脉冲的 1/4。依次类推，当二进制计数器有 n 位时，第 n 级触发器输出脉冲的频率是计数脉冲的 $1/2^n$。十进制计数器就是一个十分频器。如果石英晶体振荡器的振荡频率为 1MHz（即 10^6Hz），则经六级十分频后，输出脉冲的频率为 1Hz，即周期为 1s。此脉冲为标准秒脉冲。

（2）时、分、秒计数、译码、显示电路

这部分包括两个六十进制计数器、一个二十四进制计数器以及相应的译码显示器。标准秒脉冲进入秒计数器进行 60 分频后，得出分脉冲；分脉冲进入分计数器再经 60 分频得出时脉冲；时脉冲进入时计数器。时、分、秒各计数器的计数经译码显示。最大显示值为 23 小时 59 分 59 秒，再输入一个秒脉冲后，显示复零。

（3）时、分校准电路

校"时"和校"分"的校准电路是相同的，现以校"分"电路来说明。

1）在正常计时时，与非门 G_1 一个输入端为 1，将它开通，使秒计数器输出的分脉冲加到 G_1 的另一输入端，并经 G_3 进入分计数器。而此时 G_2 由于一个输入端为 0，因此被关闭，校准用的秒脉冲进不去。

2）在校"分"时，按下开关 S_1，情况与 1）相反。G_1 被封锁，G_2 被打开，标准秒脉冲直接进入分计数器进行快速校"分"。

同理，在校"时"时，按下开关 S_2，标准秒脉冲直接进入时数器进行快速校"时"。

报时式数字钟的整体电路如图 6-58 所示。

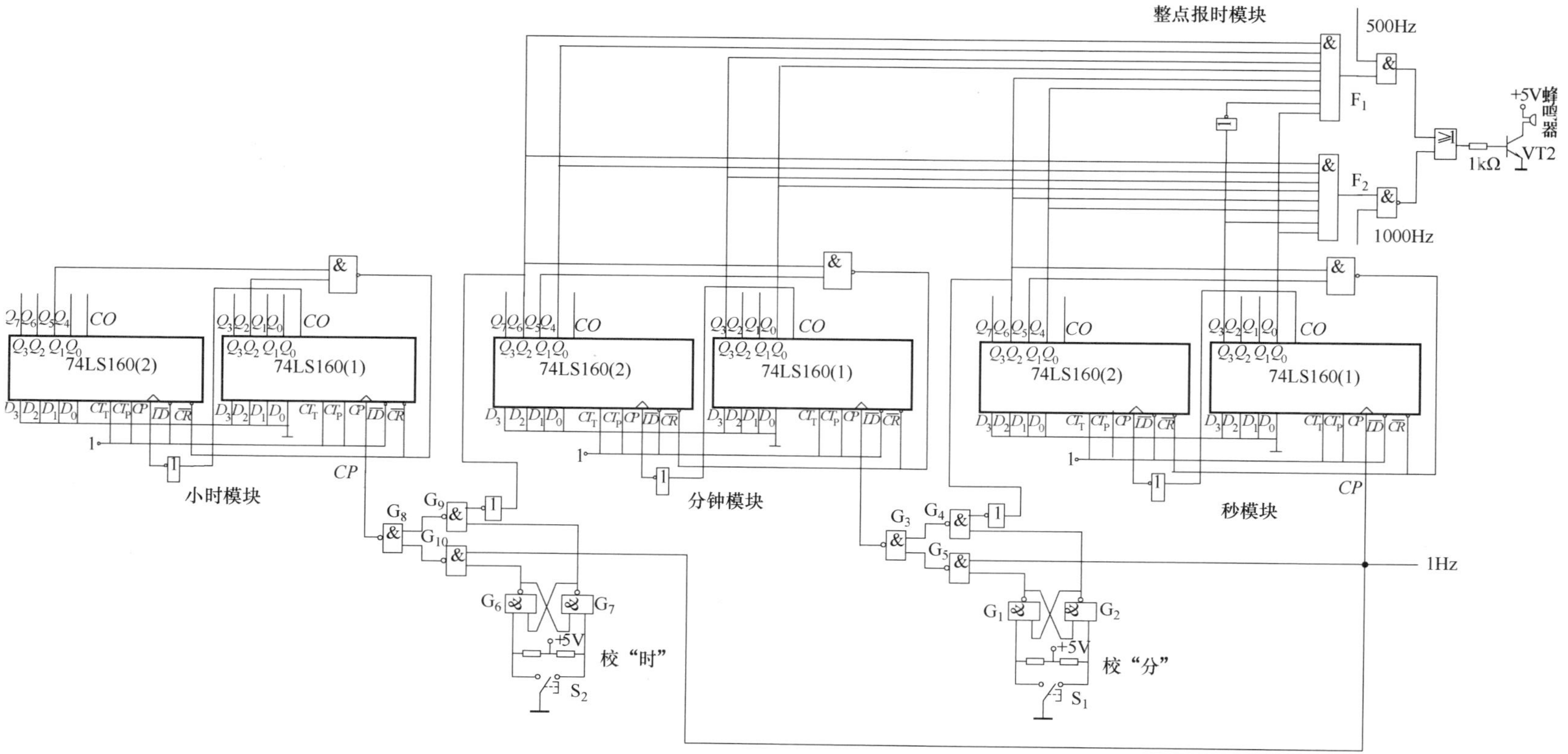

图 6-58 数字钟整体电路图

6.7.7 防盗报警电路

图6-59是一个防盗报警电路，由555定时器和其他外围元器件构成。a、b之间接有一细铜丝，放在盗窃者必经之路上。S为报警电路开关，当其闭合时表示报警电路可工作，断开时表示不工作。当S闭合，没有盗窃者进入时，4号引脚（555定时器的置0输入端）为低电平，555定时器输出固定为0，扬声器不响。当有盗窃者进入时，铜丝断开，4号引脚为高电平，555定时器构成的多谐振荡器输出一定频率的矩形波脉冲信号，驱动扬声器发出报警声。

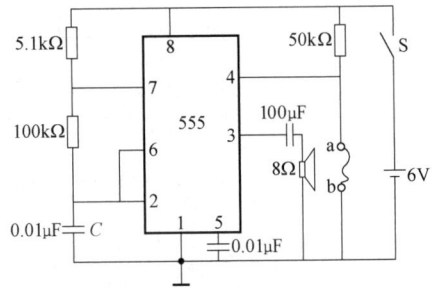

图 6-59 防盗报警电路

6.7.8 延迟报警器

图6-60是用两个555定时器接成的延迟报警器，当开关S闭合时，片（0）的6号和2号引脚为0，片（0）输出为1，G_1输出为0，片（1）复位端为0，片（1）输出为0，扬声器不工作。当开关S断开后，电源通过电阻对C充电，当充到$\frac{2}{3}U_{CC}$时，片（0）输出为0，G_1输出为1，片（1）（构成多谐振荡器）工作，输出一定频率的信号，驱动扬声器发出声响。延迟时间为u_C从0充到$\frac{2}{3}U_{CC}$的时间。延迟时间为

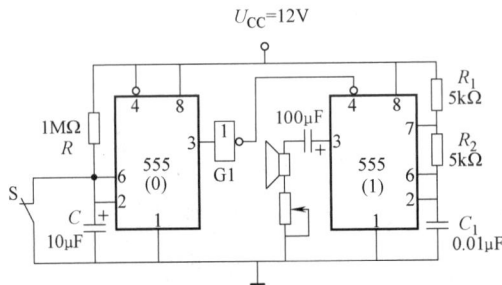

图 6-60 延迟报警器

$$t_d = RC\ln\frac{U_{CC}}{U_{CC}-\frac{2}{3}U_{CC}} = 1\times10^6\times10\times10^{-6}\ln\frac{12}{12-8}s \approx 11s$$

扬声器发声频率为

$$f = \frac{1}{(R_1+2R_2)C\ln2} = \frac{1}{15\times10^3\times0.01\times10^{-6}\ln2}Hz \approx 9.62kHz$$

如果在延迟时间内S重新闭合，扬声器不会发出声音。

6.7.9 救护车喇叭发声电路

图6-61为救护车喇叭发声电路，两个555定时器均构成多谐振荡器，555（0）的u_{O1}输

出为高电平时，555（1）对应输出一定频率的矩形波，555（0）的 u_{O1} 输出为低电平时，555（1）对应输出另一定频率的矩形波，两种不同频率的信号驱动喇叭发出不同的声响。

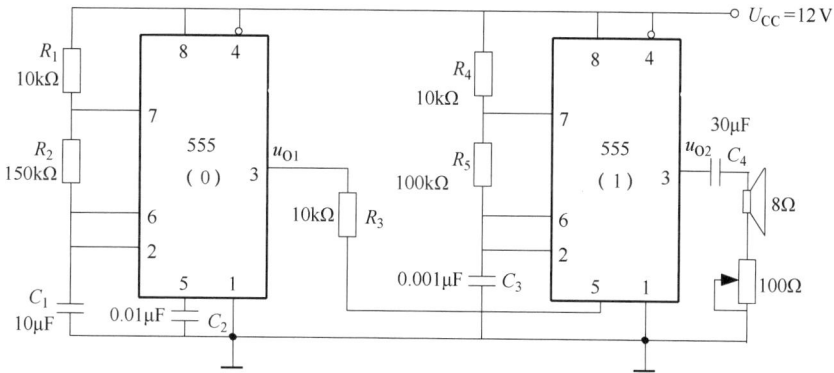

图 6-61　救护车喇叭发声电路

6.7.10　心形流水灯控制电路

心形流水灯控制电路如图 6-62 所示，555 定时器构成多谐振荡器，产生脉冲信号，计数器 74LS193 和 3 线—8 线译码器 74LS138 构成的顺序脉冲发生器。由于采用了异步计数器 74LS193，当两个以上触发器同时改变输出状态时将发生竞争-冒险现象，有可能在触发器的输出端出现尖峰脉冲。为了消除输出端的尖峰脉冲，消除竞争-冒险现象，在 74LS138 的 S_0 端加入选通脉冲，图中选用 CP 的非作为选通脉冲。这样在脉冲作用下，会从 $A \sim P$ 端轮流出现低电平，心形二极管流水灯从 $A \sim P$ 轮流点亮。

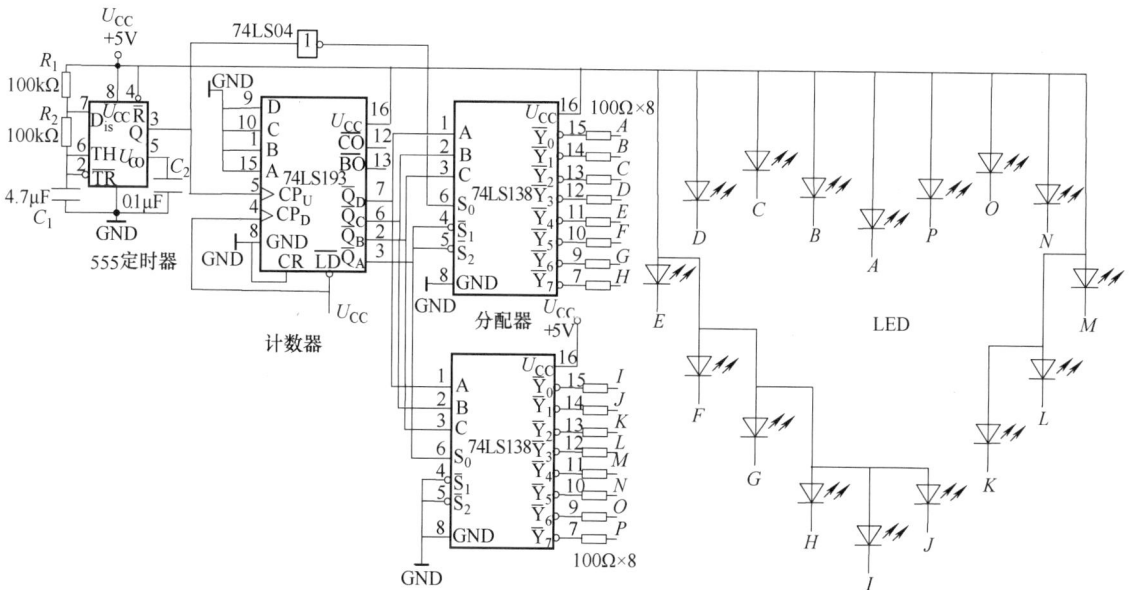

图 6-62　心形流水灯控制电路

6.7.11 自动饮料售货机控制电路

自动饮料售货机控制电路如图 6-63 所示，电路由防抖动开关电路、货币输入电路，货币显示电路、延时清零电路和出货找零电路构成。为了减少显示数码管，自助售货机功能要求：自动售货机只接受 0.5 元和 1 元的硬币。每次只能投一个 0.5 元或一个 1 元的硬币。假设一瓶纯净水的价格是 2 元，当投币金额达到 2.5 元时，利用加法器此时输出 0101，构造出货口电路实现蜂鸣器发出响声，同时发光二极管发光，提示购买者完成交易，请取货；另外在退币口构造电路实现蜂鸣器发出响声，同时发光二极管发光，提示购买者将找零取走。利用 7555 定时器构成的延时清零电路此时触发，对电容 C_2 充电，当充到一定电压时，经非门把计数器清零。当投币金额达到 2.0 元时，利用加法器此时输出 0100 构造出货口电路实现蜂鸣器发出响声，并利用发光二极管发光，提示购买者完成交易，请取货；退币口此时不满足退币，退币口蜂鸣器不发生，发光二极管不发光。

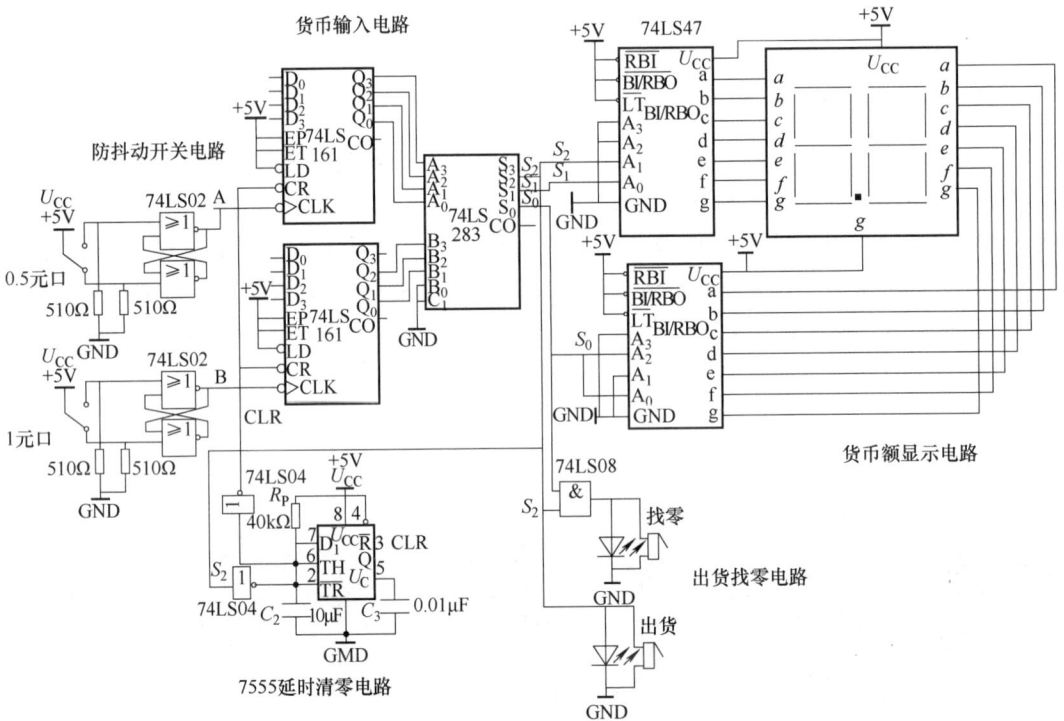

图 6-63 自动饮料售货机控制电路

6.7.12 数字转速测量系统

在许多场合需要测量旋转部件的转速，如电机转速、机动车车速等，转速多以十进制数字显示。图 6-64 是测量电机转速的数字转速测量系统示意图。

电机每转一周，光线透过圆盘上的小孔照射光电元件一次，光电元件产生一个电脉冲，光电元件每秒发出的脉冲个数就是电机的转速。光电元件产生的电脉冲信号较弱，且不够规则，必须放大、整形后，才能作为计数器的计数脉冲。定时脉冲发生器产生一个单位脉冲宽

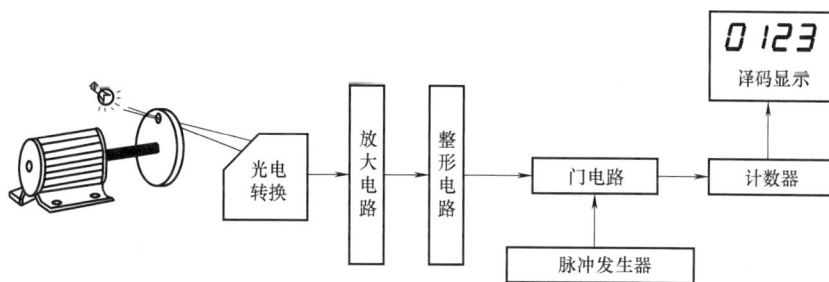

图 6-64   测量电机转速的数字转速测量系统

度的矩形脉冲，去控制门电路，让"门"打开一个时间单位。在这一个时间单位内，来自整形电路的脉冲可以经过门电路进入计数器。根据转速范围，采用多位十进制计数器。计数器以 8421 码输出，经过译码器后，再接数字显示器，显示电机转速。

6.8   Multisim14 软件仿真举例

1. 用 74161N 构成十进制计数器

用 74161N 构成十进制计数器电路如图 6-65 所示，本电路采用置数方法，经仿真运行，数码管依次显示 0~9 十个数字，实现十进制计数器功能。

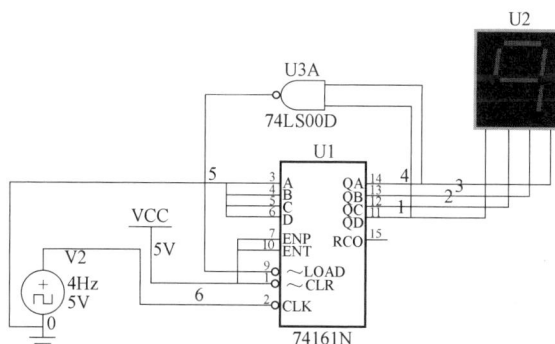

图 6-65   用 74161N 构成十进制计数器

2. 用 74161N 和 74160N 构成二十四进制计数器

图 6-66 是用 74161N 和 74160N 构成的二十四进制计数器，采用同步连接、反馈清零的方法，低位片用 74160（十进制计数器），与 74161N 相同，具有同步置数和异步清零的功能。当 74160N 计数到最大数 1001 时，其进位输出端 RCO 输出为 1，其他时刻输出为 0，据此功能，把 RCO 与高位片 74161N 的使能控制端 ENP、ENT 相连，可以完成低位片向高位片进位的功能。经仿真运行，数码管依次显示 00~23，实现了二十四进制计数器功能。

3. 555 定时器

在 Multisim14 中有专门针对 555 定时器设计的向导，通过向导可以很方便地构建 555 定时器应用电路。在"工具"菜单中，单击"Circuit Wizards"子菜单，再单击"555 Timer Wizard"子菜单，弹出图 6-67 所示的对话框。在对话框的"类型"下拉列表框中有两种类型可以选择，分别是"多谐振荡器"和"单稳态"两种工作方式。

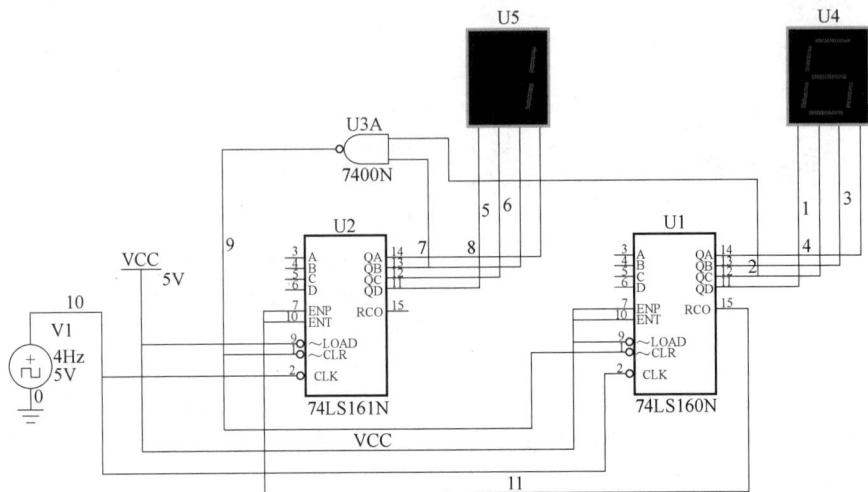

图 6-66 二十四进制计数器

（1）555 定时器工作在多谐振荡器方式下的仿真分析

在图 6-67 中，当工作类型选择"多谐振荡器"时，设定输出信号频率为 1kHz，占空比设为 60%，定时电路工作电压设为 12V。单击"编译电路"按钮，即可生成多谐振荡器电路，如图 6-68 所示。电路输出信号波形如图 6-69 所示。

（2）555 定时器工作在单稳态方式下的仿真分析

在图 6-67 中的"类型"下拉列表框里选择"单稳态"工作方式，并设定其输出信号频率为 1kHz，定时电路工作电压为 12V，其他为默认值，再单击"编译电路"按钮，得到图 6-70 所示的电路。其输入、输出信号波形如图 6-71 所示。

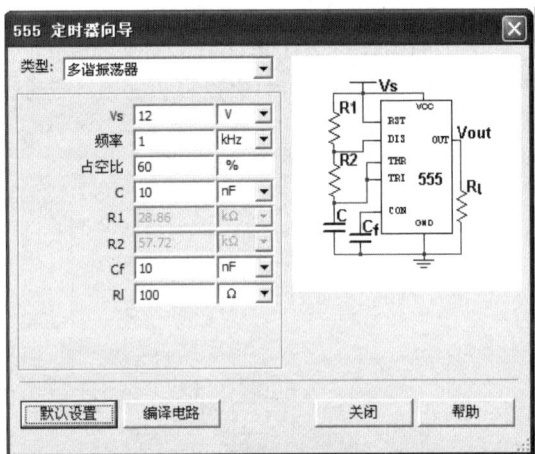

图 6-67 "555 定时器向导"对话框

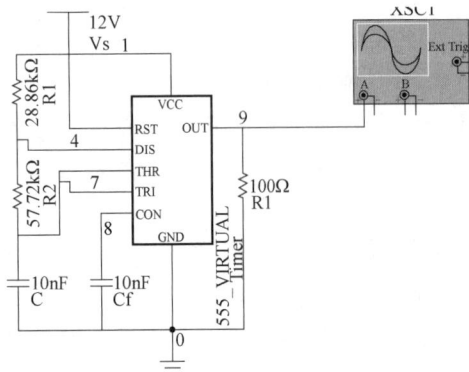

图 6-68 多谐振荡器工作方式

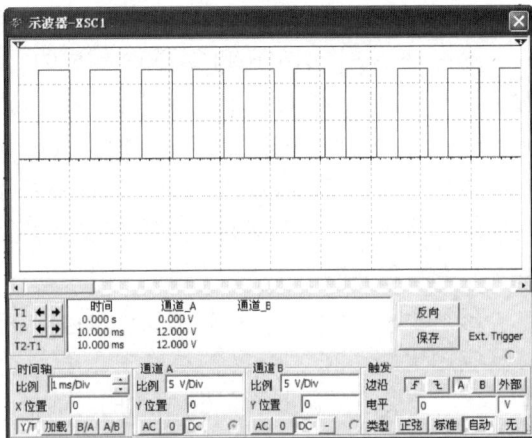

图 6-69 输出信号波形

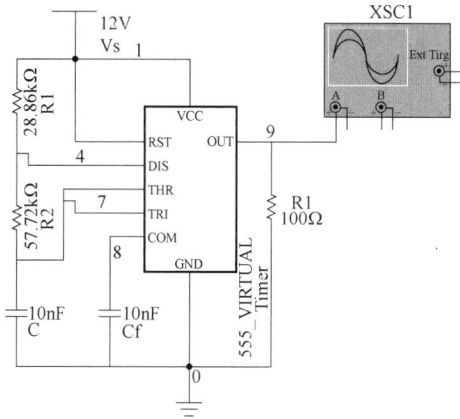

图 6-70　单稳态工作方式电路

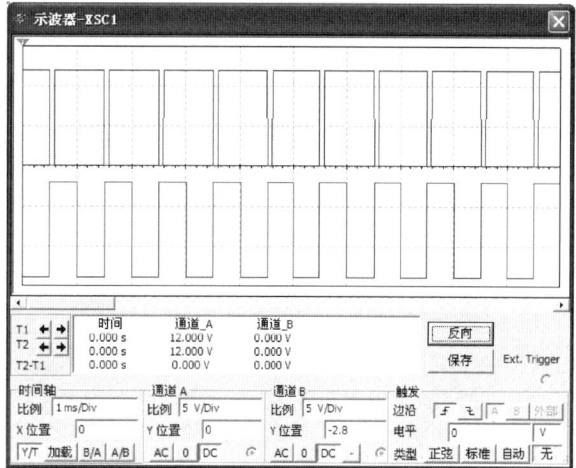

图 6-71　输入、输出信号波形

本 章 小 结

1. 触发器是数字电路的记忆单元，是构成时序逻辑电路的基本部件，它有两个稳定状态，这两个稳定状态在外界信号作用下可以相互转换，一个触发器能够存储一位二进制信息。

2. 寄存器是计算机和其他数字系统中用来存储数码或数据的逻辑部件，它的主要组成部分是触发器，要存储 n 位二进制数码的寄存器需要用 n 个触发器组成。移位寄存器不仅可以存放数码，而且具有移位的功能，移位寄存器可以实现数据的串行/并行或并行/串行的转换、数值运算以及其他数据处理功能。

3. 计数器是一种应用十分广泛的时序逻辑电路，除了用于计数，还可用于分频、定时、产生节拍脉冲以及其他时序信号。计数器的种类很多，按触发器动作分类，可分为同步计数器和异步计数器；按计数数值增减分类，可分为加法计数器、减法计数器和可逆计数器；按编码分类，可分为二进制计数器、十进制计数器（也称为二—十进制计数器）和循环码计数器。

4. 利用集成二进制或集成十进制计数器芯片可以方便地构成任意进制计数器，采用的方法有两种，一种是反馈清零法，另一种是反馈置数法。

5. 555 定时器是一种模拟、数字混合的中规模集成电路，有 TTL 和 CMOS 两种类型的产品，TTL 型 555 定时器的驱动能力较强，电源电压范围为 5~16V，最大负载电流可达 200mA。而 CMOS 555 定时器的电源电压范围为 3~18V，最大负载电流在 4mA 以下，具有功耗低、输入阻抗高等优点。除 555 定时器外，目前还有 556（双定时器）和 558（四定时器）。

练习与思考

1. 基本 RS 触发器在置 0 或置 1 脉冲消失后，为什么触发器的状态保持不变？

2. $\bar{R}_D$ 和 $\bar{S}_D$ 两个输入端起什么作用？

3. 试述 RS、JK 和 D 触发器的逻辑功能，并默写出其状态表。

4. 如何将 D 触发器转换为 JK 触发器？如何将 JK 触发器转换为 D 触发器？

5. 时序逻辑电路分析的步骤是什么？

6. 异步时序逻辑电路和同步时序逻辑电路在分析时有哪些不同？

7. 为什么异步时序逻辑电路的输入信号必须在电路转换状态稳定之后才允许发生改变？

8. 寄存器的主要组成部分是什么？

9. 什么是串行输入、并行输入、串行输出和并行输出？

10. 数码寄存器和移位寄存器有什么区别？

11. 如何用双向移位寄存器实现二进制数据×2^n的运算？

12. 计数器的应用有哪些？

13. 试述计数器的分类。

14. 什么是异步计数器？什么是同步计数器？两者有何区别？

15. 试用两片 74LS161 构成一百进制计数器（分别构成二进制码和 8421BCD 码）。

16. 试述 74LS290 芯片的功能，并用两片 74LS290 构成五十六进制计数器。

17. 555 定时器具有哪些应用特点？

18. 试述 555 定时器的工作原理。

19. 555 定时器输出端的非门具有什么作用？

20. 如何用 555 定时器构成单稳态触发器？

21. 单稳态触发器为什么能够用于定时和延时？

22. 施密特触发器的特点是什么？

23. 施密特触发器有哪些应用？

24. 如何构成占空比可调的多谐振荡器？

25. 可否通过改变 555 定时器的控制电压端来调节多谐振荡器的振荡频率？

习　题

6-1　画出图 6-72 所示由与非门组成的基本 RS 触发器输出端 Q、$\overline{Q}$ 的电压波形，输入端 $\overline{S}_D$、$\overline{R}_D$ 的电压波形如图中所示。

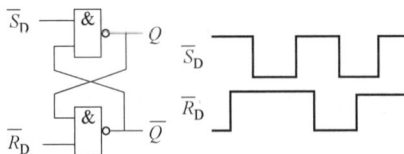

6-2　画出图 6-73 由或非门组成的基本 RS 触发器输出端 Q、$\overline{Q}$ 的电压波形，输入端 S_D、R_D 的电压波形如图中所示。

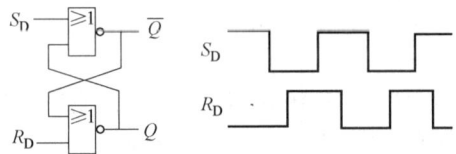

图 6-72　习题 6-1 的图　　　　　　图 6-73　习题 6-2 的图

6-3　在图 6-74 中，各 D 触发器的初始状态为 $Q=0$，试画出在时钟脉冲 CP 作用下，各触发器 Q 端的波形图。

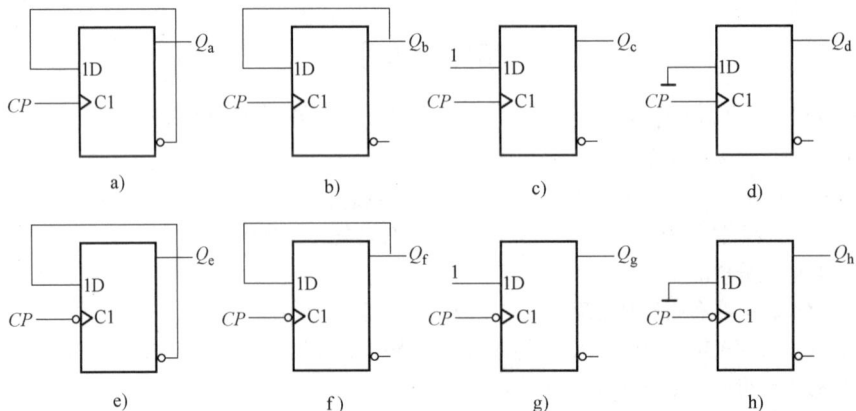

图 6-74　习题 6-3 的图

6-4　在图 6-75 中，各 JK 触发器的初始状态为 $Q = 0$，试画出在时钟脉冲 CP 作用下，各触发器 Q 端的波形图。

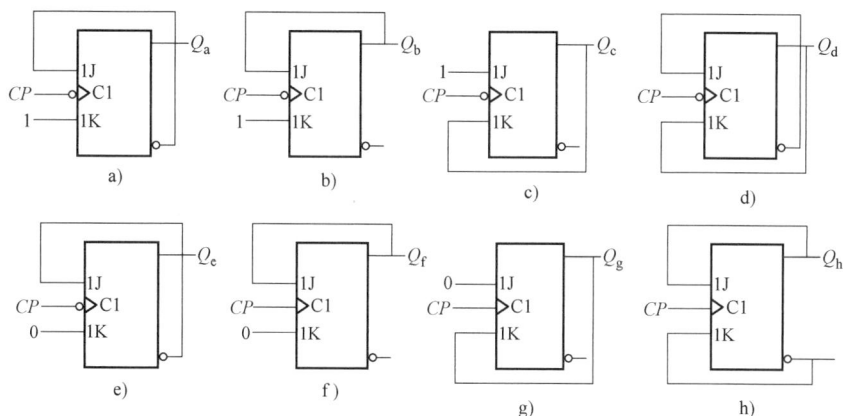

图 6-75　习题 6-4 的图

6-5　已知 JK 触发器输入端 J、K 和 CP 的电压波形如图 6-76 所示，试画出 Q、$\overline{Q}$ 端对应的电压波形。设触发器的初始状态为 $Q = 0$。

6-6　图 6-77 是由上升沿触发的 D 触发器构成的同步单向脉冲产生电路，R、S 是直接复位端（置 0）和直接置位端（置 1），高电平有效，试分析其工作原理。

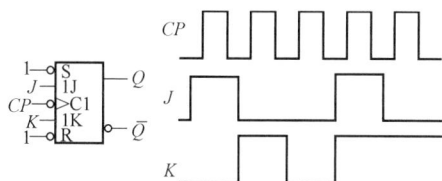

图 6-76　习题 6-5 的图

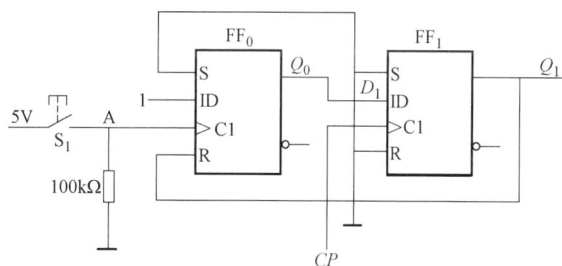

图 6-77　习题 6-6 的图

6-7　分析图 6-78 所示的时序逻辑电路。

6-8　图 6-79 所示是用维持阻塞型 D 触发器和或非门组成的脉冲分频电路。试画出在一系列 CP 脉冲作用下，Q_0、Q_1 和 Z 端对应的输出电压波形。设触发器的初始状态皆为 0。

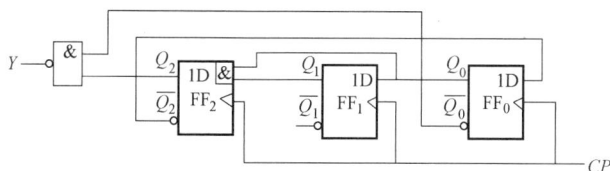

图 6-78　习题 6-7 的图

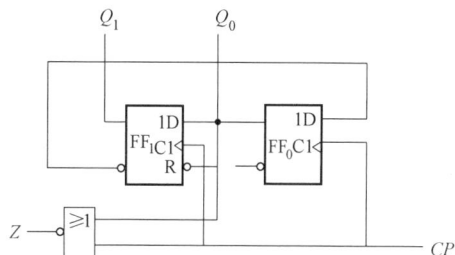

图 6-79　习题 6-8 的图

6-9　分析图 6-80 所示时序电路的逻辑功能，写出电路的驱动方程、状态方程和输出方程，画出电路的状态转换图，说明电路能否自启动。

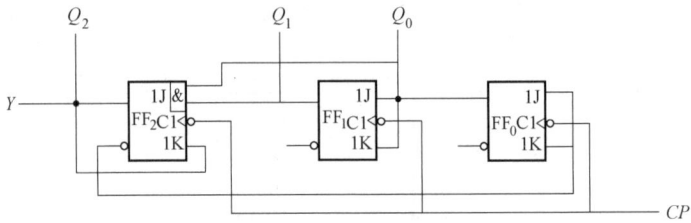

图 6-80 习题 6-9 的图

6-10 试分析图 6-81 所示时序电路的逻辑功能，写出电路的驱动方程、状态方程和输出方程，画出电路的状态转换图。A 为输入逻辑变量。

6-11 试画出用 2 片 74LS194 组成 8 位双向移位寄存器的逻辑图。

6-12 试分析图 6-82 中由 74LS194 构成的电路的逻辑功能，画出状态图和波形图。

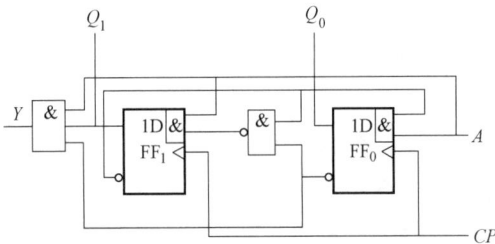

图 6-81 习题 6-10 的图

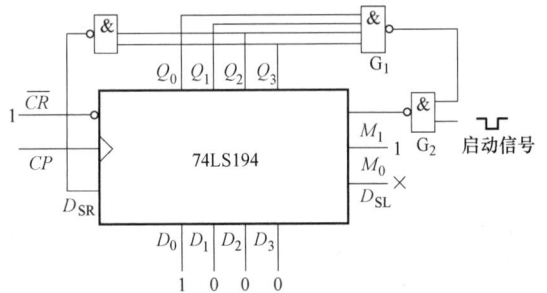

图 6-82 习题 6-12 的图

6-13 试分析图 6-83 为几分频电路？

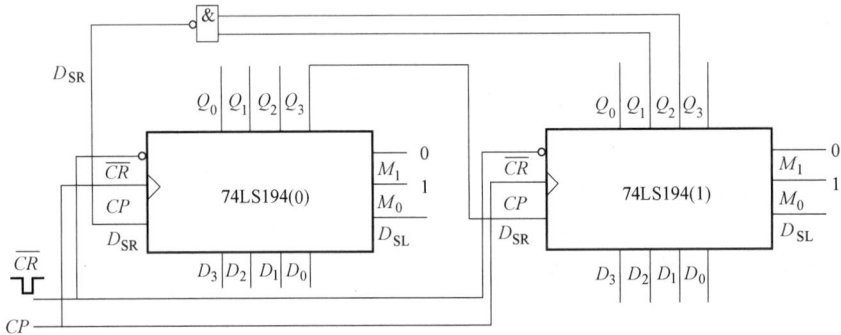

图 6-83 习题 6-13 的图

6-14 分析图 6-84 的计数器电路，说明这是多少进制的计数器。

6-15 分析图 6-85 的计数器电路，说明这是多少进制的计数器。

6-16 试用 4 位同步二进制计数器 74LS161 接成十三进制计数器，标出输入、输出端。可以附加必要的门电路。

6-17 用同步十进制计数芯片 74LS160 设计一个三百六十五进制的计数器。要求各位间为十进制关系，允许附加必要的门电路。

6-18 试用两片异步二—五—十进制计数器 74LS290 组成三十四进制计数器。

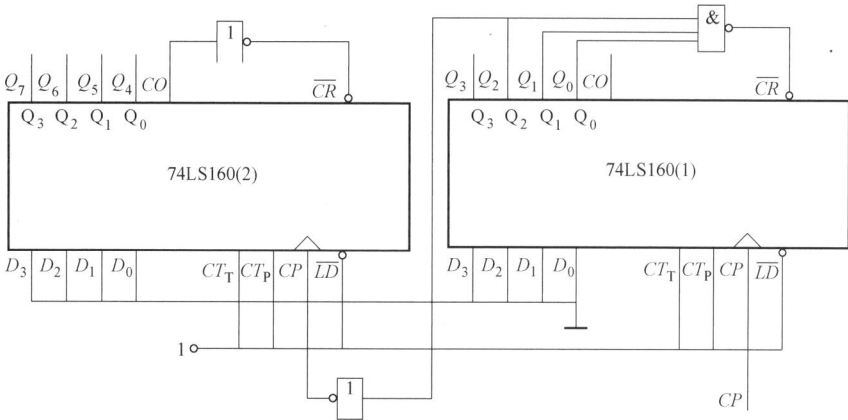

图 6-84　习题 6-14 的图

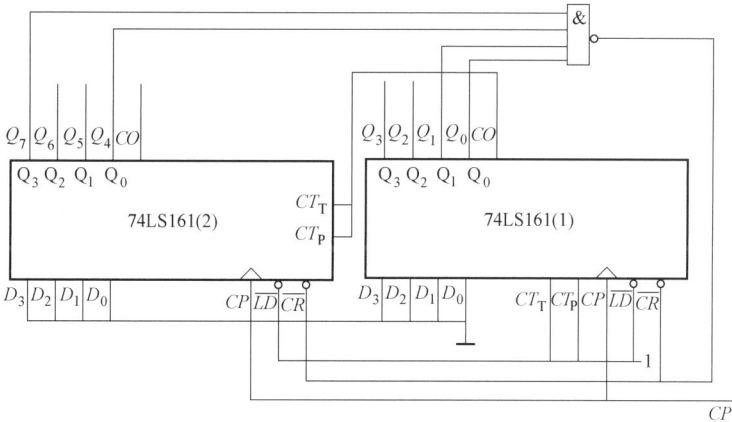

图 6-85　习题 6-15 的图

6-19　用施密特触发器能否寄存 1 位二值数据，说明理由。

6-20　用 555 定时器构成的单稳态触发电路如图 6-39 所示，其中 $U_{CC}=10V$，$R=10k\Omega$，$C=0.01\mu F$，试求输出脉冲宽度 t_w，并画出 u_I、u_C、u_O 的波形。

6-21　用 555 定时器构成的多谐振荡器如图 6-49 所示，其中 $U_{CC}=12V$，$R_1=15k\Omega$，$R_2=22k\Omega$，$C=0.1\mu F$，试求多谐振荡器的频率，并画出 u_O 的波形。

6-22　用 555 定时器构成的施密特触发器如图 6-45 所示，$U_{CC}=12V$，图 6-86 为输入信号波形，试画出输出波形图。

6-23　在图 6-45 给出的用 555 定时器构成的施密特触发器电路中，试求：

（1）当 $U_{CC}=14V$ 而且没有外接控制电压时，U_{T+}、U_{T-} 及 ΔU_T 值。

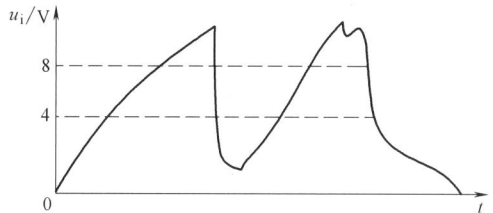

图 6-86　习题 6-22 的图

（2）当 $U_{CC}=12V$，外接控制电压 $U_{CO}=6V$ 时，U_{T+}、U_{T-}、ΔU_T 各为多少？

6-24　图 6-87 是由 555 定时器构成的压控振荡器（二极管是理想的），试问：

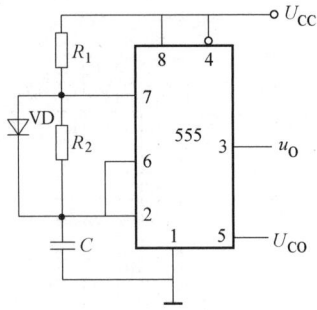

图 6-87　习题 6-24 的图

（1）控制电压 U_{CO} 变化时，对电路振荡频率是否有影响?

（2）控制电压 U_{CO} 不变时，改变 U_{CC}，对电路振荡频率是否有影响?

6-25　试用 555 定时器设计一个单稳态触发器，要求输出脉冲宽度在 1~10s 的范围内可手动调节，给定 555 定时器的电源为 15V。触发信号来自 TTL 电路，高低电平分别为 3.4V 和 0.1V。

6-26　试用 555 定时器设计一个振荡周期 $T = 1\mathrm{s}$、占空比 $q = \dfrac{2}{3}$ 的多谐振荡器。设定时电容 $C = 0.1\mu\mathrm{F}$。

第 7 章　D-A 转换器和 A-D 转换器

本章主要介绍 D-A 转换器和 A-D 转换器。在 D-A 转换器中，首先介绍权电阻网络、倒 T 形网络 D-A 转换器，然后介绍 D-A 转换器的主要性能指标，最后介绍集成 D-A 转换器及其应用。在 A-D 转换器中，首先介绍并行比较、逐次比较型 A-D 转换电路，最后介绍其主要性能指标和集成 A-D 转换器及其应用。

7.1　概述

在工程实际中，需要处理的各种物理量（如温度、压力、流量、湿度等）都是通过各种传感器转换得到的连续的模拟电信号（如电压或电流）。而计算机和数字系统只能识别数字信号，因此要用计算机和数字系统识别或处理模拟电信号，必须通过接口电路，把模拟信号转换为数字信号。而经过数字系统分析、处理过的数字信号往往需要转换为模拟信号，去控制模拟控制器。把模拟信号转换为数字信号的电路称为模-数转换器或 A-D 转换器，简称 ADC；把数字信号转换成为模拟信号的电路称为数-模转换器或 D-A 转换器，简称 DAC。

在进行数-模和模-数转换的过程中，为保证数据的准确性，DAC 和 ADC 必须有足够的转换精度。同时，为适应数字系统处理信息速度快的特点，DAC 和 ADC 还必须有足够快的转换速度。因此转换精度和转换速度是衡量 DAC 和 ADC 性能优劣的主要性能指标。

7.2　D-A 转换器

教学视频 7-1：
D-A 转换器

D-A 转换器是把数字信号转换为模拟信号的电路，一般 D-A 转换器用图 7-1 所示的框图表示。

其中，$D_{n-1}D_{n-2}\cdots D_1 D_0$ 为输入的 n 位二进制代码，构成一个输入数字量，u_0 或 i_0 为输出模拟量。其输出与输入的关系为

$$u_0 \text{ 或 } i_0 = K \sum_{i=0}^{n-1} D_i 2^i \qquad (7\text{-}1)$$

任意一个二进制数 $D_{n-1}D_{n-2}\cdots D_1 D_0$ 均可通过表达式

$$DATA = D_{n-1} \times 2^{n-1} + D_{n-2} \times 2^{n-2} + \cdots + D_1 \times 2^1 + D_0 \times 2^0 \qquad (7\text{-}2)$$

图 7-1　D-A 转换器框图

转换为十进制数。式中，$D_i = 0$ 或 $1(i = 0，1，2，\cdots，n-1)$，2^{n-1}，2^{n-2}，$\cdots$，2^1，2^0 分别为对应数位的权。要实现 D-A 转换，就必须先把每一位代码按其权的大小转换成相应的模拟量，然后将各模拟分量相加，其总和就是与数字量相对应的模拟量，这就是 D-A 转换的基本原理。

7.2.1 权电阻网络 D-A 转换器

4 位权电阻网路 D-A 转换器如图 7-2 所示，它主要由权电阻网路、电子模拟开关 $S_0 \sim S_3$、基准电压 U_R 和运算放大器等组成。权电阻网路是 D-A 转换器的核心，其电阻阻值与 4 位二进制数的权值相对应，$D_0 \sim D_3$ 所对应电阻的比值为 8 ：4 :2 :1。电子模拟开关 $S_0 \sim S_3$ 受输入的数字量控制，当输入数字量为 1 时，电子模拟开关接到 1 端，即基准电压 U_R 端；当输入数字量为 0 时，电子模拟开关接到 0 端，即接地。

由该电路可知，流入运算放大器的电流 I_Σ 为

图 7-2   4 位权电阻网路 D-A 转换器

$$
\begin{aligned}
I_\Sigma &= I_3 + I_2 + I_1 + I_0 \\
&= \frac{U_R}{2^0 R} D_3 + \frac{U_R}{2^1 R} D_2 + \frac{U_R}{2^2 R} D_1 + \frac{U_R}{2^3 R} D_0 \\
&= \frac{U_R}{2^3 R}(2^3 D_3 + 2^2 D_2 + 2^1 D_1 + 2^0 D_0)
\end{aligned}
\tag{7-3}
$$

又由于 $I_\Sigma = -I_F$，所以运算放大器的输出为

$$
\begin{aligned}
u_O &= I_F R_F = -I_\Sigma R_F \\
&= -R_F \frac{U_R}{2^3 R}(2^3 D_3 + 2^2 D_2 + 2^1 D_1 + 2^0 D_0) \\
&= -R_F \frac{U_R}{2^3 R} \sum_{i=0}^{3} 2^i D_i
\end{aligned}
\tag{7-4}
$$

对于 n 位权电阻 D-A 转换器，输出为

$$
\begin{aligned}
u_O &= -I_\Sigma R_F \\
&= -R_F \frac{U_R}{2^{n-1} R}(2^{n-1} D_{n-1} + 2^{n-2} D_{n-2} + \cdots + 2^1 D_1 + 2^0 D_0) \\
&= -R_F \frac{U_R}{2^{n-1} R} \sum_{i=0}^{n-1} 2^i D_i
\end{aligned}
\tag{7-5}
$$

由式（7-5）可以看出，输出模拟电压 u_O 的大小与输入的数字量成正比，从而实现了数字量到模拟量的转换。

7.2.2 倒 T 形电阻网络 D-A 转换器

在单片集成 D-A 转换器中，使用最多的是倒 T 形电阻网络 D-A 转换器。下面以 4 位倒 T 形 D-A 转换器为例说明其工作原理。

4 位倒 T 形电阻网络 D-A 转换器的原理图如图 7-3 所示。

图中 $S_0 \sim S_3$ 为模拟电子开关，R-$2R$ 电阻网络呈倒 T 形，运算放大器组成求和电路。模拟

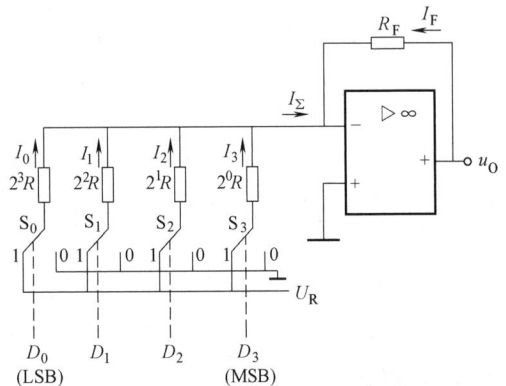

电子开关 S_i 由输入数码 D_i 控制，当 $D_i=1$ 时，S_i 接运算放大器的反相输入端，电流流入求和电路；当 $D_i=0$ 时，S_i 则接地。根据运算放大器线性运用时"虚地"的概念可知，无论模拟开关 S_i 处于何种位置，与 S_i 相连的 $2R$ 电阻均将接"地"（地或虚地），其等效电路如图 7-4 所示。

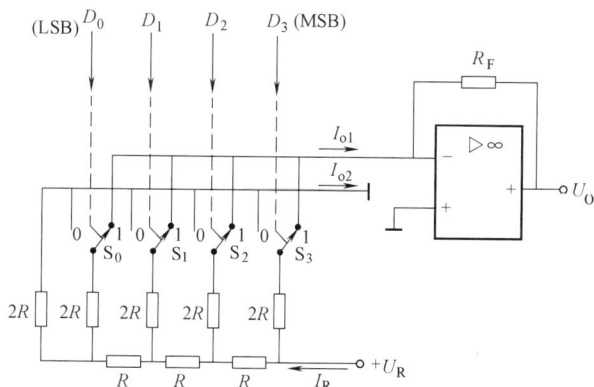

图 7-3 4 位倒 T 形电阻网络 D-A 转换器

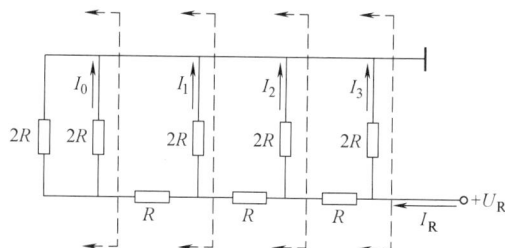

图 7-4 倒 T 形电阻网络输出电流计算

分析 R-$2R$ 电阻网络可以发现，从每个节点向左看的二端网络等效电阻均为 R，因此

$$I_R = \frac{U_R}{R}$$

根据分流公式可得各支路电流为

$$I_3 = \frac{1}{2}I_R = \frac{U_R}{2^1 \cdot R}$$

$$I_2 = \frac{1}{4}I_R = \frac{U_R}{2^2 \cdot R}$$

$$I_1 = \frac{1}{8}I_R = \frac{U_R}{2^3 \cdot R}$$

$$I_0 = \frac{1}{16}I_R = \frac{U_R}{2^4 \cdot R}$$

在图 7-3 中可得电阻网络的输出电流为

$$I_{O1} = \frac{U_R}{2^4 \cdot R}(D_3 \cdot 2^3 + D_2 \cdot 2^2 + D_1 \cdot 2^1 + D_0 \cdot 2^0)$$

输出电压 U_O 为

$$U_O = -R_F I_{O1} = -\frac{R_F U_R}{2^4 \cdot R}(D_3 \cdot 2^3 + D_2 \cdot 2^2 + D_1 \cdot 2^1 + D_0 \cdot 2^0)$$

若输入的是 n 位二进制数，则上式变为

$$U_O = -R_F I_{O1} = -\frac{R_F U_R}{2^n \cdot R}(D_{n-1} \cdot 2^{n-1} + D_{n-2} \cdot 2^{n-2} + \cdots + D_1 \cdot 2^1 + D_0 \cdot 2^0)$$

当 $R_F = R$ 时，则

$$U_O = -R_F I_{O1} = -\frac{U_R}{2^n}(D_{n-1} \cdot 2^{n-1} + D_{n-2} \cdot 2^{n-2} + \cdots + D_1 \cdot 2^1 + D_0 \cdot 2^0)$$

$$= -\frac{U_R}{2^n}\sum_{i=0}^{n-1} D_i 2^i \tag{7-6}$$

结果表明，对应任意一个二进制数，在图 7-3 所示电路的输出端都能得到与之成正比的模拟电压。

【例 7-1】 在图 7-3 中，当 $D_3 D_2 D_1 D_0 = 0100$ 时，试计算输出电压 U_O。其中 $U_R = 28V$，$R_F = R$。

解：图 7-3 为倒 T 形电阻网络 DAC，其输出电压为

$$U_O = -\frac{R_F U_R}{2^n \cdot R}(D_{n-1} \cdot 2^{n-1} + D_{n-2} \cdot 2^{n-2} + \cdots + D_1 \cdot 2^1 + D_0 \cdot 2^0)$$

若 $U_R = 28V$，$R_F = R$，$D_3 D_2 D_1 D_0 = 0100$，则

$$U_O = -\frac{R_F U_R}{2^n \cdot R}(D_{n-1} \cdot 2^{n-1} + D_{n-2} \cdot 2^{n-2} + \cdots + D_1 \cdot 2^1 + D_0 \cdot 2^0)$$

$$= -\frac{28}{2^4} \times 4V = -7V$$

7.2.3 D-A 转换器的主要性能指标

1. 分辨率

分辨率（Resolution）是指 D-A 转换器能分辨最小输出电压变化量 U_{LSB} 与最大输出电压 U_{MAX}（满量程输出电压）之比。最小输出电压变化量就是对应于输入数字信号最低位为 1，其余各位为 0 时的输出电压，记为 U_{LSB}；满量程输出电压就是对应于输入数字信号的各位全是 1 时的输出电压，记为 U_{MAX}。

对于一个 n 位的 D-A 转换器可以证明：

$$\frac{U_{LSB}}{U_{MAX}} = \frac{1}{2^n - 1} \approx \frac{1}{2^n} \tag{7-7}$$

例如，对于一个 10 位的 D-A 转换器，其分辨率是

$$\frac{U_{LSB}}{U_{MAX}} = \frac{1}{2^{10} - 1} \approx \frac{1}{2^{10}} = \frac{1}{1024}$$

由上式可见，分辨率与 D-A 转换器的位数有关，所以分辨率有时直接用位数表示，如 8 位、10 位等。位数越多，能够分辨的最小输出电压变化量就越小。U_{LSB} 的值越小，分辨率就越高。

2. 精度

D-A 转换器的精度（Precision）是指实际输出电压与理论输出电压之间的偏离程度。通常用最大误差与满量程输出电压之比的百分数表示。例如，D-A 转换器满量程输出电压是 7.5V，如果精度为 1%，就意味着输出电压的最大误差为 $\pm 0.075V$（$\pm 75mV$），也就是说，输出电压的范围在 7.425~7.575V 之间。

转换精度是一个综合指标，它不仅与 D-A 转换器中元器件参数的精度有关，而且还与环境温度、求和运算放大器的温度漂移以及转换器的位数有关。所以要获得较高的 D-A 转

换精度，除了正确选用 D-A 转换器的位数外，还要选用低零漂的运算放大器。

3. 转换时间

D-A 转换器的转换时间是指从输入数字信号开始转换到输出电压（或电流）达到稳定时所需要的时间。它是一个反映 D-A 转换器工作速度的指标，转换时间的数值越小，表示 D-A 转换器的工作速度越高。

转换时间也称为输出时间，有时手册上规定输出上升到满刻度的某一百分数所需要的时间为转换时间。转换时间一般为几纳秒到几微秒。目前，在不包含参考电压源和运算放大器的单片集成 D-A 转换器中，转换时间一般不超过 $1\mu s$。

7.2.4 集成 D-A 转换器及其应用

随着集成技术的迅猛发展，单片集成 D-A 转换器产品的种类越来越多。按输入二进制的位数分类有 8 位、10 位、12 位和 16 位等；按其内部电路结构不同一般分为两类：一类集成芯片内部只集成了电阻网络（或恒流源网络）和模拟电子开关，另一类则集成了组成 D-A 转换器的全部电路。D-A 转换器在实际电路中应用很广，它不仅常作为接口电路用于微机系统，而且还可利用其电路结构特征和输入、输出电量之间的关系构成数控电流源、电压源、数字式可编程增益控制电路和波形产生电路等。

1. 集成 D-A 转换器 AD7520

AD7520 是 10 位 CMOS D-A 转换器，其结构简单、通用性好。AD7520 芯片内只包含倒 T 形电阻网络、CMOS 电流开关和反馈电阻（$R = 10k\Omega$），该集成 D-A转换器在应用时必须外接参考电压源和运算放大器。AD7520 的引脚图如图 7-5 所示。

AD7520 共有 16 个引脚，各引脚的功能如下。

I_{O1}：模拟电流输出端，接到运算放大器的反相输入端。

I_{O2}：模拟电流输出端，一般接"地"。

GND：接"地"端。

$D_0 \sim D_9$：是十位数字量的输入端。

$+U_{DD}$：CMOS 模拟开关的电源接线端。

U_{REF}：参考电压电源接线端，可为正值或负值。

R_F：集成芯片内部一个电阻的引出端，该电阻作为运算放大器的反馈电阻，它的另一端接在芯片内部的 I_{O1} 端。

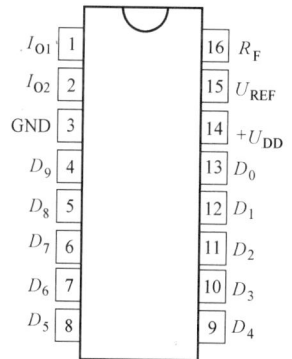

图 7-5 AD7520 的引脚图

由 D-A 转换器 AD7520 和 10 位二进制可逆计数器及加减控制电路构成的波形产生电路如图 7-6 所示。图中的加减控制电路与 10 位二进制可逆计数器配合工作，当计数器处于加法计数器状态并计到全 1 时，将加减控制电路复位，使计数器进入减法计数器状态，而当减法计数器计到全 0 时，又使计数器进入加法计数器状态，如此周而复始。

第一级 D-A 转换器的输出电压为 u_{O1} 为

$$u_{O1} = -\frac{U_{REF}}{2^{10}} \sum_{i=0}^{9} (2^i D_i) \tag{7-8}$$

可以看出此时的输出电压为三角波。

将 u_{O1} 接入第二级 D-A 转换器的参考电压端 U_{REF}，则得到第二级 D-A 转换器的输出电压

为 u_{O2} 为

$$u_{O2} = -\frac{u_{O1}}{2^{10}}\sum_{i=0}^{9}\left(2^{i}D_{i}\right) = \frac{U_{REF}}{2^{20}}\left(\sum_{i=0}^{9}\left(2^{i}D_{i}\right)\right)^{2} \tag{7-9}$$

可以看出此时的输出电压为抛物波。

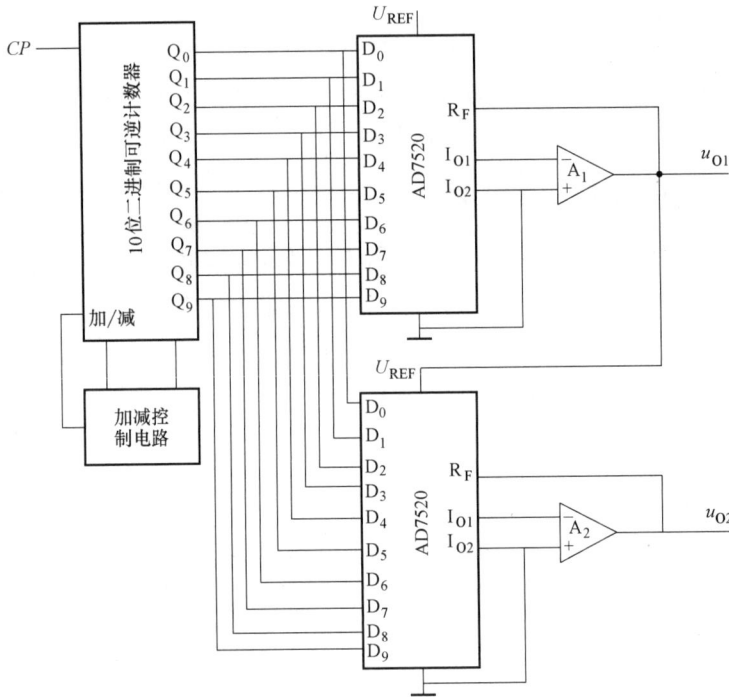

图 7-6　由 AD7520 和可逆计数器构成的波形产生电路

2. 集成 D-A 转换器 DAC0832

DAC0832 是电流输出型 8 位 D-A 转换电路，包含 R-$2R$ 倒 T 形电阻网络、乘法式 DAC，采用 CMOS 制造工艺，可以直接和 8 位微处理器相连而不需另加 I/O 接口。该芯片和 TTL 系列及低压 CMOS 系列相兼容，是目前微机控制系统常用的 D-A 芯片。DAC0832 需要外接运算放大器才能得到模拟电压输出。

DAC0832 的引脚排列如图 7-7 所示。其引脚功能如下。

$DI_0 \sim DI_7$：8 位数字量输入端。其中 DI_0 为最低位，DI_7 为最高位。

$\overline{CS}$：片选输入端，低电平有效。与 ILE 共同作用，对 $\overline{WR_1}$ 信号进行控制。

ILE：允许输入锁存端，高电平有效。

$\overline{WR_1}$：写信号 1，低电平有效。只有 $ILE = 1$，且 $\overline{CS} = 0$，$\overline{WR_1} = 0$ 时，允许写入输入数字信号；$\overline{WR_1} = 1$ 时，8 位输入寄存器的数据被锁定。

$\overline{WR_2}$：写信号 2，低电平有效。当 $\overline{WR_2} = 0$ 和 $\overline{XFER} = 0$ 时，

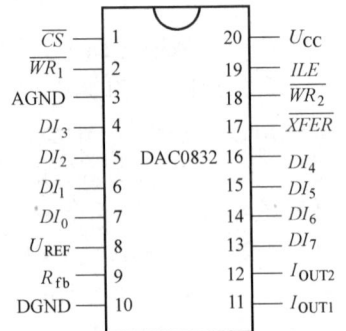

图 7-7　DAC0832 引脚排列图

DAC 寄存器输出给 D-A 转换器；$\overline{WR_2}$ = 1 时，D-A 寄存器输入数据。

$\overline{XFER}$：传送控制信号端，低电平有效。用来选通 $\overline{WR_2}$。

I_{OUT1}：电流输出 1 端。DAC 寄存器输出全为 1 时，I_{OUT1} 最大；DAC 寄存器输出为 0 时，$I_{OUT1} = 0$。

I_{OUT2}：电流输出 2 端。DAC 寄存器输出全为 0 时，I_{OUT2} 最大；反之 I_{OUT2} 为 0，满足 $I_{OUT1} + I_{OUT2} = $ 常数。外接运放时，I_{OUT1} 接运放的反相输入端，I_{OUT2} 接运放的同相输入端或模拟地。

R_{fb}：反馈电阻连接端。在构成电压输出 DAC 时，此端应接运算放大器的输出端。

U_{REF}：基准电压输入端，要求是一精密电源，电压范围为$-10 \sim +10V$。

U_{CC}：电源电压端，一般为$+5 \sim +15V$。

AGND、DGND：模拟地和数字地，一般情况下将它们连在一起，以提高抗干扰能力。

DAC0832 内部有两个数据寄存器，所以可接成单缓冲、双缓冲和直通工作三种工作方式。

4 位二进制计数器 74LS161（接成计数状态）、D-A 转换器 DAC0832 和集成运放组成阶梯波发生器，电路如图 7-8 所示。

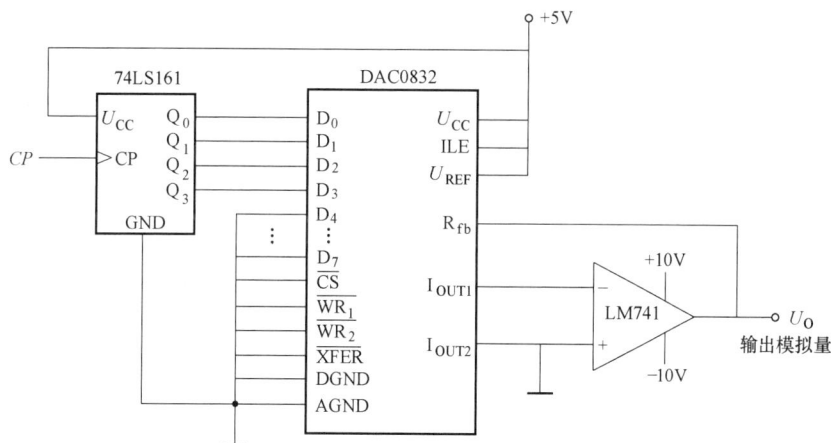

图 7-8　阶梯波发生器电路

由图可知，$U_O = -\dfrac{U_{REF}}{2^8} \displaystyle\sum_{i=0}^{7} (D_i \cdot 2^i)$，则当 74LS161 输出为 0000 时，$U_O = 0V$，当输出为 0001 时，$U_O = -0.02V = -20mV$，其他依次类推。输出电压 U_O 的波形图如图 7-9 所示。

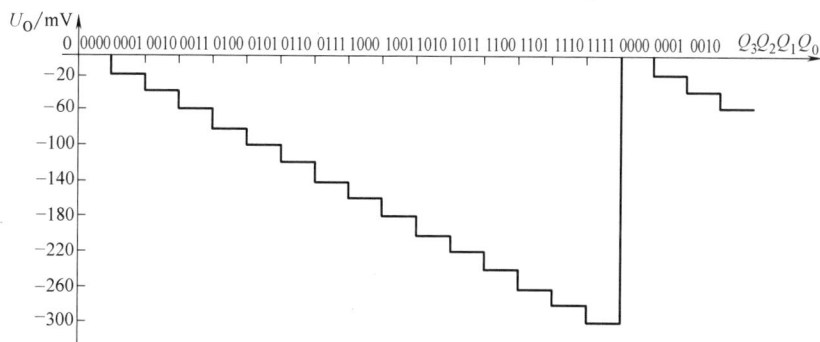

图 7-9　阶梯波发生器输出波形

3. D-A 转换器构成的数控电流源

由 D-A 转换器、集成运放构成的数控电流源
电路如图 7-10 所示，其中 D-A 转换器为单极性
或双极性输出，其输出电压由输入的数字量
决定。

由图可知，集成运放 A_2 构成电压跟随器，
因此 $u_O = u_{O2}$，根据电路叠加定理可求得运放 A_1
的同相输入端电压为

$$u_+ = \frac{1}{2}(u_D + u_{O2}) = \frac{1}{2}(u_D + u_O)$$

图 7-10 数控电流源电路

运放 A_1 构成同相比例放大电路，其输出为

$$u_{O1} = u_+\left(1 + \frac{R}{R}\right) = 2u_+ = u_D + u_O$$

流过 R_1 的电流 i_L 为

$$i_L = \frac{u_{O1} - u_O}{R_1} = \frac{u_D}{R_1} \tag{7-10}$$

由此可知，i_L 由 D-A 转换器的输出 u_D 决定，而 u_D 由 D-A 转换器输入的数字量决定，与
负载电阻 R_L 无关，因此称为数控电流源。

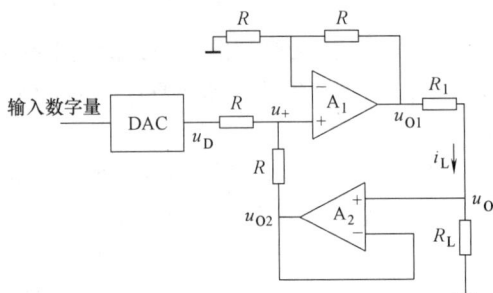

7.3 A-D 转换器

A-D 转换器的作用是将时间连续、幅值也连续的模拟信号转换
为时间离散、幅值也离散的数字信号。

教学视频 7-2：
A-D 转换器

7.3.1 A-D 转换的基本原理

A-D 转换一般要经过采样、保持、量化及编码四个过程。在实际电路中，这些过程有的
是合并进行的，例如，采样和保持、量化和编码往往都是在转换过程中同时实现的。

1. 采样和保持

采样（Sampling）是将随时间连续变化的模拟量转换为时间离散的模拟量。采样过程如
图 7-11a 所示，传输门受采样信号 $S(t)$ 控制。在 $S(t)$ 的脉宽 τ 期间，传输门导通，输出信
号 $u_o(t)$ 为输入信号 $u_i(t)$；而在 $(T_S - \tau)$ 期间，传输门关闭，输出信号 $u_o(t) = 0$。电路中各信
号波形如图 7-11b 所示。

通过分析可以看到，采样信号 $S(t)$ 的频率越高，所取得的信号经滤波器后越能真实地复
现输入信号，但带来的问题是数据量增大。为保证有合适的采样频率，它必须满足采样定理。

采样定理：设采样信号 $S(t)$ 的频率为 f_S，输入模拟信号 $u_i(t)$ 的最高频率分量的频率为
f_{imax}，则 f_S 与 f_{imax} 必须满足下面的关系：$f_S \geq 2f_{imax}$，工程上一般取 $f_S > (3 \sim 5)f_{imax}$。

将采样电路每次取得的模拟信号转换为数字信号都需要一定时间，为了给后续的量化编
码过程提供一个稳定值，每次取得的模拟信号必须通过保持电路保持一段时间。

采样与保持过程往往是通过采样-保持电路同时完成的。采样-保持电路的原理图及输出

波形如图 7-12 所示。

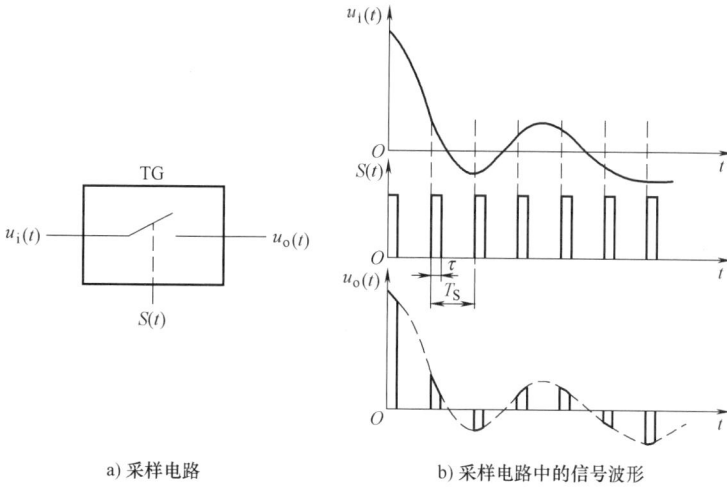

a) 采样电路　　　　　　b) 采样电路中的信号波形

图 7-11　采样过程示意图

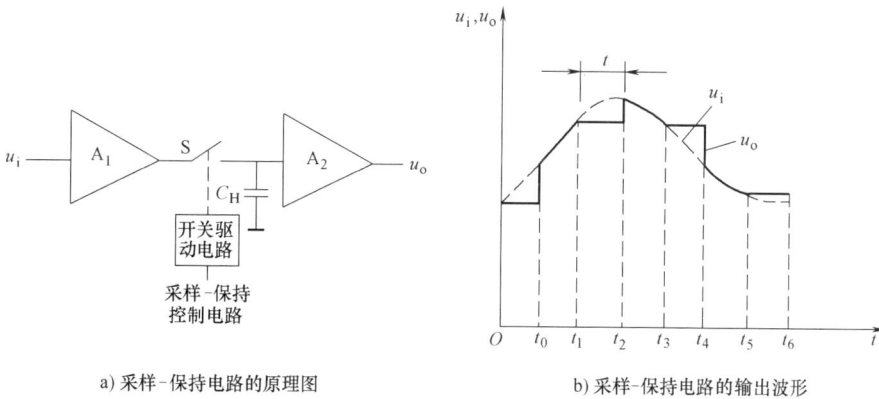

a) 采样-保持电路的原理图　　　　b) 采样-保持电路的输出波形

图 7-12　采样-保持电路的原理图及输出波形

采样-保持电路由输入放大器 A_1、输出放大器 A_2、保持电容 C_H 和开关驱动电路组成。电路中要求 A_1 具有很高的输入阻抗，以减少对输入信号源的影响。为使保持阶段 C_H 上所存电荷不易泄放，A_2 应具有较高的输入阻抗，同时为提高电路的带负载能力，A_2 还应具有较低的输出阻抗。一般还要求电路中 $A_{u1} \cdot A_{u2} = 1$。

在图 7-12a 中，当 $t = t_0$ 时，开关 S 闭合，电容被迅速充电，由于 $A_{u1} \cdot A_{u2} = 1$，因此 $u_o = u_i$；在 $t_0 \sim t_1$ 时间间隔内是采样阶段。在 $t = t_1$ 时刻 S 断开，若 A_2 的输入阻抗为无穷大、S 为理想开关，这样可以认为电容 C_H 没有放电回路，其两端电压保持为 u_o 不变，图 7-12b 中所示的 $t_1 \sim t_2$ 时间段，就是保持阶段。

目前，采样-保持电路已有多种型号的单片集成电路产品，可根据需要选择相应的集成采样-保持电路。

2. 量化与编码

数字信号不仅在时间上是离散的，而且在幅值上也是离散的。任何一个数字量的大小只能是某个规定的最小数量单位的整数倍。为将模拟量转换为数字量，在 A-D 转换过程中，还必须将采样-保持电路的输出电压按某种近似方式转化到相应的离散电平上，这一转化过程称为数值量化，简称量化。量化后的数值最后还需通过编码过程用一个代码表示出来，经编码后得到的代码就是 A-D 转换器输出的数字量。

量化过程中所取的最小数量单位称为量化单位，用 Δ 表示。它是数字信号最低位为 1 时所对应的模拟量，即 1LSB。

在量化过程中，由于采样电压不一定能被 Δ 整除，所以量化前后不可避免地存在误差，该误差称为量化误差，用 ε 表示。量化误差属原理误差，是无法消除的。A-D 转换器的位数越多，各离散电平之间的差值越小，量化误差也越小。

量化过程常采用两种近似量化方式：只舍不入量化方式和四舍五入量化方式。

（1）只舍不入量化方式

以 3 位 A-D 转换器为例，设输入信号 u_i 的变化范围为 0~8V，采用只舍不入量化方式时，取 $\Delta=1V$，量化中不足量化单位的部分舍弃，如数值在 0~1V 之间的模拟电压都当作 0Δ，用二进制数 000 表示，而数值在 1~2V 之间的模拟电压都当作 1Δ，用二进制数 001 表示……这种量化方式的最大误差为 Δ。

（2）四舍五入量化方式

如果采用四舍五入量化方式，则取量化单位 $\Delta=16/15V$，量化过程将不足半个量化单位的部分舍弃，对于等于或大于半个量化单位的部分按一个量化单位处理。它将数值在 0~8/15 V 之间的模拟电压都当作 0Δ 对待，用二进制 000 表示，而数值在 8V/15~24V/15 之间的模拟电压均当作 1Δ，用二进制数 001 表示等。两种量化方式如图 7-13 所示。

采用只舍不入量化方式的最大量化误差 $|\varepsilon_{max}|=1LSB$，而采用四舍五入量化方式时 $|\varepsilon_{max}|=1LSB/2$，后者的量化误差比前者小，所以多数 A-D 转换器都采用四舍五入量化方式。A-D 转换器的

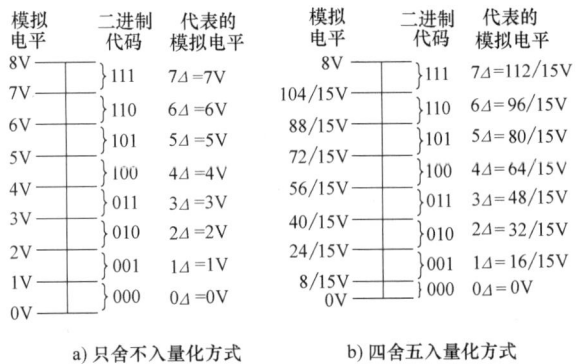

a) 只舍不入量化方式　　b) 四舍五入量化方式

图 7-13　模拟电平量化方式

种类很多，按其工作原理不同分为直接 A-D 转换器和间接 A-D 转换器两类。直接 A-D 转换器可将模拟信号直接转换为数字信号，这类 A-D 转换器具有较快的转换速度，其典型电路有并行比较型 A-D 转换器、逐次比较型 A-D 转换器。而间接 A-D 转换器则是先将模拟信号转换成某一中间电量（如时间或频率），然后再将中间电量转换为数字量输出。此类 A-D 转换器的速度较慢，典型电路是双积分型 A-D 转换器、电压频率转换型 A-D 转换器。

7.3.2　并行比较型 A-D 转换器

并行比较型 A-D 转换器是一种直接型 A-D 转换器。3 位并行比较型 A-D 转换器的电路图如图 7-14 所示，它由电阻分压器、电压比较器、寄存器和优先编码器组成。输入 u_i 为 0~

U_{REF} 之间的模拟电压，输出为 3 位二进制数码 $D_2D_1D_0$。

在图 7-14 中，电阻分压器对参考电压 U_{REF} 进行分压，电路的最小量化单位为 $\Delta = \frac{2}{15}U_{REF}$，得到 $\frac{1}{15}U_{REF} \sim \frac{13}{15}U_{REF}$ 之间的 7 个比较电压，分别作为电压比较器 $C_1 \sim C_7$ 的反向输入端参考电压，与输入比较器正向输入端的模拟电压 u_i 进行比较。当输入电压 u_i 小于参考电压时，比较器输出为 0；当输入电压 u_i 大于参考电压时，比较器输出为 1。比较器的输出结果在 CP 脉冲上升沿到来时存到寄存器中，寄存器的输出结果接到优先编码器（这里的优先编码器为输入低电平有效，输出低电平有效）的输入端，优先编码器输出的就是转换后的数字量。

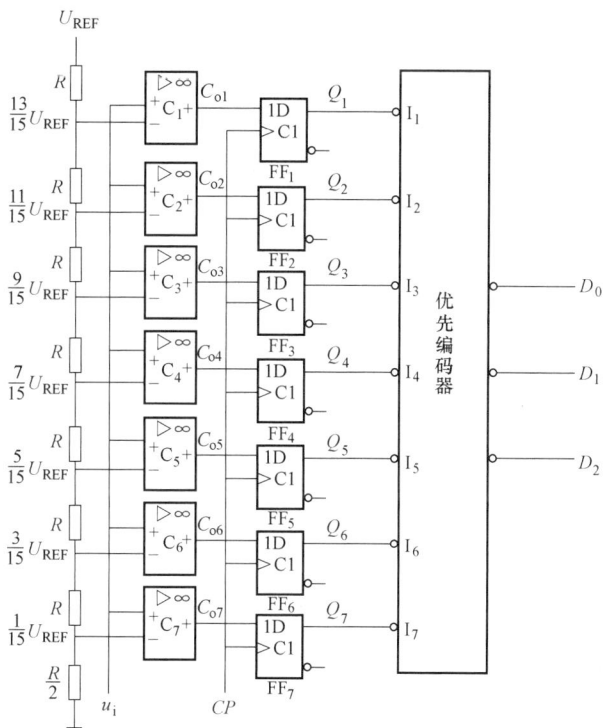

图 7-14 3 位并行比较型 A-D 转换器

如果输入电压 $0 \leq u_i < \frac{1}{15}U_{REF}$，则所有比较器的输出均为 0，CP 脉冲上升沿到来后，寄存器中所有触发器被置成 0。优先编码器输出为 $D_2D_1D_0 = 000$。

如果输入电压 $\frac{1}{15}U_{REF} \leq u_i < \frac{3}{15}U_{REF}$，则只有比较器 C_7 输出为 1，其余比较器输出均为 0，CP 脉冲上升沿到来后，寄存器中触发器 FF_7 被置成 1，其余触发器均为 0。优先编码器输出为 $D_2D_1D_0 = 001$。

依次类推，得到 3 位并行比较型 A-D 转换器的转换真值表，见表 7-1。

表 7-1 3 位并行比较型 A-D 转换器转换真值表

输入模拟电压	比较器输出状态							数字量输出		
u_i	C_{o1}	C_{o2}	C_{o3}	C_{o4}	C_{o5}	C_{o6}	C_{o7}	D_2	D_1	D_0
$0 \leq u_i < \frac{1}{15}U_{REF}$	0	0	0	0	0	0	0	0	0	0
$\frac{1}{15}U_{REF} \leq u_i < \frac{3}{15}U_{REF}$	0	0	0	0	0	0	1	0	0	1
$\frac{3}{15}U_{REF} \leq u_i < \frac{5}{15}U_{REF}$	0	0	0	0	0	1	1	0	1	0
$\frac{5}{15}U_{REF} \leq u_i < \frac{7}{15}U_{REF}$	0	0	0	0	1	1	1	0	1	1
$\frac{7}{15}U_{REF} \leq u_i < \frac{9}{15}U_{REF}$	0	0	0	1	1	1	1	1	0	0
$\frac{9}{15}U_{REF} \leq u_i < \frac{11}{15}U_{REF}$	0	0	1	1	1	1	1	1	0	1

（续）

输入模拟电压	比较器输出状态							数字量输出		
u_i	C_{o1}	C_{o2}	C_{o3}	C_{o4}	C_{o5}	C_{o6}	C_{o7}	D_2	D_1	D_0
$\dfrac{11}{15}U_{REF} \leqslant u_i < \dfrac{13}{15}U_{REF}$	0	1	1	1	1	1	1	1	1	0
$\dfrac{13}{15}U_{REF} \leqslant u_i < U_{REF}$	1	1	1	1	1	1	1	1	1	1

并行比较型 A-D 转换器的转换时间只受比较器、触发器和优先编码器的延迟时间限制，延迟时间较短，因此并行比较型 A-D 转换器的转换速度很快。但随着位数的增加，元器件的数目呈几何级数增长，例如，一个 n 位比较器需要 $2^n - 1$ 个比较器和触发器，所以电路会很复杂，因此这种比较器不适合做成高分辨率的集成产品。

7.3.3 逐次比较型 A-D 转换器

逐次比较型 A-D 转换器是一种比较常见的 A-D 转换电路。逐次比较转换过程和用天平称重非常相似。天平称重过程是从最重的砝码开始试放，然后与被称物体进行比较，若物体重于砝码，则该砝码保留，否则移去。再加上第二个次重砝码，由物体的重量是否大于砝码的重量决定第二个砝码是留下还是移去。照此一直加到最小一个砝码为止。将所有留下的砝码重量相加，就得此物体的重量。仿照这一思路，逐次比较型 A-D 转换器，就是将输入模拟信号与不同的参考电压进行多次比较，使转换所得的数字量在数值上逐次逼近输入模拟量的对应值。

4 位逐次比较型 A-D 转换器的逻辑电路如图 7-15 所示。

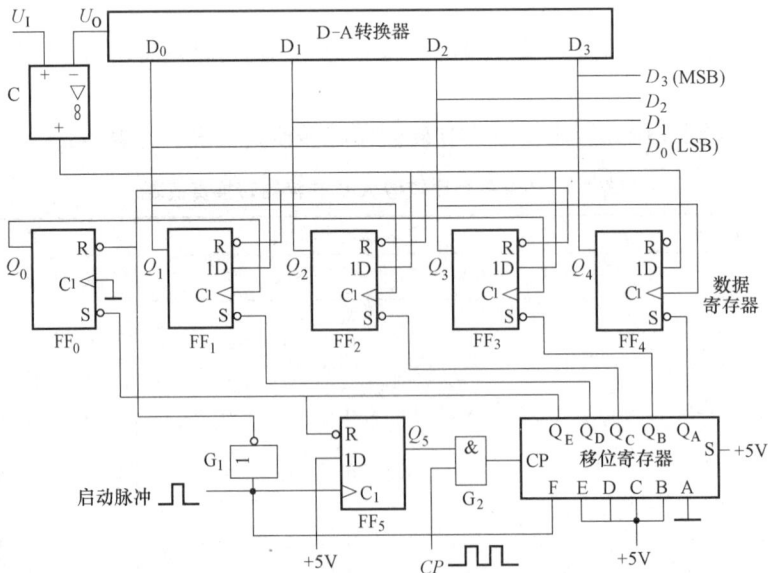

图 7-15 4 位逐次比较型 A-D 转换器

图中 5 位移位寄存器可进行并入/并出或串入/串出操作，其输入端 F 为并行置数使能端，高电平有效。其输入端 S 为高位串行数据输入。数据寄存器由 D 边沿触发器组成，数字量从 $Q_4 \sim Q_1(D_3 \sim D_0)$ 输出。

电路工作过程如下：当启动脉冲上升沿到达后，$FF_0 \sim FF_4$ 被清零，Q_5 置 1，Q_5 的高电平开启与门 G_2，时钟脉冲 CP 进入移位寄存器。在第一个 CP 脉冲作用下，由于移位寄存器的置数使能端 F 已由 0 变 1，并行输入数据 ABCDE 置入，$Q_A Q_B Q_C Q_D Q_E = 01111$，$Q_A$ 的低电平使数据寄存器的最高位（Q_4）置 1，即 $Q_4 Q_3 Q_2 Q_1 = 1000$。D-A 转换器将数字量 1000 转换为模拟电压 U_0，送入电压比较器 C 与输入模拟电压 U_I 比较，若 $U_I > U_0$，则比较器 C 输出为 1，否则为 0。

第二个 CP 脉冲到来后，移位寄存器的串行输入端 S 为高电平，Q_A 由 0 变 1，同时最高位 Q_A 的 0 移至次高位 Q_B。于是数据寄存器的 Q_3 由 0 变 1，这个正跳变作为有效触发信号加到 FF_4 的 C_1 端，使电压比较器的输出电平得以在 Q_4 保存下来。此时，由于其他触发器无正跳变触发脉冲，电压比较器的输出电平信号对它们不起作用。Q_3 变 1 后，建立了新的 D-A 转换器的数据，输入电压再与其输出电压 U_0 进行比较，比较结果在第三个时钟脉冲作用下存于 Q_3……如此进行，直到 Q_E 由 1 变 0 时，触发器 FF_0 的输出端 Q_0 产生由 0 到 1 的正跳变，这个正跳变作为有效触发信号加到 FF_1 的 C_1 端，使上一次 A-D 转换后的电压比较器的输出电平保存于 Q_1。同时使 Q_5 由 1 变 0 后将 G_2 封锁，一次 A-D 转换过程结束。于是电路的输出端 $D_3 D_2 D_1 D_0$ 得到与输入电压 U_I 成正比的数字量。

由以上分析可见，逐次比较型 A-D 转换器完成一次转换所需的时间与其位数和时钟脉冲的频率有关，位数越少，时钟频率越高，转换所需的时间越短。这种 A-D 转换器具有转换速度快、精度高的特点。

7.3.4　A-D 转换器的主要性能指标

1. 转换精度

单片集成 A-D 转换器的转换精度是用分辨率和转换误差来描述的。

（1）分辨率

它说明 A-D 转换器对输入信号的分辨能力。A-D 转换器的分辨率以输出二进制（或十进制）数的位数表示。从理论上讲，n 位输出的 A-D 转换器能区分 2^n 个不同等级的输入模拟电压，能区分输入电压的最小值为满量程输入的 $1/2^n$。在最大输入电压一定时，输出位数越多，分辨率越高。例如，A-D 转换器输出为 8 位二进制数，输入信号最大值为 10V，那么这个转换器应能区分输入信号的最小电压为 $\dfrac{10}{2^8} V = 39.06 mV$。

（2）转换误差

转换误差表示 A-D 转换器实际输出数字量和理论输出数字量之间的差别。常用最低有效位的倍数表示。例如，给出相对误差 $\leq \pm 1LSB/2$，这就表明实际输出的数字量和理论上应得到的输出数字量之间的误差小于最低位的半个字。

2. 转换时间

转换时间是指 A-D 转换器从转换控制信号到来开始，到输出端得到稳定的数字信号所经过的时间。不同的转换电路，其转换时间相差很大。并联比较型 A-D 转换器的转换时间最短，逐次比较型 A-D 转换器的转换时间次之，双积分型 A-D 转换器的转换时间最长。

7.3.5　集成 A-D 转换器及其应用

常用的集成逐次比较型 A-D 转换器有 ADC0808/0809 系列（8）位、AD575（10 位）、AD574A（12 位）等；常用的双积分式 A-D 转换器有 ICL7107、CC7106 等。下面介绍集成 A-D 转换器 CC7106 的结构和使用。

CC7106 为双积分型 A-D 转换器，将数字电路和模拟电路集成在一块芯片上，为大规模集成电路。它具有输入阻抗高、功耗低、抗干扰能力强、转换精度高等优点，可直接驱动液晶显示器。CC7106 只需外接少量电子元器件就可方便地构成 $3\frac{1}{2}$ 位（3 位半）数字电压表。

图 7-16a 为 CC7106 的电路结构图，图 7-16b 为其外引脚排列图，各引脚功能如下。

U_{DD}、U_{EE}：电源正、负端，单电源供电时，常取 $V_{DD} = 9V$。

$a_1 \sim g_1$：个位笔段驱动端。

$a_2 \sim g_2$：十位笔段驱动端。

$a_3 \sim g_3$：百位笔段驱动端。

bc_4：千位 b、c 笔段驱动端。

PM：负极性显示输出端，接千位 g 段，当 PM 为负值时，显示负号。

BP：液晶显示器背面公共电极端，输出 50Hz 方波。

U_{REF+}、U_{REF-}：基准电压正、负端。

C_{REF}：基准电容端，在两个 C_{REF} 之间接基准电容。

COM：模拟信号公共端。使用时，与输入信号负端及基准信号负端相连。

TEST：数字地和测试端，还用来测试显示器的笔段。

IN_+、IN_-：模拟电压输入端。

AZ：外接校零电容端。

BUF：外接积分电阻端。

INT：外接积分电容端。

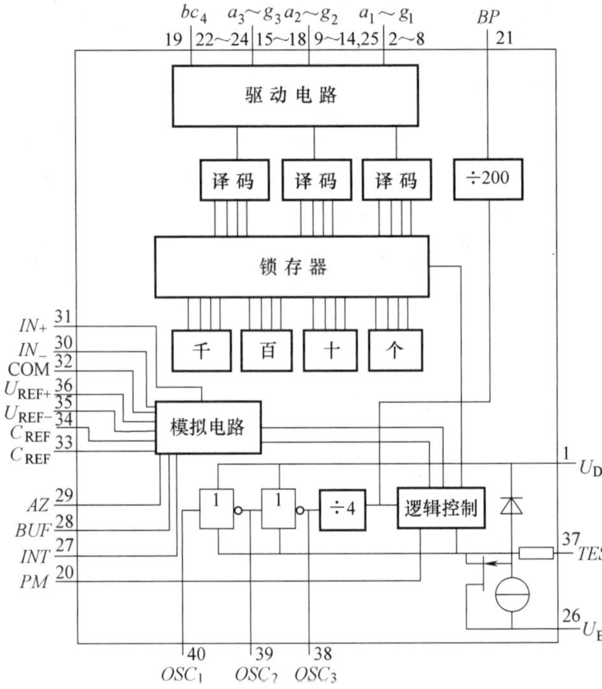

a) 电路结构

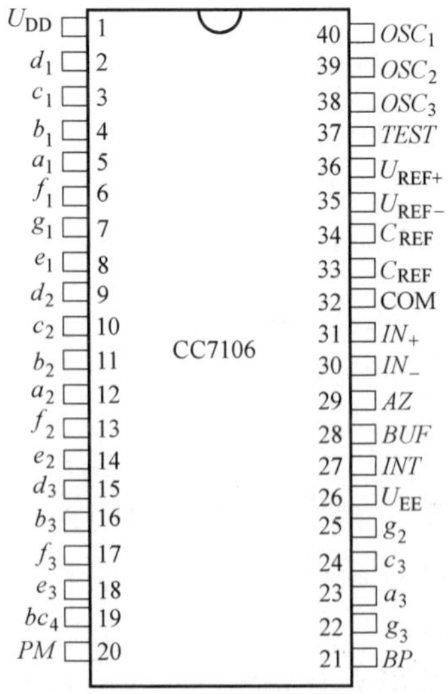

b) 引脚排列

图 7-16　CC7106 的电路结构和引脚排列图

$OSC_1 \sim OSC_3$：时钟振荡器外接元器件端。用以外接阻容元件或石英晶体组成振荡器。主振频率f_{osc}由外界R_1、C_1值决定：

$$f_{osc} = \frac{0.45}{R_1 C_1}$$

CC7106 计数器的时钟频率f_{CP}为主振频率f_{osc}经 4 分频得到，即

$$f_{CP} = \frac{1}{4} f_{osc} = \frac{0.1125}{R_1 C_1}$$

A-D 转换器 CC7106 主要由以下几部分组成。

1）模拟电路：主要包括组成积分器的运算放大器和过零比较器等。

2）分频器：将主振频率f_{osc}进行分频，从而获得计数频率f_{CP}和液晶显示器背面电极的方波频率等。

3）计数器：个位、十位和百位都输出 8421BCD 码，千位只有 0 和 1 两个数码，所以，最大技术容量为 1.999。

4）锁存器：用以存放计数结果。

5）译码器：将锁存器输出的代码转换成驱动液晶显示器的七段字型码。

6）驱动器：内有异或门，可提高负载能力，产生合适的电平驱动液晶显示器。

7）逻辑控制：产生控制信号，协调各部分电路工作。

图 7-17 为由 A-D 转换器 CC7106 构成的数字电压表，电源电压为 9V。测量电压范围为

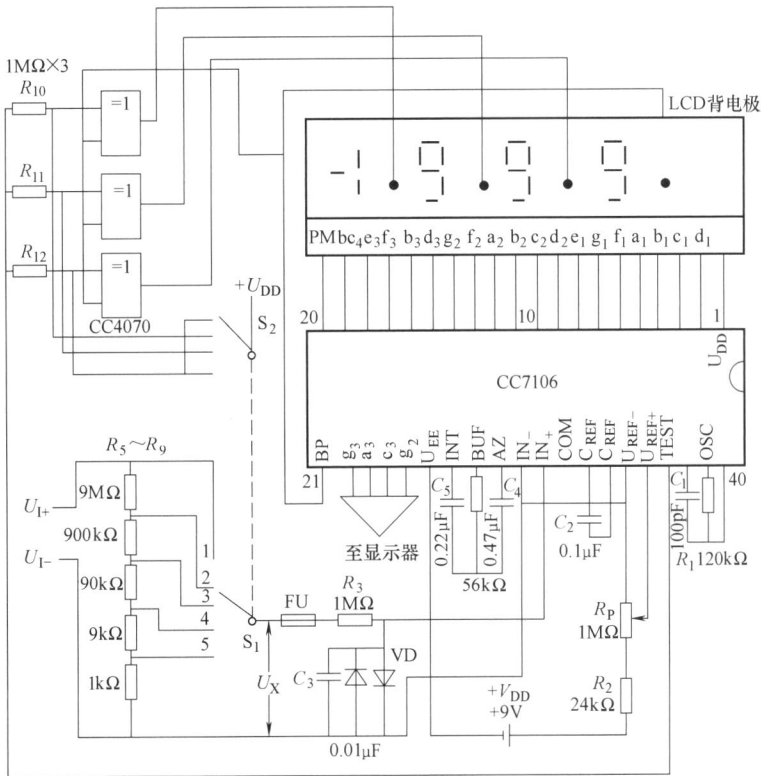

图 7-17　由 CC7106 构成的 $3\frac{1}{2}$ 位液晶显示数字电压表

200mV、2V、20V、200V、1000V 共五档，基本量程为 200mV。输入阻抗实际上为电阻分压器的总电阻，即 $R_1 = R_5 + R_6 + R_7 + R_8 + R_9 = 10M\Omega$。各档量程由开关 S_1 控制，衰减后的电压 U_X 为电压表输入的基本电压，并送到 CC7106 的 IN_+、IN_- 端。例如，开关 S_1 动端对地电阻为 R_X 时，则 $U_X = \dfrac{R_X}{R_1} U_1$。$U_1$ 为 U_{1+} 和 U_{1-} 端输入的被测电压。图 7-22 中，R_1、C_1 为主振荡器的定时元件。R_1 和 R_p 为基准电压 U_{REF} 的分压电路，用以调节 U_{REF} 的大小。FU 为熔丝、R_3 为限流电阻，它和 C_3 组成输入滤波电路，用以提高电路的抗干扰能力和过载能力。R_4、C_5 为积分电阻和积分电容，它和内部运算放大器构成积分器。C_4 为自动调零电容，C_2 为基准电容。R_{10}、R_{11}、R_{12}、三个异或门和开关 S_2 用以控制小数点。

7.4　Multisim14 软件仿真举例

1. A-D 转换电路

8 位 A-D 转换电路如图 7-18 所示，Vin 为模拟电压信号输入端，经 A-D 转换电路输出 8 位数字量，并用两个数码管显示。图中 Vin 输入电压为 2.5V，输出 8 位数字量为 01111111，数码管显示为十六进制数 7FH。

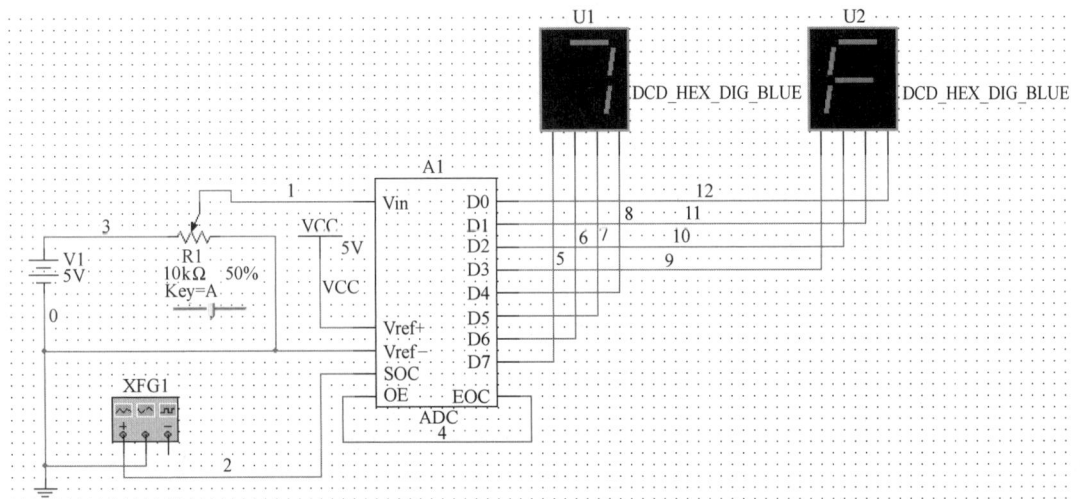

图 7-18　8 位 A-D 转换电路

2. A-D、D-A 转换电路

A-D、D-A 转换电路如图 7-19 所示，该电路是将输入模拟信号先进行模拟-数字转换，然后再进行数字-模拟转换，输出信号与输入信号频率相同，但受转换电路的影响，输出信号的幅值和精度与原信号相比，有一些变化。为了对比仿真结果，在 A-D 转换电路输入信号中叠加一个正弦信号，如图 7-19 所示。仿真该电路，得仿真结果如图 7-20 所示，上边信号为 A-D 转换电路的正弦输入信号，下边信号为 D-A 转换电路的输出模拟信号，从结果可见，D-A 转换电路的输出也为正弦信号，但精度比原信号差（表现为波形有锯齿）。

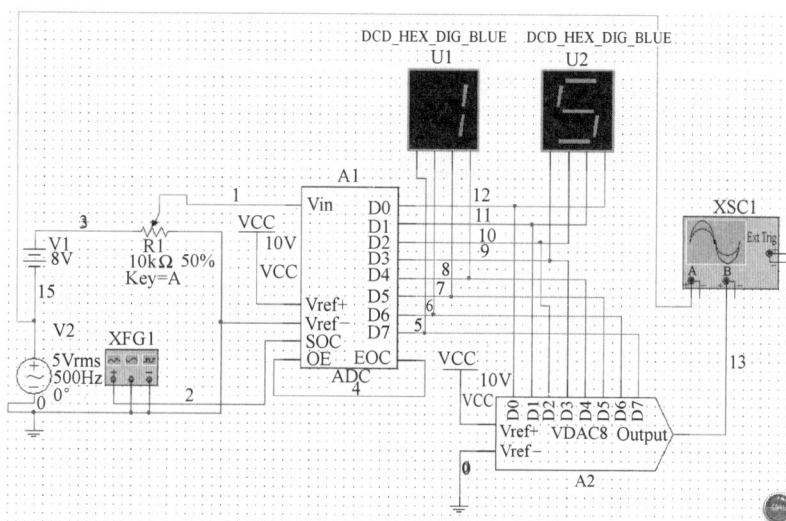

图 7-19　A-D、D-A 转换电路

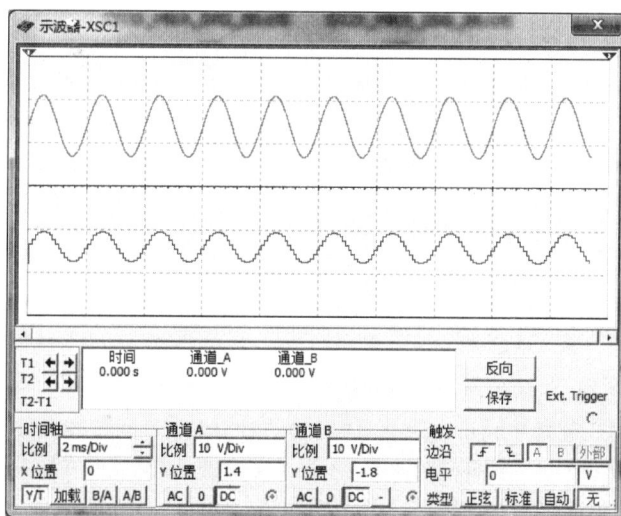

图 7-20　A-D、D-A 转换电路仿真结果

本 章 小 结

1. D-A 转换器和 A-D 转换器是数字系统和模拟系统的接口电路。在数字系统中，数字信号处理的精度和速度取决于 D-A 转换器和 A-D 转换器的转换精度和转换速度。因此，转换精度和转换速度是 D-A 转换器和 A-D 转换器的两个重要指标。

2. D-A 转换器的种类很多，常用的 D-A 转换器有权电阻网络、R-2R 倒 T 形和权电流型 D-A 转换器等。R-2R 倒 T 形电阻网络 D-A 转换器所需电阻种类少，转换速度快，便于集成化，但转换精度低。权电流型 D-A 转换器的转换精度和转换速度都比较高。

3. A-D 转换器的作用是将时间连续、幅值也连续的模拟量转换为时间离散、幅值也离散的数字信号。A-D 转换一般要经过采样、保持、量化及编码四个过程。

234

4. A-D 转换器分直接转换和间接转换两种类型。直接转换速度快，如并联比较型 A-D 转换器，通常用于高速转换场合。间接转换速度慢，如双积分型 A-D 转换器，其转换精度高，性能稳定，抗干扰能力强，目前使用较多。逐次比较型 A-D 转换器属于直接转换型，但要经过多次反馈比较，其转换速度比并联比较型慢，但比双积分型要快。

练习与思考

1. 什么是 D-A 转换器？D-A 转换器的作用是什么？
2. D-A 转换器都有哪些类型？各自的特点是什么？
3. D-A 转换器的位数和分辨率有什么关系？
4. 什么是量化？量化有哪几种量化方式？
5. 什么是编码？编码输出的是模拟量还是数字量？
6. 并行比较 A-D 转换器由哪些部分组成？
7. 10 位并行比较 A-D 转换器需要多少个电压比较器和 D 触发器？
8. 试比较并行比较 A-D 转换器、逐次比较 A-D 转换器和双积分 A-D 转换器的主要优点和缺点。

习　题

7-1　在图 7-2 所示的 4 位权电阻网路 D-A 转换器中，$U_R = 40V$，$R_F = R$，当 $D_3D_2D_1D_0 = 1001$ 时，试计算输出电压 U_o。

7-2　在图 7-2 所示的 4 位权电阻网路 D-A 转换器中，开关 S_3 支路中的电阻为 40kΩ，试求其他支路中的电阻阻值。

7-3　在图 7-3 所示的倒 T 形 D-A 转换器中，当 $D_3D_2D_1D_0 = 1100$ 时，试计算输出电压 U_o。其中 $U_R = 80V$，$R_F = R$。

7-4　设 D-A 转换器的输出电压为 0~10V，试求 8 位 D-A 转换器的分辨率是多少？

7-5　已知 D-A 转换器的最小输出电压是 4mV，最大输出电压是 5V，则应该选择多少位的 D-A 转换器？

7-6　在图 7-14 所示的并行比较型 A-D 转换器中，$U_{REF} = 10V$，试问当输入 u_i 为 3.5V 时，输出的数字量是什么？

7-7　某信号采集系统要求用一片 A-D 转换集成芯片在 1s 内对 16 个热电偶的输出电压分时进行 A-D 转换。已知热电偶的输出电压范围为 0~0.025V（对应于 0~450℃温度范围），需要分辨的温度为 0.1℃，试问应选择多少位的 A-D 转换器，其转换时间为多少？逐次比较型 A-D 转换器在转换时间上能否满足要求？

7-8　在图 7-15 所示的 4 位逐次比较型 A-D 转换器中，设 D-A 转换器的参考电压 $U_R = -10V$，$U_I = 9.3V$，试说明逐次比较的过程并求出转换的结果。

* 第8章 半导体存储器和可编程逻辑器件

本章首先分析 ROM 和 RAM 的基本结构和工作原理，然后介绍可编程逻辑器件的结构原理和主要类型，最后介绍用存储器实现组合逻辑函数的方法。

8.1 概述

半导体存储器（Semiconductor Memory）是当今数字电路系统中不可缺少的重要组成部分，它不仅能够大量存放数据、资料和运算程序等二进制数码，而且可以大量存放文字、声音和图像等二元信息代码。

半导体存储器的种类很多，按存储器的存储功能可分为随机存取存储器（RAM）和只读存储器（ROM）；按构成元件可分为双极型（TTL）存储器和 MOS 型存储器。双极型存储器速度快，但功耗大；MOS 型存储器速度较慢，但功耗小，集成度高。目前所使用的 ROM 大都为 MOS 型存储器。

存储器又可分为易失性和非易失性两种类型。易失性是指电路掉电后所存储的数据会丢失，RAM 具有易失性；而非易失性是指掉电后数据能够保存下来，ROM 具有非易失性。易失性存储器（RAM）又分为动态随机存取存储器（DRAM）和静态随机存取存储器（SRAM）两种。非易失性存储器（ROM）则可分为固定 ROM、EPROM、EEPROM 以及闪存（Flash）。

对存储器的操作通常分为两类。把信息存入存储器的过程称为"写入"或写操作；将信息从存储器取出的过程称为"读出"或读操作，并且常把这两个过程或操作统称为"访问"。

可编程逻辑器件（Programmable Logic Device，PLD）是一种新型的逻辑芯片。在这种芯片上，用户使用专用的编程器和编程软件，在计算机的控制下可以灵活地编制自己需要的逻辑程序。有的芯片还可以多次编程、多次修改逻辑设计，甚至可以先将芯片装配成产品，然后对芯片进行在系统编程，大大简化了设计和生产流程。

8.2 只读存储器

只读存储器（ROM）具有结构简单和非易失性这两个显著的优点。ROM 一旦存储了信息，就不会在掉电时丢失。工作时，只能读出信息，不能写入信息。ROM 常用于存放系统程序、数据表、字符代码等不易变化的数据。

8.2.1 固定 ROM

1. 结构

固定 ROM 由地址译码器和存储矩阵两部分组成，为了增强带负载能力，在输出端接有读出电路，其结构示意图如图 8-1 所示。

存储矩阵由许多存储单元组成，每个存储单元存放一位二值数据。一般情况下，数据和指令是用一定位数的二进制数来表示的，这个二进制数称为字，其位数称为字长。在存储器中，以字为单位进行存储，即利用一组存储单元存储一个字，这样一组存储单元称为字单元。为了存入和取出信息方便，必须给每个字单元一个标号，即地址。在图 8-1 中，W_0、W_1、$\cdots$、W_{N-1} 分别为 N 个单元的地址，这 N 条线称为字线，也称为地址选择线。D_0、D_1、$\cdots$、D_{M-1} 称为输出信息的数据线，简称位线。

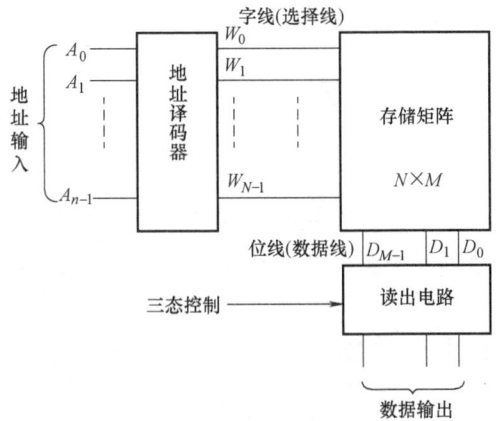

图 8-1　ROM 结构示意图

存储器中所存储的二进制信息的总位数（即存储单元数）称为存储器的存储容量。存储容量越大，存储的信息量就越多，存储功能就越强。一个具有 n 条地址输入线（即有 $N=2^n$ 条字线）和 M 条数据输出线（即有 M 条位线）的 ROM，其存储容量为：字线数×位线数 $=N \times M$（位）。

地址译码器是 ROM 的另一主要组成部分，它有 n 位输入地址码（$A_0 \sim A_{n-1}$），由此组合出 N 个（$N=2^n$）输出译码地址，即 N 个最小项，用 $m_0 \sim m_{N-1}$ 表示，它们对应于 N 条字线或 N 个字单元的地址（$W_0 \sim W_{N-1}$）。选择哪一条字线，取决于地址码是哪一种取值。任何情况下，只能有一条字线被选中。于是，被选中的那条字线所对应的一组存储单元中的各位数码便经位线（也称数据线）$D_0 \sim D_{M-1}$ 通过读出电路输出。

2. 工作原理

图 8-2 所示是一个由二极管构成的容量为 4×4 的固定 ROM。地址译码器是一个由二极管与门构成的阵列，称为与阵列。存储矩阵是由二极管或门构成的阵列，称为或阵列。由此可以画出如图 8-3 所示的 ROM 的逻辑图。由图 8-3 可知，该 ROM 的地址译码器部分由 4 个与门组成，存储矩阵部分由 4 个或门组成。两个输入地址代码 $A_1 A_0$ 经译码器译码后产生 4 个字单元的字线 W_0、W_1、W_2、W_3，地址译码器的输出接入相应的或门，4 个或门的输出为 4 位输出数据 $D_3 D_2 D_1 D_0$。

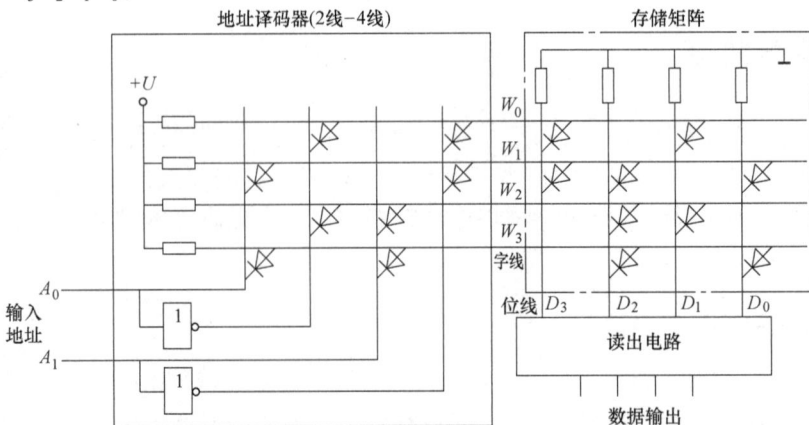

图 8-2　二极管 ROM 电路

由图 8-3 可得地址译码器的输出为

$$W_0 = \overline{A}_1 \overline{A}_0$$

$$W_1 = \overline{A}_1 A_0$$

$$W_2 = A_1 \overline{A}_0 \qquad (8\text{-}1)$$

$$W_3 = A_1 A_0$$

存储矩阵的输出为

$$D_0 = W_1 + W_3 = \overline{A}_1 A_0 + A_1 A_0$$

$$D_1 = W_0 + W_2 = \overline{A}_1 \overline{A}_0 + A_1 \overline{A}_0$$

$$D_2 = W_1 + W_2 + W_3 = \overline{A}_1 A_0 + A_1 \overline{A}_0 + A_1 A_0 \qquad (8\text{-}2)$$

$$D_3 = W_0 + W_1 = \overline{A}_1 \overline{A}_0 + \overline{A}_1 A_0$$

由这些表达式可求出图 8-2 所示 ROM 的存储内容，见表 8-1。

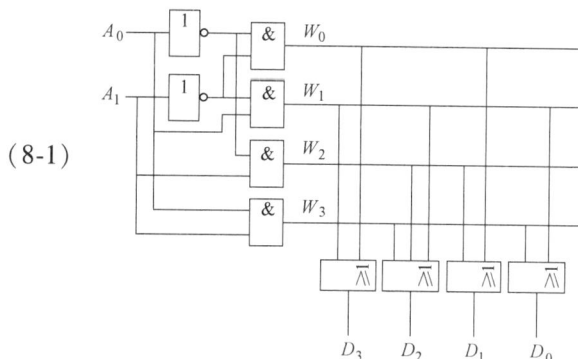

图 8-3　图 8-2 所示 ROM 的逻辑图

表 8-1　图 8-2 所示 ROM 的存储内容

地址代码		字线译码结果				存储内容			
A_1	A_0	W_3	W_2	W_1	W_0	D_3	D_2	D_1	D_0
0	0	0	0	0	1	1	0	1	0
0	1	0	0	1	0	1	1	0	1
1	0	0	1	0	0	0	1	1	0
1	1	1	0	0	0	0	1	0	1

结合图 8-2 及表 8-1 可以看出，图 8-2 中的存储矩阵有 4 条字线和 4 条位线，共有 16 个交叉点（注意，不是节点），每个交叉点都可以看作是一个存储单元。交叉点处接有二极管时相当于存 1，没有接二极管时相当于存 0。例如，字线 W_0 与位线有 4 个交叉点，其中只有两处接有二极管。当 W_0 为高电平（其余字线均为低电平）时，两个二极管导通，使位线 D_3 和 D_1 为 1，这相当于接有二极管的交叉点存 1。而另两个交叉点处由于没有接二极管，位线 D_2 和 D_0 为 0，这相当于未接二极管的交叉点存 0。存储单元是存 1 还是存 0，完全取决于只读存储器的存储需要，设计和制造时已完全确定，不能改变；而且信息存入后，即使断开电源，所存信息也不会消失。所以，只读存储器又称为固定存储器。

图 8-2 所示的 ROM 可以画成图 8-4 所示的阵列图。在阵列图中，每个交叉点表示一个存储单元。有二极管的存储单元用一个黑点表示，意味着在该存储单元中存储的数据是 1。没有二极管的存储单元不用黑点表示，意味着该存储单元中存储的

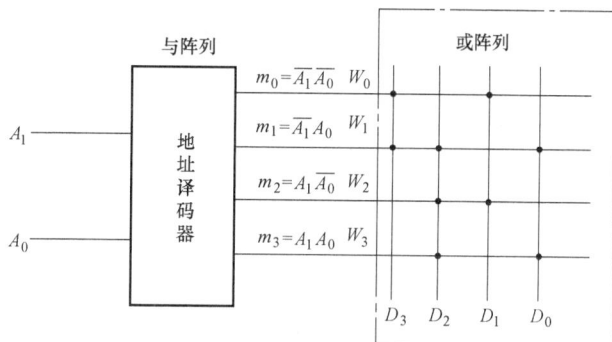

图 8-4　ROM 简化阵列图（点阵图）

数据是 0。例如，若地址代码 $A_1A_0=01$，则 $W_1=1$，字线 W_1 被选中，在 W_1 这行上有 3 个黑点（存 1），一个交叉点上无黑点（存 0），此时字单元 W_1 中的数据被输出，即只读存储器输出的数据为 $D_3D_2D_1D_0=1101$。当然，只读存储器也可以从 $D_0\sim D_3$ 各位线中单线输出信息，例如，位线 D_2 的输出为 $D_2=W_1+W_2+W_3$。

存储矩阵也可由双极型晶体管或 MOS 型场效应晶体管构成。这里的每个存储单元存储的二进制数码也是以该单元有无管子来表示的。

8.2.2 可编程 ROM（PROM）

固定 ROM 存储的信息是固定的，用户不能改变。而实际应用时，用户往往需要方便地自己编程，并将一些新的数据和信息存储到存储器中。这样，就产生了 PROM、EPROM 等可编程只读存储器，以满足用户的不同需求。本节先介绍一次编程只读存储器（PROM）。

厂家为了满足用户的需求，在制造这种器件时，使存储矩阵中所有存储单元的内容都为 1。其具体结构是：在存储矩阵的每个交叉点处都制作了二极管或双极型晶体管或 MOS 场效应晶体管，而且，每个管子都串联了一个快速熔丝，如图 8-5 所示。图 8-6 就是一个 PROM 存储矩阵全部存 1 的示意图。这样 PROM 芯片实际上是个"空片"，就像一张白纸，什么信息也没有存储。用户编程时，根据逻辑要求，如果某些存储单元应当存 1，则保留其熔丝；而另一些存储单元应当存 0，就借助编程工具用脉冲电流将其熔丝烧断就行了。显然，PROM 的熔丝被烧断后，就不能恢复。因而 PROM 只能编程一次，并且要一次成功，一旦编好就不能再进行修改，所以称为一次编程只读存储器。一次编程写入的信息，和 ROM 一样，可以长期保存。

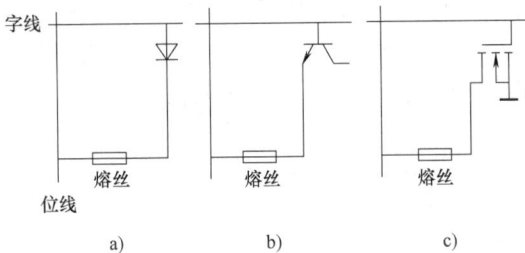

图 8-5 PROM 存储单元中的熔丝

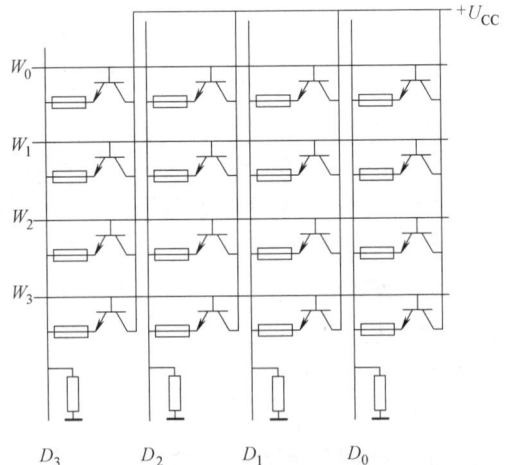

图 8-6 存储矩阵全部存 1

PROM 的基本结构常用图 8-7 所示的阵列图表示。它由一个固定的与阵列（地址译码器）和一个可编程的或阵列（存储矩阵）组成，图中圆点表示固定的连接点，叉点表示编程点，这就是一个尚未编程的 PROM 阵列图。

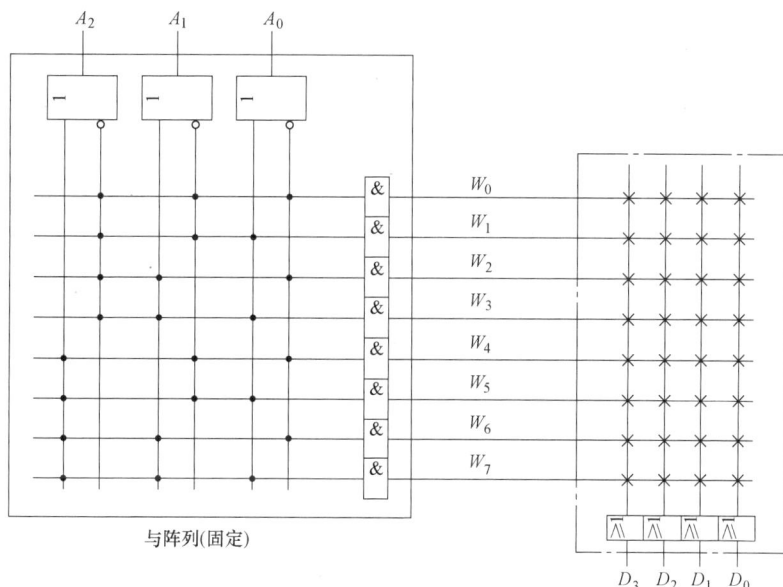

图 8-7 PROM 的基本结构图

8.2.3 可擦除可编程 ROM（EPROM）

可擦除可编程 ROM 是由用户将自己所需要的信息代码写入存储单元内，不但具有可编程性，而且可以擦除原先存入的信息，再重新写入信息。下面分别介绍光可擦除可编程只读存储器（EPROM）和电可擦除可编程只读存储器（E^2PROM）。

1. 光可擦除可编程只读存储器（EPROM）

用紫外线或 X 射线擦除的可编程只读存储器称为 EPROM，现在也称为 UVEPROM。图8-8a 为 UVEPROM 内用 N 沟道增强型浮置栅 MOS 管组成的一个存储单元结构，其单元电路如图 8-8b 所示。控制栅 G 用于控制其下内部的浮置栅 G_f，用于存储信息 1 或 0。

在漏极和源极间加高电压+25V，使之产生雪崩击穿。同时，在控制栅 G 上加幅度为+25V、宽度为 50ms 左右的正脉冲，这样，在栅极电场作用下，高速电子能穿过 SiO_2，在浮置栅上注入负电荷，使单元管开启电压升高，控制栅在正常电压作用下，管子仍处于截止，这样该单元被编程为 0。产品出厂时，浮置栅上不带负电荷，全部单元为 1。

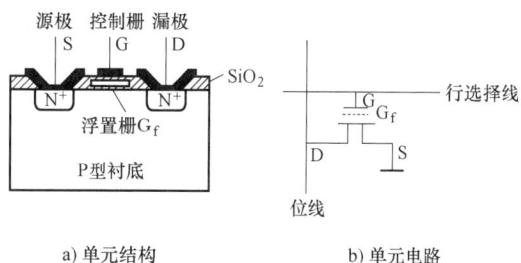

a) 单元结构   b) 单元电路

图 8-8 N 沟道增强型浮置栅 MOS 管组成的存储单元

编程时，要擦除原有存储信息，可以通过在器件的石英玻璃盖上用紫外线照射15min，将浮置栅上的电荷移去。经过擦除后的芯片，所有存储信息均为 1，然后可以进行写操作。

2. 电可擦除可编程只读存储器（E^2PROM）

由于 EPROM 必须把芯片放在专用设备上用紫外线进行擦除，因此耗时较长，又不能在线进行，使用起来很不方便，后来出现了采用电信号擦除的可编程 ROM，称为 E²PROM，它可以进行在线擦除和编程。由于器件内部具有由 5V 产生 21V 的转变电路和编程电压形成电路，因此在擦除信息和编程时无须专用设备，且擦除速度较快。E²PROM 存储单元结构有两种，一种为双层栅介质 MOS 管，另一种为浮置隧道氧化层 MOS 管。后者型号有 2816、2816A、2817、2817A，均为 2K×8 位；2864 为 8K×8 位。它们的擦写次数可达 10^4 次以上。

8.3 随机存取存储器

教学视频 8-2：
随机存取
存储器

随机存取存储器（RAM）也称为读/写存储器，它不仅可以随时从指定的存储单元读出数据，而且可以随时向指定的存储单元写入数据。因此，RAM 的读、写非常方便，使用起来更加灵活。但 RAM 有丢失信息的缺点（断电时存储的数据会随之消失），不利于数据和信息的长期保存。RAM 有双极型和 MOS 型两大类。两者相比，双极型存储器速度快，但集成度较低，制造工艺复杂，功耗大，成本高，主要用于高速场合；MOS 型速度较低，但集成度高，制造工艺简单，功耗小，成本低，主要用于对工作速度要求不高的场合。RAM 又分为静态 RAM（SRAM）和动态 RAM（DRAM）两种，动态 RAM 存储单元所用元器件少，集成度高，功耗小，静态 RAM 使用起来方便。一般地，大容量存储器使用动态 RAM，小容量存储器使用静态 RAM。

8.3.1 静态随机存储器（SRAM）

1. SRAM 的基本结构及输入输出

SRAM 的基本结构与 ROM 类似，由存储阵列、地址译码器和输入/输出控制电路三部分组成，其结构框图如图 8-9 所示。其中 $A_0 \sim A_{n-1}$ 是 n 根地址线，$I/O_0 \sim I/O_{m-1}$ 是 m 根双向数据线，其容量为 $2^n \times m$ 位。$\overline{OE}$ 为输出使能信号，$\overline{WE}$ 是写使能信号，$\overline{CE}$ 为片选信号。只有在 $\overline{CE}=0$ 时，RAM 才能进行正常读写操作，否则，三态缓冲器均为高阻，SRAM 不工作。为降低功耗，一般 SRAM 中都设计有电源控制电路，当片选信号 $\overline{CE}$ 无效时，将降低 SRAM 内部的工作电压，使其处于微功耗状态。I/O 电路主要包含数据输入驱动电路和读出放大器，以使 SRAM 内部的电平能更好地匹配。

2. SRAM 存储单元

SRAM 与 ROM 的主要差别是存储单元。SRAM 的存储单元是由锁存器（或触发器）构成的，因此，SRAM 属于时序逻辑电路。图 8-10 画出了存储矩阵中第 j 列、第 i 行存储单元的结构示意图。点画线框内为六管 SRAM 存储单元。其中，$VF_1 \sim VF_4$ 构成一个 SR 锁存器，用来存储 1 位二值数据。X_i 为行译码器的输出，Y_j 为列译码器的输出。VF_5、VF_6 为本单元控制门，由行选择线 X_i 控制。$X_i=1$，VF_5、VF_6 导通，锁存器与位线接通；$X_i=0$，VF_5、VF_6 截止，锁存器与位线隔离。VF_7、VF_8 为一列存储单元公用的控制门，用于控制位线与数据线的连接状态，由列选择线 Y_j 控制。显然，当行选择线和列选择线均为高电平时，$VF_5 \sim VF_8$ 都导通，锁存器的输出才与数据线接通，该单元才能通过数据线传送数据。因此，存储单元能够进行读/写操作的条件是与它相连的行、列选择线都是高电平。SRAM 中的数据由锁存器记忆，只要不断电，数据就会永久保存。

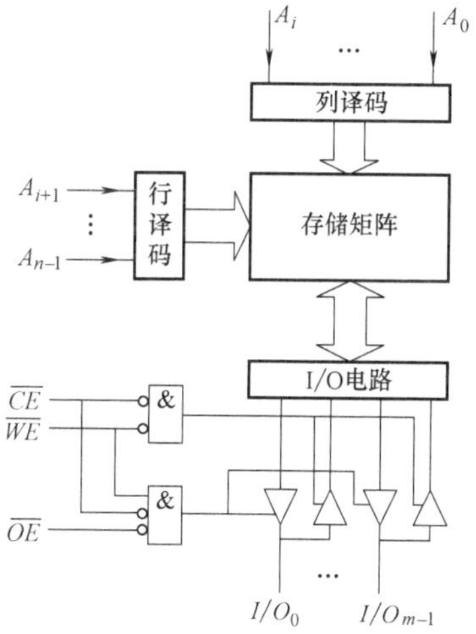

图 8-9 SRAM 结构框图 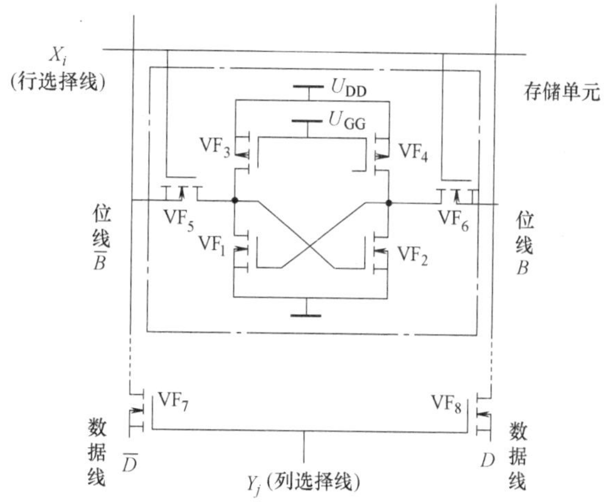　　图 8-10 存储矩阵中第 j 列、第 i 行存储单元的结构示意图

8.3.2　动态随机存储器（DRAM）

DRAM 的存储单元由一个 MOS 管和一个容量较小的电容组成，如图 8-11 中点画线框内所示。它存储数据的原理是电容的电荷存储效应。当电容 C 充有电荷、呈现高电压时，相当于存储 1 值，反之为 0 值。MOS 管则相当于一个开关，当行选择线为高电平时，MOS 管导通，C 与位线连通，反之则断开。由于电路中存有漏电流，电容上存储的数据不会长久保存，因此需要定期补充电荷，以免存储数据丢失。

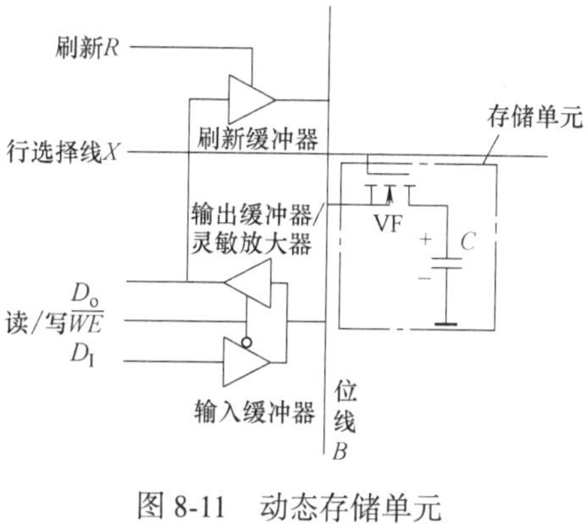

写操作时，行选择线 X 为高电平，VF 导通，电容 C 与位线 B 连通。同时读/写控制信号 $\overline{WE}$ 为低电平，输入缓冲器被选通，数据 D_I 经缓冲器和位线写入存储单元。如果 D_I 为 1，则向电容充电，反之电容放电。未选通的缓冲器呈高阻态。

图 8-11　动态存储单元

读操作时，行选择线 X 为高电平，VF 导通，电容 C 与位线 B 连通。同时读/写控制信号 $\overline{WE}$ 为高电平，输出缓冲器/灵敏放大器被选通，C 中存储的数据通过位线和缓冲器输出。由于读出时会消耗 C 中的电荷，存储的数据会被破坏，所以每次读出后必须及时对读出单元刷新，即此时刷新控制 R 也为高电平，则读出的数据又经刷新缓冲器和位线对电容 C 进行刷新。

8.3.3　存储容量的扩展方法

目前，尽管各种容量的存储器产品已经很丰富，且最大容量已达 1Gbit 以上，用户能够比较方便地选择所需要的芯片。但是，只用单个芯片不能满足存储容量要求的情况仍然存在，此时便涉及存储容量的扩展问题。扩展存储器的方法可以通过增加字长（位数）或字数来实现。

1. 字长（位数）的扩展

通常 RAM 芯片的字长为 1 位、4 位、8 位、16 位和 32 位等。当实际的存储器系统的字长超过 RAM 芯片的字长时，需要对 RAM 实行位扩展。

位扩展可以利用芯片的并联方式实现，即将 RAM 的地址线、读/写控制线和片选信号对应地并联在一起，而各个芯片的数据输入/输出端作为字的各个位线。如图 8-12 所示，用 4 个 4K×4 位的 RAM 芯片可以扩展成 4K×16 位的存储系统。

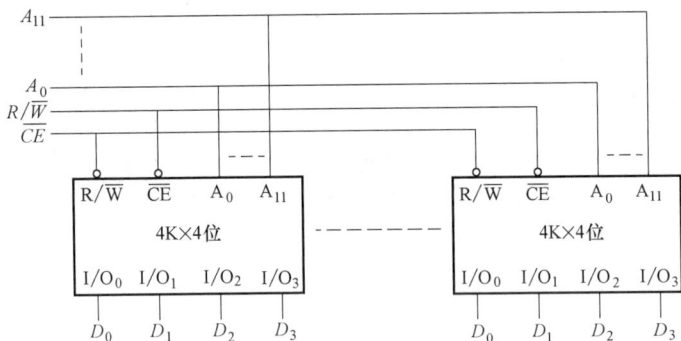

图 8-12　用 4 个 4K×4 位的 RAM 芯片扩展成 4K×16 位的存储系统

2. 字数的扩展

字数的扩展可以利用外加译码器控制存储器芯片的片选端来实现。例如，利用 2 线—4 线译码器 74139 将 4 个 8K×8 位的 RAM 芯片扩展成 32K×8 位的存储器系统。扩展方式如图 8-13 所示，图中，存储器扩展所要增加的地址线 $A_{14}A_{13}$ 与译码器的 74139 的地址输入端相连，译码的输出 $Y_0 \sim Y_3$ 分别接至 4 片 RAM 的片选信号控制端 CE。这样，当输入一个地址码（$A_{14} \sim A_0$）时，只有一片 RAM 被选中，从而实现了字的扩展。

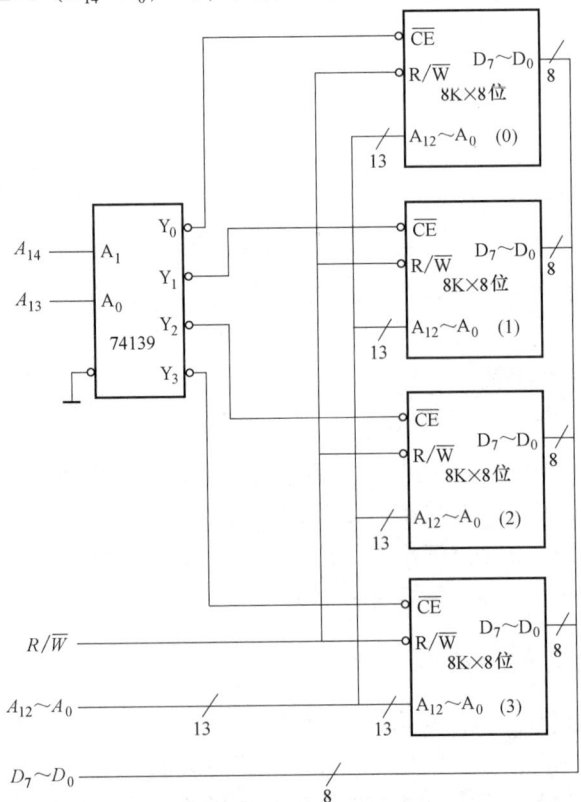

图 8-13　用 4 个 8K×8 位的 RAM 芯片扩展成 32K×8 位的存储器系统

实际应用中，常将两种方法相互结合，以达到字和位均扩展的要求。可见，无论需要多大容量的存储器系统，均可以利用容量有限的存储器芯片，通过位数和字数的扩展来构成。

本 章 小 结

1. 半导体存储器的种类很多，按存储器的存储功能可分为随机存取存储器（RAM）和只读存储器（ROM）；按构成元件可分为双极型（TTL）和 MOS 型存储器。双极型存储器速度快，但功耗大；MOS 型存储器速度较慢，但功耗小，集成度高。目前所使用的 ROM 大都为 MOS 型存储器。

2. 存储器又可分为易失性和非易失性两种类型。易失性是指电路掉电后所存储的数据会丢失，RAM 具有易失性；而非易失性是指掉电后数据能够保存下来，ROM 具有非易失性。易失性存储器（RAM）又分为动态随机存取存储器（DRAM）和静态随机存取存储器（SRAM）两种。非易失性存储器（ROM）则可分为固定 ROM、EPROM、EEPROM 以及闪存（Flash）。

3. 随机存取存储器（RAM）也称为读/写存储器，它不仅可以随时从指定的存储单元读出数据，而且可以随时向指定的存储单元写入数据。因此，RAM 的读、写非常方便，使用起来更加灵活。但 RAM 有丢失信息的缺点（断电时存储的数据会随之消失），不利于数据和信息的长期保存。RAM 有双极型和 MOS 型两大类，两者相比，双极型存储器速度快，但集成度较低，制造工艺复杂，功耗大，成本高，主要用于高速场合；MOS 型存储器速度较低，但集成度高，制造工艺简单，功耗小，成本低，主要用于对工作速度要求不高的场合。

4. 一片 RAM 的存储容量不够用时，可用多片 RAM 来扩展存储容量。字数够用而位数不够用时，可采用位扩展法；位数够用而字数不够用时，可采用字扩展法；字数位数都不够用时，可同时采用两种方法进行扩展。

练习与思考

1. 只读存储器（ROM）由哪几个部分构成？各自的作用是什么？

2. 只读存储器（ROM）的特点是什么？

3. 试述图 8-2 中二极管构成的 ROM 的工作原理。

4. ROM 为什么在断电时不丢失数据？

5. 随机存取存储器（RAM）具有什么特点？与 ROM 相比，它们之间的区别是什么？

6. 随机存取存储器（RAM）由哪几个部分构成？各自的作用是什么？

7. 试用 ROM 构成一个显示字母 R 的字符发生器。

习　　题

8-1　试用 ROM 实现一位数值比较器。

8-2　现有一片 32K×8 位的 RAM，试回答以下问题：

（1）该 RAM 有多少位地址码？

（2）该 RAM 有多少个字？

（3）该 RAM 字长多少位？

（4）该 RAM 共有多少个存储单元？

（5）访问该 RAM 时，每次会选中多少个存储单元？

8-3　什么是 RAM 的位数扩展和字数扩展？存储容量为 8K×8 位的 RAM 扩展为 64K×16 位的 RAM，需用几片 8K×8 的存储芯片？

8-4　试把图 8-14 所示的 4K×4 位 RAM 扩展为 8K×4 位的 RAM。

8-5　已知 ROM 的阵列图如图 8-15 所示，列表写出 ROM 存储的内容，写出 $D_0 \sim D_3$ 的逻辑式。

244

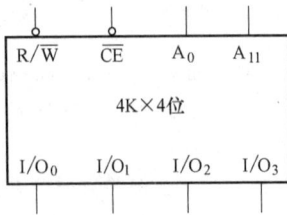

图 8-14 习题 8-4 的图

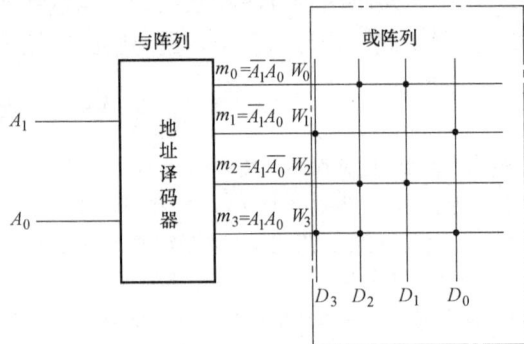

图 8-15 习题 8-5 的图

8-6 试用 8K×8 位的 RAM 芯片扩展成 16K×8 位的存储器系统。

8-7 试分析图 8-16 所示的电路。(1) 各片 RAM 有多少位地址？有多少字？每字多少位？(2) 扩展后的 RAM 有多少位地址？有多少字？每字多少位？画出等效的 RAM 电路。

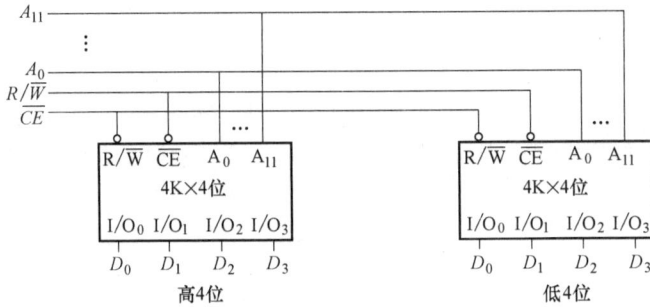

图 8-16 习题 8-7 的图

参 考 文 献

［1］秦曾煌．电工学：下册［M］．7 版．北京：高等教育出版社，2010．
［2］康华光．电子技术基础：模拟部分［M］．7 版．北京：高等教育出版社，2021．
［3］康华光．电子技术基础：数字部分［M］．7 版．北京：高等教育出版社，2021．
［4］童诗白．模拟电子技术基础［M］．5 版．北京：高等教育出版社，2015．
［5］阎石．数字电子技术基础［M］．6 版．北京：高等教育出版社，2016．
［6］杨志忠．数字电子技术［M］．5 版．北京：高等教育出版社，2018．
［7］余孟尝．数字电子技术基础简明教程［M］．4 版．北京：高等教育出版社，2018．
［8］陈大钦．电子技术基础：模拟部分 习题全解［M］．5 版．北京：高等教育出版社，2010．
［9］姚娅川．模拟电子技术学习指导及习题精选［M］．北京：北京大学出版社，2013．
［10］陈利永．电路与电子学基础［M］．北京：机械工业出版社，2012．
［11］李响初．现代电子技术［M］．北京：清华大学出版社，2021．
［12］姚素芬．电子电路实训与课程设计［M］．北京：清华大学出版社，2013．
［13］储开斌．模拟电路及其应用［M］．北京：清华大学出版社，2017．
［14］程春雨．模拟电子技术实验与课程设计［M］．北京：电子工业出版社，2016．
［15］孙绍华．电子技术创新实验教程［M］．北京：化学工业出版社，2021．
［16］陈大钦．模拟电子技术基础［M］．北京：机械工业出版社，2013．
［17］孟祥．数字系统设计［M］．北京：中国电力出版社，2020．